非常规油气藏"井工厂"立体缝网整体压裂技术

蒋廷学　刘建坤　卞晓冰　沈子齐　等　著

科　学　出　版　社

北　京

内 容 简 介

非常规油气藏"井工厂"立体缝网整体压裂技术就是以单一水平井横切裂缝分段压裂或体积压裂技术为基础，立足于以"井工厂"为单元的多井同步压裂或拉链式压裂作业模式，不但实现了压裂多井间作业工序的无缝衔接与作业效率的大幅度提升，而且压裂液返排液也得到了循环利用进而贯彻了绿色环保的发展理念；更为重要的是裂缝复杂性及整体裂缝改造体积与单井控制可采储量等也相应地大幅度增加，最大限度地实现了降本增效。本书详细阐述了非常规油气藏"井工厂"压裂改造理论及技术等方面的探索及实践，进一步阐释了"井工厂"立体缝网改造技术的理论内涵，总结分析了"井工厂"体积改造理论体系研究成果与关键技术，并展望了其未来的发展方向，旨在推动"井工厂"压裂技术在更加广泛的领域中应用。

本书可供从事储层改造及油气田开发的科研人员和管理人员、现场压裂工程师及相关专业院校师生参考。

图书在版编目(CIP)数据

非常规油气藏"井工厂"立体缝网整体压裂技术 / 蒋廷学等著. —北京：科学出版社，2023.3

ISBN 978-7-03-074162-2

Ⅰ. ①非… Ⅱ. ①蒋… Ⅲ. ①油气藏－水平井－压裂－技术 Ⅳ. ①TE355.6

中国版本图书馆 CIP 数据核字(2022)第 235962 号

责任编辑：吴凡洁 崔元春 / 责任校对：王萌萌
责任印制：师艳茹 / 封面设计：赫 健

科 学 出 版 社 出版
北京东黄城根北街 16 号
邮政编码：100717
http://www.sciencep.com

三河市春园印刷有限公司 印刷
科学出版社发行 各地新华书店经销

*

2023 年 3 月第 一 版 开本：787×1092 1/16
2023 年 3 月第一次印刷 印张：22 1/4
字数：525 000

定价：298.00 元

(如有印装质量问题，我社负责调换)

作者简介

蒋廷学 中国石油化工集团有限公司首席专家，享受国务院政府特殊津贴专家，主要从事储层改造机理及新工艺研究与试验等方面的工作。在国内外期刊发表学术论文 263 篇(第一作者 100 篇)，获得授权发明专利 177 件(第一发明人 100 件)，以第一作者或独著出版专著 7 部。

刘建坤 中石化石油工程技术研究院有限公司副研究员，主要从事储层改造工艺技术及理论方面的研究工作。主持或参与完成国家项目、省部级项目等 20 余项，获得授权发明专利 45 件，在国内外期刊发表学术论文 30 余篇，获得省部级奖励 3 项。

卜晓冰 中石化石油工程技术研究院有限公司研究员，主要从事油藏数值模拟、储层改造理论及工艺技术等方面的研究工作。在国内外期刊发表学术论文 51 篇，获得授权发明专利 35 件，出版专著 1 部，获得省部级奖励 5 项。

沈子齐 中石化石油工程技术研究院有限公司副研究员，主要从事油藏数值模拟、储层改造理论及基础前瞻等方面的研究工作。主持或参与完成国家项目、省部级项目等 10 余项，在国内外期刊发表学术论文 10 余篇，获得授权发明专利 10 余件，获得省部级奖励 1 项。

序

非常规油气藏是指大面积连续分布、传统技术无法获取自然工业产能，需采用新的技术改善储层渗透率或流动性才能经济开采的油气资源。本书的内容主要聚焦页岩油气、致密油气以及煤层气等。近年来，非常规油气藏在全球油气产量中的作用和地位不断加强，尤其是近年来美国"非常规油气革命"实现了页岩油气和致密油气产量的高速增长和能源独立，推动非常规油气进入了全新的黄金发展阶段。

全球非常规油气资源丰富。据国际能源署(IEA)评价，全球石油可采资源量为 $9.560×10^{11}$ t，其中非常规石油可采资源量为 $4.21×10^{11}$ t；全球天然气可采资源量为 $7.838×10^{14}$ m^3，其中非常规天然气可采资源量为 $1.95×10^{14}$ m^3。据 IEA 预测，2040 年全球非常规油产量将增至 10^9 t 以上，占原油总产量约 20%，其中致密油与页岩油产量约 $5.1×10^8$ t；全球非常规气产量将增至 $2.5×10^{12}$ m^3，占天然气总产量约 42%，其中页岩气产量为 $1.7×10^{12}$ m^3、致密气产量为 $4.6×10^{11}$ m^3。丰富的非常规油气资源和不断进步的技术将支撑油气工业的长期稳定生产，为人类可持续发展做出巨大贡献。

中国非常规油气资源丰富，其中致密油总资源量$(1.197\sim1.245)×10^{10}$t，致密气可采资源量超过 $9×10^{12}$ m^3，页岩气可采资源量为$(1\sim2.5)×10^{13}$ m^3，实现这些非常规能源的有效开发有助于改善我国的能源结构。近年来，随着水平井分段压裂技术及大规模体积改造技术的发展，非常规油气勘探开发获得重大突破和快速发展，并大幅度降低了有效动用储层渗透率下限，引领了我国石油工业上游业务进入高质量发展的新阶段。

"井工厂"立体开发模式目前已成为非常规油气藏经济有效开发的主流。其中，"井工厂"立体缝网开发压裂是核心，如何更精准合理地进行裂缝的立体布放，实现纵向上和平面上储层的立体覆盖，是实现非常规油气资源大规模、可持续、高效益开发的关键。同时，"井工厂"多井同步压裂或拉链式压裂模式，不但实现了压裂多井间作业工序的无缝衔接与作业效率的大幅度提升，而且压裂返排液也得到了循环利用，有利于贯彻绿色环保的发展理念。更为重要的是，裂缝复杂性及整体裂缝改造体积与单井控制可采储量等都有大幅度的增加，充分实现了压裂"提质、提速、提效、提产"目标。

鉴于此，笔者结合"井工厂"立体开发的理论研究与现场实践最新进展，聚焦"井工厂"立体缝网开发压裂技术的理论内涵，总结分析相关的理论体系研究成果与关键技术，展望未来发展方向，旨在推动该技术在更加广泛的领域中应用。

该书主要内容包括国外"井工厂"压裂技术概论；"井工厂"立体缝网多参数协同优化技术；"井工厂"多井多缝开发压裂工艺参数优化；"井工厂"立体缝网开发压裂主体

工艺技术;"井工厂"开发压裂配套技术,包括环保可重复利用压裂液及剪切增稠自适应压裂液等;多层高密度"井工厂"压裂技术展望等方面的内容。相信该书对从事储层改造及油气田开发专业的科研人员和管理人员、现场压裂工程师及相关专业院校师生,都具有重要的指导和借鉴价值。

中国工程院院士

2023 年 1 月

　　以页岩气为代表的非常规油气藏取得产量突破和商业性开发的标志性成果是水平井钻完井技术、水平井分段压裂技术及"井工厂"作业模式的大规模普及。尤其是水平井分段压裂技术，在短时间内就不断完成了升级换代及技术指标的持续提升，如水平井常规分段压裂技术、水平井复杂缝网压裂技术、水平井体积压裂技术、水平井有效体积压裂技术、水平井强化有效体积压裂技术等水平井压裂技术指标，而水平井强化有效体积压裂技术即目前所谓的三代压裂技术，它有三个关键词，即裂缝复杂性(complexity)、多尺度裂缝导流能力(conductivity)及不同尺度裂缝间的连通性(connectivity)。每个关键词都有相应的综合技术方法加以实现。例如，裂缝复杂性主要以逆压裂、变黏度压裂液、变排量注入及缝内一级或多级暂堵等方式实现；多尺度裂缝导流能力主要以优化支撑剂的粒径、适当提高小粒径支撑剂占比及低黏度压裂液携带混合粒径支撑剂等方式实现；不同尺度裂缝间的连通性主要以段塞式加砂程序优化、全程小粒径支撑剂技术、长段塞及连续加砂技术等方式实现。从总体技术指标提升而言，上述五个水平井压裂技术指标都是在上一代技术上的持续性提升，具体表现为段簇间距的不断缩小，段内簇数、加砂强度及小粒径支撑剂占比等的不断增加。相应地，压后测试的初期产量与稳定产量、单井裂缝改造体积与可采储量(即单井控制最终可采储量)等也在不断提升。

　　此外，由于"井工厂"作业模式的普遍应用，压裂技术也实现了由单井模式向多井同步压裂或拉链式压裂模式的转变，不但实现了作业效率的大幅度提升，而且更为重要的是在单井平均压裂规模及工艺参数保持恒定的前提下，多井多簇裂缝间的诱导应力干扰效应、裂缝复杂性及整体裂缝改造体积与单井控制可采储量等也相应地大幅度增加，最大限度地实现了降本增效。

　　国外应用"井工厂"进行多井开发压裂的历史要比国内早得多，且单平台投入开发的井数要比国内多得多，如二十多口井甚至五十多口井以上，而国内一般以4～8口井居多，虽然也有个别创纪录的情况，如中国石油天然气股份有限公司长庆油田分公司有87口井的特殊案例，但总体上比国外的单平台井数要少得多。主要原因在于国内外地表条件有极大差异，以北美为代表的国外"井工厂"大多建设在一马平川的地表环境，而国内以川渝周缘页岩气为代表的非常规油气藏，地表环境大多丘壑纵横，占地面积小。加上早期"井工厂"的开发理念制约，如井网井距还相对较大，单平台井数少就可以理解了。由于"井工厂"中井数少，集约化开发的整体效益还不能充分体现出来。此外，同样是多井拉链式压裂，由于井场面积的制约，国内一般用两口井进行施工作业，而国外有五口井进行施工作业的报道。因此，"井工厂"波及范围内的多井诱导应力干扰效应及相应的裂缝复杂性与整体改造体积，国内也远低于国外，从而造成国内"井工厂"压裂的单井产出投入比比国外低得多。这还没有考虑国内非常规油气藏在地质条件上的先天不足，如果考虑这个因素，则产出投入比的差距会更大。

全书由蒋廷学总体策划，由刘建坤统稿和审校。第一章由蒋廷学撰写；第二章由张世昆撰写；第三章第一节、第三节由蒋廷学撰写，第二节、第四节至第六节由沈子齐撰写；第四章第一节由仲冠宇撰写，第二节至第五节由卞晓冰撰写；第五章由蒋廷学撰写；第六章第一节至第三节由卞晓冰撰写，第四节至第六节由刘建坤撰写，第七节由黄静撰写，第八节由李奎为撰写；第七章第一节、第三节、第四节由刘建坤撰写，第二节由卞晓冰、刘建坤撰写；第八章由蒋廷学撰写。本书在撰写过程中，得到了长江大学余维初教授和中国石油大学(北京)张士诚教授的悉心指导和帮助，在此表示诚挚的谢意！

由于作者水平有限，难免存在不足之处，敬请业界同行和广大读者批评与指正。

作 者

2022 年 11 月

目录

第一章 绪 论

第一节 "井工厂"立体缝网开发压裂技术概念、内涵及表征方法

　　本书的非常规油气藏主要指低渗、致密砂岩油气藏以及超低渗页岩油气藏等[1,2]。上述非常规油气藏的主要特点是渗透率极低，需要大幅度提高裂缝的复杂性程度及改造体积(stimulated reservoir volume，SRV)才能取得商业性开发效果。目前的油气藏压裂产量动态预测数值模拟结果也证实，渗透率越低，裂缝的复杂性程度对压后产气的贡献程度越大。反之，渗透率越高，则单一主裂缝模式就足以满足压后产量的商业性开发要求。因此，非常规油气藏压裂的目标就是在水平井分段压裂的基础上，最大限度地提高裂缝的复杂性程度及有效改造体积，即形成立体缝网[3-5]。所谓立体缝网是针对常规缝网而言的，尤其对二层以上的"井工厂"开发模式而言，体积压裂的核心就是形成三维的立体缝网，实现裂缝波及体积内的有效流动，即不存在流动死区。

　　另外，只靠单一水平井压裂还不够，必须基于"井工厂"的开发压裂模式。常规的开发压裂技术是 20 世纪 90 年代末期基于直井压裂提出及实践的概念，其要义是在以往直井开发压裂的基础上，以最大限度地提高油气藏的采收率及经济净现值为目标，进一步提出在井网形成之前就介入水力压裂设计，并基于最大主应力方向部署井网型式及参数，且水力裂缝的方位与油气井连线的方位相同，这样可最大限度地利用水力裂缝的复杂性及高导流能力带来的生产潜力，进而实现稀井高产的目标[6-9]。

　　需要指出的是，不管直井采用哪种井网型式，如五点法、七点法、反九点法等，都可找到油气渗流的封闭边界，在该封闭边界上没有油气流动。换言之，各种井网型式下都形成一个个相对独立的油气藏流动单元，在进行油气藏压裂产量动态预测模拟时，以上述封闭边界或独立的油气藏流动单元为目标进行单独模拟即可。

　　而当水平井出现以后，尤其是水平井分段压裂的裂缝方位与水平井筒方位间的匹配关系比较复杂，一般简单地分为夹角呈 90°(横切裂缝)和 0°(纵向裂缝)两种情况，且渗透率低于某个临界值后以横切裂缝为宜，反之则以纵向裂缝为宜。鉴于目前水平井一般在页岩气等非常规领域应用更多，因此，常见的水平井筒方位更倾向于与水力裂缝方位垂直，且为进行批量化钻井及批量化压裂，往往以"井工厂"为单元进行相关的模拟。该"井工厂"控制的单元就如同直井井网控制的封闭边界或独立流动单元，但也有不同的地方，那就是在"井工厂"作业模式下，是多口井的集群式钻井或集群式压裂，而直井的开发压裂是在上述封闭边界或独立流动单元内，每口井仍是单独钻井或单独压裂的，因此，"井工厂"与单井压裂模式内在的诱导应力作用机理根本不同，且诱导应力相对较小(单井单缝条件下，压裂液规模及排量等都相对较小)，导致最终的裂缝形态基本上是双翼对称的单一裂缝。但该模式也有一个好处就是在注水或注气开发时，水线/气线推进的轨迹相对简单且更易于控制，因此，注水/气波及体积及采收率都易于精确预测。

综上所述，非常规油气藏"井工厂"立体缝网开发压裂技术是以单一水平井横切裂缝分段压裂或体积压裂技术为基础，并立足于以"井工厂"为单元的多井同步压裂 (simultaneous fracturing)或拉链式压裂(zipper fracturing)作业模式，最大限度地实现压裂提速、提质、提效、提产"四提"目标。其核心内涵是"井工厂"外围井外侧一个半缝长包络的"井工厂"面积是相对独立的开发单元(或封闭边界)，在此开发单元内通过多井压裂联动，尤其是多井同步压裂或拉链式压裂，可实现各压裂作业工序间的无缝衔接和压裂返排液的就地重复利用。同时利用多井多缝间强烈的诱导应力干扰效应，实现"井工厂"范围内的裂缝复杂性程度及有效改造体积的最大化，最终实现人造(或打碎)油气藏的目标。另外，就核心技术而言，为了最大限度地实现降本增效，主要应包括以下技术：由甜点、甜度到可压度的可压性系列评价技术；"井工厂"井网、裂缝及压裂工艺的多类参数协同优化技术；以多尺度和多簇为特征的体积裂缝造缝技术；多尺度裂缝支撑剂动态运移及导流能力模拟优化技术；多簇裂缝均匀起裂与均匀延伸控制技术；压裂材料质量控制及"四控一防"压裂工艺参数控制技术；体积裂缝诊断及效果评价技术等。

此外，在"井工厂"立体缝网开发压裂的参数表征方法上，可用一定开发时间内立体缝网体波及的区域体积占整个"井工厂"平台控制的油气藏体积的比例，来表征立体缝网的发育程度，即立体缝网指数。显然，此指标如果是100%，则是完全的立体缝网，一般能达80%以上就相当不错了；但如果低于50%，则是不完全的立体缝网，需要后续的重复压裂来大幅度提高立体缝网的完善程度。当然，上述立体缝网指数还有经济上的含义，如采用过度储层改造的方式，各簇裂缝间的渗流干扰会非常严重，也不是本书追求的立体缝网指数。由于立体缝网中不同尺度裂缝的导流能力随时间增加都会降低，且分支裂缝及微裂缝因加砂浓度低，导流能力的递减速度更快。因此，上述计算的立体缝网指数在不同时间内是动态变化的。

第二节 "井工厂"立体缝网开发压裂技术的作用及意义

将以往直井开发压裂的概念引入以水平井为主体的"井工厂"后形成的全新的"井工厂"立体缝网开发压裂技术不是简单的概念组合，是从将水平井压裂作为非常规油气藏开发的战略性高度提出的，不但考虑了井网方位与水力裂缝方位的匹配关系及相应的油气藏整体采收率的最大化，而且考虑了多口水平井同时压裂或拉链式压裂的最新技术成果，在其他成本不变的前提下，通过"井工厂"运行组织方式的革新，进一步增加了裂缝有效改造体积及油气藏的采收率。可以说，"井工厂"立体缝网开发压裂技术是一项革命性的新技术，最大限度地体现了地质-工程一体化及工程技术一体化的理念，既可以最大限度地挖掘水平井体积压裂技术的增储上产潜力，又可以避免对油气藏进行过度改造而造成相对成本增加，这对于降低当前居高不下的平衡油价具有十分重要的作用和意义。

所谓过度改造主要指的是因簇间距过密造成渗流干扰效应的增加，或者因加砂强度过大造成超过储层实际需要的裂缝导流能力，或者因裂缝复杂性程度过大造成转向分支裂缝或微裂缝等小微尺度裂缝间的渗流干扰效应增加等。因此，真正意义上的"井工厂"

立体缝网开发压裂技术，既可以实现"井工厂"控制的油气藏体积内采收率的最大化，又可以实现多个水平井的裂缝总体改造体积的经济最优化。

此外，"井工厂"立体缝网开发压裂技术对压裂技术的更新换代具有十分重要的促进作用。例如，随着从单井压裂向"井工厂"多井压裂模式的转变，可压性评价技术也必然由单点可压性评价(如沿水平井筒的地质与工程甜点、甜度等的连续分布剖面)向"井工厂"覆盖面积内的区域可压性评价转变；从单一水平井压裂向多个水平井同步压裂或拉链式压裂模式的转变，必然要带动诱导应力预测模型及相应的裂缝起裂与扩展模型的演变；由于诱导应力抑制了部分射孔簇裂缝的充分延伸，又必然带动多簇裂缝均衡起裂与均衡延伸控制技术的发展，进而又会带动变射孔参数的射孔技术、限流射孔技术、极限限流射孔技术、井筒暂堵球及缝内暂堵剂，以及多井延时压裂等技术的发展；为了实现裂缝复杂性、立体缝网及改造体积的经济最优化，必然由常规的变黏度压裂液变排量注入技术、缝内暂堵转向压裂技术等向软压裂技术及高频变排量等强化储层岩石疲劳破坏方向转变；"井工厂"多井压裂必然带来巨量的水资源消耗，这又会催生对同一个"井工厂"平台的压裂液返排液处理及重复利用技术的发展，当然这也是国家对环境保护要求越来越高的必然要求[10,11]。当然，也会催生无水压裂或少水压裂技术的发展[12,13]。

第三节 "井工厂"立体缝网开发压裂技术的发展现状

目前的"井工厂"开发压裂技术系列主要包括："井工厂"控制区域内油气藏精细地质建模及储层描述技术，包括可压性评价；可考虑多因素的"井工厂"多井压裂油气藏产量动态预测模拟技术，考虑的因素包括井网参数(水平段方位、长度、井距等)、裂缝参数(裂缝间距、缝长、长期导流能力、裂缝复杂性等)及注水/注气等；"井工厂"地质-工程一体化开发压裂优化设计技术，包括基于区域可压性的布井技术、基于水平井筒方向的甜点与甜度分布剖面优选段簇技术、钻完井及压裂一体化设计技术等；单一水平井强化有效体积压裂优化控制技术，包括多簇裂缝均衡起裂与均衡延伸控制技术、多尺度复杂裂缝造缝控制技术、多尺度复杂裂缝支撑剂动态运移形态及导流能力经济最优化控制技术等；"井工厂"多井协同压裂技术，包括多井同步压裂技术、多井拉链式压裂技术、多井延时压裂技术、压裂材料质量控制与"四控一防"现场压裂工艺参数实时控制技术等；"井工厂"立体缝网开发压裂的多井多裂缝诊断及效果评估技术，包括测斜仪与微地震裂缝监测技术、多尺度复杂裂缝的 G 函数分析技术、多井压裂的返排制度优化及压后产量、SRV 与最终可采储量(EUR)等的综合评估分析技术等。

一、"井工厂"控制区域内油气藏精细地质建模及储层描述技术

可基于常用的 Petrel 软件进行目标"井工厂"区域内的精细地质建模及储层描述工作，将地震资料、井点的测录井资料及取心资料等系统整合。这是非常规油气藏"井工厂"开发压裂的多井产量预测及各种参数优化的基础，也是开发中后期剩余油气分布、孔隙压力与含油气饱和度分布及变化等历史拟合的基础，可由此为加密调整井井位部署

及重复压裂的裂缝参数与压裂工艺参数优化提供坚实的技术基础。其中，可压性评价是重中之重。可压性评价基本经历四个历史阶段。

第一阶段是地质与工程双甜点评价。地质甜点主要表征储层是否能出油出气及产量高低的可能性，包括储层的储集特性参数、地下流体流动特性参数及能量供给水平特性参数等；工程甜点主要表征是否可以形成复杂裂缝形态及其形成的可能性大小，包括储层岩石脆性特性参数、水平应力差与主裂缝净压力比值以及垂向应力差与最小水平主应力比值等应力特性参数，以及天然裂缝发育程度等参数。其中，垂向应力差与最小水平主应力比值是最近才研究提出的，它关系到主裂缝的缝高延伸情况。特别是水平层理发育的页岩油气藏，如上述比值相对较小，则多个水平层理缝依次张开会极大降低主裂缝的缝高延伸程度。此时虽然有利于形成多尺度复杂裂缝，但如果主裂缝缝高受限的话，那形成的复杂裂缝整体改造体积也是相对较低的。

第二阶段是地质与工程双甜度评价。在甜点中寻找更甜的甜点，是先寻找一个上述甜点参数中与压后预期产量对应的最佳参数集合，以此作为标杆，然后求取其他储层位置处的各参数集合与上述标杆参数集合的欧式贴近度（或称为相似程度），显然，二者越相似，则欧氏贴近度越接近1，反之则欧式贴近度越接近0。这里的关键是上述标杆参数集合的选取，可基于目标区块压后无阻流量或测试产量的单因素敏感性分析图版确定。值得指出的是，该标杆参数集合，有的参数并非越大越好，如黏土含量。有的参数也并非单一数值，而可能是个参数范围，如水平应力差就应是个范围，太低或太高都不利，若太高裂缝不易转向；但太低了也不好，此时裂缝虽然易转向形成多尺度复杂裂缝，但正因为裂缝太容易转向，主裂缝反而难以实现预期的穿透深度，且加入的支撑剂也会发生频繁转向而引发早期砂堵或加砂不顺等风险。当标杆参数集合中的各参数都在某个范围的时候，其他位置处参数集合与其欧氏贴近度应分别计算最低参数及最高参数两个值，简单情况下可取二者的平均值来作为最终的欧氏贴进度计算结果。

第三阶段是考虑远井工程甜度后的可压度评价。实际上是考虑地质甜度与工程甜度后的综合甜度，但因为工程甜度中不但考虑了近井特性，而且考虑了远井特性，所以将其重新命名为可压度。很显然，可压度与压后累产的关系更为密切。

第四阶段是由单井的可压性评价上升到"井工厂"覆盖的区域可压性评价。区域可压性评价是以往单点可压性评价成果的规模化应用，可获取不同面积或深度上的区域可压性分布剖面。换言之，区域可压性既包括平面上的单点可压性分布，又包括纵向上各单点的可压性分布结果。

综上所述，甜点与甜度都是近井评价结果，与压后初产或无阻流量关系更为密切；而可压度兼顾了近井与远井的综合评价结果，与压后累产的关系更为密切。

需要指出的是，甜点、甜度及可压度都是单点评价结果，至多上升到沿水平井筒的分布剖面的高度，可用于水平井段非均匀簇位置的精细划分。而区域可压性评价则由点到面甚至到体，评价结果覆盖"井工厂"的分布区域，包括平面及纵向，可用于水平井非均匀布井。总而言之，通过上述可压性评价四个阶段的工作，可选择最容易出气的位置布井和确定单一水平井的段簇位置，有利于最大限度地降低无效或低效的水平井与段簇的比例，以及最大限度地实现降本增效的生产目标和技术目标。

二、可考虑多因素的"井工厂"多井压裂油气藏产量动态预测模拟技术

在对非常规油气藏的"井工厂"区域进行精细地质建模的基础上(尤其要考虑非均质性和各向异性等关键储层参数特性),应用成熟的商业模拟软件如 Eclipse 等,进行多个水平井及其多个段簇裂缝参数的网格设置。其中,水平井筒可按真实的井筒尺寸进行网格设置,但多尺度的水力裂缝因考虑到真实的尺寸只有毫米级的,如按 1:1 设置的话,则模型网格的数量会大幅度增加,进而会影响总的计算时间和计算效率。此外,几何尺寸按 1:1 设置后网格内的渗透率也必然按 1:1 进行设置,考虑到裂缝内因含有支撑剂,其渗透率一般在达西级别甚至更高,而储层基质的渗透率可能只有纳达西级别,因此,两者渗透率级差可能在几十万到上百万。

上述网格特性参数的极大差异,造成最终数值模拟方程组会呈现出极大的病态,导致求解结果极易发散和不收敛,且会浪费大量的机时及人力。因此,多尺度复杂裂缝的设置,必须基于"等效导流能力"的处理方法。其核心是将多尺度水力裂缝的支撑缝宽按一定的比例放大,如从 0.003m 放大到 0.1m,这样整个模型网格的数量就可大幅度降低。此外,按比例缩小裂缝网格内的渗透率,使它们的乘积即裂缝导流能力保持不变。显然地,多尺度水力支撑裂缝通过上述等效放大后,可大大降低最终数值模拟方程组的病态特性,有利于节约计算时间和快速收敛达到预期的模拟结果精度的要求。其中,主裂缝方位与最大水平主应力方位一致,分支裂缝方位可以与主裂缝垂直也可以呈任意角度,微裂缝方位可以直接与分支裂缝垂直或呈任意角度,当然,微裂缝也可以直接与主裂缝相连,角度也可以任意设置。虽然从理论上而言多尺度水力裂缝的方位应当大致相同,但由于诱导应力作用及天然裂缝分布的随机性,主裂缝、分支裂缝及微裂缝的方位可能是各不相同的。至于分支裂缝及微裂缝的条数、方位及长度等参数,可基于裂缝复杂性指数的特定要求进行各种数值的设置。从某种程度上而言,上述每种参数组合应对应一个裂缝复杂性指数。

对"井工厂"内多口水平井及每口水平井的多尺度水力裂缝进行"等效导流能力"的参数设置后,还应考虑多尺度裂缝导流能力随时间的动态变化规律,即裂缝的长期导流能力。以往对主裂缝的长期导流能力研究得相对较多,但对分支裂缝及微裂缝的长期导流能力研究得相对较少。显然地,与主裂缝相比,分支裂缝承受的有效闭合应力更高,进入的支撑剂体积及浓度也相对较低,因此,分支裂缝的长期导流能力随时间的递减指数要远大于主裂缝。以此类推,微裂缝的长期导流能力递减指数更大。因此,现场压裂施工后,许多井压后 1 年的递减率动辄 50%~70% 甚至更多,与分支裂缝及微裂缝导流能力的更快递减及失效有很大关系。相应地,在进行多尺度裂缝压后产量动态预测时,要分别考虑不同尺度裂缝的长度、初始导流能力(与进砂量及铺砂浓度直接相关)及其递减规律的差异性。如果再进一步深化,则每种尺度裂缝的不同缝长处所对应的支撑剂铺砂浓度及其与时间的递减规律也不尽相同,为简化起见,可以将每级裂缝再细分为不同的子裂缝,每个子裂缝内的导流能力可认为是均匀分布的,其随时间的递减规律也可认为是相同的。

其他需要考虑的因素还包括多簇裂缝的非均匀延伸及非均匀支撑情况。尤其在储层本身的非均质性较为严重的前提下,多簇裂缝非均匀延伸及非均匀支撑的情况更为普遍。多簇裂缝的非均匀延伸情况已被大量的室内物理模拟结果及现场实例监测数据所验证。这也是由多簇裂缝非均匀破裂特性所决定的,因为多簇裂缝的破裂压力鲜有完全相同的,且绝大多数情况下各簇裂缝的破裂压力的差异性还相对较大,有时甚至达15MPa以上。有时虽然水平井筒内的压力超过了所有簇的破裂压力,但各簇破裂压力及延伸压力存在差异性,也必然导致多簇裂缝延伸的非均匀性。此外,如在考虑支撑剂的运移特性后,因支撑剂的密度较压裂液大得多,其与压裂液的流动跟随性相对较差,支撑剂于水平井筒中运移时因惯性力作用,很容易在靠近趾部的射孔簇裂缝处堆积,从而阻止了后续压裂液及支撑剂向趾部裂缝运移,则后续的大部分压裂液及支撑剂都在靠近根部的射孔簇裂缝中运移分布,这在很大程度上促进了各簇裂缝的非均匀延伸。

上述多簇裂缝延伸的非均匀性,必然带来多簇裂缝支撑的非均匀性,即各簇裂缝的支撑缝长及导流能力的差异性相对较大。实际上,即使各簇裂缝是均匀延伸的,支撑剂在运移分布时也更多地在靠近根部的射孔簇裂缝中聚集,仍然会造成多簇裂缝的非均匀支撑现象。换言之,多簇裂缝的非均匀支撑是必然存在的现象,无法从根本上加以避免。因此,这又必然导致压后产量与等缝长及等导流能力的理想裂缝参数对应的产量有较大的差异性。这也解释了在很多情况下压裂井预测产量结果经常与实际产量对不上的深层次原因。

对于非常规油气藏而言,特别是气藏,一般采用枯竭式开采方式,但在油藏中也有注入水/气或水气交替注入以维持储层能量的。因此,在进行"井工厂"立体缝网开发压裂技术的产量动态模拟优化时,还要考虑注水/气井的流动特性及能量补充问题。尤其在持续性注水或周期性注水等条件下,多尺度的复杂裂缝在多个方向都有不同尺度(宽度)及长度的裂缝延伸,有可能造成注水的突进及压后含水率的快速上升。只不过转向分支裂缝虽然与主裂缝有一定的夹角存在,但一般转向半径都相对较短,之后又会重新回到主裂缝的延伸方向。因此,除非注水井与附近主裂缝的垂直距离相对较小,如小于多个分支裂缝的平均转向半径,否则肯定会造成压后爆性水淹。反之,只要注水井与附近主裂缝的垂直距离大于转向分支裂缝的平均转向半径,则无压后水线突进之虞。需指出的是,在模拟注水过程中,基本假设注水波及区域内储层岩石没有发生水化膨胀等效应,如要考虑这一问题,则是一个非常复杂的过程,如不同类型及含量的黏土矿物,其水化膨胀的程度是不同的,且不同的注入水浸泡时间不同,其膨胀程度也不相同,这是一个非常复杂的非线性变换过程,目前的技术手段估计还难以进行对应的模拟。

对二层及以上的多层"井工厂"开发压裂而言,每层"井工厂"都按上述相同的方法进行模拟计算。为方便起见,可不考虑不同层"井工厂"立体缝网间的干扰效应。

三、"井工厂"地质-工程一体化开发压裂优化设计技术

与以往直井开发压裂技术的思路相近,非常规油气藏"井工厂"开发压裂技术的核心思想就是地质-工程一体化。所谓地质-工程一体化就是从最大限度地发挥地质上的增

产稳产需求出发，在布井、布缝上追求经济最优化结果，且必须以水力裂缝分布为结果，采用结果导向的思维方式，在实现途径上综合考虑地应力方位及甜点、甜度与可压度的评价结果，按流程倒推模式，优化钻井的方位、水平井筒长度及其在储层纵向上的位置，进行钻井液与压裂液等入井工作液的配伍性研究及一体化设计等工作[14,15]。而且，钻完井过程中的储层保护工作也应予以高度重视，不能因为后续要进行压裂作业而放松了对储层保护的要求。换言之，必须实现"井工厂"的井网参数、水力裂缝参数与地质参数间的经济最优化匹配。

需要指出的是，上述三类参数间的经济最优化匹配关系还随着生产时间的推移而逐渐发生变化。例如，早期三者间可能是完全匹配的，但随着生产的进行，地质参数如渗透率、孔隙度、岩石力学参数、地应力大小(包括纵向地应力差的相应变化，因储层有生产和流动,地应力随孔隙压力变化,但顶底隔层地应力却基本恒定)及方位等发生了变化，因此，对应的最优化的水平井筒参数及裂缝参数等都必然随之变化。此外，水平井筒等井网参数基本不变，但水力裂缝参数却随着导流能力的降低逐渐失效，靠近裂缝端部的导流能力因原始铺砂浓度低更易最先失效，相应地，靠近裂缝端部的裂缝长度也会因导流能力的失效而丧失，因此，裂缝长度也是逐渐降低的。更有甚者，如近井筒的裂缝导流能力也降低或丧失的话，则整个裂缝长度都将丧失，而且这种情况发生的概率还相当大。原因在于随着生产的进行，孔隙压力的降低必然带来地应力的降低，尤其以枯竭式开采方式为主时更是如此，使得地层微细颗粒易于脱离储层岩石的原生架构，加上支撑剂在闭合压力作用下会发生不同程度的破碎，这些微细颗粒可能随地下流体在近井筒裂缝处堆积，最终可能形成某种架桥作用即堵塞效应，这种近井筒的裂缝堵塞效应可能是无法恢复的，靠常规酸液等都无法使之溶解，因此易对近井筒裂缝导流带来永久性损害。综上所述，在地质参数、井网参数及水力裂缝参数中，随着生产的进行，地质参数及水力裂缝参数都发生了符合各自特定规律的变化，且变化后的几类参数根本不可能实现早期的经济最优化匹配关系。除非进行重复压裂作业，再按变化了的地质参数对应的新的经济最优化裂缝参数重新设计，才可能再次实现地质参数与水力裂缝参数间的优化匹配。但水平井筒参数及井间距等井网参数肯定与变化了的地质参数难以实现早期的经济最优化匹配关系。除非打加密调整井或在纵向不同的小层处再次部署新的井网，形成"多层井工厂"的开发模式，那则另当别论了。

除了上述地质-工程一体化设计外，一体化开发压裂优化设计还暗含的一层意思是钻井及压裂、测试、生产一体化，即井筒工程技术本身的小一体化。具体而言，所有入井工作液要进行一体化设计，防止相互间的不配伍情况发生，尤其是在水平井段钻进过程中发生泥浆漏失的情况下，更易发生泥浆与压裂液的混合及可能的不配伍现象，给压后生产管理带来一定的困扰，这在现场也有反面的实例井资料作为佐证。此外，压裂、测试、生产一体化管柱设计，可避免多次起下钻及压井作业，有利于提高生产时效及降低储层伤害，建议大规模推广应用。

需要指出的是，上述一体化设计理念不但应贯穿于钻完井及压裂过程中，还应贯穿于油气井全生命周期的生产管理。具体而言，压后生产制度的优化，也应遵循从储层基质到裂缝、从裂缝到井底、从井底到井口，以及从井口到地面集输站等多个环节的节点系统协调性原理。上述所谓节点系统协调性原理是指每个节点的产量及压力满足动态平衡的技术目标。换言之,带裂缝条件下的储层产出能力与从井底到地面集输站的流动能力是一致的,且相互间发挥了最大的潜力。显然地,如井底到地面集输站的流动能力大于储层产出能力,则必然发生供液不足的情况,反之,则必然发生井筒动液面不断上升的情况。这两种情况下,整个生产系统都是不平衡的,且这种状况也难以持久。因此,必须追求整个生产系统的整体协调性原则,才是最经济有效的油气藏管理策略。此外,上述多节点系统协调性对应的各节点压力及产量的匹配关系也是动态变化的。随着生产的持续进行,储层基质的地质参数会发生变化,裂缝参数因部分或全部失效也会发生变化。因此,储层的产出能力是动态变化的,井筒等因结蜡或其他沉积物堆积也会导致流动能力降低。因此,要求其他节点的产量及对应的压力也应随时动态调整,才能在油气井全生命周期内真正实现多节点的系统协调性目标。要做到这一点需要做极其艰巨复杂的工作,但又必须尽全力做到,否则,也就不是真正意义上的地质-工程一体化。

至于开发中后期的"井工厂"井网加密或不同层进行"多层井工厂"压裂,同样要贯彻上述地质-工程一体化的技术思路及要求,包括必要时的重复压裂,更需体现地质-工程一体化的设计理念。此时,诸如有效渗透率、孔隙压力、含油气饱和度、岩石力学、地应力大小及方位等都发生了不同程度的变化,注水条件下的水线方向可能随地应力方向的变化也在逐渐变化(开发初期的有利裂缝方位,在重复压裂时可能变为不利方位)。因此,重复压裂的裂缝参数优化设计,必须考虑上述变化了的地质参数及注水水线方向的变化,而不能仅根据初期的地质参数进行相应的重复压裂裂缝参数及施工工艺参数等的优化工作。

还需要指出的是,在重复压裂前,由于第一次压裂裂缝的存在要产生一个诱导应力,其在两个水平主应力方向都是增加的,但最小水平主应力方向增加得更多,因此原始水平应力差是降低的。虽然重复压裂前的裂缝可能已部分或全部闭合,但第一次压裂裂缝产生的诱导应力不会完全消失,即存在一个残余诱导应力效应。另外,第一次压裂后随着生产的进行,孔隙压力可能逐渐降低(枯竭式开采时更是如此),导致两向水平主应力都逐渐降低。但因最大水平主应力方向是最大的主渗透方向,其降低得更多。换言之,第一次压裂后的长期生产产生的诱导应力也使原始的两向水平主应力差降低,只不过诱导应力的作用方向与第一次压裂裂缝相反而已。总的说来,重复压裂前的两向水平主应力差具有自适应缩小效应,也可以说是具有水平应力的趋同效应,这必然会导致重复压裂时的裂缝方向容易发生一次或多次转向,转向后的裂缝与当地的储层条件的匹配是复杂的,也高度体现了地质-工程一体化的完美演绎过程,这个过程是相当复杂的,目前还很难精确地进行模拟和优化。

四、单一水平井强化有效体积压裂优化控制技术

所谓强化有效体积压裂优化控制技术就是在原有的有效体积压裂的基础上,进一步聚焦以"密切割、强加砂、裂缝转向"为核心的新一代压裂技术。所谓"密切割"就是通过缩小簇间距,将其由早期的 15～25m 降低到目前的 5～10m,段内簇数也由早期的以 2～3 簇为主提高到以 6～9 簇为主甚至更多。但由于国内非常规油气储层经受的构造

挤压运动频繁，地应力梯度比国外相对较大，上覆应力与最小水平主应力差值相对较小，在主裂缝缝高延伸过程中易于造成主水平层理缝和/或纹理缝张开和延伸，致使主裂缝高度受到的制约程度相对较大。

因此，如盲目照搬国外 12～18 簇的做法，则每簇裂缝的高度必然降低得更多，总的裂缝改造体积并非一定随段内簇数的增加而增加。此外，国内非常规油气储层的非均质性也较国外相对较强，因此，段内多簇裂缝的非均衡破裂与延伸程度必然随着簇数的增加而大幅度增加，导致体积压裂多簇裂缝均匀延伸前提下的诱导应力作用机制大部分消失，这会严重影响段内多簇裂缝的整体改造体积，还会因部分簇裂缝吸收了过多的压裂液及支撑剂而导致局部套管变形，造成整个水平井的丢段率居高不下。"强加砂"就是通过增加小粒径支撑剂占比、提高压裂液黏度，以及采用长段塞及连续加砂技术等，来大幅度提高水平井筒单位长度下的支撑剂加量，将早期的支撑剂加量从 1～2t/m 增加至目前的 2～3t/m 甚至更多。显然地，加砂强度越高，压后稳产及累产效果越好，但应有一个临界值，超过该临界值，则投入产出比将增大。而且，这种"强加砂"应是不同尺度的裂缝都可获得"强加砂"的效果才行。但目前的做法如连续加砂，可能难以在尺度小的分支裂缝及微裂缝中实现饱填砂的技术目标，而更多的是在最大尺度的主裂缝中"强加砂"。虽然在加砂程序中应用了更小粒径的支撑剂，但在连续加砂条件下，其进入支裂缝及微裂缝的难度仍然偏大些。

需要指出的是，上述"强加砂"理念应包含促进多尺度裂缝间有效连通的内涵，特别是在采用小粒径支撑剂进行长段塞或连续加砂时更是如此。但连续加砂也存在问题，如不同尺度裂缝的导流能力并不一定是连续加砂方式就必然优于段塞式加砂方式，原因在于在某种特定的闭合应力条件下，不加支撑剂的裂缝内"空腔"的裂缝导流能力反而接近无限大。此外，小粒径支撑剂的加砂时机也非常关键。转向分支裂缝及微裂缝不是在主裂缝形成之后才形成的，而是在主裂缝形成的同时就产生了，而分支裂缝及微裂缝一般是在主裂缝的侧翼方向形成的，其承受的闭合应力相对较高，加上每个分支裂缝及微裂缝的排量相对较低，缝宽相对较窄，进缝阻力相对较大，导致分支裂缝及微裂缝的延伸时间也极其有限，如加砂时机晚了，进缝流量基本接近 0，即使支撑剂到达分支裂缝及微裂缝的缝口处，也难以进入。

所谓"裂缝转向"应包括两个层次：一是井筒内通过投一次或多次的暂堵球促使更多簇裂缝起裂与延伸；二是通过在缝内投一次或多次暂堵剂实现各簇裂缝的转向效果或促使复杂裂缝形成。还有目前提出的"双暂堵"就是将上述的井筒暂堵和缝内暂堵有机结合起来，从而最大限度地提高裂缝的整体改造体积。但也存在不少问题，如井筒暂堵球由于密度相对较大(一般为 $1.3～1.7g/cm^3$)，与压裂液的流动跟随性相对较差(压裂液密度一般为 $1.01～1.03g/cm^3$)，在水平井筒中由于流动惯性力作用，其更易于封堵靠近趾部的段簇裂缝缝口处，而靠近趾部的段簇裂缝一般起裂与延伸难度更大(这已被国外大量的监测资料所证实)。

目前许多文献描述的多簇裂缝延伸情况往往是两头裂缝长、中间裂缝短(这是没有考虑支撑剂对靠近趾部裂缝的堵塞作用所致)，是不需要用暂堵球进行封堵的。即使被暂堵球封堵的段簇，靠近水平井筒顶部的位置也难以被有效封堵住。因此，暂堵球的作用实际上可能达不到促进多簇裂缝均衡起裂与延伸的目的，最多只是促进了压裂液及支撑剂在不同簇裂缝间的再次分配，虽然其仍有利于已压开簇裂缝的均匀延伸。同样地，缝内暂堵剂在裂缝中运移的距离难以准确预测，且同样因密度相对较大，在缝内封堵位置处难以在缝高方向上实现全封堵的技术目标，因此，缝内暂堵引起的压力升高更多是由于裂缝内流动面积的降低引发的截留效应，可能缝内暂堵压力的上升幅度难以达到需要的暂堵压力临界值。

此外，暂堵的方式及级数也有很高的技术内涵及要求，如暂堵方式，是从近井筒裂缝处暂堵还是在裂缝中部或端部暂堵，其效果是截然不同的。一般地，近井筒裂缝暂堵一般发生在深井与超深井中，造缝宽度相对较小，裂缝的壁面凸凹度影响相对较大，会阻止暂堵剂向裂缝深部运移和分布。此时暂堵形成的压力升高速度及幅度都相对较大，压裂施工的风险也相对较大，即使能通过暂堵方式提高裂缝的复杂性，其效果也会严重受限；反之，如在裂缝中部或端部暂堵，则暂堵后的压力上升速度及幅度会相对较低，虽然施工风险易于控制，也可能会出现转向分支裂缝及微裂缝，但暂堵的位置距离井筒相对较远，因此，转向分支裂缝及微裂缝的条数可能相对较多，注入总排量是一定的，必然会使每个分支裂缝及微裂缝吸收的排量及液量相对受限，导致上述分支裂缝及微裂缝的延伸时间及延伸长度等相对受限，从而导致裂缝的总体改造体积难以达到预期的效果。如果暂堵剂的破胶时间可实时控制，那么从近井筒处向裂缝端部依次进行多级暂堵可有效解决上述问题。这里的关键是暂堵剂的溶解时间要快，且要与不同暂堵施工阶段的时间要求相吻合，则每次暂堵时的分支裂缝及微裂缝条数就相对受限，在总排量基本恒定的前提下，可以促使上述分支裂缝及微裂缝延伸的范围更大些，加入的支撑剂量也更多些。

需要指出的是，在上述暂堵由近井筒裂缝向端部裂缝依次推进的过程中，不用担心先前已产生的分支裂缝及微裂缝的再次吸液及由此产生的过顶替效应对多尺度裂缝连通性带来的不利影响。原因在于，上述分支裂缝及微裂缝已基本饱和压裂液及支撑剂，加上它们的裂缝宽度相对较小，进缝阻力是相对较大的，况且还是多个分支裂缝及微裂缝系统，其整体的进缝阻力更大。因此，在后续主裂缝注入过程中，压裂液及支撑剂很难再次进入上述小尺度裂缝系统中，即使进入，进入的体积也极其有限，相应地，由此产生的过顶替效应及多尺度裂缝间的连通性影响基本上都是可忽略的。

综上所述，一次或多次井筒暂堵及缝内暂堵的技术方法都是极其复杂的。因此，将上述两者结合起来的"双暂堵"压裂技术则更为复杂。目前为降本增效需要，"双暂堵"压裂工艺已越来越被提上议事日程。而且"双暂堵"应是一次或多次井筒暂堵与缝内暂堵交替进行的。如果把一次井筒暂堵和相应的缝内暂堵作为一个循环的话，那么"双暂堵"就是一次或多次上述循环的组合施工。显然地，在一次循环中，井筒暂堵引起的井筒压力升高，必然会传递到已压开的裂缝中，对提高缝内净压力也是有帮助的；反之，缝内暂堵引起的缝内压力升高，也必然会传递到井筒，对其他簇裂缝的开启也有一定的帮助。但如前所述，由于暂堵球及暂堵剂的密度都相对较高，不管是井筒暂堵还是缝内暂堵，都只是部分暂堵，即压力升高到一定幅度就会戛然而止。此时暂堵的效果可能更多的是促进压裂液及支撑剂在已压开簇裂缝间的运移和分布的再分配，且这种再分配是有利于促进各簇已压开裂缝的均匀延伸和均匀支撑的。

五、"井工厂"多井协同压裂技术

与单井压裂模式相比，"井工厂"多井协同压裂强调的是各井压裂工序间的无缝衔接，以最大限度地提高作业时效。此外，同一个井场的压裂返排液可实现重复利用。更为重要的是由于多井多缝间同时压裂产生的诱导应力场的多源叠加效应，裂缝更易转向形成复杂裂缝及体积裂缝，在平均单井压裂液量、加砂量及排量等主体施工参数相同的前提下，可实现平均单井产量的较大幅度提升，目前国外文献报道这一幅度可达18%以上。可以说，在提速、提质、提效、提产的"四提"目标中，"井工厂"多井协同压裂基本上都可兼顾到。国外的"井工厂"一般一个平台有10～20口井，最多的有五十多口井，国内也有多达87口井的井工厂案例。因此，可以3口井甚至5口井同时进行拉链式压裂，显然一次性同时投入压裂的井数越多，诱导应力的干扰效应越多，裂缝的复杂性及改造体积也越大。相应地，平均单井产量增幅也会越大。另外，作业时效及压裂返排液重复利用的比例等都会得到更大幅度的提升。可以说，只要组织得当，"井工厂"的井数越多或"井工厂"的布井密度越大，降本增效的效果越显著。

但上述论述都是以各个水平井的段内各簇裂缝都可均衡起裂与均衡延伸为前提条件的。此时，各井各缝间的诱导应力虽然也会抑制各裂缝的快速扩展，但叠加的强诱导应力干扰效果可促进转向裂缝的形成。但如果失去了各井各缝间均衡起裂与均衡延伸的前提条件，则势必是延伸程度大的裂缝会吸收越来越多的压裂液及支撑剂，而其附近的裂缝可能受到强烈的抑制作用甚至会失去起裂的机会，更谈不上有任何延伸了。那么在这种情况下，个别裂缝过度延伸带来的危害性比单井压裂模式更大，如井间干扰。因此，对"井工厂"多井协同压裂而言，如何通过优化设计实现各簇裂缝的均衡起裂与均衡延伸，怎么强调都不过分。其中就包括多井延时压裂技术。所谓延时压裂就是改变各井的压裂顺序，使多井多缝间的诱导应力有机会获得适当的衰竭或释放。然后再进行压裂时，因承受的诱导应力效应相对较低，各簇裂缝获得均衡起裂与均衡延伸的机会就会得到相应程度的提升。需要指出的是，在"井工厂"多井多簇协同压裂时设计的簇数也并非越多越好。因为簇数多了，每簇裂缝排量会降低，则多簇裂缝的整体缝高会相应降低。因此，段内裂缝的整体改造体积并不一定随着簇数的增加而线性增加，尤其对特定的目标储层，应有一个最佳的临界值。

此外，"井工厂"多井协同压裂时，同步压裂与拉链式压裂的技术目标是相同的，但实现方式有显著差别。同步压裂一般是每口井都有独立的压裂车组，而拉链式压裂是多口井共用一套压裂车组。每口井压裂的次序都是相同的，即都从趾端开始，向根部逐段压裂。显然地，压后效果也有差别，同步压裂一般是诱导应力叠加效应更强，裂缝的复杂性及改造体积也更高。但在某种情况下，拉链式压裂由于有诱导应力的衰竭效应，可能更有利于促进多簇裂缝的均衡起裂与均衡延伸。因此，对某个特定区块或"井工厂"平台而言，到底采用同步压裂还是拉链式压裂应进行多井多缝间诱导压裂场的叠加分析，以及研究由此带来的对多簇裂缝均衡起裂与均衡延伸的影响。在适当的条件下，可以将上述两种压裂方式结合起来，即同步拉链式压裂，可能更为合适；压裂材料的质量控制包括压裂液及支撑剂两个方面，主要检测现场到货的材料性能指标与设计值的差异，如差异较大应及时进行更换；所谓"四控一防"主要指控制早期多裂缝生长(通过高黏胶液前置、增加总前置液量以达到滤失饱和效果)、控制体积裂缝形态(通过变黏度及变排量时机及液量占比控制、净压力增长控制等措施加以实现)、控制加砂时机(若支撑剂加入晚了，分支裂缝及微裂缝已达流体饱和状态，缝内没有流速，则支撑剂进不去；反之，若支撑剂加入早了，可能引起早期砂堵效应)、控制砂比敏感点(通过胶液提前介入扫砂、延长隔离胶液以降低砂堤平衡高度等)、防止缝口脱砂(依据后置胶排量和压力提砂比，严格控制砂比和段塞长度等)。

如从提高有效改造体积的角度出发，"井工厂"多井协同压裂因裂缝的复杂性程度相对较高，相对而言，小粒径支撑剂的加入比例应相应增加。否则，转向分支裂缝数量多、宽度小，且裂缝转向处易发生脱砂等现象，都会影响支撑剂的远距离顺利运移和有效铺置。需要特别强调的是，由于转向分支裂缝及微裂缝的造缝宽度都相对较小，壁面凸凹度的影响不可忽略，而此壁面凸凹度对支撑剂进入上述小尺度的分支裂缝及微裂缝是不利的。

六、"井工厂"立体缝网开发压裂的多井多裂缝诊断及效果评估技术

"井工厂"立体缝网开发压裂的多井多裂缝诊断及效果评估技术中，测斜仪及微地震监测技术是直接方法，通过分别测量压裂裂缝引起的大地变形及微地震事件，解释裂缝的形态及几何尺寸，而且需要地面监测及地下监测的配合；G 函数分析及压后数值反演等方法是间接方法，通过压裂压力的响应特征进行反演。上述两种方法可相互结合、相互验证。

需要指出的是，测斜仪及微地震的解释结果一般难以完全考虑多尺度裂缝，如微裂缝发育情况就难以解释。而 G 函数方法通过叠加导数分析，可以研判出主裂缝的哪些部位出现了转向分支裂缝。将此方法进一步拓展到分支裂缝延伸过程中，可类似地研判是否有微裂缝出现。然后结合压裂施工压力曲线及其波动，按均方差方法计算分支裂缝及微裂缝的压裂液体积占比，由此把均方差方法进一步拓展到压力曲线的微小波动中，由此可进行多尺度水力裂缝的定量后评估分析。可近似地将用于产生分支裂缝及微裂缝的压裂液体积占比视作分支裂缝及微裂缝的体积占比。虽然该体积占比有可能相对较小，但它对压后稳产的作用是至关重要的。有时通过各种技术措施，可能只将分支裂缝及微裂缝的体积占比提高了有限的几个百分点，但这对压后稳产的提升效果则是显著的，如可能提高 10 个甚至更多个百分点。需要指出的是，上述论点暗含的一个前提是分支裂缝及微裂缝的有效体积占比等同于体积占比。所谓"有效体积"指的是有支撑剂的支撑体积。显然地，由于支撑剂与压裂液的流动跟随性相对较差，换言之，压裂液波及的区域，支撑剂不一定能对应铺置到。况且，目前基本上都应用三种粒径的支撑剂，在各种尺度的裂缝系统中，三种粒径支撑剂的混合物基本都存在，因此，也难以准确计算分支裂缝及微裂缝的有效体积占比。为方便起见，认为不同尺度裂缝的体积占比等同于有效体积占比[16,17]。

此外，多井压裂返排制度与单井压裂返排制度应不同，多井压裂后同时返排时可适当降低平均返排速度，以利于滞留的压裂液有充足的时间与储层岩石发生水化作用。当然，如储层岩石黏土含量较高而不适宜进行水化作用时则应另当别论了。而各井是否采用相同的返排制度也应进行针对性研究。理论上，各井保持不同的返排制度，也可促进

"井工厂"范围内的应力扰动效应,即在返排过程中仍存在促使复杂裂缝进一步拓展和形成新的复杂裂缝的可能性。与各井不同的返排制度相比,如采用相同的返排制度,则压裂液返排过程中虽然也存在类似的应力扰动效应,但是接近均匀的扰动,对形成复杂裂缝的效果肯定会有所降低。

第四节 "井工厂"立体缝网开发压裂技术的发展展望

虽然目前的"井工厂"立体缝网开发压裂技术还在不断地发展,但低成本、高效、绿色环保及智能化四个方面也必然是其未来的发展方向,具体如下所述。

一、低成本"井工厂"开发技术

所谓低成本包括两个层次,即真正的低成本和低的投入产出比(投入不一定低,但单位投入的产出更高)。概括而言,低成本技术的发展方向主要包括以下几方面[18,19]:

(1)可压性评价由可压度向区域可压度及立体可压度方向发展,以满足"井工厂"开发压裂的地质-工程一体化总体设计需要。

(2)完井压裂方式由常规井眼尺寸向小井眼水平井完井方向发展,并发展相应的小井眼分段压裂技术,以降低钻完井及压裂费用。

(3)可重复利用压裂液体系由常规的高分子聚合物向低分子聚合物方向发展,使得滞留于储层岩石中的聚合物含量相对较少,因此返排液中需要加入的聚合物也相对降低。

(4)石英砂替代陶粒由以往的部分替代向全程替代方向发展,要基于石英砂的微观结构研究,实现即使破碎后各种微晶结构也仍然可保持足够的强度,足以满足特定闭合应力条件下的油气渗流需要。

(5)分段压裂工具由可溶桥塞向可控砂塞方向发展。

二、"井工厂"高效开发技术

(一)井网密度由"低密度井工厂"向"中高密度井工厂"开发模式方向发展

国外的"井工厂"开发的井距由早期的400~600m逐渐降低到100~200m,甚至50m左右。显然地,井距越小,产量越高,储量动用得也越彻底。但由于国内的储层品质较国外差,井网密度不能盲目地照搬国外的高密度模式,而应追求"中高密度井工厂"开发模式。

(二)动用层位由以往的"单层井工厂"向"多层井工厂"开发模式方向发展

与国外储层特征相比,国内储层构造挤压运动频繁,导致地应力梯度较国外同等类型和深度的储层要高得多,上覆应力与最小水平主应力的差值相对较大,兼之非常规油气藏的水平层理缝/纹理缝相对发育,在压裂缝高延伸过程中,上述水平层理缝/纹理缝更易张开,使最终的裂缝高度大为受限。加上目前段内多簇密切割技术的要求,每簇裂缝吸收的排量也相对有限,因此,整体裂缝高度受到了很大的制约,迫切需要用"多层井工厂"模式进行开发，以实现非常规油气藏的立体高效动用。

(三)由以往的单级暂堵模式向多级双暂堵模式方向发展

实现和提高裂缝复杂性的途径由以往的单级暂堵模式(包括水平井筒通过暂堵球对裂缝缝口孔眼的暂堵和通过暂堵剂对缝内某个位置的暂堵等)向多级双暂堵模式方向发展。所谓双暂堵就是水平井筒和裂缝同时进行暂堵作业，在促进更多簇裂缝起裂与延伸的前提下，再通过缝内暂堵，进而实现大幅度提高裂缝复杂性及改造体积的目标。而多级双暂堵则更进一步，即将上述双暂堵作业反复多次应用于同一个段内，从而实现段内及整个水平井筒内裂缝复杂性及改造体积的最大化。

(四)支撑剂注入模式由以往的前置液后注入向全程注入方向发展

即在前置液阶段也注入支撑剂，只不过支撑剂的粒径更小，在不影响前置液造缝的前提下，更细小的支撑剂可以充填于各种微裂隙或层理缝/纹理缝中，既能增大前置液的造缝效率，又能促进各种更小尺度裂缝系统的有效支撑，可谓一举两得。

(五)"井工厂"分支井分段压裂技术

分支井分段压裂在国外已是成熟的技术，分支井钻井技术在国内有成功应用的报道，但分支井分段压裂还未见现场成功应用的报道。随着分支井钻井及其分段压裂技术的成熟及推广应用，以分支井分段压裂为基础的"井工厂"开发压裂技术，必将是今后的重要发展趋势之一。实际上，单个分支井本身就可视作是一个"井工厂"，每个分支可视作一个水平井。进一步地，如在不同层位共用一个垂直的主井眼而形成多层的分支井，即所谓的"楼井"，则可进一步提高裂缝的改造体积及最终的油气采收率。

三、绿色环保技术

绿色环保技术包括全套电动压裂泵技术(可基于当地电网供电，也可基于管道输送的天然气发电)、环保型水基压裂液技术、压裂返排液环保处理及重复利用技术、无水压裂技术[二氧化碳干法压裂、液化石油气(LPG)压裂技术等]、二氧化碳或氮气泡沫压裂技术及少水压裂技术等。需要指出的是，上述二氧化碳或氮气泡沫压裂虽然减少了水的用量，但不是真正意义上的少水压裂。此处的少水压裂是指在实现了常规水基压裂的体积裂缝及对应改造体积的前提下，还能减少水的用量，它综合利用了水基压裂与无水压裂或泡沫压裂的优势，通过注入模式及注入工艺参数的系统性优化来达到少水的目的。显然地，常规的泡沫压裂因黏度高及贾敏效应大，难以沟通与延伸小微尺度的裂缝系统，因此无法实现体积压裂的技术目标[20-22]。

四、智能化精准压裂技术

目前的压裂技术如追求"密切割、强加砂、裂缝转向"等目标，虽然也取得了一定的效果，但压裂的费用也大幅度上升，且可能在不是地质甜点的位置上仍进行大型体积压裂，最终得不偿失。因此，为了最大限度地实现降本增效，有必要进行智能化精准压裂，即在精细识别地质与工程甜点的基础上进行非均匀布缝，在甜度（甜点的下一代指标，其大小与压后产量的正相关性更强）高的位置进行"密切割、强加砂、暂堵转向"[23,24]。

需要指出的是，上述暂堵转向主要是指簇间裂缝的暂堵转向，因为随着段内射孔簇数的增加，各簇裂缝起裂与延伸的非均衡性加剧，有必要通过投簇间暂堵球来促进未起裂的裂缝再次起裂与延伸。而缝内的暂堵转向在密切割前提下的必要性是相对较弱的，因为各簇裂缝间未发生渗流流动区的体积因密切割大幅度降低了，此时如再促使裂缝发生转向，其对簇间裂缝渗流流动的促进效应已非常微弱了。

而要实现智能化精准压裂，随压过程中地质参数及裂缝参数的实时分析评估技术至关重要。目前压裂过程中的储层地质参数，如有效渗透率、岩石力学参数、脆性指数等，都可通过压裂施工参数及施工压力曲线的反演分析模型获取，而地质甜点或甜度评价的重要参数如含气性则难以准确分析和判断，需要今后进一步研究攻关。而裂缝实时扩展形态，可通过微地震实时数据采集与解释的方法加以解决，但难点在于每簇裂缝的形态、几何尺寸及相互间的差异性等参数无法准确加以判断和分析，也需要今后进一步攻关解决。

在压裂井产量预测、裂缝参数预测及压裂施工参数智能化预测方面，要基于大数据及大系统理论，采用具有自学习功能的人工神经网络算法模型，精准快速地进行上述三类参数的智能优化工作。

在压裂装备及现场施工的智能化方面，今后应主要研发具有节能功能的高功率小型化变频电动压裂车、地面设备及管线自动化连接系统、与加砂速度及注入排量智能匹配的连续输砂系统与混配系统、无人值守压裂指挥系统，以及压裂全流程自动预警系统（包括压裂车泵头磨损、地面高压管汇磨损、套管及注入管柱磨损等的预警）等。

在智能化压裂材料方面，主要研究环境响应性压裂液体系（如温敏型压裂液、矿化度或 pH 响应性压裂液、剪切增稠响应性滑溜水、相变压裂液体系等），压裂液与支撑剂相互转换技术，以及超低密度自悬浮支撑剂、具有自聚集效应的支撑剂、智能膨胀式支撑剂等。

在同时考虑压裂、注水（气）、采油（气）或聚合物驱等前提下，如何以井工厂采收率最大化为目标，进行上述多参数在各自约束条件下的系统协调智能优化，是一个非常复杂的系统工程。尤其是如何围绕在压裂全生命周期内最大限度地维持裂缝的长期导流能力，结合实时变化的油气藏地质参数，动态优化调整相应的生产参数，确保在任一时间内由生产压差引起的支撑剂流出裂缝的动力小于闭合应力夹持效应带来的摩擦阻力，是确保支撑剂在裂缝内不发生再次运移分布的关键。

参 考 文 献

[1] 白凯华. 非常规油气藏缝网压裂机理研究[J]. 云南化工, 2018, (1): 99.

[2] 赵靖舟. 非常规油气有关概念、分类及资源潜力[J]. 天然气地球科学, 2012, (3): 82.

[3] 蒋廷学, 卞晓冰, 左罗, 等. 非常规油气藏体积压裂全生命周期地质工程一体化技术[J]. 油气藏评价与开发, 2021, 11(3): 297-304, 339.

[4] 唐子春, 王朝, 张子珂, 等. 非常规油气藏体积压裂数值模拟新进展[J]. 石油地质与工程, 2017, 31(3): 108-113.

[5] 路保平. 中国石化页岩气工程技术进步及展望[J]. 石油钻探技术, 2013, 41(5): 1-8.

[6] 王林, 马金良, 苏凤瑞, 等. 北美页岩气井工厂压裂技术[J]. 钻采工艺, 2012, 35(6): 48-50.

[7] Courtier J, Wicker J, Jeffers T, et al. Optimizing the development of a stacked continuous resource play in the Midland Basin[C]. Unconventional Resources Technology Conference, San Antonio, 2016.

[8] 刘洪, 廖如刚, 李小斌, 等. 页岩气"井工厂"不同压裂模式下裂缝复杂程度研究[J]. 天然气工业, 2018, 302(12): 76-82.

[9] Charlez P A, Delfiner P. A model for evaluating the commerciality of an unconventional factory development outside of North America[J]. SPE Economics & Management, 2016, 8(2): 40-49.

[10] Manda A K, Heath J L, Klein W A, et al. Evolution of multi-well pad development and influence of well pads on environmental violations and wastewater volumes in the Marcellus shale(USA)[J]. Journal of Environmental Management, 2014, 142: 36-45.

[11] 高东伟. 涪陵页岩气田焦石坝区块压裂试气工艺技术综述[J]. 油气井测试, 2017, 26(2): 50-53.

[12] 毛金成, 张照阳, 赵家辉, 等. 无水压裂液技术研究进展及前景展望[J]. 中国科学: 物理学、力学、天文学, 2017, 47(11): 48-54.

[13] 段永伟, 张劲. 二氧化碳无水压裂增产机理研究[J]. 钻井液与完井液, 2017, (4): 101-105.

[14] 刘乃震, 何凯, 叶成林. 地质工程一体化在苏里格致密气藏开发中的应用[J]. 中国石油勘探, 2017, 22(1): 53-60.

[15] 何接. 页岩气井工厂开发模式优化研究[D]. 西安: 西安石油大学, 2019.

[16] 蒋廷学, 王海涛, 卞晓冰, 等. 水平井体积压裂技术研究与应用[J]. 岩性油气藏, 2018, 30(3): 4-14.

[17] 姚志远. 利用施工压力曲线评价压裂缝网的复杂度[D]. 北京: 中国石油大学(北京), 2018.

[18] 叶海超, 光新军, 王敏生, 等. 北美页岩油气低成本钻完井技术及建议[J]. 石油钻采工艺, 2017, 39(5): 552-558.

[19] 张金成, 孙连忠, 王甲昌, 等. 井工厂技术在我国非常规油气开发中的应用[J]. 石油钻探技术, 2014, 42(1): 20-25.

[20] 刘合, 王峰, 张劲, 等. 二氧化碳干法压裂技术-应用现状与发展趋势[J]. 石油勘探与开发, 2014, 41(4): 466-472.

[21] 祝佳秋. LPG压裂液体系优选与评价方法研究[D]. 北京: 中国石油大学(北京), 2017.

[22] 李兆敏, 安志波, 李宾飞, 等. 氮气泡沫压裂液的性能研究及评价[J]. 钻井液与完井液, 2013, (6): 75-77, 80, 101.

[23] 台广锋, 潘社卫, 舒峰, 等. 井工厂压裂连续输砂装置智能控制系统研究[J]. 矿冶, 2015, 24(5): 67-71.

[24] 谷磊. 智能完井关键技术进展及应用[J]. 海洋工程装备与技术, 2020, (3): 152-156.

第二章 国外"井工厂"压裂技术概论

"井工厂"技术起源于北美地区,最早是美国为了降低成本、提高作业效率,将大机器生产的流水线作业方式移植过来,用以为非常规油气藏的勘探开发服务[1-3]。"井工厂"钻完井技术是指在同一地区集中布置大批相似井,使用大量标准化的装备或服务,以生产或装配流水线作业方式进行钻井、完井的一种高效低成本作业模式。即采用"群式布井,规模施工,整合资源,统一管理"的方式,把钻井中的钻前施工、材料供应、电力供给等,储层改造中的通井、洗井、试压等,以及工程作业后勤保障和油气井后期操作维护管理等工序,按照"井工厂"的组织管理模式,形成一条相互衔接和管理集约的"一体化"组织纽带,并按照各工序统一标准的施工要求,以流水线方式,对多口井施工过程中的各个环节,同时利用多机组进行批量化施工作业,从而节约建设开发资源,提高开发效率,降低管理和施工运营成本[4-6]。

目前,国外许多油田针对日益增多的水平井改造,从施工组织模式及提速提效工艺等方面做了很多研究,而且部分研究取得了良好的效果。其中,"井工厂"作业是目前水平井与大型压裂施工提高作业效率最有力的保障[7,8]。

第一节 国外"井工厂"压裂技术的总体发展历程

2002 年以前,美国在开发巴内特(Barnett)页岩储层时,采用直井和水力压裂技术相结合的钻井技术。为了提高页岩气井的产量,从 2002 年开始,美国使用水平井钻井技术来代替直井钻井,显著提高了页岩气井的单井产量[9,10]。

针对致密气田水力压裂作业井距小,作业量大,需要大量人力、物力、设备和材料等特点,2005 年哈里伯顿公司提出了"压裂工厂"的概念,即在一个中央区通过连接地面管线来实施多种远程(相隔数百米至数千米)井进行压裂作业。所有的压裂装备都布置在这个中央区,不需要移动设备、人员和材料就可以对多个井进行压裂,减少了移动设备、人力和物力的费用。技术控制中心负责所有设备和压裂的控制;无线通信负责向控制中心提供压裂施工数据。控制中心有两个系统,可以同时完成两项作业。因为整个系统是执行器控制的电子设备和监控,所有正常作业通过自动模式完成。把所有作业整合到一个固定的中心,大幅度提高了作业的效率,在实际应用中非生产时间减少了 50%。"压裂工厂"作业模式成为规模化作业的雏形。后来,这一概念逐渐扩展为"井工厂钻完井",即多口井在钻井、射孔、压裂、完井和生产整个流程都是通过一个"中央区"完成[11-13]。

"井工厂"压裂模式与水平井单井分段压裂模式不同,"井工厂"压裂模式下裂缝之间的相互影响不仅存在于段与段之间,还存在于井与井之间[14]。井组裂缝形成过程的相互影响,使得"井工厂"压裂时产生的诱导应力更加复杂;复杂的诱导应力使地应力重新分布，有助于裂缝的转向，使得形成的裂缝网络系统更加复杂、改造体积更大。选择出合理的压裂模式、确定合理的裂缝参数，可大幅度提高油气井初始产量和最终采收率，减少作业时间和设备动迁次数，降低施工成本。一般"井工厂"压裂井平均产量比单独压裂可类比井提高 21%～55%，成本降低 50%以上[15-20]。

一、国外"井工厂"压裂技术发展

（一）同步压裂技术发展

2006 年，Williams 石油公司在美国沃思堡(Fort Worth)盆地的 Barnett 页岩中首次试验了两口井的同步压裂，目的是使储层在更大的压力下，产生更复杂的裂缝网络，从而提高初始产量和控制储量[21,22]。该压裂模式采用 2 套机组对 2 口配对水平井同时进行大规模压裂作业。该压裂模式避免了由于过高注入压力而引起的压裂液和支撑剂向周围井扩展。其基本原理是利用井间裂缝的相互影响，形成复杂的诱导应力场。诱导应力场与原地应力场相互叠加，进而改变地应力差异系数，使储层形成缝网。通过对压裂后气井累产气量的比较，发现采用同步压裂的气井产量明显高于单独压裂的气井产量，其他采用同步压裂工艺改造的井在短期内产量均高于邻井产量[23-25]。实践证明，虽然同步压裂工艺成本高昂，需要更多的物资协调、更大的作业面积，但同步压裂提高了设备的使用效率，两口井可在一周内完成压裂改造，同时，该压裂工艺有效增大了单井改造体积，使得单井改造成本也大幅度降低。

随着双井同步压裂试验的成功，Williams 公司继续在 Barnett 页岩帕克县(Parker County)东部开展了同时改造 3 口水平井(A、B、C 井)的案例[26]。其中，A 井利用连续压裂方法在一周内完成了 5 级压裂，在接下来的一周，对 B 井和 C 井同时进行压裂。随后分析了 3 口井的压裂改造效果，并与单独开展压裂改造的邻井 D 进行了对比。4 口水平井采用了近乎相同的压裂改造规模，图 2-1 显示了 4 口井在压裂改造后前 6 个月的生产动态。3 口采用同步/连续压裂井(A、B、C 井)的初始标准化产量(IPs)为 330～350MMscf/d[①]，

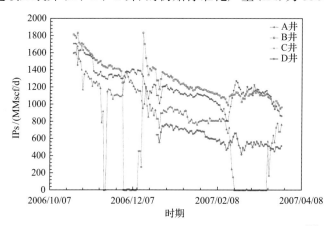

图 2-1　同步/连续压裂改造井与单独压裂改造井产量对比[26]

---

① 1MMscf=28316m³。

第一个月的平均 IPs 为 210～290MMscf/d。而独立压裂改造水平井 D 井的 IPs 则明显较低，为 230MMscf/d，第一个月的平均 IPs 仅为 120MMscf/d。如图 2-1 所示，3 口同步/连续压裂井前 5 个月的平均 IPs 几乎是独立压裂改造井 D 井的 2 倍。

2011 年，Devon 公司在 Barnett 页岩气区块建了一个 36 口井的井场，相比于传统的分散井场，其大幅度减少了占地面积。而美国 Chesapeake 公司在 Barnett 页岩气区开发的典型井场通常为 107m×137m，每个井场钻 6～8 口水平井，相反方向各 3～4 口，水平段长为 1800m，采用"井工厂"压裂模式进行水平井压裂改造[13]。

Barnett 页岩尝试的同步压裂模式成为规模化压裂作业的雏形。大型水平井组的"井工厂"作业已成为页岩气开发的标准作业模式，而且平台井数、水平段长、压裂级数都随时间大幅度增加，实现了一个井场开发一个区块，从而减少了井场占用、基础建设和运输费用，缩短了非作业时间。美国 Barnett 页岩储层改造技术经过近 30 年的探索，水平井分段工具及技术理念的突破使得水平井分段改造技术得到大量应用与快速推广。如马塞卢斯(Marcellus)、伍德福德(Woodford)、费耶特维尔(Fayetteville)、海恩斯维尔(Haynesville)等区域的页岩气改造一般经过 3 年的探索，就迅速进入大面积应用阶段[27]。

美国 Marcellus 页岩受地处山区的地理环境限制，存在水资源匮乏、地面交通运输不便等问题，同时区块中包含了大面积的国家森林，使得传统单井开采模式已不能满足其开发需求。2007 年，美国首次将"井工厂"技术应用到 Marcellus 页岩气区。到 2011 年时，美国 Marcellus 页岩气区块 78%的井采用"井工厂"模式。在早期 Marcellus 页岩单井平台压裂改造中，一天时间只能泵送 2～3 段(2～3h 的泵送时间)。当采用了"井工厂"压裂模式后，在同时进行泵送/压裂作业的基础上，24h 内可以高效完成 8～9 段的压裂作业。通过采用"井工厂钻完井"的作业模式，完井周期从原来每口井 60d 降至 20d 完成 5 口井，完井成本降低了近 60%[28-30]。

2007 年，加拿大将"井工厂"技术应用到格朗德-伯奇希(Ground-Birch)页岩储层的开发中，在单个井场部署 24 口井，通过采用丛式"井工厂"技术，运用及优化学习曲线等，实现了钻完井效率的提高，明显地降低了单井开发成本[31]。

加拿大 Encana 公司在开发美国 Haynesville 页岩气时，利用 7 口丛式水平井替代 48 口直井，取得了极大成功[32]。水平井通常采用超过 1000m 的水平段，水平段的间距为 200m，采用 20 级以上的压裂(图 2-2)。

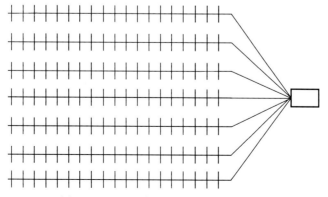

图 2-2　Encana 公司丛式水平井布井设计

伊格尔福特(Eagle Ford)自 2009 年以来在页岩气与致密油领域应用水平井"井工厂"改造技术,取得显著效果,技术指标不断提升[33]。

相比之前基于 2 套压裂机组施工的同步压裂工艺,2016 年,QEP Resources 和 Halliburton 公司提出了利用 1 套压裂设备(不需要额外的混砂或控制车)同时完成 2 口井改造的分离式同步压裂技术。相比传统 2 套压裂机组的同步压裂方式,该方法具有施工周期短、设备使用率高等优点[34]。

2017 年 2 月,分离式同步压裂技术在威利斯顿(Williston)盆地巴肯(Bakken)页岩的 2 口水平井(Foreman 1、Foreman 2)中得到第一次应用。Foreman 1 和 Foreman 2 井利用固井滑套完井,由于滑套内径限制,压裂施工排量不能过高,这也为分离式同步压裂改造提供了契机。在 Russell 等[34]的研究案例中,对比分析了 2 组分别采用不同压裂改造方式压裂 Foreman 井的施工参数,如表 2-1 所示。4 口井均采用了相同的滑套固井方式,具有相同的水平段长,如上所述,其中 Foreman 1 井和 Foreman 2 井采用分离式同步压裂改造方式,而 Foreman 3 井和 Foreman 4 井则采用拉链式压裂改造方式。从表 2-1 中可以看出,分离式同步压裂井(Foreman 1、Foreman 2)的施工效率更高,每天压裂液注入量接近传统拉链式压裂井(Foreman 3、Foreman 4)的 2 倍,单井施工作业时间也大幅度下降至 3d。

表 2-1　分离式同步压裂井和拉链式压裂井的比较[34]

井名	注入速度/(Bbl/min)	水平段长/ft	压裂液体积/gal	支撑剂重量/lb	施工天数/d	每天压裂液注入量/gal
Foreman 1	35	200	5327208	9945000	3	1775736
Foreman 2	35	200	5349796	10100310	3	1783266
Foreman 3	35	200	5042991	9584250	5	1008598
Foreman 4	35	200	4971033	9333150	5	994201

注:1Bbl=1.58987×10²dm³;1ft=3.048×10⁻¹m;1gal(UK)=4.54609L;1lb=0.453592kg。

2018 年开始,分离式同步压裂工艺开始在二叠(Permian)盆地推广使用[34]。Permian 盆地中的水平井采用套管固井+桥塞+射孔枪射孔的完井方式,不再使用滑套固井方式,因此管柱直径已不是限制压裂施工排量的主要因素,而施工排量主要受到地面压裂设备、压裂机组水马力、压裂材料供给等因素影响,最高注入速度只有 100Bbl/min,与 2017 年 Bakken 页岩 Foreman 井相比,提高幅度并不明显。

将同步压裂改造技术与地面分流操作结合并运用到 Permian 盆地,2019 年,Permian 盆地同步压裂井实现了排量的突破。井场设备布置如图 2-3 所示,压裂泵车被分成了两组,一组泵车用于混合、泵送高浓度滑溜水和支撑剂,而另一组泵车则仅用于泵送清水。同步压裂施工时,每组泵车同时向两口施工井泵注液体,因此可以大幅度提高施工排量。这种分流操作,不仅可以实现两口井以不同排量泵送,并且还可以根据现场施工情况,实时调整不同注入井滑溜水黏度。

图 2-4 比较了过去几年 Permian 盆地具有代表性的几口井的完井方式,证明了压裂改造技术和操作施工方面的进步。从图 2-4 中可以发现,同步压裂作业井 UL1125 井的改造效率高于 Hall 井和 Thomas 井的改造效率。

图 2-3 Permian 盆地分流同步压裂施工现场装备布置图[34]

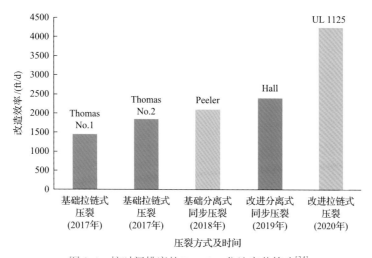

图 2-4 按时间排序的 Permian 盆地完井策略[34]

迄今为止，分离式同步压裂方式已经在 Bakken 和 Permian 等多个盆地中得到应用，并在不断发展。经过数年的现场实践与改进，与传统压裂方式相比，分离式同步压裂井的压裂效率提高了 45%，压裂改造成本显著降低。

(二)交替压裂技术发展

传统水平井多段压裂改造中(如连续压裂、同步压裂)，都是从水平井的趾端向跟端依此进行压裂施工。而该压裂工艺存在一个弊端，如果相邻两压裂段相隔距离较小，先产生的裂缝将挤压地层，在局部区域形成应力扰动，从而造成后一段压裂时裂缝不能正常扩展延伸，引起储层非均衡改造，不利于实现储层体积缝网压裂改造[35-38]。

针对上述连续/同步压裂改造存在的问题，2010 年，Soliman 等[25]、Roussel 和 Sharma[39,40]、Manchanda 等[41,42]提出了交替压裂方法(alternate stage fracturing)，也称作"得州两步跳"压裂方法(Texas two-step fracturing)，该方法在最小水平应力方向最大限度地减少裂缝干扰，使裂缝发育相对均匀。如图 2-5 所示，交替压裂方法的基本原理为：

在水平井多段压裂改造过程中,第一步,通过顺序压裂方法依次改造水平段,在相邻改造段之间,由于裂缝支撑产生应力干扰,该应力干扰对水平最小主应力影响较大,在相邻两压裂段之间区域,水平应力各向异性减小;第二步,在两个压裂段之间某一合理位置进行再次压裂,在此区域容易形成与主裂缝相互连通的应力松弛缝,有效沟通第一步改造中相邻两压裂段之间的页岩储层,从而进一步增大储层改造体积,提高页岩气储层产气量[43]。

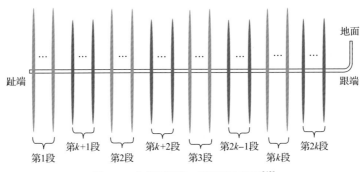

图 2-5　交替压裂施工顺序示意图[43]

理论上,交替压裂方式对形成复杂缝网更有利,增产改造体积比同步压裂更大,但该方法对现场施工却提出了严峻的挑战,而且需要下入特殊的井下作业工具。同时,该技术很容易使井筒附近应力发生反转,导致纵向裂缝形成。纵向裂缝的形成不仅达不到交替压裂的预期效果,反而更容易导致油气井产生砂堵。由于第一步已形成裂缝的影响,第二步压裂时,施工压力会明显增大。这些潜在的不利因素使得交替压裂(得州两步跳)未得到广泛使用。

(三)拉链式压裂技术发展

对于采用同步压裂方式改造的水平井,通过生产测井、微地震监测和其他测量数据可以发现,一些簇的产量低于预期,或者根本没有产出。发生这种情况在一定程度上是因为压裂段穿过应力不均匀的区域,造成裂缝不均匀扩展。采用拉链式压裂方法,在相邻两口水平井之间交叉进行压裂作业,延长了改造裂缝的闭合时间,有助于裂缝闭合,减小同一口井已压裂段对下一段压裂改造的影响[44-47]。

最初,作业者采用拉链式压裂来提高作业效率,减少压裂段之间的循环时间。在之前连续压裂作业时,通常压裂完一段后,需要花费几个小时来完成泵送桥塞和射孔作业,在这期间压裂泵组和施工人员处于闲置状态。而 Weatherford 公司在美国 Eagle Ford 页岩中通过采用拉链式压裂作业,在一口井泵送桥塞和射孔的同时,对另一口井进行压裂作用,如此反复,完成两口井的压裂施工。该方法极大地提高了压裂设备利用率和压裂效率,由之前的每月改造 43 段大幅度提升至每月改造 71 段,在某些井中,甚至每天可多完成 7 段压裂施工。由于压裂效率提高,运营商每天可节省约 8 万美元[48]。2012 年,Maratho 石油公司第一次在 Eagle Ford 页岩中测试了拉链式压裂,采用该压裂方式后,每个平台压裂改造时间平均节省了 4d。随着该技术的不断推广,到 2014 年时,Maratho 石油公司在 Eagle Ford 区块超过 95% 的井中采用了拉链式压裂。Maratho 公司主管 Richie Catlett 甚至表示:"对于任何有两口或两口以上的井,我们都将采用拉链式压裂改造"[49]。拉链式压裂模式为大型多井平台"井工厂"高开发提供了有力支撑。

虽然早期石油公司采用拉链式压裂方式是为了提高完井作业效率,但是随着该技术的大范围使用,石油公司发现拉链式压裂方式还可以提高油气井的产量。Eagle Ford 井的现场数据表明,拉链裂缝确实提高了油气井初始产量和最终采收率[50,51]。

墨西哥国家作业公司的 Hectarea Fracturada 项目是拉丁美洲第一次尝试拉链式压裂增产的项目[52]。该项目位于墨西哥北部的一个盆地,由交替的页岩和薄层砂岩组成。通过综合地质、地球物理、岩石物理和地质力学评估,对两口水平井实施了拉链式压裂改造。经过 32 段水力压裂后,两口水平井的平均初始产量为 8320Bbl/d,是该地区常规单井平均产量的 15 倍以上,大约是相邻垂直井初始产量的 40 倍。两口水平井的稳定产量分别为 2517Bbl/d 和 1011Bbl/d,而该地区典型常规井稳产产量只有 220Bbl/d。而这两口水平井 90d 的累计产量为 24×10⁴Bbl,是该油田常规井平均产量的 14 倍以上。之后,拉链式压裂技术被推广到拉丁美洲其他非常规油田和成熟油田,并取得了类似的成功。

Jacobs 等[48]从地质力学角度出发,分析了拉链式压裂对产量的贡献作用。他认为区块天然裂缝发育是促进拉链式压裂改造增产的基础,如果区块没有天然裂缝或者天然裂缝不发育,那么采用拉链式压裂改造或传统顺序改造方式对产量影响不大。与 Barnett、Bakken、Marcellus 和 Haynesville 页岩不同,Eagle Ford 页岩区块普遍发育有天然裂缝,因此相邻井之间压力连通性更强,采用拉链式压裂改造,能够改变临井天然裂缝中的压力,从而提高油气井压后产量。同时,通过拉链式压裂改造,能够减小已压裂段对后续压裂段的应力干扰,这也是产量提高的重要因素。

Roussel 和 Sharma[39]对拉链式压裂设计中裂缝周围的应力分布进行了数值模拟,研究了裂缝附近区域的应力逆转。在拉链式压裂中,当相反的裂缝相互延伸时,裂缝尖端之间会发生一定程度的干扰,迫使裂缝垂直于水平井筒方向延伸。然而,剪切应力在裂缝尖端附近发生了明显的变化,如果相对裂缝非常接近,裂缝方向可能会发生改变,从而增加井眼连通性的风险[39,40,53]。

针对以上裂缝尖端相互干扰的问题,结合交替压裂与传统拉链式压裂的优点,得克萨斯理工大学研究人员 Rafiee 等[49]于 2012 年提出了一种改进拉链式压裂方法(modified zipper fracturing)。改进拉链式压裂保留了传统拉链式压裂的优点,并且现场更易于实施。与交替压裂一样,改进拉链式压裂也使用应力阴影来最小化应力各向异性,从而增加改造区域裂缝的渗透性和复杂性[54,55]。其作业过程与交替压裂类似,首先在第一口水平井趾端进行第一次压裂[图 2-6(a)中序号 1],该段压裂结束后将压裂工具向水平井跟端移动至预定位置进行第二次压裂[图 2-6(b)中序号 2],再仿照交替压裂第三段压裂的做法,在第二口水平井与第一口水平井已形成的两条裂缝之间的合理位置进行压裂[第三次压裂,图 2-6(b)中的序号 3],压裂顺序在两口井之间如此交替直至完成两口井整段水平井的压裂。根据 Halliburton 公司对非常规油藏改造效益的评估，与常规拉链式压裂相比，采用改进拉链式压裂的单井产量可提高 15%～20%。

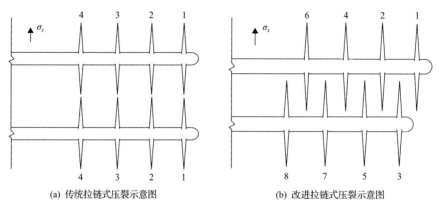

(a) 传统拉链式压裂示意图　　　　　　　(b) 改进拉链式压裂示意图

图 2-6　传统拉链式压裂与改进拉链式压裂示意图[49]

σ_x-最大水平主应力；图中序号表示压裂顺序

　　理论上拉链式压裂方法可以同时改造无限多口井，然而，随着压裂作业井数的增加，作业效率降低，同时作业复杂性增大，因此，拉链式压裂作业通常在 2～4 口井中进行。

　　Patel 等[56]根据 Eagle Ford 页岩多年的开发经验，总结分析了不同拉链式压裂模式的影响。图 2-7～图 2-10 示意了 4 种拉链式压裂模式。其中，图 2-7 表示两口相邻水平井拉链式改造(double zipper)，图中序号表示压裂次序，如前所述，该模式在一口井眼进行压裂时，在另一口井中进行下桥塞、射孔作业；图 2-8、图 2-9 为针对三口相邻水平井的拉链式压裂模式(triple zipper & staggered triple zipper)；图 2-10 为连续四口相邻水平井的拉链式压裂模式(staggered double zippers)，该模式是将图 2-7 和图 2-9 两种压裂模式结合，首先完成两口井的拉链式压裂改造，其次对处于两口井中间和外侧的两口井进行拉链式压裂改造。利用示踪剂监测(放射性示踪剂和化学示踪剂)、三维地震、压力监测等方法监测不同压裂模式的完井作业。

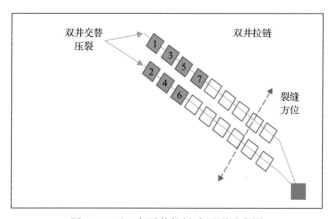

图 2-7　两口水平井拉链式压裂示意图

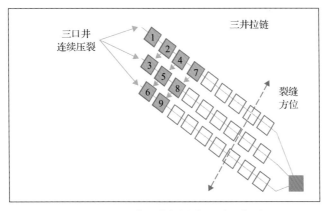

图 2-8 三口水平井拉链式压裂示意图

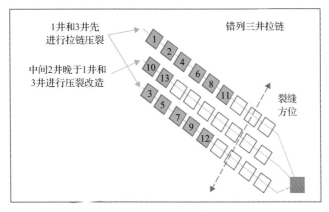

图 2-9 三重拉链顺序水平井压裂示意图

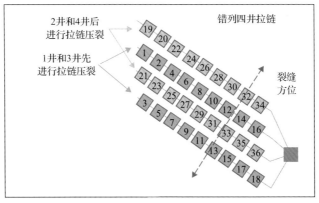

图 2-10 四口水平井拉链式压裂示意图

在双井拉链改造中，监测数据显示两口井产生的裂缝响应是一致的。在部分井中监测到支撑剂有流向之前已压裂段的现象，整体来看，大约有 85%的压裂段裂缝向邻井扩展，约 21%的压裂段裂缝实现双向扩展。为说明这一现象，Patel 等[56]展示了两口井的裂缝监测数据，如图 2-11 所示。水平井 D 井和水平井 E 井均采用顺序压裂方式，E 井在 D 井完全压裂完成后进行压裂改造。图中圆点表示 D 井的微地震监测数据，热成像图表示

E 井的裂缝监测数据。从图 2-11 中可以发现，在已压裂井 D 井的影响下，E 井产生的裂缝明显偏向 D 井方向。

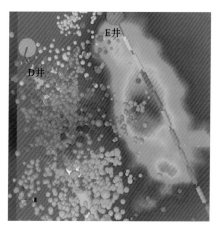

图 2-11　裂缝走向的微地震数据[56]

与双井拉链压裂相似，三井拉链水平井改造中产生的裂缝同样容易偏向之前已完成改造段，并且与双井拉链改造相比，三井拉链改造裂缝沟通现象更严重，裂缝平均渗透率提高了 45%。这种裂缝沟通现象增加了生产井的干扰程度，降低了单井平均产量。

考虑到双井拉链和三井拉链压裂中裂缝的干扰现象，Patel 等[56]提出了一种错列式拉链改造方法。通过增加一口补偿井，延长了相邻井段的压裂改造间隔，从而减小不同段裂缝间的干扰作用，这种错列拉链方法适用于 3~4 口井的压裂改造(图 2-9、图 2-10)。微地震裂缝监测结果显示，这种错列式拉链改造方法改善了裂缝非均衡扩展的现象，提高了压裂改造效果。图 2-12 为不同模式拉链改造的效果，从图中可以看出，相较于三井拉链压裂改造，双井拉链压裂和错列式拉链压裂改造效果较好，第一年平均产量提高了约 25%。

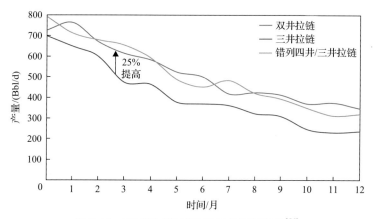

图 2-12　不同模式拉链改造后月产量对比[56]

Algarhy 等[53]提出了一种优化拉链式压裂方法(optimized zipper fracturing)，该方法通过调整压裂段顺序以及优化压裂液体积、支撑剂体积、压裂液黏度等参数产生膨胀裂缝，在井间产生有利的应力阴影，从而达到减少压裂段簇、增加裂缝复杂程度的目的，其压裂示意图如图 2-13 所示[54]。优化拉链式压裂方法的关键是要在压裂过程中实时监测裂缝内压力变化，并及时对施工参数做出调整。为避免应力阴影导致裂缝不对称增长，该方法主张同时对三口井进行拉链式压裂改造。与常规拉链式压裂方法相比，优化拉链式压裂方法不需要对整个水平段进行压裂，而且可以有效改善水力裂缝的复杂程度，从而提高油气井产量和最终采收率。Algarhy 等已经通过数值模拟方法证明了该压裂方法的可行性，但具体的现场表现还有待试验验证。

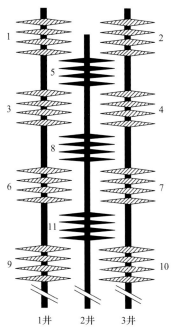

图 2-13　优化拉链式压裂示意图[53]
图中序号表示压裂顺序

目前，拉链式压裂改造方式已被非常规油气行业广泛采用，超过一半的"井工厂"压裂作业采用该压裂模式，大幅度节约了作业时间，提高了压裂改造效率及油田生产效益。

（四）"灵活井工厂"技术

通常"井工厂"作业模式更加关注作业周期和作业成本，采用油井的最终采收率和资本回收率作为最终考虑，从而降低了油井的整体经济回报。而非常规储层一般存在较强的非均质性，采用统一的"井工厂"作业可能会造成部分井经济效益较差。针对这一缺陷，Chevron 公司提出一种新的"灵活井工厂(flexible well factory)"作业模式[38]。如图 2-14 所示，该模式根据储层地质条件以及同一平台前几口井的作业数据，实时调整后续井的井位、钻井参数、完井参数等，以提高"井工厂"作业的经济效益。

美国 Permain 盆地地质条件复杂，沉积环境和储层性质在垂向和横向上都有较大变化。这种地层非均质性为传统"井工厂"方法带来了挑战。Chevron 公司利用"灵活井

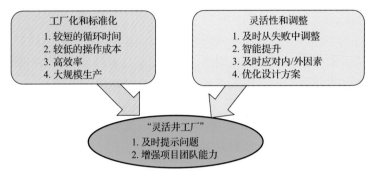

图 2-14　"灵活井工厂"运作模式[38]

工厂"模式在 Permain 盆地的 12 口井组中进行了试验。项目实施期间,对钻井和完井作业数据进行收集,用于优化后续钻完井决策;提前确定备选钻探位置,从而可以根据已钻井数据灵活调整后续钻完井计划。图 2-15 为"灵活井工厂"方案初始计划。

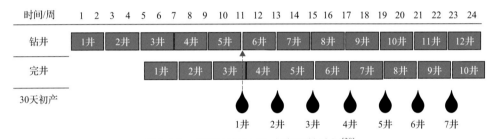

图 2-15　"灵活井工厂"方案初始计划[38]

按计划执行完前 4 口井钻井后,根据已获取的地质数据得出:相较于油田西北区域,该油田东南部区域储层条件较好,适合大规模开发,原计划中的 5 井和 6 井位于有利的地质区域,因此继续进行了钻探,其余 6 口井由于位置不太理想,从钻井计划中被删除,并替换为 6 口位于有利位置的备用井;同时,根据测试得到的测井数据,分析储层岩石力学性质,优化了压裂设计方案,根据油藏特征调整液体、支撑剂用量,根据解释的地应力特征改变射孔参数等。图 2-16 为"灵活井工厂"调整后的钻完井方案。通过采用备用井位,"灵活井工厂"模式的总净现值是传统"井工厂"模式的 2 倍多。

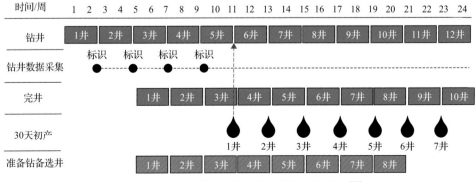

图 2-16　"灵活井工厂"调整后的钻完井方案[38]

（五）多层"井工厂"压裂技术发展

低渗致密储层往往在纵向上分布有多个储层，并且各储层拥有各自的压力系统，其纵向上互不连通，这类多层致密储层在世界范围内广泛分布，如加拿大的霍思河(Horn River)盆地，美国的 Permain 盆地、特拉华(Delaware)盆地等。为高效开采这类多层分布的非常规资源，通常需要对多层进行压裂改造。水力压裂设计的应用越来越多地涉及多层、多水平井的增产作业。而多层"井工厂"压裂技术(stacked pay well pad fracturing)是一种高效改造多层储层的方法。图 2-17 为美国 Permian 盆地"井工厂"多层开发示意图，Laredo 石油公司采用单井场多产层开发了 4 个层位的页岩油气，作业成本降低 6%～8%[57-61]。

图 2-17　美国 Permian 盆地"井工厂"多层开发示意图[61]

为提高多层分布油藏或超厚油藏的开发效率，2001 年，ExxonMobil 公司开发了一种新型多层增产技术(multi-zone stimulation technologies)，并且还研发了相应的设备和软件系统。图 2-18 为该压裂技术示意图[62]。多层增产改造可以通过"实时射孔(just-in-time perforating)"和"环空连续油管压裂(annular coiled tubing fracturing)"两种方法实现。当采用实时射孔压裂进行增产作业时，如图 2-19 所示，首先对单个层位进行射孔，其次将射孔枪上提至下一层位射孔处，进行压裂泵注施工，在第一段完成改造后，泵送坐封球，在完成坐封后，即可进行下一段射孔作业，如此反复，可实现不停泵条件下单井多段压裂改造。为进一步建立协同效应，ExxonMobil 公司还开发了一项协同作业(simultaneous operations)技术，可以在钻机钻进作业情况下，在相同井平台上同时进行增产作业。该技术可最大限度地减少井场作业面积，节约作业时间和施工成本，从而实现油井的早日投产。ExxonMobil 公司应用协同作业和多层增产技术在皮申斯(Piceance)盆地一井台上完成了 9 口井的压裂增产改造，每口井包含 40 多个油层，采用协同作业和多层增产技术后，每天可完成 20 多段压裂施工，在 2～3d 便可完成四十多段压裂改造，单段压裂改造成本仅为传统顺序改造的 50%。同时，现场经验表明，采用该技术的改造井的产量明显高于采用传统改造技术的改造井的产量，如图 2-20 所示。因此，协同作业和多层增产技术在美国西部的 Piceance 盆地得到了广泛应用。

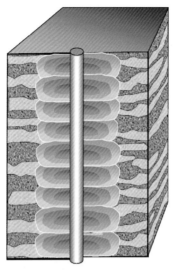

图 2-18　ExxonMobil 公司开发的新型多层增产技术示意图[62]

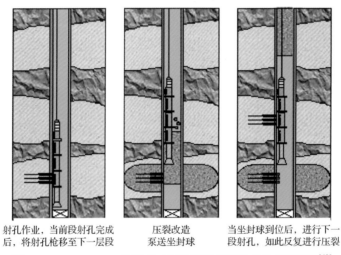

射孔作业，当前段射孔完成　　压裂改造　　当坐封球到位后，进行下一
后，将射孔枪移至下一层段　　泵送坐封球　　段射孔，如此反复进行压裂

图 2-19　ExxonMobil 公司实时射孔压裂多层增产技术示意图[62]

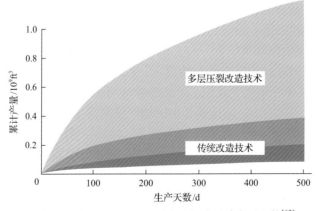

图 2-20　Piceance 盆地不同改造方式累计产量比较[62]

多层"井工厂"压裂改造时,各储层段往往具有不同的地应力系统;同时,已压裂段产生的应力扰动必然会影响相邻层段的裂缝扩展。因此,多层压裂施工时,需要密切关注垂向变化对裂缝形态的影响[63-65]。

Ueda 等[66]基于 Delaware 盆地现场数据,提出了一种"高应力层"多层压裂改造方法。该方法利用瞬时关井压力(ISIP)和关井压力(SIP)来评价储层复杂性和应力阴影,利用地质力学模拟器识别储层垂向上的应力干扰作用,通过改变不同层段的压裂顺序实现增大改造体积的目的。

Alimahomed 等[63]基于 Permian 盆地多层压裂生产数据,研究了多层压裂时压裂顺序对改造效果的影响。如图 2-21 所示,根据 Permian 盆地情况建立了纵向上包含 4 套储层、4 口水平井的模型。通过追踪 Permian 盆地近 5 年的生产情况,当每套储层单独开采时,其各层产量: 3rd Bone Spring 为 45871Bbl、Wolfcamp A 为 49515Bbl、Wolfcamp B 为 42015Bbl、Wolfcamp C 为 28476Bbl。当对 4 个储层进行分层压裂时,层位压裂顺序的不同将在纵向上产生不同的应力干扰作用,由此对压后产量产生影响。如图 2-22 所示,相比由上至下的压裂顺序,由下至上压裂时,层间产生的应力扰动更强烈,压后产量也相应提高了 8%。因此,在考虑裂缝应力干扰情况下,由下至上的压裂顺序优于由上至下。

Damani 等[67]基于 Delaware 盆地多层压裂井生产数据,利用三维地质模型研究了纵向井距对压裂效果的影响。研究结果表明,水力裂缝高度控制不同层段的应力扰动作用;当垂向距离较大时(>660ft),不同层段水力裂缝是相对独立的,相互间应力扰动作用小,层位压裂顺序对压裂效果影响较小。

二、北美"井工厂"压裂技术特点

"井工厂"技术已在北美地区得到较大规模的应用,既提高了作业效率、降低了作业成本,又便于施工和管理,特别适用于致密油气、页岩油气等低渗、低品位的非常规

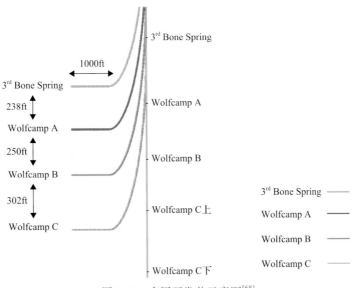

图 2-21 多层开发井示意图[68]

由顶到底   由底到顶

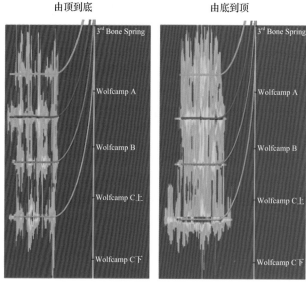

(a) 侧面图(考虑了垂向三轴压力)

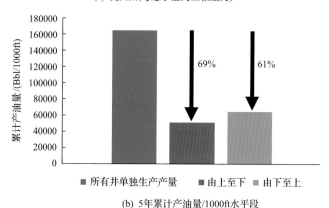

(b) 5年累计产油量/1000ft水平段

图 2-22 多层压裂时不同压裂顺序对应的垂向应力扰动[68]

油气资源的开发作业。北美"井工厂"压裂流程和设备主要包括六大系统：连续泵注系统(把压裂液和支撑剂连续泵入地层)、连续供砂系统(把支撑剂连续送到混砂车绞龙中)、连续配液系统(用现场的水连续生产压裂液)、连续供水系统(把合格的压裂水连续送到现场)、工具下入系统(射孔、下桥塞实现分层)、后勤保障系统(各种油料供应、设备维护、人员食宿、工业及生活垃圾回收等)。

在北美地区非常规油气革命进程中，"井工厂钻完井"作业模式作为核心技术发挥了巨大作用。通过集成应用先进的技术和管理，北美页岩气开发探索建立了一套以"井工厂"为核心的技术体系，主要技术特点如下所述。

(1)一体化考虑：将储层改造与油藏和钻完井有机结合，考虑钻井、完井与压裂一体化。从压裂技术，到改造工具、完井方式、钻井方式、井身结构、井型设计、布井，采取逆向设计思路，以改造为中心，实现经济开发。

(2)井组式开发：要开展"井工厂"压裂施工，井场布局十分关键，单个井场的施工井数越多，压裂的液量、砂量越大，"井工厂"压裂的优势越明显。美国 Bakken 和 Eagle Ford 区块的开发便是采用大平台丛式布井模式，一个平台通常有 20～32 口井。井场距离近可以充分发挥连续供水系统的作用。放喷出来的水经过处理后重复利用，既节约了压裂水，又减少了拉运污水的工作量。压裂设备动复员时间短，降低了施工成本。

(3)流水线作业：利用地面多井平台，采用多井同步作业(simultaneous operations)、交叉作业模式，以不间断流水线作业形式组织施工，有效地整合施工队伍。按功能把整个施工划分为连续泵注、连续供砂、连续配液、连续供水、工具下入和后勤保障六大系统。按工序把整个施工分解为前期准备、压裂液配制、压裂车组泵注、返排及后期收尾等几个子过程。按照一定的程序和分工，各系统或子过程分别交由专门的施工小组实施，在同一个平台上按照统一的指令完成各自的动作，为压裂作业批量化施工创造了基本的条件。

(4)集中式供水：利用附近的湖泊、河流或者水井作为水源。挖掘蓄水池或者用水罐来蓄水。对于多个丛式井组，优先考虑使用蓄水池进行集中式供水，压裂后放喷的水直接排入水池，经过处理后重复再利用。

(5)配套型工艺：研究和选择与"井工厂"压裂相配套的工艺技术。目前，水平井多段大型压裂施工主要有泵送快钻/可融桥塞、裸眼封隔器投球、连续油管喷砂射孔(砂塞或底带封隔器分段)、连续油管水力封隔等工艺技术。该技术可以实现任意段数的压裂，段与段之间的等候时间在 2～3h，利用此间隙可以完成设备保养、燃料添加等工作，特别适用于"井工厂"压裂。

第二节　北美典型页岩气田"井工厂"压裂技术发展脉络

美国是最早发现并开采页岩气的国家，至今已有一百九十多年的页岩气开发历史。目前，美国富有机质发育的页岩盆地主要有二十多个，主要分布在北美克拉通以及古生代和中新生代褶皱带上，包括前陆盆地和克拉通盆地。这些盆地主要发育 33 套页岩层系，以泥盆系、石炭系、白垩系为主。美国东部页岩气主要富集在泥盆系，以 Marcellus 页岩为代表；南部沿海盆地页岩气主要富集在白垩系，以 Eagle Ford 页岩为代表；中部主要发育石炭系和二叠系页岩，以 Barnett 页岩为代表；落基山前页岩气主要富集在白垩系和古近系—新近系，以奈厄布拉勒(Niobrara)页岩为代表。每个页岩气盆地所处地理环境及地层特征等各不相同，各页岩气田有其独特的勘探标准和作业挑战。例如，与美国其他页岩气不同，安特里姆(Antrim)页岩和新奥尔巴尼(New Albany)页岩是浅层页岩，生产过程存在较多地层水。Fayetteville 页岩的开发主要集中在阿肯色州中北部的农村地区，而 Barnett 页岩的开发则集中在得克萨斯州的 Ford Worth 地区，该地区主要是城市和郊区环境[30,69-74]。

长水平井、大规模滑溜水体积压裂以及"井工厂"规模作业等技术的发展促成了美国"页岩气革命"，页岩气开发进入快车道，各页岩气田产量快速提升。目前，美国投入规模商业开发的页岩主要包括 Barnett 页岩、Haynesville 页岩、Marcellus 页岩、

Woodford 页岩、Bakken 页岩、Eagle Ford 页岩等，图 2-23 展示了美国主要页岩气田的产量变化。本节主要介绍"井工厂"压裂技术在 Barnett 等北美典型六大页岩气田中的发展历程。

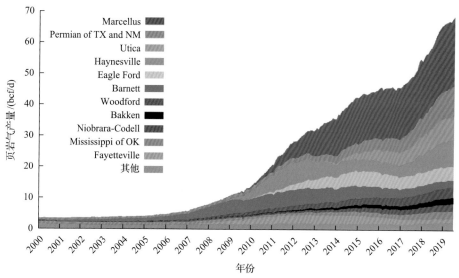

图 2-23　美国主要页岩气田的产量变化（数据来源于美国能源信息署）

Permain of TX and NM-二叠系（得克萨斯州和新墨西哥州）；Utica-尤蒂卡；Niobrara-Codell-奈厄布拉勒-科德尔；
Mississippi of OK-密西西比（俄克拉荷马州）；1bcf=1000MMscf=$2.8316 \times 10^7 \text{m}^3$

一、美国 Barnett 页岩

（一）Barnett 页岩开发历程

20 世纪初，地质学家在美国得克萨斯州圣萨巴（San Saba）县靠近 Barnett 溪的露头处发现了一块富含有机物质的黑色页岩，于是该地层由此得名为 Barnett。Barnett 页岩是密西西比时代的陆架沉积物，该地层由富含有机质的页岩和石灰岩组成，由下至上分为三个层系：下层页岩、中层石灰岩和上层页岩。Barnett 页岩的矿物组成包括石英、方解石、白云石和菱铁矿。得克萨斯州北部 Barnett 页岩占地 5000mi[2]①，覆盖了二十多个县，其核心区位于登顿（Denton）、约翰逊（Johnson）、塔伦特（Tarrant）和怀斯（Wise）四个县。Barnett 页岩深度和厚度分别从伊拉斯（Erath）县的 3500ft 和 150ft 到 Denton 县的 8000ft 和 1000ft。Barnett 页岩被认为是美国最大的陆上天然气产地之一，据美国能源信息署估计，该地层有 $4 \times 10^{13} \text{ft}^3$ 的技术可采天然气储量[16,75-78]。

在美国的页岩气储层中，Barnett 页岩的开发历史最为悠久，储层改造技术的研究与应用发展历程最具代表性。

1981 年，Mitchell Energy 公司在 Barnett 页岩中钻出了第一口具有商业价值的井，该井为一口直井，后期采用氮气泡沫压裂技术进行增产改造，虽然该井在技术上被认为是

---

① 1mi²=2.589988km²。

成功的,但没有获得经济上可行的产量。直到 21 世纪初,随着钻井技术的发展以及滑溜水压裂技术的应用,Barnett 页岩开启了大规模商业开发阶段。总结美国 Barnett 页岩气的改造技术发展历程,可以划分为以下 4 个阶段[7]。

1. 第一阶段:以直井大规模水力压裂技术为主

20 世纪 80 年代初期,Barnett 页岩大多采用常规羟丙基瓜尔胶压裂技术,也试验应用过氮气泡沫压裂技术,但改造后均未达到经济开采程度。到 1986 年,开始采用氮气助排的大型压裂技术,该阶段单井压裂液规模约为 1900m³,加砂量为 44~680t(20/40 目支撑剂),主体施工排量大于 6m³/min。1990 年以来,Barnett 页岩气井全部采用大型压裂技术,典型井产量为(1.55~1.94)×10⁴m³/d。在 1992 年时,在 Barnett 页岩中进行了第一口水平井压裂试验。

2. 第二阶段:以直井大规模滑溜水压裂为主

1997 年,美国借鉴卡顿瓦利(Cotton Valley)致密气压裂成功的经验,将滑溜水压裂技术引入 Barnett 页岩气压裂中,最初的滑溜水压裂用水量大于 6000m³,支撑剂用量一般超过 100m³,压裂改造施工成本降低 25%左右;到 1998 年时,Barnett 页岩开始大规模采用滑溜水压裂技术,其改造效果显著好于大型冻胶压裂,产量增加约 25%,典型滑溜水压裂井产量达到了 3.54×10⁴m³/d。

3. 第三阶段:水平井分段压裂技术开始试验

2002 年以来,美国许多公司开始尝试水平井压裂技术(水平段长为 450~1500m),水平井压后产量一般是垂直井的 3 倍多。2004 年,水平井分段改造和滑溜水压裂技术得到快速普及,采用水平井多段压裂技术结合滑溜水大规模压裂技术对 Barnett 页岩进行改造,产量获得了大幅度提升,单井产量可达到 6.37×10⁴m³/d;2005 年,开始试验称之为"井工厂"作业的两口井同步压裂技术,或者是交叉式压裂技术(又称拉链式压裂)。这种施工方式可促使复杂缝网的产生,增加储层改造体积,并且压裂改造效率更高,平均产量比单独压裂可类比井提高 21%~55%,成本降低 50%以上。

4. 第四阶段:水平井套管完井及分段压裂技术逐渐成为主体技术模式

随着水平井分段压裂和"井工厂"作业普及应用,2007 年成为以水平井为主导大规模开采 Barnett 页岩的起点。水平井套管完井有利于后期增产改造作业,到 2008 年时,北美超过 80%的水平井采用套管完井技术,2009 年有超过 95%的 Barnett 页岩气井采用水平井套管完井方式。

表 2-2 和图 2-24 展示了 Barnett 页岩气田每年的钻井数量及年产量变化。2001~2012 年,随着压裂液、水平钻井、分段压裂技术的突破,以及"井工厂"作业模式的应用,钻井数量急剧增加。Barnett 页岩气田的年产量从 2001 年的 3.3×10⁹m³ 井喷式增长到 2012 年峰值产量 5.21×10¹⁰m³,成为了世界上第一个大型页岩气田。2012 年产量高峰期间,年钻井数为 1531 口,其中 98%为水平井,累计钻井 17922 口。目前,受开发成本、甜点区域等因素制约,Barnett 页岩气田产量稳步下降,处于开发后期,产量平均每年下降 6.52%。

表 2-2 Barnett 页岩气田每年钻井数量和年产量(1980～2019 年)

钻井数和产量	1980 年	1981 年	1982 年	1983 年	1984 年	1985 年	1986 年	1987 年
新钻井数	0	1	0	1	6	11	8	4
累计井数	0	1	1	2	8	19	27	31
年产量/$10^9 m^3$	—	—	—	—	—	—	—	—
钻井数和产量	1988 年	1989 年	1990 年	1991 年	1992 年	1993 年	1994 年	1995 年
新钻井数	7	9	20	18	14	27	42	76
累计井数	38	47	67	85	99	126	168	244
年产量/$10^9 m^3$	—	—	0.1	0.2	0.3	0.3	0.4	0.6
钻井数和产量	1996 年	1997 年	1998 年	1999 年	2000 年	2001 年	2002 年	2003 年
新钻井数	56	74	72	77	109	517	789	938
累计井数	300	374	446	523	632	1149	1938	2876
年产量/$10^9 m^3$	0.8	0.9	1.1	1.3	1.9	3.3	5.3	7.4
钻井数和产量	2004 年	2005 年	2006 年	2007 年	2008 年	2009 年	2010 年	2011 年
新钻井数	877	1085	1606	2560	2921	1637	1804	1025
累计井数	3753	4838	6444	9004	11925	13562	15366	16391
年产量/$10^9 m^3$	9.0	12.1	17.1	26.6	39.8	44.0	45.8	51.1
钻井数和产量	2012 年	2013 年	2014 年	2015 年	2016 年	2017 年	2018 年	2019 年
新钻井数	1531	1506	1002	850	602	513	461	453
累计井数	17922	19428	20430	21280	21882	22395	22856	23309
年产量/$10^9 m^3$	52.1	48.0	44.4	38.1	32.4	29.3	27.1	24.9

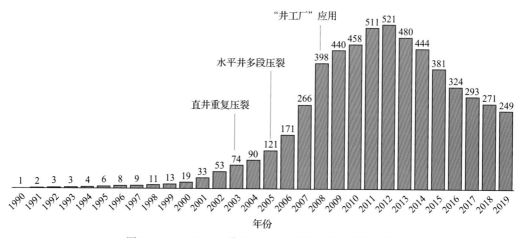

图 2-24 Fort Worth 盆地 Barnett 盆地年产量变化曲线

图中单位为 $10^8 m^3$

(二)Barnett 页岩"井工厂"压裂典型案例分析

2006 年,同步压裂首先在美国 Fort Worth 盆地的 Barnett 页岩中实施。作业者在水平井段相隔 152～305m 的两口大致平行的水平井之间进行同步压裂，如图 2-25 所示。由于压裂井的位置接近，如果依次对两口井进行压裂，可能导致只在第二口井中产生流体通道而切断第一口井的流体通道。同步压裂能够让被压裂的两口井的裂缝都达到最大化，相对依次压裂来说，获得收益的速度更快。在 Barnett 页岩的同步压裂作业中，大约 1587.6t 的支撑剂和 39750m^3 的减阻水被注入 9 个层段（其中一口井 4 段，另一口井 5 段），之后，这两口井均以相当高的速度生产，其中一口井以日产 2.55×10^5m^3 的速度持续生产 30d，而其他未压裂的井日产速度只有 $(5.66 \sim 14.16) \times 10^4$m^3。

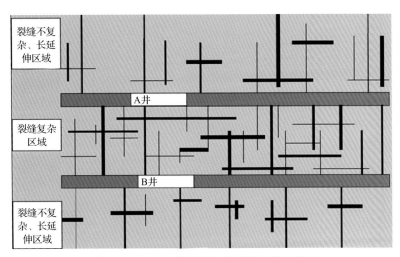

图 2-25　Barnett 页岩两口井同步压裂示意图

（三）施工现场的"井工厂"管理

"井工厂"压裂从常规小规模加砂压裂发展到大规模、"井工厂"压裂，单井次施工规模由原来的"千方液、百方砂"，发展到"万方液、千方砂"，连续施工作业时间由原来的 20h 延长至 100h 以上。其中核心概念"井工厂"管理是以建立标准流程自动化管理为目标，推行精准的技术管理，精准的施工时间管理，精准的单井、单项工程、单机预算管理，精准的健康、安全和环境（HSE）管理。

针对压裂生产区域和项目"点多、线长、面广"的情况，需要强化各环节管理，从科学组织调度到优化生产运行环环相扣。生产协调部门加强与采油单位调度系统和采油一线的联系，及时掌握井下动态，之后根据路途远近与对方预约压裂时间，确保"零间隙"衔接。相关部门和单位对压裂施工进行专业设计，安排优质仪器和优秀队伍执行施工任务，提高压裂一次成功率。

以 Barnett 页岩为代表的美国页岩气储层改造主体技术为水平井分段+大规模滑溜水压裂技术。Barnett 页岩气藏的成功迅速被借鉴至 Haynesville、Fayetteville、Marcellus、Eagle Ford 等页岩气藏的开发中。由于不同区域页岩储层性质差别大，储层改造的适应性存在较大差异，各石油公司根据储层特征（特别是岩石脆性）形成的针对性储层改造技术不尽相同，但有一点趋势相同，即"长水平井段+分段多簇压裂改造"以及"井工厂"作业模式。

二、美国 Woodford 页岩

美国 Woodford 页岩从堪萨斯州南部一直延伸到俄克拉荷马州和得克萨斯州西部，其最显著的沉积是在阿科马（Arkoma）盆地西部，这是一个前陆盆地，页岩的深度在 6000～11000ft，厚度通常在 50～300ft。Woodford 储层为一种富含有机质的灰黑色硅质页岩，总有机碳（TOC）含量在 6%～8%，孔隙度范围为 3%～9%，渗透率范围为 0.000001～0.001mD。阿科马-伍德福德（Arkoma-Woodford）页岩更类似于 Barnett 页岩，在页岩中存在硅质互层，含有 48%～74%的石英，另外还含有 3%～10%的长石、7%～25%的伊利石黏土、0%～10%的黄铁矿、0%～5%的碳酸盐岩和 7%～16%的干酪根[79-81]。

Arkoma-Woodford 是美国第一批非常规油气藏之一。1934 年，Arkoma-Woodford 页岩在波特沃托米（Pottawatomie）县首次开采，但直到 2006 年，超过 130 口水平井完工后，Arkoma-Woodford 页岩气田才有了很大的发展势头。塔尔萨（Tulsa）地质协会称，Arkoma-Woodford 油田于 2003 年开始进行垂直钻井作业，并在 2004 年底进行了第一口水平井钻井。Arkoma 盆地 Woodford 天然气计划于 2008 年启动，其产量变化如图 2-26 所示。

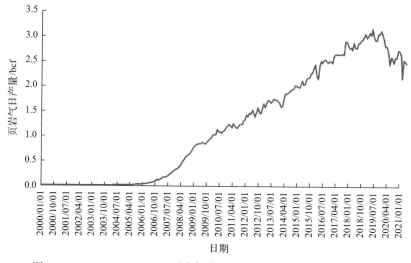

图 2-26　Arkoma-Woodford 页岩气产量（数据来源于美国能源信息署）

2008 年之前，Arkoma-Woodford 页岩气井通常采用水平井套管固井方式，套管直径一般为 5in①，水平段长一般在 2500～4000ft。水平段长不同不仅体现在成本上的差异，而且由于压裂段数的不同，其采收率也存在差异。水平段长为 2500ft 时，通常只能压裂 5 级，每口井的平均产量约为 $2.5\times10^9m^3$；而水平段长为 4000ft 时，作业者可执行 8～9 级压裂，平均可获得 $6\times10^9m^3$ 的产量。水力压裂改造时，通常采用一次射孔 300ft，

---

　① 1in=2.54cm。

在压裂之前用15%的盐酸酸化,每级泵入约18000Bbl滑溜水和200000lb支撑剂(70/140目+40/70目或20/40目),平均泵速为60~95Bbl/min,施工压力为5600~5800psi[①]。

随着Barnett页岩"井工厂"作业的成功,Woodford页岩也转向多井同时压裂增产作业。Continental Resources公司在Arkoma盆地西部开发页岩时,采用了同步压裂技术进行储层改造。水平井均采用了5.5in的P110套管固井,采用多级分段压裂完井工艺,单段长度为400~500ft,每段进行4~6簇射孔,簇间距为70~125ft,射孔密度为6孔/ft,60°相位射孔,射孔直径为0.32(水平段上部)~0.42in(水平段下部)。第一段通过连续油管射孔,随后各段采用电缆带射孔枪射孔+复合可钻桥塞封隔,压裂时注入速率为2~12Bbl/min。

三、美国Marcellus页岩

Marcellus页岩属于阿巴拉契亚(Appalachia)盆地,沉积细粒、富有机质、低孔低渗的黑色页岩,分布于纽约州、宾夕法尼亚州、西弗吉尼亚州、俄亥俄州等地区,面积约$3.4×10^7$acre[②]。Marcellus页岩深度为4000~8500ft,平均深度约为5200m,页岩厚度在50~200ft,总有机碳含量为3%~12%。Marcellus页岩是继得克萨斯州Barnett页岩储层之后第一个被开发的页岩,专家估计天然气总储量约为$4.1×10^{14}m^3$,可为北美消费者提供数百年的天然气[28,82,83]。

多年前,地质学家就在Marcellus地层中发现天然气的存在。然而,由于Marcellus页岩具有超低的渗透率,通过常规直井很难得到经济开发。2005年,Range Resources公司应用了在北得克萨斯州Barnett页岩区学到的钻井和完井技术,在宾夕法尼亚州西南部建成了一口水平井,通过水力压裂,提高了Marcellus页岩地层的渗透性,显著增加了天然气的流量,使该地区页岩气具有经济可采性。这口井的成功改变了Marcellus的历史,开创了当前世界上最大的页岩气藏。

Marcellus页岩初期主要采用直井开发,经济效益较差。自2007开始,Marcellus页岩尝试采用"井工厂"开发模式,作业过程中,水平井的水平段长为1300m、深度为2500m时,钻井周期仅为27d,该区勘探开发效果得到了显著改善。随后,"井工厂"钻完井模式在Marcellus页岩开始大规模推广使用,到2011年时,该区域中约80%的井都是利用"井工厂"模式开发,一个平台上最多建有12口水平井。"井工厂"模式极大提高了经济效益,同时减少了对环境造成的不良影响,该阶段Marcellus页岩气田产量快速提高,如图2-27所示。

在开采初期,Marcellus页岩气井压裂针对的是单井平台,并且只能在白天作业,因此每天只能压裂2~3段(2~3h的泵送时间)。在采用了多井平台后,可以在夜间进行泵送作业,每天压裂段数增加到3~4段。随着压裂改造需求持续增加,使用一套压裂设备、两班压裂作业人员、连续24h轮换作业,可以在一天内完成4~5级压裂。

---

① 1psi=6.89476×10^3Pa。

② 1acre=0.404856hm²。

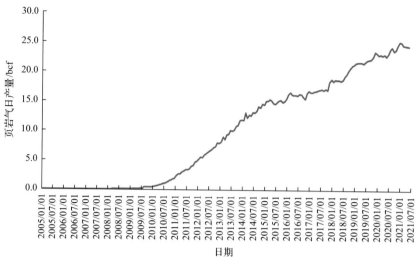

图 2-27　Marcellus 页岩气产量(数据来源于美国能源信息署)

四、美国 Haynesville 页岩

位于路易斯安那州西北部和得克萨斯州东部的 Haynesville 页岩是一种富含有机物和碳酸盐的泥岩,占地面积超过 8000mi²。从矿物成分上看,Haynesville 页岩主要由黏土大小的颗粒组成,含有少量的粉土和砂子,黏土含量通常小于 40%,镜质体反射率为 1.3%~2.4%(在干气窗口内),总有机碳含量为 3%~5%,孔隙度为 6%~12%,水饱和度为 25%~35%。Haynesville 页岩在地质上非常独特,其岩石物理性质、工程和力学性质都接近最佳。与北美其他区块页岩相比,它埋藏很深,为 10000~14500ft,厚度为 150~400ft,具有异常高的压力(0.72~0.90psi/ft)、高温(280~350°F①),闭合压力为 9000~12000psi;以钙质充填为主的天然裂缝延展性接近煤(布氏硬度约为 18),是北美页岩气最丰富的地区之一[84-89]。

地质学家早就知道 Haynesville 页岩中含有大量的天然气,2004 年,在 Haynesville 页岩中钻取的一口垂直井出现了明显的天然气显示,然而,由于其地层具有低渗透性,最初 Haynesville 页岩只是被认为是一个烃源岩,而不是一个气藏。2005~2007 年,在 Haynesville 页岩中陆续又钻了一批垂直井,用于研究地层特征。直到 2007 年,Chesapeake Energy 公司在该地区钻了第一口水平井,获得了经济可采储量,由此发现了 Haynesville 页岩气区块具有商业开采价值。

2008 年,将水平钻井和水力压裂技术在北得克萨斯州 Barnett 页岩的成功应用经验应用到了 Haynesville 地区,从此进入了大规模开发阶段。Haynesville 页岩通常采用 4.5~5.5in 套管固井,主要采用桥塞和电缆射孔完井方式,水平段长为 3500~5000ft,通常压裂 10~20 段,单段长度 200~450ft,每段有 4~6 簇射孔。

图 2-28 显示了 Haynesville 页岩产量变化,从图中可以看出,自 2008 年开始,

---

① 1°F≈−17.22℃。

Haynesville 页岩气产量迅速提升，在 2011 年时达到高峰，天然气日产量达到了 $7×10^9m^3/d$，超过了得克萨斯州北部的 Barnett 页岩，成为美国页岩气产量最高的区块之一。随后，由于储层地质甜点和石油/天然气价格等因素影响，Haynesville 页岩气产量逐渐下滑，在 2016 年时达到低谷，页岩气产量较 2011 年高峰时下降了一半。从 2016 年下半年开始，由于石油/天然气价格回升以及采用了新的储层改造技术，Haynesville 页岩气产能得到极大的释放，产量逐步提高，并超过 2011 年时的峰值产量，最高产量达到了 $1×10^9m^3/d$。

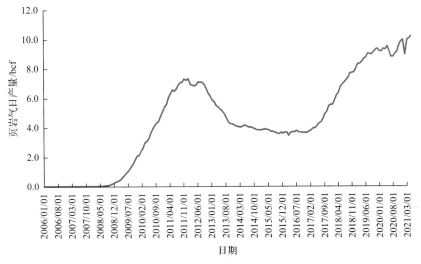

图 2-28 Haynesville 页岩气产量(数据来源于美国能源信息署)

图 2-29 比较了 Haynesville 页岩 2008~2017 年平均水平段长、平均加砂强度和前 3 个月平均累产气量变化。在该段时间内，Haynesville 页岩平均加砂强度从 500lb/ft 增加到 3000lb/ft 以上，由于 Haynesville 页岩具有较低的杨氏模量和布氏硬度，与北美其

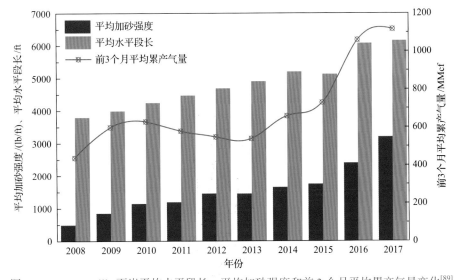

图 2-29 Haynesville 页岩平均水平段长、平均加砂强度和前 3 个月平均累产气量变化[89]

他页岩相比，Haynesville 页岩偏软且更具韧性，伴随着高闭合应力，支撑剂容易嵌入地层，使形成的裂缝在加砂浓度低的区域容易闭合，而加大加砂强度则可有效缓解这一问题。水平段长从 2008 年的 3800ft 增加到 2017 年的 6000ft 以上，前 3 个月平均累产气量从不足 $5 \times 10^8 ft^3$ 增加到约 $1.1 \times 10^9 ft^3$。除了加砂强度和水平段长提高以外，Haynesville 页岩还通过减小簇间距来增大改造体积，单井产气量显著提高。同时，随着"井工厂"作业模式、平台重复压裂等新技术的推广使用，单井成本不断降低，提高了气田的经济效益。

五、美国 Eagle Ford 页岩

Eagle Ford 页岩是北美最高产的非常规油气藏之一，位于得克萨斯州的一个白垩纪盆地，从路易斯安那州西南边境一直延伸到墨西哥边境，页岩面积超过 $1.1 \times 10^7 acre$。Eagle Ford 页岩的独特之处在于，它被划分为三个不同的生产层段(油、湿气/凝析气和干气)，以及 5 个不同的岩石地层剖面(称为 $A \sim E$)，如图 2-30 所示[90,91]。

图 2-30　Eagle Ford 页岩层系划分

Eagle Ford 页岩区块从 2006 年才开始实现页岩气量产，但产量仅为 $1 \times 10^6 m^3$。在 Barnett 页岩取得产量突破后，根据 Barnett 页岩及 Haynesville 页岩的成功改造经验，2008 年，Eagle Ford 页岩实施了第一口水平井"桥塞+射孔"压裂改造，之后产量出现爆发式增长，其产量变化如图 2-31 所示。从 2009 年到 2011 年中期，Eagle Ford 页岩水平井采用了更长的水平段长，同时增强了压裂技术以及裂缝支撑强度，并且压裂作业也由原来的只在白天作业发展为 24h 作业，储层改造技术的发展快速提升了气田产量，但同时也增加了压裂改造成本。在此背景下，Weatherford 公司针对不断上升的改造成本推出了一种新的完井服务方法——集成完井管理(integrated completions management)，压裂效率由原来的平均每天 3~4 段提高至每天 5 段[92,93]。通过采用拉链式压裂作业模式，Eagle Ford 页岩可实现每天 5~8 段压裂施工改造，显著提高了改造效率。

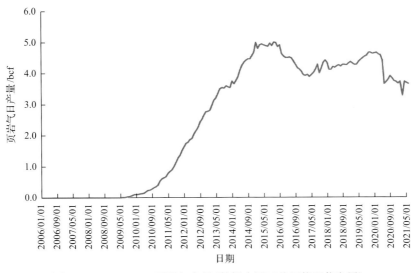

图 2-31　Eagle Ford 页岩气产量(数据来源于美国能源信息署)

在 Eagle Ford 页岩传统多级压裂中，通常是同时压裂多个射孔簇。虽然该技术在操作上是有效的，但从生产测井、微地震监测和其他测量数据中可以发现，一些簇的产量低于预期，或者根本没有产出。2010 年，随着多个油田成功引入混合压裂和通道压裂技术，Eagle Ford 页岩的完井实践发生了转变。支撑剂浓度提高到 6.0ppa[①]，并使用更大粒径的支撑剂。通道压裂技术基于一种由可降解纤维和多粒径颗粒组成的新型复合流体，可将剩余压裂液分流至井筒欠压裂区域。复合流体以高浓度输送到井下，在已增产的簇中形成临时暂堵，从而用少量材料形成转向。压裂完成后，固体完全降解，没有残留在地层损害裂缝导流能力。据报道，与其他常规方法相比，该技术可以增加有效裂缝长度，同时降低地层出砂风险。现场应用中，在流体体积相似的情况下，采用通道压裂技术处理的井每级产量比常规改造的邻井产量高约 15%。

六、Bakken 页岩(美国和加拿大)

Bakken 页岩分布于 Williston 盆地，覆盖北达科他州和蒙大拿州，一直延伸到加拿大，面积约 $2 \times 10^5 \text{mi}^2$。Bakken 页岩形成于晚-早泥盆世，是由上部泥页岩、中部白云质粉砂岩和砂岩以及下部泥页岩组成的天然沉积，地层深度在 8000~11000ft，上、下泥页岩是 Bakken 地层的烃源岩。Bakken 页岩储层基质渗透率为 0.005~0.5mD，孔隙度为 8%~12%。除少数地区外，天然裂缝系统发育较差。Bakken 地层是一个含油地层，油重度为 42°API，气油比(GOR)为 1200scf[②]/Bbl[94-99]。

Bakken 地层早在 20 世纪 50 年代就开始被开发，早期采用直井开采，由于地层渗透率低，产量很小，只有 1~3Bbl/d。随着水平钻井技术以及多级水力压裂增产技术的进步，Bakken 地层开发日趋活跃。在早期阶段，为防止压裂作业之间的干扰，Bakken 页岩多级

---

① 1ppa=120kg/m³。

② 1scf=0.028316m³。

压裂作业中选择了球座系统,通过裸眼封隔器在水平段实现了长段封隔,压裂段数一般为 7 段。在 2009 年时,Bakken 页岩压裂引入了一种更高密度的球座系统,相邻球座尺寸变化减小,这使得压裂段段数较之前提高了一倍,最高单井可压裂 20 段。借鉴美国 Barnett 页岩成功开采的经验,Bakken 页岩大范围采用水平井、滑溜水体积压裂、"井工厂" 开发模式等先进技术,在 2009 年以后,Barnett 页岩产量快速提升,如图 2-32 所示。

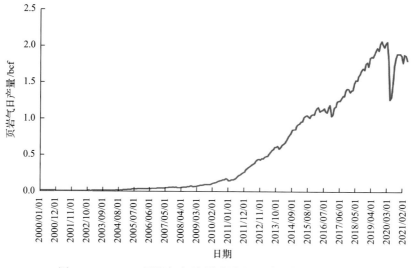

图 2-32　Bakken 页岩气产量(数据来源于美国能源信息署)

2015 年,基于 Bakken 页岩特征,一种新的压裂改造理念应用于马更些(McKenzie)县中东部 6 口井的拉链式压裂中,以消除多井压裂时存在的井间干扰现象,新压裂设计理念与传统设计方法区别如表 2-3 所示。现场试验表明,采用新的压裂方式,6 口井平均产量提高了 13.5%,成本降低了 3.6%[97]。

表 2-3　压裂设计方法比较(改编自文献[97])

压裂设计方法	传统压裂设计	新压裂方法
特点	(1)追求高导流能力 (2)大量使用交联液体 (3)近井筒区域使用高强度陶粒支撑 (4)较低施工排量(35Bbl/min)控缝高	(1)仅在近井筒区域追求高导流能力 (2)主要使用低黏液体 (3)近井筒区域取消使用高强度陶粒 (4)高排量(50Bbl/min)提高裂缝复杂程度、减少施工时间

2017 年,在 Bakken 页岩 2 口水平井第一次实施了分离式同步压裂技术。现场试验结果表明,采用分离式同步压裂技术提高了施工效率,施工速度较常规拉链式压裂方式提高了一倍,平均单井压裂改造时间缩减至 3d[34]。

第三节　国外 "井工厂" 压裂技术的未来发展趋势分析

"井工厂" 开发模式降低了单井的开发成本,提高了资源、设备以及人员的利用率,缩短了建井周期,大幅度提高了作业效率,对增大单井产量和最终采收率具有积极意义;

同时,"井工厂"开发模式便于后期管理维护,降低了油气输运管线建设的费用;对一些地表环境较差的山区或者位于自然保护区的油气田,采用"井工厂"模式开发,可以节约宝贵的井场面积,保护周围生态环境。目前,"井工厂"技术已广泛应用于国内外各大非常规油气田,"井工厂"开发技术持续应用与发展已成为必然趋势。

油气资源勘探开发正逐步向非常规、高温、深层油气藏转移,储层改造成为这些油气藏经济开发的关键。在新的领域,增产面临着更复杂的挑战和困难。

(1)面对非常规油气藏(致密油、页岩气、页岩油)复杂的地质条件,需要进一步提高储层增产作业质量,以及推进地质与工程一体化,提高增产效果,实现经济发展。

(2)非常规油藏水平井体积压裂中,多裂缝的扩展、形态及影响因素尚不清楚,尤其是天然裂缝弱面、地应力和水平应力差等因素对裂缝扩展的影响。因此,裂缝扩展机制有待进一步研究,裂缝扩展模拟方法有待改进。

(3)在低成本、环保的背景下,降低成本的范围越来越小,环保压力越来越大,石英砂替代陶粒支撑剂的商业应用还需要理论研究和大量的现场试验。

(4)高含水阶段稳产新技术和现场支撑缺乏室内实验和现场测试设备。

(5)瓜尔胶、聚合物等压裂液材料在满足环保要求方面仍面临技术难题,页岩吸附损害、滑脱水控制、超深/超高温压裂液体系等关键技术问题亟待解决。

(6)现有的"井工厂"压裂设备效率低,运行周期长,"井工厂"压裂施工模式还需进一步优化。

(7)储层改造大数据和云处理信息数据库建设刚刚起步,存在数据采集困难、共享基础薄弱等问题。同时,全程远程决策系统在数据的实时传输/接收、压裂动态效果分析和多节点兼容性等方面仍有许多问题有待解决。

目前,"井工厂"压裂模式虽然大幅度提高了多井或多层压裂改造效率,但是 24h 不间断施工给压裂设备、操作人员以及物资供应等均造成了很大压力。为了保证"井工厂"压裂模式高效实施,须在今后考虑并克服以下几个挑战:

(1)为了实现多段同时进行水力压裂,需要对压裂设备进行改进。首先,对主压裂管汇进行改造,隔离每口井的流动通道。其次,每口井单独配置流量计和压力传感器,以实现一套压裂车组分别调整不同井的压力、泵注排量、流体和支撑剂等。使用泵冲程和体积排量来近似单个井的排量可能会导致各种不确定因素,在同时作业时这些不确定因素可能会被放大。随着分流作业速度的提高,管汇不断发展,则需要更大的马力来匹配。当"井工厂"压裂模式 24h 不间断施工时,对压裂设备包括地面管线的安全性和可靠性提出更高要求,以保证施工顺利进行。

(2)为配合"井工厂"压裂的高强度施工要求,需要更强大的软件支撑,包括实时监控多井施工参数变化,如排量、压力、支撑剂用量等;完善地质-工程一体化软件,实现压裂施工地层参数实时解释、反演,如井底压力、缝内净压力、裂缝开启状态等信息;能够根据地面监测数据及井底反馈信息,智能调整、精确控制施工参数变化,以应对"井工厂"压裂模式下复杂的情况变化。

(3)在"井工厂"压裂模式下,每天所需的压裂液和支撑剂用量成倍增加,合理的供水和供砂计划至关重要。砂仓或容器存储都是可行的选择,砂罐存储可以有效提供早期阶段的砂。施工时需要一个足够大的井平台,既要满足压裂设备的合理摆放,又要留有空地去放置大量的流体和支撑剂。同时,需要优化物流配送流程,满足燃料等物资及时供应,从而保证压裂作业顺利进行。

(4)在"井工厂"压裂作业时,需要提前做好安全等预案。目前尚未制定一套标准的"井工厂"压裂作业健康安全准则,故作业人员的健康安全得不到保障,未能达到 HSE 管理体系的基本要求。对风险管理、计划和安全意识的关注有助于确保安全施工,保障人员和设备安全。

第四节 国内外典型非常规油气藏地质特征对比性分析

本节对比了美国 Barnett 页岩气田以及中国涪陵页岩气田的地质特征情况,分析了国内外"井工厂"压裂作业模式的区别。

(一)美国 Barnett 页岩地质特征

位于得克萨斯州的 Barnett 页岩是美国最成功的页岩油气藏之一,主要分布于得克萨斯州北部的 Fort Worth 盆地以及西部地区的 Permian 盆地之中[100]。

北部 Fort Worth 盆地的 Barnett 页岩为密西西比时代的陆架沉积,是一种黑色的、有机成分丰富的细粒页岩,属于海相沉积产物。它的独特之处在于黏土含量相对较低,石英含量较高,这种矿物组合被认为有助于 Barnett 页岩在水力压裂改造中得到复杂的裂缝结构。Barnett 页岩不整合剖面要么是奥陶系的 Ellenberger(石灰岩和白云岩),要么是辛普森(Simpson)和韦厄拉(Viola)。Fort Worth 盆地的 Barnett 页岩厚度在 200～800ft,该油田核心区域的页岩厚度约为 500ft。

西部 Permian 盆地的 Barnett 页岩主要位于得克萨斯州克伯森(Culberson)、里夫斯(Reeves)县和佩科斯(Pecos)县。西部 Barnett 页岩中完全没有碳酸盐矿物,主要是石英和黏土矿物,二者约各占一半,而北部 Barnett 页岩通常是黏土、硅酸盐、碳酸盐和碎屑物质的复杂混合物。西部 Barnett 页岩中碳酸盐的缺失表明储层岩石更有弹性,但脆性较差,不像含碳酸盐页岩那样容易破裂。页岩中碳酸盐矿物的位置表明储层岩石中存在天然裂缝,而对于西部 Barnett 页岩,则表明储层岩石中天然裂缝并不发育。

(二)川东南涪陵页岩气田地质特征

涪陵页岩气田位于四川盆地,其主要产气区集中在焦石坝区块及江东、平桥区块。焦石坝区块区西侧为大耳山西断层、石门断层、山窝断层阻断,西南方向为乌江断层,北西方向为天台场断层、吊水岩断层。焦石坝区块北西方向为江东区块,为南东-北西向的狭长断背斜。平桥区块为南东-北西向的狭长的背斜,整体向北东、南西倾伏,区块内构造幅度较大,地层倾角为 10°～15°。实钻结果显示,五峰组岩性以粉砂质泥岩、泥岩为主,龙马溪组为暗色泥页岩、粉砂质泥页岩。在平桥区块其主力含气段平均 TOC 含量接近 3%,平均孔隙度为 5%,脆性矿物含量大于 65%,从有机质丰度、页岩气储层物理性质及可压性来看,涪陵页岩气储层品质达到北美页岩气储层水平[101,102]。

涪陵页岩气田充分应用"井工厂"模式,采用"丛式平台"方式部署水平井,每个平台部署4～6口水平井;充分考虑分段压裂产生的裂缝长度、排除井间干扰,各井水平段间距为600m。"井工厂"模式的应用是在充分考虑钻井工程、压裂试气工程的基础上进行的,在一个平台上部署2部钻机,完井后整体交由压裂试气工程。这样,既减少了压裂对钻井的影响,又提高了钻井和压裂试气的施工时效及建产效率。

(三)北美页岩与我国页岩地质特征对比

与北美地区相比,我国页岩气在地面和地下储层条件方面均存在较大差别,总体来说,储层品质较差、地层条件更复杂、开发难度更大、开发成本更高。具体可归纳为以下几点:

(1)我国页岩气多分布于山区,地形地貌复杂,交通基础条件较差,难以选择合适的井场,道路、场地建设和运输成本高,水力压裂所需要的大量用水多需要运输。另外,山区二维和三维地震勘探资料采集和处理难度大。

(2)多期构造运动使地下构造复杂,断裂褶皱更加发育,储层页岩气保存条件差,横向变化大,不利于大型水平井组的布置,井眼轨迹控制要求高,水平井段间压裂效果差异大。

(3)水平构造运动总体较强,使水平方向存在较大应力差,不利于复杂裂缝网络的形成。

参 考 文 献

[1] 王林, 马金良, 苏凤瑞, 等. 北美页岩气井工厂压裂技术[J]. 钻采工艺, 2012, 35(6): 48-50.

[2] 叶海超, 光新军, 王敏生, 等. 北美页岩油气低成本钻完井技术及建议[J]. 石油钻采工艺, 2017, 39(5): 552-558.

[3] Hurey M J, Johnson J, Huls B T. Gas factory: Operational efficiencies in the marcellus shale lead to exceptional results[C]. SPE Eastern Regional Meeting, Pittsburgh, 2013.

[4] 胡文瑞. 页岩气将井工厂作业[J]. 中国经济和信息化, 2013, (7): 18-19.

[5] Awada A, Santo M, Lougheed D, et al. Is that interference. A work flow for identifying and analyzing communication through hydraulic fractures in a multiwell pad[J]. SPE Journal, 2016, 21(5): 1554-1566.

[6] 张群双. 井工厂压裂技术现场试验研究[D]. 大庆: 东北石油大学, 2015.

[7] 吴奇, 胥云, 刘玉章, 等. 美国页岩气体积改造技术现状及对我国的启示[J]. 石油钻采工艺, 2011, 33(2): 1-7.

[8] 葛洪魁, 王小琼, 张义. 大幅度降低页岩气开发成本的技术途径[J]. 石油钻探技术, 2013, 41(6): 1-5.

[9] Rodrigues V F, Neumann L F, Torres D S, et al. Horizontal well completion and stimulation techniques-A review with emphasis on low-permeability carbonates[C]. Latin American & Caribbean Petroleum Engineering Conference, Buenos Aires, 2007.

[10] Ling K, Wu X, Han G, et al. Optimising the multistage fracturing interval for horizontal wells in bakken and three forks formations[C]. SPE Asia Pacific Hydraulic Fracturing Conference, Beijing, 2016.

[11] 张焕芝, 何艳青, 刘嘉, 等. 国外水平井分段压裂技术发展现状与趋势[J]. 石油科技论坛, 2012, 31(6): 47-52.

[12] 张焕芝, 何艳青, 张华珍. 哈里伯顿公司致密气开发技术系列[J]. 石油科技论坛, 2013, (4): 43-48.

[13] 何接. 页岩气井工厂开发模式优化研究[D]. 西安: 西安石油大学, 2019.

[14] 刘洪, 廖如刚, 李小斌, 等. 页岩气"井工厂"不同压裂模式下裂缝复杂程度研究[J]. 天然气工业, 2018, 302(12): 76-82.

[15] Tao X, Lindsay G, Baihly J, et al. Unique multidisciplinary approach to model and optimize pad refracturing in the haynesville shale[C]. Unconventional Resources Technology Conference, Austin, 2017.

[16] Sierra L, Mayerhofer M. Evaluating the benefits of zipper fracs in unconventional reservoirs[C]. SPE Unconventional Resources Conference, The Woodlands, 2014.

[17] 刘广峰, 王文举, 李雪娇, 等. 页岩气压裂技术现状及发展方向[J]. 断块油气田, 2016, 23(2): 235-239.

[18] Kumar D, Ghassemi A. A three-dimensional analysis of simultaneous and sequential fracturing of horizontal wells[J]. Journal of Petroleum Science and Engineering, 2016, 146: 1006-1025.

[19] Sesetty V, Ghassemi A. A numerical study of sequential and simultaneous hydraulic fracturing in single and multi-lateral horizontal wells[J]. Journal of Petroleum Science & Engineering, 2015, 132: 65-76.

[20] 汪周华, 钟世超, 汪轰静. 页岩气新型"井工厂"开发技术研究现状及发展趋势[J]. 科学技术与工程, 2015, 15(20): 163-172.

[21] Leonard R, Woodroof R, Bullard K, et al. Barnett Shale completions: A method for assessing new completion strategies[C]. SPE Annual Technical Conference and Exhibition, Anaheim, 2007.

[22] Martineau D F. History of the Newark East field and the Barnett Shale as a gas reservoir[J]. AAPG Bulletin, 2007, 91(4): 399-403.

[23] Zhou D, He P. Major factors affecting simultaneous frac results[C]. SPE Production and Operations Symposium, Oklahoma City, 2015.

[24] Matthews H L, Schein G W, Malone M R. Stimulation of gas shales: They're all the same right[C]. SPE Hydraulic fracturing technology conference, College, 2007.

[25] Soliman M Y, East L E, Augustine J R. Fracturing design aimed at enhancing fracture complexity[C]. SPE EUROPEC/EAGE Annual Conference and Exhibition, Barcelona, 2010.

[26] Mutalik P N, Gibson R W. Case history of sequential and simultaneous fracturing of the Barnett Shale in Parker County[C]. SPE Annual Technical Conference and Exhibition, Denver, 2008.

[27] 唐代绪, 赵金海, 王华, 等. 美国 Barnett 页岩气开发中应用的钻井工程技术分析与启示[J]. 中外能源, 2011, 16(4): 47-52.

[28] Poedjono B, Zabaldano J P, Shevchenko I, et al. Case studies in the application of pad design drilling in the Marcellus Shale[C]. SPE Eastern Regional Meeting, Morgantown, 2010.

[29] Ladlee J, Jacquet J. The implications of multi-well pads in the Marcellus Shale[R]. Research & Policy Briefs Series 43, Community & Energy: Nonrenewable Energy Production and Development, 2011.

[30] Arthur J D, Bohm B, Layne M. Hydraulic fracturing considerations for natural gas wells of the Marcellus Shale[J]. GCAGS Transactions, 2009, 59: 49-59 .

[31] Bouchard G, Ogoke V, Schauerte L, et al. Simultaneous operations in multi-well pad: A cost effective way of drilling multi wells pad and deliver 8 fracs a day[C]. SPE Annual Technical Conference and Exhibition, Amsterdam, 2014.

[32] Abou-Sayed I S, Sorrell M A, Foster R A, et al. Haynesville Shale development program-From vertical to horizontal[C]. North American Unconventional Gas Conference and Exhibition, The Woodlands, 2011.

[33] Geologists A A O P, Division E M. Unconventional energy resources: 2007–2008 review[J]. Natural Resources Research, 2009, 18(2): 65-83.

[34] Russell D, Stark P, Owens S, et al. Simultaneous hydraulic fracturing improves completion efficiency and lowers costs per foot[C]. SPE Hydraulic Fracturing Technology Conference and Exhibition, The Woodlands, 2021.

[35] Chong K K, Grieser W V, Jaripatke O A, et al. A completions roadmap to shale-play development: A review of successful approaches toward shale-play stimulation in the last two decades[C]. International Oil and Gas Conference and Exhibition in China, Beijing, 2010.

[36] Lei Q, Guan B S, Cai B, et al. Technological progress and prospects of reservoir stimulation[J]. Petroleum Exploration and Development, 2019, 46(3): 173-181.

[37] Lynk J M, Papandrea R, Collamore A, et al. Hydraulic fracture completion optimization in Fayetteville shale: Case study[J]. International Journal of Geomechanics, 2017, 17(2): 04016053.

[38] Rexilius J. The well factory approach to developing unconventionals: A case study from the permian basin wolfcamp play[C]. SPE/CSUR Unconventional Resources Conference, Calgary, 2015.

[39] Roussel N, Sharma M. Strategies to minimize frac spacing and stimulate natural fractures in horizontal completions[C]. SPE annual technical conference and exhibition, Denver, 2011.

[40] Roussel N P, Sharma M M. Optimizing fracture spacing and sequencing in horizontal-well fracturing[J]. SPE Production & Operations, 2011, 26(2): 173-184.

[41] Manchanda R, Sharma M M, Holzhauser S. Time dependent fracture interference effects in pad wells[J]. SPE Production & Operations, 2014, 29(4): 274-287.

[42] Manchanda R, Sharma M M. Time-delayed fracturing: A new strategy in multi-stage, multi-well pad fracturing[C]. SPE Annual Technical Conference and Exhibition, New Orleans, 2013.

[43] Cheng W, Jiang G S, Xie J Y, et al. A simulation study comparing the Texas two-step and the multistage consecutive fracturing method[J]. Petroleum Science, 2019, 16(5): 1121-1133.

[44] Yu L, Wu X, Hassan N, et al. Modified zipper fracturing in enhanced geothermal system reservoir and heat extraction optimization via orthogonal design[J]. Renewable Energy, 2020, 161: 373-385.

[45] Sesetty V, Ghassemi A. Simulation of simultaneous and zipper fractures in shale formations[C]. 49th US Rock Mechanics/Geomechanics Symposium, San Francisco, 2015.

[46] Saberhosseini S E, Chen Z, Sarmadivaleh M. Multiple fracture growth in modified zipper fracturing[J]. International Journal of Geomechanics, 2012, 21(7): 04021102.

[47] Manchanda R, Zheng S, Sharma M. Fracture sequencing in multi-well pads: Impact of staggering and lagging stages in zipper fracturing on well productivity[C]. SPE Hydraulic Fracturing Technology Conference and Exhibition, The Woodlands, 2020.

[48] Jacobs T. The shale evolution: Zipper fracture takes hold[J]. Journal of Petroleum Technology, 2014, 66(10): 60-67.

[49] Rafiee M, Soliman M Y, Pirayesh E. Hydraulic fracturing design and optimization: A modification to zipper frac[C]. SPE Annual Technical Conference and Exhibition, San Antonio, 2012.

[50] Guo T, Wang X, Li Z, et al. Numerical simulation study on fracture propagation of zipper and synchronous fracturing in hydrogen energy development[J]. International Journal of Hydrogen Energy, 2019, 44(11): 5270-5285.

[51] Sukumar S, Weijermars R, Alves I, et al. Analysis of pressure communication between the austin chalk and eagle ford reservoirs during a zipper fracturing operation[J]. Energies, 2019, 12(8): 1469-1472.

[52] Murillo G G, León J M D, Leem J, et al. Successful deployment of unconventional geomechanics to first zipper hydraulic fracturing in low-permeability turbidite reservoir, Mexico[C]. The EUROPEC, Madrid, 2015.

[53] Algarhy A, Soliman M, Heinze L, et al. Design aspects of optimized zipper frac[C]. 53rd U. S. Rock Mechanics/Geomechanics Symposium, New York, 2019.

[54] Shi X, Li D, Yang L, et al. Hydraulic fracture propagation in horizontal wells with modified zipper fracturing in heterogeneous formation[C]. 52nd US Rock Mechanics/Geomechanics Symposium, Seattle, 2018.

[55] Zhou D, Zheng P, Yang J, et al. Optimizing the construction parameters of modified zipper fracs in multiple horizontal wells[J]. Journal of Natural Gas Science and Engineering, 2019, 71: 102966.

[56] Patel H, Cadwallader S, Wampler J. Zipper fracturing: taking theory to reality in the eagle ford shale[C]. Unconventional Resources Technology Conference, San Antonio, 2016.

[57] Pearson C M, Clonts M, Vaughn N R. Use of longitudinally fractured horizontal wells in a multi-zone sandstone formation[J]. SPE Annual Technical Conference and Exhibition, Denver, 1996.

[58] 付茜, 刘启东, 刘世丽, 等. 中国"夹层型"页岩油勘探开发现状及前景[J]. 石油钻采工艺, 2019, 41(1): 63-70.

[59] Jaripatke O A, Barman I, Ndungu J G, et al. Review of permian completion designs and results[C]. SPE Annual Technical Conference and Exhibition, Dallas, 2018.

[60] Alimahomed F, Malpani R, Jose R, et al. Development of the stacked pay in the Delaware Basin, Permian Basin[C]. Unconventional Resources Technology Conference, Houston, 2018.

[61] Courtier J, Wicker J, Jeffers T, et al. Optimizing the development of a stacked continuous resource play in the Midland Basin[C]. Unconventional Resources Technology Conference, San Antonio, 2016.

[62] Tolman R C, Simons J W, Petrie D H, et al. Method and apparatus for simultaneous stimulation of multiwell pads[C]. IPTC 2009: International Petroleum Technology Conference, The Woodlands, 2009.

[63] Alimahomed F, Malpani R, Jose R, et al. Stacked pay pad development in the Midland Basin[C]. SPE Liquids-Rich Basins Conference-North America, Midland, 2017.

[64] Liang B, Khan S, Tang Y. Fracture hit monitoring and its mitigation through integrated 3d modeling in the wolfcamp stacked pay in the Midland Basin[C]. SPE/AAPG/SEG Unconventional Resources Technology Conference, Austin, 2017.

[65] Suarez-Rivera R, Dontsov E, Abell B. Quantifying the induced stresses during multi-stage, multi-well stacked-lateral completions to improve pad productivity[C]. Unconventional Resources Technology Conference, Denver, 2019.

[66] Ueda K, Kuroda S, Rodriguez-Herrera A, et al. Hydraulic fracture design in the presence of highly-stressed layers: A case study of stress interference in a multi-horizontal well pad[C]. SPE Hydraulic Fracturing Technology Conference and Exhibition, The Woodlands, 2018.

[67] Damani A, Kanneganti K, Malpani R. Sequencing hydraulic fractures to optimize production for stacked well development in the Delaware Basin[C]. Unconventional Resources Technology Conference, 2020.

[68] Haustveit K, Da Hlgren K, Greenwood H, et al. New age fracture mapping diagnostic tools-a stack case study[C]. SPE Hydraulic Fracturing Technology Conference and Exhibition, The Woodlands, 2017.

[69] 刁海燕. 美国西部典型盆地页岩气资源潜力评价与有利区优选[D]. 北京: 中国地质大学(北京), 2015.

[70] Bai B, Elgmati M, Zhang H, et al. Rock characterization of Fayetteville shale gas plays[J]. Fuel, 2013, 105: 645-652.

[71] Harpel J M, Barker L B, Fontenot J M, et al. Case history of the fayetteville shale completions[C]. SPE Hydraulic Fracturing Technology Conference, The Woodlands, 2012.

[72] Bialowas S A, Temple C, Aminu M. Greater sierra jean marie tight gas carbonate: Multidisciplinary approach drives decade of development[C]. Canadian Unconventional Resources and International Petroleum Conference, Calgary, 2010.

[73] Choodesh A, Rutland M G, Grant C, et al. Significant operation efficiency improvement of cased hole gravel pack completion by implementing factory completion strategy[C]. IADC/SPE Asia Pacific Drilling Technology Conference and Exhibition, Bangkok, 2018.

[74] Leem J, Reyna J. Shale geomechanics: Optimal multi-stage hydraulic fracturing design for shale and tight reservoirs[C]. ISRM Regional Symposium-EUROCK 2014, Vigo, 2014.

[75] King G, Haile L, Shuss J, et al. Increasing fracture path complexity and controlling downward fracture growth in the Barnett Shale[C]. SPE Shale Gas Production Conference, Fort Worth, 2008.

[76] Marra K R. 2015 US Geological Survey assessment of undiscovered shale-gas and shale-oil resources of the Mississippian Barnett Shale, Bend arch–Fort Worth Basin, Texas[J]. AAPG Bulletin, 2018, 102(7): 1299-1321.

[77] Coulter G R, Gross B C, Benton E G, et al. Barnett Shale hybrid fracs-one operator's design, application, and results[C]. SPE Annual Technical Conference and Exhibition, San Antonio, 2006.

[78] Fisher M K, Wright C A, Davidson B M, et al. Integrating fracture mapping technologies to improve stimulations in the Barnett Shale[J]. SPE Production & Facilities, 2005, 20(2): 85-93.

[79] Waters G A, Dean B K, Downie R C, et al. Simultaneous hydraulic fracturing of adjacent horizontal wells in the Woodford Shale[C]. SPE Hydraulic Fracturing Technology Conference, The Woodlands, 2009.

[80] Agrawal A, Wei Y N, Holditch S A. A technical and economic study of completion techniques in five emerging US gas shales: A Woodford Shale example[J]. SPE Drilling & Completion, 2012, 27(1): 39-49.

[81] Hai Q, Ying L, Chuande Z, et al. The characteristics of hydraulic fracture growth in Woodford Shale, the Anadarko Basin, Oklahoma[C]. SPE/IATMI Asia Pacific Oil & Gas Conference & Exhibition, Jakarta, 2017.

[82] Hummes O, Bond P R, Symons W, et al. Using advanced drilling technology to enable well factory concept in the Marcellus Shale[C]. IADC/SPE Drilling Conference and Exhibition, San Diego, 2012.

[83] Shelley R, Nejad A, Guliyev N, et al. Understanding multi-fractured horizontal Marcellus completions[C]. SPE Eastern Regional Meeting, Charleston, 2014.

[84] Hammes U, Hamlin H S, Ewing T E. Geologic analysis of the upper Jurassic Haynesville Shale in east Texas and west Louisiana[J]. Journal of Biological Chemistry, 2011, 95(10): 1643-1666.

[85] Thompson J, Fan L, D Grant, et al. An overview of horizontal well completions in the Haynesville Shale[J]. Journal of Canadian Petroleum Technology, 2010, 50(6): 22-35.

[86] Tao X, Lindsay G, Baihly J, et al. Proposed refracturing methodology in the Haynesville Shale[C]. SPE Annual Technical Conference and Exhibition, San Antonio, 2017.

[87] Warren M N, Jayakumar S, Woodroof R A. Haynesville Shale horizontal well completions: What has been learned through post-stimulation completion diagnostics and how these learnings can be employed to make better wells[C]. SPE Technical Conference & Exhibition, San Antonio, 2017.

[88] Cadotte R J, Whitsett A, Sorrell M, et al. Modern completion optimization in the Haynesville Shale[C]. SPE Technical Conference & Exhibition, San Antonio, 2017.

[89] Shelley R, Davidson B, Shah K, et al. The impact of fracture effectiveness on the economics of Haynesville Resource development-A case history[C]. SPE Annual Technical Conference and Exhibition, Dallas, 2018.

[90] Gakhar K, Shan D, Rodionov Y, et al. Engineered approach for multi-well pad development in Eagle Ford Shale[C]. Unconventional Resources Technology Conference, San Antonio, 2016.

[91] Hill A, Zhu D, Moridis G, et al. The Eagle Ford Shale laboratory: A field study of the stimulated reservoir volume, detailed fracture characteristics, and EOR potential[C]. Unconventional Resources Technology Conference, Virtual, 2020.

[92] Fulks R W, Smythe S. A new approach to fracturing and completion operations in the Eagle Ford Shale[C]. SPE Europec/EAGE Annual Conference, Copenhagen, 2012.

[93] Kraemer C, Lecerf B, Torres J, et al. A novel completion method for sequenced fracturing in the Eagle Ford Shale[C]. SPE Unconventional Resources Conference, The Woodlands, 2014.

[94] Saputelli L, Lopez C, Chacon A, et al. Design optimization of horizontal wells with multiple hydraulic fractures in the Bakken Shale[C]. SPE/EAGE European Unconventional Resources Conference and Exhibition, Vienna, 2014.

[95] Zargari S, Mohaghegh S D. Field development strategies for Bakken Shale formation[C]. SPE Eastern Regional Meeting, Morgantown, 2010.

[96] Shelley R F, Guliyev N, Nejad A. A novel method to optimize horizontal bakken completions in a factory mode development program[C]. SPE Annual Technical Conference and Exhibition, San Antonio, 2012.

[97] Bommer P, Ba Yne M, Mayerhofer M, et al. Re-designing from scratch and defending offset wells: Case study of a six-well Bakken zipper project, McKenzie County, ND[C]. SPE Hydraulic Fracturing Technology Conference & Exhibition, The Woodlands, 2017.

[98] Alvarez D, Joseph A, Gulewicz D. Optimizing well completions in the Canadian Bakken: Case history of different techniques to achieve full ID wellbores[C]. SPE Unconventional Resources Conference Canada, Calgary, 2013.

[99] Vidma K, Abivin P, Fox D, et al. Fracture geometry control technology prevents well interference in the Bakken[C]. SPE Hydraulic Fracturing Technology Conference and Exhibition, The Woodlands, 2019.

[100] Tian Y, Ayers W B. Barnett Shale(Mississippian), Fort Worth Basin, Texas: regional variations in gas and oil production and reservoir properties[C]. Canadian Unconventional Resources and International Petroleum Conference, Calgary, 2010.

[101] 蔡进, 吉婧. 涪陵页岩气田平桥区块五峰—龙马溪组地质特征及资源潜力[J]. 中外能源, 2018, (10): 30-35.

[102] 欧阳剑桥. 涪陵页岩气田油气资源管理探讨[J]. 江汉石油职工大学学报, 2020, 33(6): 99-101.

第三章 "井工厂"立体缝网多参数协同优化技术

第一节 "井工厂"立体缝网的概念及表征方法

常规的缝网是平面二维的概念,指的是压裂形成的裂缝系统中,既有主裂缝,又有主裂缝侧翼方向的转向分支裂缝,分支裂缝间又通过不同的微裂缝相互连通,最终形成纵横交错的类似棋盘状的复杂裂缝系统,且主裂缝、分支裂缝及微裂缝间的连通性好,这就是所谓的缝网概念的内涵。所谓连通性好,是指主裂缝与分支裂缝连接处、分支裂缝与微裂缝连接处,甚至主裂缝与微裂缝连接处的导流能力要相对较高,否则,失去连通性的立体缝网的效果就会大打折扣。这里还暗含一个前提是上述缝网在纵向上能对有效目的层全覆盖。缝网的概念对单层"井工厂"而言是足够的。

而所谓立体缝网显然是三维的概念,主要是针对多层"井工厂"而言的。为了最大限度地提高裂缝的改造体积和降低井间与缝间干扰等,不同层的水平井一般不会上下正对分布,而是交叉分布。相应地,每层"井工厂"都有各自的上下贯通的二维缝网,且也是交叉分布的,因此,最终形成的总体缝网具有三维立体的概念。而且各层"井工厂"各自的缝网主要在水平方向上发生油气流动,在纵向上基本没有流动干扰效应。

考虑到非常规油气藏一般采用大型压裂技术,且压后有时采用焖井渗吸等措施,在增能的同时,可增大压裂液滤液波及区域的基质喉道半径及渗透率,其反过来加速了压裂液向远井地带的推进,可大范围增加油气藏的孔隙压力并降低压裂液的返排率,也给环保带来了积极的影响。因此,一般采用一次开发的手段,且尽量以不打加密调整井为宜。因此,设计立体缝网密度时,如何与储层条件实现最佳匹配显得尤为重要。所谓最佳匹配,就是上述缝网密度存在着临界点,低于该临界点,多层"井工厂"有未流动的区域存在,影响最终的采收率。反之,如高于该临界点,则立体缝网间的无效或低效干扰效应增加,对降低投入产出比同样是不利的。

此外,上述立体缝网除了不同尺度裂缝连接处的导流能力要保护好和维护好外,如何在较长时间内维持上述立体缝网整体的较高导流能力,确保开发压裂的更长生命周期,对于避免后期的频繁重复压裂及成本费用的多次投入,都具有极其重要的现实意义。

按上述立体缝网的定义,可用立体缝网指数进行表征,即在既定的开发周期内,"井工厂"范围内布局的立体缝网体内油气流动波动的区域体积与"井工厂"控制体积的比值的百分数。上述立体缝网体内油气流动波动的区域体积应是不同尺度裂缝流动波及体积的叠加结果,有的是相互重叠的。但考虑到经济因素,这种重叠区域的体积应尽量小才行。显然地,理想的立体缝网指数应是100%,实际上难以做到。况且,上述立体缝网指数还应与时间有关,即随着时间的增加,该指数是逐渐递减的,这主要涉及立体缝网导流能力的维护问题,即如何维持立体缝网的长期导流能力,尤其在深层高闭合应力条件下更是如此。特别是如何大幅度提升转向分支裂缝及微裂缝的长期导流能力，到现在也是个难题，至于主裂缝的长期导流能力提升问题倒不大。还有，随着段塞式加砂技术的推广，不加支撑剂的隔离液体积如何优化与控制，对确保主裂缝与转向分支裂缝以及转向分支裂缝与微裂缝连接处的导流能力不被损害意义重大。否则，即使转向分支裂缝及微裂缝导流能力得到了提升，但它们最终对产量的贡献也会被大打折扣。

而要实现上述立体缝网指数为100%，理论上除了要求平面上无流动死区外，在垂向上也要求主裂缝、转向分支裂缝及微裂缝的高度基本相当，且都能覆盖"井工厂"的储层有效厚度。考虑到转向分支裂缝及微裂缝的条数比较多，每个裂缝吸收的排量有限，因此，这个要求是近乎苛刻的，难以实现。即使是主裂缝，虽然吸收了可能高达70%以上的排量，但缝高的延伸程度也仅在近井筒附近可以上下覆盖整个有效储层厚度，但远井主裂缝的高度随主裂缝缝长的增加而快速降低。

因此，目前所谓的缝内一次或多次暂堵转向压裂技术，虽然主要目的是迫使主裂缝内净压力大幅度增加和转向分支裂缝的形成，但也有一个额外的好处就是可促使主裂缝远井裂缝高度快速增加，也能在一定程度上增加转向分支裂缝或微裂缝的高度。但无论如何，转向分支裂缝及微裂缝的远井缝高的增加难度极大，这也是许多井压裂后产量递减快的根本性原因。除非后期打加密调整井(所谓的子井)并进行压裂施工作业，可提高该井(所谓的母井)主裂缝末端位置的裂缝高度。但打加密调整井时，母井已生产了相对较长的时间，地层压力已有相当程度的降低，导致上述子井压裂时的造缝效率相对较低，且裂缝更易向母井的高泄压区域延伸，导致子井压裂时压裂液大量滤失，使得子井的缝高等延伸程度相对较差，且容易导致施工砂堵。因此，一般不建议打子井，而是在母井开发初期就设计好井距等参数，争取一次性投入中长期开发。后期如果产量递减到无法实现经济有效开发，可进行重复压裂施工，以恢复原先的立体缝网体积或在以前未射孔的区域进行补孔以增加立体缝网体积。

在对以前的射孔簇进行重复压裂时，第一次压裂导致的诱导应力使水平应力差随之降低，即使之后裂缝慢慢闭合直至完全闭合，由于岩石基质弹塑性力学特性的影响，上述诱导应力不会完全消失。压后生产又会导致两向水平应力差降低，原因是主裂缝方向(即最大水平主应力方向)为最大主渗透率方向，油气流出得更多，导致该方向上的地应力降低幅度更大，而垂直于主裂缝方向的最小水平应力方向渗透率最小，地应力降低幅度最小，最终导致重复压裂时的应力趋同效应。换言之，在重复压裂时，主裂缝更容易转向。同样地，原先的转向分支裂缝在延伸过程中也容易转向。这种情况虽然对提高裂缝复杂性有所裨益，但频繁地转向对支撑剂的顺畅加入也是个严峻的挑战。而且，因为大量生产导致第一次压裂裂缝波及区域的低压亏空区大增，重复压裂时的造缝效率也大幅度降低。即使在原先未射孔的位置重新射孔，因为该位置可能已被第一次压裂后生产引起的压降漏斗波及，即使未波及，在裂缝起裂延伸过程中，也容易向第一次压裂裂缝附近的低压区延伸，同样会引起压裂液滤失的大幅度增加和造缝效率的相应降低，即在获得与第一次压裂相同裂缝改造体积的前提下，重复压裂需要更大规模的压裂液。需要指出的是，重复压裂时压裂液的大量滤失，会导致高压渗吸作用的发生更为容易，渗吸区域的分布也更为广泛，除了可以增加渗吸区域的孔隙度和渗透率外，还可大幅度增加储层孔隙压力，这对重复压裂后的增能、增产效应都是非常有利的促进因素。

第二节　"井工厂"多井多缝多层条件下产量动态数值模拟方法及主控因素分析

对于低渗、致密砂岩油气藏以及超低渗页岩油气藏，需要大幅度提高裂缝的复杂性程度及改造体积才能取得商业性开发效果，目标就是在水平井分段压裂的基础上，最大限度地提高裂缝的复杂性程度及有效改造体积，从而形成立体缝网。

对于水平井"井工厂"而言，水平井分段压裂的裂缝方位与水平井筒方位间的匹配关系比较复杂，一般简单地分为夹角为 90°(横切裂缝)和 0°(纵向裂缝)两种情况。鉴于目前水平井一般在页岩气等非常规领域应用更多，因此，常见的水平井筒方位更倾向于与水力裂缝方位垂直，故本章以横切裂缝模式的水平井分段压裂为主要研究对象。水平井"井工厂"控制的单元就如同直井井网控制的封闭边界或独立流动单元，但是区别于直井井网，在水平井"井工厂"作业模式下是多口井的集群式钻井或集群式压裂，而直井的开发压裂在上述封闭边界或独立流动单元内，每口井仍是单独钻井或单独压裂的，因此，两者内在的诱导应力作用机理根本不同，直井缝网间诱导应力相对较小(单井单缝条件下，压裂液规模及排量等都相对较小)，导致最终的裂缝形态基本上都是双翼对称的单一裂缝，而水平井"井工厂"缝网间诱导应力相对较大(多簇射孔条件下，压裂液规模及排量等都相对较大)，导致最终可形成存在多级裂缝的复杂缝网。非常规油气藏"井工厂"立体缝网开发压裂技术就是以单一水平井横切缝分段压裂或体积压裂技术为基础，并立足于"井工厂"为单元的多井同步压裂或拉链式压裂作业模式，利用多井多缝间强烈的诱导应力干扰效应，实现"井工厂"范围内的裂缝复杂性程度及有效改造体积的最大化，最终实现人造(或打碎)油气藏的目标。

对于"井工厂"开发来说，立体缝网与立体井网存在很大的优化空间，但是其尺度跨度大、空间位置复杂、参数动态变化等特点导致优化难度极大，通常以考虑复杂缝网与井网的油藏数值模拟为手段开展。下面以涪陵焦石坝区块典型页岩气储层及大牛地区块典型致密气储层为例，对"井工厂"多井、多层、多缝条件下的产量动态数值模拟方法及主控因素进行讨论和分析。

一、页岩气"井工厂"产量动态数值模拟方法

(一)页岩气"井工厂"的油藏模型建立

2012 年 11 月，中国石油化工集团有限公司(简称中国石化)在位于涪陵的焦页 1HF 井钻获高产页岩气流，这是国内第一口实现规模化、商业化开发的页岩气井，是我国页岩气勘探开发的重大突破。中国石化焦页 1HF 井及整个焦石坝片区其他气井的成功开发，标志着我国页岩气提前进入商业化发展阶段。焦石坝位于四川盆地东南部涪陵区块中部，

其储层构造位于川东褶皱带东南部,位于万州复向斜的南翼。涪陵焦石坝在上奥陶统五峰组到下志留统龙马溪组,发育大套深灰色、灰黑色泥页岩,其中黑色页岩是主要页岩气勘探开发目的层段,从上到下根据岩性及电性曲线特变化特征可划分成 9 个小层,总体从有机质丰度、有机质类型、矿物成分、孔隙度、孔隙结构、渗透率、含气性等参数来看,下部 1 段①~⑤小层最优,整体厚度达 35~40m,含气性平均 4.6m³/t,渗透率 0.001~1mD,孔隙度 5%~7%;中部 2 段⑥~⑦小层次之,整体厚度达 25~30m,含气性平均 1.5m³/t,渗透率 0.001~0.1mD,孔隙度 3%~6%;上部 3 段⑧~⑨小层较差,整体厚度达 25~30m,含气性平均 0.77m³/t,渗透率 0.001~1mD,孔隙度 3%~6%(表 3-1)。2020 年以来,为充分动用气田焦石坝区块储量,进一步提高气田采收率和产量,中石化重庆涪陵页岩气勘探开发有限公司优选焦石坝区块的焦页 66 号扩平台作为三层立体开发试验平台,最大限度地提高储量动用率[1-6]。

表 3-1   涪陵焦石坝上奥陶统五峰组到下志留统龙马溪组三段划分

层系	厚度/m	含气性/(m³/t)	渗透率/mD	孔隙度/%
3 段	25~30	0.77	0.001~1	3~6
2 段	25~30	1.5	0.001~0.1	3~6
1 段	35~40	4.6	0.001~1	5~7

焦页 1 井五峰组—龙马溪组黏土矿物含量 16.6%~62.8%,脆性矿物以石英为主,占 37.3%,其次是长石,含量为 9.3%,方解石含量为 3.8%。据岩心描述及地层微电阻率(FMI)成像测井资料,高导缝在中上部有所发育。岩石力学及地应力分析显示,其平均杨氏模量 38GPa,泊松比 0.198,垂向应力在 58.2~60.3MPa,最大水平主应力在 66.7~68.9MPa,最小水平主应力在 49.6~52.8MPa,应力状态为滑移断层模式。测井计算破裂压力为 65.1~67.2MPa,焦页 1HF 井水平段储层改造破裂压力为 64.2~67.9MPa。分析认为裂缝形态以多级复杂缝及复杂缝网为主,主裂缝半长 100~300m,分支裂缝半长 5~30m,微裂缝半长 0.1~5m,主裂缝导流能力 1~5D·cm,分支裂缝导流能力 0.1~1D·cm,微裂缝导流能力 0.01~0.1D·cm,裂缝失效时间 1~5 年。

根据上述焦石坝主要页岩油目标层段储层特征及中石化重庆涪陵页岩气勘探开发有限公司压裂改造工艺参数,以焦页 1HF 井为基础利用商业油藏模拟软件进行页岩气 "井工厂" 精细建模。常规的气藏数值模型采用质量守恒方程、气体运动方程及等温吸附方程联立求解气、水两相流的压力分布和饱和度分布,然后模拟预测压后的产量动态及压力变化,具体参数见表 3-2。页岩气 "井工厂" 压裂后形成的裂缝体系及两相渗流机理均较为复杂[7-11],为了尽可能准确地模拟页岩气水平井多段压裂施工后的生产过程,利用商业油藏模拟软件开展以下针对性精细建模工作。

(1)天然裂缝及层/纹理缝等复杂裂缝的设置:总的思路按 "等效导流能力" 设置,即放大裂缝宽度,裂缝内渗透率按比例缩小,使它们的乘积即裂缝的导流能力保持不变。该方法经过常规油气藏的多年验证,不但模拟精度不降低,还可减少代数方程组的 "奇异"

性,增加收敛速度,减少运算时间,如图 3-1 所示。此外,网络裂缝的设置,采用相互连通的天然裂缝及层/纹理缝与主裂缝沟通,次生裂缝的导流能力与主裂缝相比按 1:10～1:5 设置;缝高剖面在纵向上是逐渐变化的。

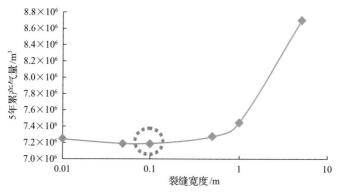

图 3-1 变换不同裂缝宽度的产量变化

(2)人工裂缝与天然裂缝及层/纹理缝等复杂裂缝的导流能力设置:裂缝的导流能力随着油气藏的开发呈逐渐下降趋势。随着裂缝周围孔隙压力的下降,裂缝闭合压力逐渐上升,导致支撑剂破碎或者嵌入裂缝壁面,既会降低裂缝宽度,又会影响支撑剂高渗流通道。通常来说,短期导流能力测试能够反映裂缝导流能力短期内受闭合应力的影响,无法完全反映裂缝导流能力受时间尺度变化的影响。故油气藏模型裂缝导流能力按照无量纲裂缝长期导流能力设置,如图 3-2 所示,其中主裂缝导流能力高,选用递减指数为 0.133 的递减曲线;二级裂缝导流能力次之,选用递减指数为 0.138 的递减曲线;三级裂缝导流能力最低,选用递减指数为 0.152 的递减曲线。上述功能主要通过调整商业模拟软件中随应力变化的网格传导率实现。

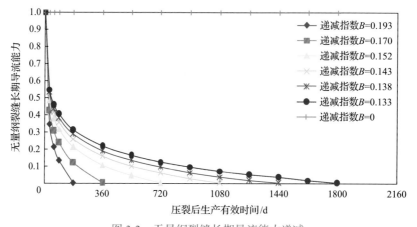

图 3-2 无量纲裂缝长期导流能力递减

(3)多井多缝立体"井工厂"模型:考虑井网与裂缝参数匹配性的多因素组合,涪陵地区常用"W"形立体布井,油藏模拟采用三层 8 井的"W"形立体布井模式展开研究,如图 3-3 所示,其中 1 段 3 口井、2 段 2 口井、3 段 3 口井。

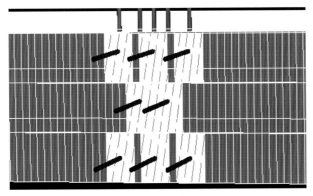

图 3-3 "W"形立体布井模式模型

表 3-2 页岩气"井工厂"油藏模型主要参数及数值

参数	数值	参数	数值
网格大小/(m×m×m)	10×10×小层高	压裂段数	10~30
网格数量	101×101×11	每段簇数	1~5
地层静压力/MPa	40	次级裂缝长度/m	1~5
含气量/(m³/t)	3.91	三级缝裂缝导流能力/(D·cm)	0.01~0.1
吸附气含量/(m³/t)	1.26	二级裂缝长度/m	5~20
平均渗透率/nD	100~1000	二级缝裂缝导流能力/(D·cm)	0.1~1
平均孔隙度/%	3~7	主裂缝半长/m	300
初始含水饱和度/%	25	主裂缝导流能力/(D·cm)	1~10
井间距/m	500~1000	井底流压/MPa	10~22

(二)页岩气"井工厂"产量影响主控因素分析

在焦页 1HF 井单井历史拟合的基础上,扩大井网缝网规模,建立了 1 段 3 口井、2 段 2 口井、3 段 3 口井的"W"形立体井网模型(图 3-4),选取了影响井工厂压后产量的主要因素,包括以下 11 个参数:水平段长、井间距、压裂段数、每段簇数、主裂缝半长、二级裂缝长度、主裂缝导流能力、二级裂缝导流能力、三级裂缝导流能力、二级裂缝数量及三级裂缝数量。在单因素敏感性分析的基础上进行正交方案设计,获得影响井工厂压后产量的主控因素。

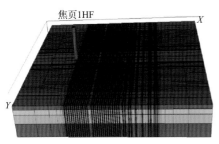

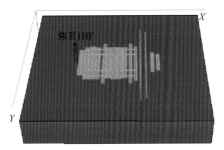

(a) 地质模型　　　　　　　　　　　　　(b) 压力波及动态

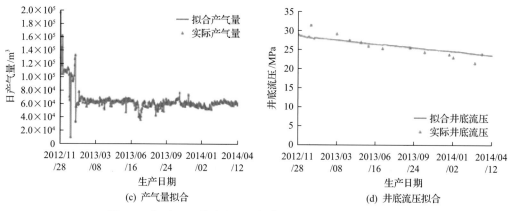

图 3-4 焦页 1HF 井多段压裂气藏模型及生产历史拟合结果

1. 水平段长敏感性分析

模拟条件：井组除水平段长外其他参数按基础例子参数设置。水平段长分别为 1000m、1500m、2000m，不同水平段长条件下井组日产气量随时间的变化曲线如图 3-5 所示，由图可知，产气量随着水平段长的增加而显著增加。定压生产条件下，日产气量在前 2 年随水平段长增加明显提高，之后日产气量差距逐渐缩小。至生产中后期，井组日产气量保持在 $(3\sim7)\times10^4\text{m}^3/\text{d}$，由水平段长增加造成的日长气量差距保持在 $2\times10^4\text{m}^3/\text{d}$ 左右。

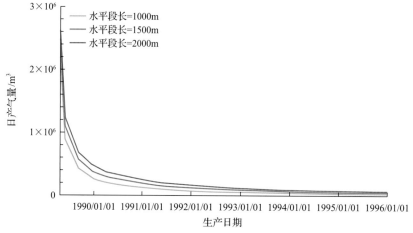

图 3-5 井组日产气量随时间的变化(页岩气"井工厂")

井组累产气量随水平段长的变化曲线如图 3-6 所示，由图可知，水平段长 1000m 条件下，井组 7 年累产气量达 $3.03\times10^8\text{m}^3$。水平段长 1500m 条件下，井组 7 年累产气量达 $4.02\times10^8\text{m}^3$，较 1000m 水平段长条件提高 32.7%左右。水平段长 2000m 条件下，井组 7 年累产气量达 $5.28\times10^8\text{m}^3$，较 1000m 水平段长条件提高 74.3%左右。在焦石坝常用设计水平段长 1000～2000m 范围内，井组 7 年累产气量随水平段长的变化程度可达每增加 500m 段长累产气量增加 $1.0\times10^8\text{m}^3$。

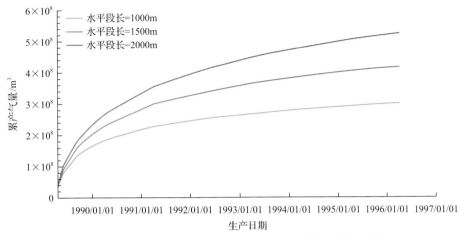

图 3-6 井组累产气量随水平段长的变化(页岩气"井工厂")

2. 井间距敏感性分析

模拟条件:井组除井间距外其他参数按基础例子参数设置。井间距分别为 500m、600m、700m、800m、900m 和 1000m。不同井间距条件下井组日产气量随时间的变化曲线如图 3-7 所示,由图可知,日产气量随着井间距的增加而有所增加。定压生产条件下,初产日产气量随井间距增加略微提高,井间距 500m、600m、700m、800m、900m、1000m 条件下的初产日产气量分别为 $2.487 \times 10^6 m^3$、$2.493 \times 10^6 m^3$、$2.498 \times 10^6 m^3$、$2.504 \times 10^6 m^3$、$2.504 \times 10^6 m^3$、$2.504 \times 10^6 m^3$,在井间距超过 800m 后井间距对日产气量的影响几乎可以忽略。随着生产的进行,井间距对日产气量的影响逐渐增加,至生产后期,井间距 500m、600m、700m、800m、900m、1000m 条件下的初产日产气量分别为 $3.99 \times 10^4 m^3$、$4.64 \times 10^4 m^3$、$5.21 \times 10^4 m^3$、$5.77 \times 10^4 m^3$、$5.96 \times 10^4 m^3$、$6.15 \times 10^4 m^3$。随着井间距的增加,井组日产气量有所提高,主要是降低了缝间干扰对日产气量的影响,当井间距超过 800m 时,井间距产生的缝间干扰对日产气量增加量的影响逐渐变小。

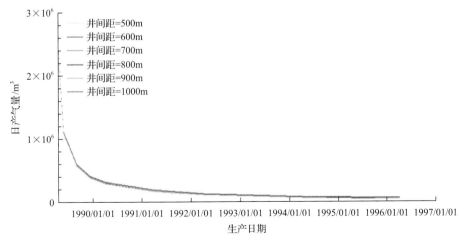

图 3-7 井组日产气量随井间距的变化(页岩气"井工厂")

井组累产气量随井间距的变化曲线如图 3-8 所示,由图可知,井间距 500m、600m、700m、800m、900m、1000m 条件下的井组累产气量分别为 $4.05 \times 10^8 \mathrm{m}^3$、$4.24 \times 10^8 \mathrm{m}^3$、$4.41 \times 10^8 \mathrm{m}^3/\mathrm{d}$、$4.58 \times 10^8 \mathrm{m}^3$、$4.62 \times 10^8 \mathrm{m}^3$、$4.65 \times 10^8 \mathrm{m}^3$,600m、700m、800m、900m、1000m 井间距较 500m 井间距条件累产气量分别提高 4.7%、8.9%、13.1%、14.1%、14.8% 左右。随着井间距的增加,井组 7 年累产气量有所提高,当井间距超过 800m 时,由井间距产生的缝间干扰对累产气量增加量的影响逐渐变小。

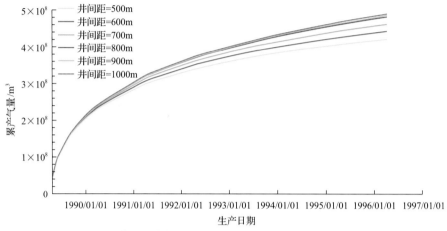

图 3-8　井组累产气量随井间距的变化(页岩气"井工厂")

3. 主裂缝半长敏感性分析

模拟条件:井组除主裂缝半长外其他参数按基础例子参数设置。主裂缝半长分别为 100m、150m、200m 和 250m,不同主裂缝半长条件下井组日产气量随时间的变化曲线如图 3-9 所示。由图 3-9 可知,日产气量随着主裂缝半长的增加而明显增加。定压生产条件下,初产日产气量随主裂缝半长增加明显提高,主裂缝半长分别为 100m、150m、200m 和 250m 条件下的初产日产气量分别为 $1.98 \times 10^6 \mathrm{m}^3$、$2.30 \times 10^6 \mathrm{m}^3$、$2.49 \times 10^6 \mathrm{m}^3$ 和 $2.64 \times 10^6 \mathrm{m}^3$,150m、200m、250m 主裂缝半长较 100m 主裂缝半长初产日产气量分别提高 16.2%、

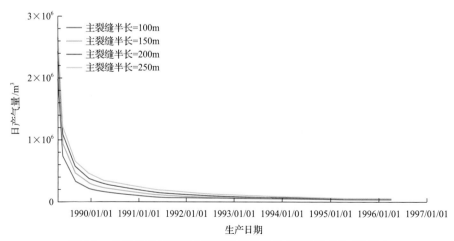

图 3-9　井组日产气量随主裂缝半长的变化(页岩气"井工厂")

25.8%、33.3%，随着主裂缝半长的增加日产气量增加的幅度呈逐渐下降趋势。生产两年后，由主裂缝半长造成的产气量差异程度开始下降，生产 7 年后，主裂缝半长分别为 100m、150m、200m 和 250m 条件下的日产气量分别为 $3.1\times10^4\text{m}^3$、$3.7\times10^4\text{m}^3$、$4.0\times10^4\text{m}^3$ 和 $4.3\times10^4\text{m}^3$。对于页岩气水平井多段压裂生产来说，早期裂缝-基质体系以双线性流为主，主裂缝半长对产气量的影响很大，随着生产进入中后期，裂缝-基质体系逐渐进入拟径向流，主裂缝半长对产气量的影响有所下降，但是仍会影响拟径向流的半径范围，从而影响中后期的产气量。

井组累产气量随主裂缝半长的变化曲线如图 3-10 所示，由图可知，主裂缝半长为 100m、150m、200m、250m 条件下的井组 7 年累产气量分别为 $2.69\times10^8\text{m}^3$、$3.53\times10^8\text{m}^3$、$4.19\times10^8\text{m}^3$、$4.75\times10^8\text{m}^3$，150m、200m、250m 主裂缝半长较 100m 主裂缝半长条件 7 年累产气量分别提高 31.2%、55.8%、76.6%左右，随着主裂缝半长的提高累产气量的增加幅度有略微下降。在相同的井间距条件下，提高主裂缝半长既能够提高页岩气裂缝-基质渗流能力，又能够提高缝控体积，增加了井组页岩气采出程度，大幅提高了页岩气累产气量。

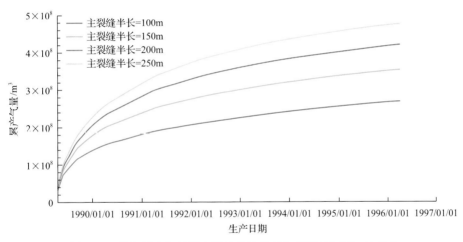

图 3-10 井组累产气量随主裂缝半长的变化（页岩气"井工厂"）

4. 压裂段数敏感性分析

模拟条件：井组除压裂段数外其他参数按基础例子参数设置。压裂段数分别为 10 段、15 段、20 段、25 段和 30 段，不同压裂段数条件下井组日产气量随时间的变化曲线如图 3-11 所示。由图 3-11 可知，日产气量随着压裂段数的增加而明显增加。定压生产条件下，初产日产气量随压裂段数增加明显提高，压裂段数分别为 10 段、15 段、20 段、25 段和 30 段条件下的初产日产气量分别为 $1.90\times10^6\text{m}^3$、$2.49\times10^6\text{m}^3$、$3.05\times10^6\text{m}^3$、$3.56\times10^6\text{m}^3$ 和 $4.04\times10^6\text{m}^3$，15 段、20 段、25 段和 30 段较 10 段压裂段数初产日产气量分别提高 31.1%、60.5%、87.4%、112.6%，随着压裂段数的增加日产气量增加的幅度呈逐渐下降趋势，甚至在生产 1 年后出现了反转，压裂段数增加使中后期日产气量下降，这是由于水平段长不变的情况下，压裂段数增加降低了段与缝的间距，加重了缝间干扰，尤其是在生产中后期裂缝周围储层压力下降严重的情况下。生产 7 年后，压裂段数分别为 10 段、15 段、20 段、25 段和 30 段条件下的日产气量分别为 $4.5 \times 10^4 m^3$、$4.0 \times 10^4 m^3$、$3.7 \times 10^4 m^3$、$3.5 \times 10^4 m^3$ 和 $3.4 \times 10^4 m^3$。当裂缝段数超过 20 段时,由缝间干扰造成的日产气量下降幅度有所减缓。

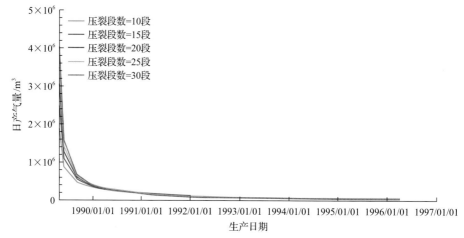

图 3-11 井组日产气量随压裂段数的变化(页岩气"井工厂")

井组累产气量随压裂段数的变化曲线如图 3-12 所示,由图可知,压裂段数分别为 10 段、15 段、20 段、25 段和 30 段条件下井组 7 年累产气量分别为 $3.87 \times 10^8 m^3$、$4.19 \times 10^8 m^3$、$4.41 \times 10^8 m^3$、$4.56 \times 10^8 m^3$ 和 $4.69 \times 10^8 m^3$,15 段、20 段、25 段、30 段较 10 段压裂段数条件 7 年累产气量分别提高 8.3%、14.0%、17.8%、21.2%左右,随着压裂段数的提高累产气量的增加幅度有略微下降。虽然在生产中后期缝间干扰影响了日常气量,但高压裂段数导致的前期高产量及缝控范围的增加,整体提高了页岩气累产气量。

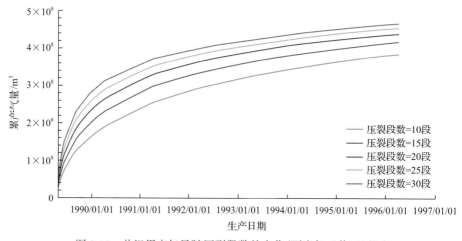

图 3-12 井组累产气量随压裂段数的变化(页岩气"井工厂")

5. 每段簇数敏感性分析

模拟条件:井组除每段簇数外其他参数按基础例子参数设置。每段簇数分别为 1 簇、2 簇、3 簇、5 簇,不同每段簇数条件下井组日产气量随时间的变化曲线如图 3-13 所示。

由图 3-13 可知，日产气量随着每段簇数的增加而明显增加。定压生产条件下，初产日产气量随每段簇数增加明显提高，每段簇数分别为 1 簇、2 簇、3 簇、5 簇条件下的初产日产气量分别为 $1.63 \times 10^6 m^3$、$2.49 \times 10^6 m^3$、$3.31 \times 10^6 m^3$、$4.82 \times 10^6 m^3$，每段簇数为 2 簇、3 簇、5 簇较每段簇数为 1 簇初产日产气量分别提高 52.8%、103.1%、195.7%，随着每段簇数的增加日产气量增加的幅度呈逐渐下降趋势，在生产 1 年后出现了反转，每段簇数增加使中后期日产气量下降，这是由于在压裂段数不变的情况下，每段簇数增加降低了段与缝的间距，加重了缝间干扰，尤其是在生产中后期裂缝周围储层压力下降严重的情况下。生产 7 年后，每段簇数分别为 1 簇、2 簇、3 簇、5 簇条件下的日产气量分别为 $4.79 \times 10^4 m^3$、$4.0 \times 10^4 m^3$、$3.57 \times 10^4 m^3$、$3.3 \times 10^4 m^3$，每段簇数为 2 簇、3 簇、5 簇较每段簇数为 1 簇日产气量分别下降 16.5%、25.5%、31.1%。

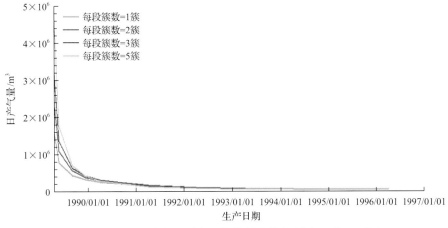

图 3-13 井组日产气量随每段簇数的变化(页岩气"井工厂")

井组累产气量随每段簇数的变化曲线如图 3-14 所示，由图可知，每段簇数分别为 1 簇、2 簇、3 簇、5 簇条件下井组生产 7 年累产气量分别为 $3.65 \times 10^8 m^3$、$4.19 \times 10^8 m^3$、$4.49 \times 10^8 m^3$、$4.81 \times 10^8 m^3$，每段簇数为 2 簇、3 簇、5 簇较每段簇数为 1 簇条件 7 年累

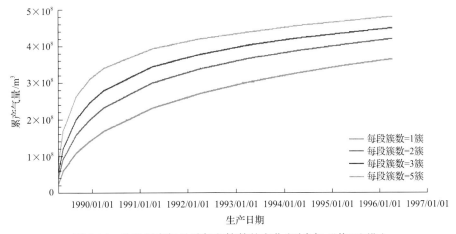

图 3-14 井组累产气量随每段簇数的变化(页岩气"井工厂")

产气量分别提高 14.8%、23%、31.8% 左右,随着每段簇数的提高累产气量的增加幅度有略微下降。虽然在生产中后期缝间干扰影响了日常气量,但高每段簇数导致的前期高产量及缝控范围的增加,整体提高了页岩气累产气量。

6. 二级裂缝长度敏感性分析

模拟条件:井组除二级裂缝长度外其他参数按基础例子参数设置。二级裂缝长度分别为 5m、10m、15m、20m(缝网),不同二级裂缝长度条件下井组日产气量随时间的变化曲线如图 3-15 所示。由图 3-15 可知,日产气量随着二级裂缝长度的增加而明显增加。定压生产条件下,初产日产气量随二级裂缝长度增加有所提高,二级裂缝长度分别为 5m、10m、15m、20m(缝网)条件下的初产日产气量分别为 $1.98\times10^6\text{m}^3$、$2.17\times10^6\text{m}^3$、$2.26\times10^6\text{m}^3$、$2.49\times10^6\text{m}^3$,较 5m 二级裂缝长度分别提高 9.6%、14.1%、25.8%,随着二级裂缝长度的增加日产气量逐渐增加,当二级裂缝互相连通产生缝网后,初产日产气量有了明显的增加,但在生产 1 年后也出现了反转,二级裂缝长度增加对中后期日产气量造成了下降,这是由于二级裂缝长度的增加加重了缝间干扰,尤其是在生产中后期裂缝周围储层压力下降严重的情况下。生产 7 年后,二级裂缝长度分别为 5m、10m、15m、20m(缝网)条件下的日产气量分别为 $4.57\times10^4\text{m}^3$、$4.41\times10^4\text{m}^3$、$4.33\times10^4\text{m}^3$、$4.0\times10^4\text{m}^3$。

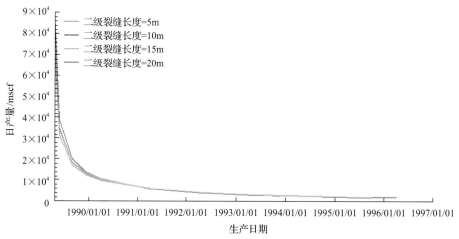

图 3-15 井组日产气量随二级裂缝长度的变化(页岩气"井工厂")

$1\text{mscf}=28.317\text{m}^3$

井组累产气量随二级裂缝长度的变化曲线如图 3-16 所示,由图可知,二级裂缝长度分别为 5m、10m、15m、20m(缝网)条件下井组生产 7 年后累产气量分别为 $3.81\times10^8\text{m}^3$、$3.88\times10^8\text{m}^3$、$3.92\times10^8\text{m}^3$、$4.05\times10^8\text{m}^3$,10m、15m、20m 二级裂缝长度较 5m 二级裂缝长度条件 7 年累产气量分别提高 1.8%、2.9%、6.3% 左右,随着二级裂缝长度的提高累产气量逐渐增加。虽然在生产中后期缝间干扰影响了日产气量,但高二级裂缝长度或二级裂缝缝网的形成导致的前期高产量及缝控范围的增加,整体提高了页岩气累产气量。

7. 主裂缝导流能力敏感性分析

模拟条件:井组除主裂缝导流能力外其他参数按基础例子参数设置。主裂缝导流能力分别为 1D·cm、5D·cm、10D·cm，不同主裂缝导流能力条件下井组日产气量随时间的变化曲线如图 3-17 所示。由图 3-17 可知，日产气量随着主裂缝导流能力的增加而明显增加。定压生产条件下，初产日产气量随主裂缝导流能力增加有所提高，主裂缝导流能力分别为 1D·cm、5D·cm、10D·cm 条件下的初产日产气量分别为 $1.44 \times 10^6 \text{m}^3$、$2.49 \times 10^6 \text{m}^3$、$2.88 \times 10^6 \text{m}^3$，较 5D·cm、10D·cm 主裂缝导流能力 1D·cm 主裂缝导流能力初产日产气量分别提高 72.9%、100%，随着主裂缝导流能力的增加日产气量增幅逐渐下降。生产两年后，当双线性流逐步转变为拟径向流后，高导流能力引起的高产气量效果逐渐变小，三个模型的日产气量逐步趋于相近。

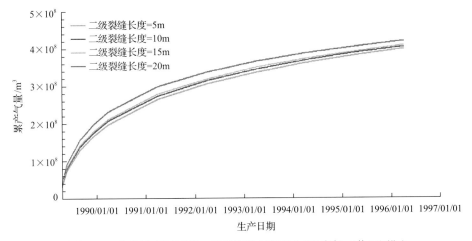

图 3-16 井组累产气量随二级裂缝长度的变化（页岩气"井工厂"）

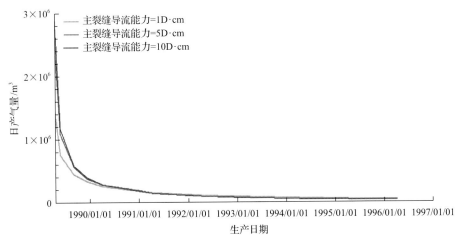

图 3-17 井组日产气量随主裂缝导流能力的变化（页岩气"井工厂"）

井组累产气量随主裂缝导流能力的变化曲线如图 3-18 所示，由图可知，主裂缝导流能力分别为 1D·cm、5D·cm、10D·cm 条件下井组生产 7 年后累产气量分别为 $3.69 \times 10^8 \text{m}^3$、$4.19 \times 10^8 \text{m}^3$、$4.29 \times 10^8 \text{m}^3$，5D·cm、10D·cm 主裂缝导流能力较 1D·cm 主裂缝导流能力条件 7 年累产气量分别提高 13.6%、16.3% 左右，随着主裂缝导流能力的提高累产气量的增加幅度有略微下降。

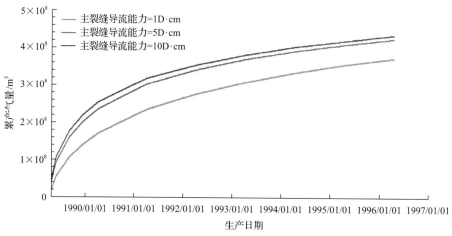

图 3-18 井组累产气量随主裂缝导流能力的变化(页岩气"井工厂")

8. 二级裂缝导流能力敏感性分析

模拟条件:井组除二级裂缝导流能力外其他参数按基础例子参数设置。二级裂缝导流能力分别为 0.1D·cm、0.5D·cm、1.0D·cm,不同二级裂缝导流能力条件下井组日产气量随时间的变化曲线如图 3-19 所示。由图 3-19 可知,日产气量随着二级裂缝导流能力的增加而略微增加。定压生产条件下,初产日产气量随二级裂缝导流能力增加有所提高,二级裂缝导流能力分别为 0.1D·cm、0.5D·cm、1.0D·cm 条件下的初产日产气量分别为 $2.4\times10^6 m^3$、$2.49\times10^6 m^3$、$2.49\times10^6 m^3$,0.5D·cm、1.0D·cm 主裂缝导流能力较 0.1D·cm 主裂缝导流能力初产日产气量均提高 3.8%,随着二级裂缝导流能力增加到 0.5D·cm 时,继续增加二级裂缝导流能力,初产日产气量不再增加。

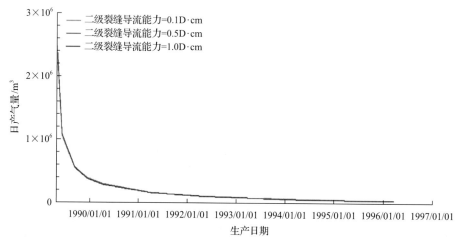

图 3-19 井组日产气量随二级裂缝导流能力的变化(页岩气"井工厂")

井组累产气量随二级裂缝导流能力的变化曲线如图 3-20 所示,由图可知,二级裂缝导流能力分别为 0.1D·cm、0.5D·cm、1.0D·cm 条件下井组生产 7 年后累产气量分别为

$4.16\times10^8\mathrm{m}^3$、$4.18\times10^8\mathrm{m}^3$、$4.19\times10^8\mathrm{m}^3$,0.5D·cm、1.0D·cm 二级裂缝导流能力较 0.1D·cm 二级裂缝导流能力条件 7 年累产气量分别提高 0.5%、0.7%左右,二级裂缝导流能力对累产气量的影响较小。

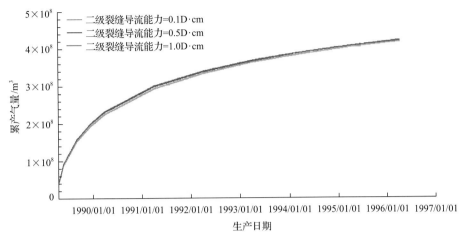

图 3-20 井组累产气量随二级裂缝导流能力的变化(页岩气"井工厂")

9. 三级裂缝导流能力敏感性分析

模拟条件:井组除三级裂缝导流能力外其他参数按基础例子参数设置。三级裂缝导流能力分别为 0.01D·cm、0.05D·cm、0.10D·cm,不同三级裂缝导流能力条件下井组日产气量随时间的变化曲线如图 3-21 所示。由图 3-21 可知,日产气量随着三级裂缝导流能力的增加而有所增加。定压生产条件下,初产日产气量随三级裂缝导流能力增加有所提高,三级裂缝导流能力分别为 0.01D·cm、0.05D·cm、0.10D·cm 条件下的初产日产气量分别为 $2.11\times10^6\mathrm{m}^3$、$2.33\times10^6\mathrm{m}^3$、$2.49\times10^6\mathrm{m}^3$,0.05D·cm、0.10D·cm 三级裂缝导流能力较 0.01D·cm 三级裂缝导流能力初产日产气量分别提高 10.4%、18%。生产 1 年后由三级裂缝导流能力造成的日常气量增加幅度逐渐变小。

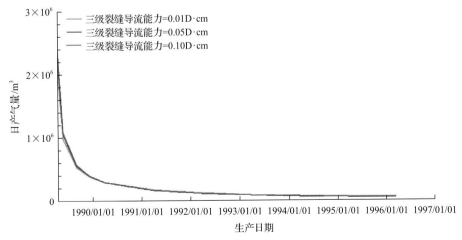

图 3-21 井组日产气量随三级裂缝导流能力的变化曲线(页岩气"井工厂")

井组累产气量随三级裂缝导流能力的变化曲线如图 3-22 所示，由图可知，三级裂缝导流能力分别为 0.01D·cm、0.05D·cm、0.10D·cm 条件下井组 7 年累产气量分别为 $4.08\times10^8m^3$、$4.14\times10^8m^3$、$4.19\times10^8m^3$，0.05D·cm、0.10D·cm 三级裂缝导流能力较 0.01D·cm 三级裂缝导流能力条件 7 年累产气量分别提高 1.5%、2.7%左右。

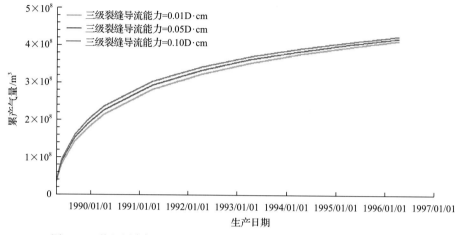

图 3-22　井组累产气量随三级裂缝导流能力的变化(页岩气"井工厂")

10. 二级裂缝数量敏感性分析

模拟条件：井组除二级裂缝数量外其他参数按基础例子参数设置。二级裂缝数量分别为 0 条、1 条、3 条和 5 条，不同二级裂缝数量条件下井组日产气量随时间的变化曲线如图 3-23 所示。由图 3-23 可知，日产气量随着二级裂缝数量的增加而明显增加。定压生产条件下，初产日产气量随二级裂缝数量增加明显提高，二级裂缝数量分别为 0 条、1 条、3 条和 5 条条件下的初产日产气量分别为 $1.74\times10^6m^3$、$2.0\times10^6m^3$、$2.49\times10^6m^3$ 和 $2.97\times10^6m^3$，1 条、3 条、5 条二级裂缝数量较 0 条二级裂缝数量分别提高 14.9%、43.1%、70.7%，随着二级裂缝数量的增加日产气量增加的幅度呈逐渐下降趋势，甚至在生产 1 年

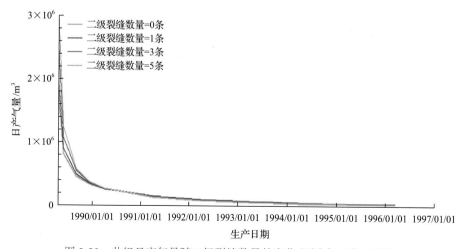

图 3-23　井组日产气量随二级裂缝数量的变化(页岩气"井工厂")

后出现了反转,二级裂缝数量增加使中后期日产气量下降,二级裂缝数量的增加加重了缝间干扰,尤其是在生产中后期裂缝周围储层压力下降严重的情况下。生产 7 年后,二级裂缝数量分别为 0 条、1 条、3 条和 5 条条件下的日产气量分别为 $4.8 \times 10^4 m^3$、$4.5 \times 10^4 m^3$、$4.0 \times 10^4 m^3$、$3.6 \times 10^4 m^3$。

井组累产气量随二级裂缝数量的变化曲线如图 3-24 所示,由图可知,二级裂缝数量分别为 0 条、1 条、3 条和 5 条条件下井组生产 7 年后累产气量分别为 $3.93 \times 10^8 m^3$、$4.03 \times 10^8 m^3$、$4.19 \times 10^8 m^3$ 和 $4.29 \times 10^8 m^3$,1 条、3 条、5 条二级裂缝数量较 0 条二级裂缝数量条件 7 年累产气量分别提高 2.5%、6.6%、9.2%左右,随着二级裂缝数量的提高累产气量的增加幅度有略微下降。虽然在生产中后期缝间干扰影响了日产气量,但由高二级裂缝数量导致的前期高产量及缝控范围的增加,整体提高了页岩气累产气量。

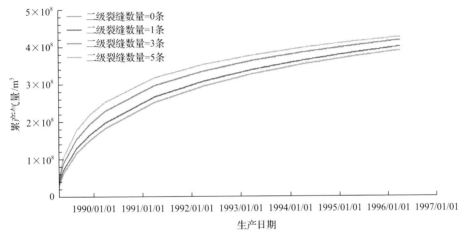

图 3-24 井组累产气量随二级裂缝数量的变化(页岩气"井工厂")

11. 三级裂缝数量敏感性分析

模拟条件:井组除三级裂缝数量外其他参数按基础例子参数设置。三级裂缝数量分别为 1 条、2 条和 3 条,不同三级裂缝数量条件下井组日产气量随时间的变化曲线如图 3-25 所示。由图 3-25 可知,日产气量随着三级裂缝数量的增加而增加。定压生产条件下,初产日产气量随三级裂缝数量增加略微提高,三级裂缝数量分别为 1 条、2 条和 3 条条件下的初产日产气量分别为 $2.46 \times 10^6 m^3$、$2.49 \times 10^6 m^3$ 和 $2.65 \times 10^6 m^3$,2 条、3 条三级裂缝数量较 1 条三级裂缝数量分别提高 1.2%、7.7%。

井组累产气量随三级裂缝数量的变化曲线如图 3-26 所示,由图可知,三级裂缝数量分别为 1 条、2 条和 3 条条件下井组生产 7 年后累产气量分别为 $4.19 \times 10^8 m^3$、$4.192 \times 10^8 m^3$ 和 $4.198 \times 10^8 m^3$,2 条、3 条三级裂缝数量较 1 条三级裂缝数量条件 7 年累产气量分别提高 0.05%、0.19%左右,三级裂缝数量对累产气量的影响较小。

12. 影响井工厂产量的主控因素分析

为了研究以上单因素对页岩气井工厂压后产量的影响程度,对以上参数分别选取 3 个值进行正交方案设计,如表 3-3 所示共 33 个正交方案。对 33 个正交方案进行数值模拟计算,所对应的井组初产日产气量及 7 年累产气量结果见图 3-27。正交设计方差分析

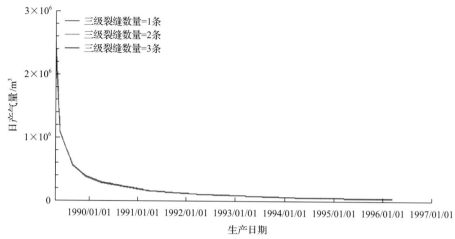

图 3-25 井组日产气量随三级裂缝数量的变化(页岩气"井工厂")

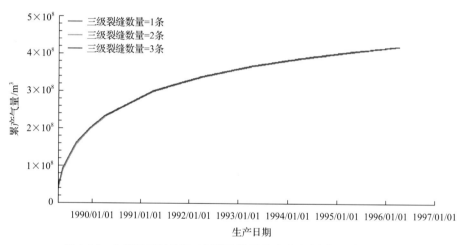

图 3-26 井组累产气量随三级裂缝数量的变化(页岩气"井工厂")

表 3-3 不同裂缝参数正交方案设计表(页岩气"井工厂")

方案	水平段长/m	主裂缝半长/m	井间距/m	压裂段数/段	每段簇数/簇	二级裂缝数量/条	三级裂缝数量/条	主裂缝导流能力/(D·cm)	二级裂缝导流能力/(D·cm)	三级裂缝导流能力/(D·cm)	考虑长期导流能力	二级裂缝长度/m	初产日产气量/10⁶m³	7年累产气量/10⁸m³
1	1500	200	500	15	2	3	1	5	1	0.1	1	缝网	2.49	4.05
2	1500	200	500	15	2	0	1	5	1	0.1	1	缝网	1.74	3.93
3	1500	200	500	15	2	1	1	5	1	0.1	1	缝网	2.0	4.03
4	1500	200	500	15	2	5	1	5	1	0.1	1	缝网	2.97	4.29
5	1500	200	500	15	2	1	2	5	1	0.1	1	缝网	2.49	4.19
6	1500	200	500	15	2	1	3	5	1	0.1	1	缝网	2.65	4.19

续表

方案	水平段长/m	主裂缝半长/m	井间距/m	压裂段数/段	每段簇数/簇	二级裂缝数量/条	三级裂缝数量/条	主裂缝导流能力/(D·cm)	二级裂缝导流能力/(D·cm)	三级裂缝导流能力/(D·cm)	考虑长期导流能力	二级裂缝长度/m	初产日产气量/10⁶m³	7年累产气量/10⁸m³
7	1500	200	500	15	2	3	1	5	1	0.1	1	10	2.17	3.88
8	1500	200	500	15	2	3	1	5	1	0.1	1	15	2.26	3.92
9	1500	200	500	15	2	3	1	5	1	0.1	1	5	1.98	3.81
10	1500	200	600	15	2	3	1	5	1	0.1	1	缝网	2.49	4.24
11	1500	200	700	15	2	3	1	5	1	0.1	1	缝网	2.49	4.41
12	1500	200	800	15	2	3	1	5	1	0.1	1	缝网	2.50	4.58
13	1500	200	900	15	2	3	1	5	1	0.1	1	缝网	2.50	4.62
14	1500	200	1000	15	2	3	1	5	1	0.1	1	缝网	2.50	4.65
15	1500	200	500	15	2	3	1	1	1	0.1	1	缝网	1.44	3.69
16	1500	200	500	15	2	3	1	10	1	0.1	1	缝网	2.88	4.19
17	1500	200	500	15	2	3	1	5	0.1	0.1	1	缝网	2.4	4.16
18	1500	200	500	15	2	3	1	5	0.5	0.1	1	缝网	2.49	4.18
19	1500	200	500	15	2	3	1	5	1	0.01	1	缝网	2.11	4.08
20	1500	200	500	15	2	3	1	5	1	0.05	1	缝网	2.33	4.14
21	1500	200	500	15	3	3	1	5	1	0.1	1	缝网	3.31	4.19
22	1500	200	500	15	5	3	1	5	1	0.1	1	缝网	4.82	4.81
23	1500	200	500	15	1	3	1	5	1	0.1	1	缝网	1.63	3.65
24	1500	200	500	20	2	3	1	5	1	0.1	1	缝网	3.05	4.41
25	1500	200	500	25	2	3	1	5	1	0.1	1	缝网	3.56	4.56
26	1500	200	500	30	2	3	1	5	1	0.1	1	缝网	4.04	4.69
27	1500	200	500	10	2	3	1	5	1	0.1	1	缝网	1.90	3.87
28	1000	200	500	15	2	3	1	5	1	0.1	1	缝网	2.2	3.02
29	2000	200	500	15	2	3	1	5	1	0.1	1	缝网	2.7	5.26
30	1500	200	500	15	2	3	1	5	1	0.1	0	缝网	2.56	5.29
31	1500	150	500	15	2	3	1	5	1	0.1	1	缝网	2.30	3.53
32	1500	100	500	15	2	3	1	5	1	0.1	1	缝网	1.98	2.69
33	1500	250	500	15	2	3	1	5	1	0.1	1	缝网	2.64	4.75

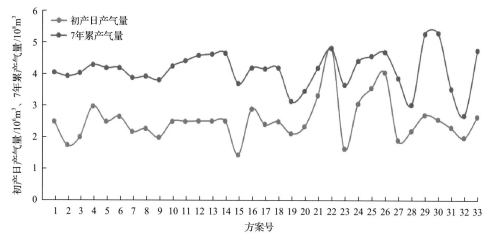

图 3-27　正交方案所对应的初产日产气量及 7 年累产气量(页岩气"井工厂")

结果(表 3-4)表明,起显著影响的各参数中,对初产日产气量的影响程度排序为:每段簇数＞压裂段数＞主裂缝导流能力＞二级裂缝数量;对 7 年累产气量的影响程度排序为:井间距＞水平段长＞长期导流能力＞每段簇数＞主裂缝半长＞压裂段数。

表 3-4　不同参数对初产日产气量及 7 年累产气量影响程度表(页岩气"井工厂")

因素	初产日产气量影响因素排序			7 年累产气量影响因素排序		
	F 比	F 临界值	显著性	F 比	F 临界值	显著性
水平段长	3.152	9		16.72	9	*
主裂缝半长	4.761	9		12.302	9	*
井间距	1.03	9		16.843	9	*
压裂段数	13.258	9	*	9.13	9	*
每段簇数	15.381	9	*	14.648	9	*
二级裂缝数量	9.256	9	*	4.896	9	
三级裂缝数量	2.592	9		3.323	9	
主裂缝导流能力	10.618	9	*	3.627	9	
二级裂缝导流能力	3.296	9		2.358	9	
三级裂缝导流能力	4.15	9		1.518	9	
长期导流能力	1.54	9		16.412	9	*
二级裂缝长度	7.601	9		0.897	9	

二、致密气"井工厂"产量动态数值模拟方法

(一)致密气"井工厂"的油藏模型建立

大牛地气田位于鄂尔多斯盆地伊陕斜坡北部,上古生界砂岩气藏埋深 2500~2900m,水平井开发目的层主要为太 2、山 1、山 2 及盒 1 气层。储层以辫状河流相沉积为主,纵向上交错叠合发育,平面上分片展布,非均质性较强,气藏内部差别较大,呈现出"三

低两高"的特征(低压、低渗、低孔,有效应力高、基块毛管压力高),是一个典型的低压、低孔、低含气饱和度的致密气藏。大牛地气田盒 1 气层平均孔隙度 9.09%,平均渗透率 0.55mD,地层压力系数 0.91。盒 1 气层砂岩杨氏模量主要集中分布在 20000~35000MPa,频率为 83.94%,平均值为 26805.3MPa;砂质泥岩杨氏模量主要分布在 16000~24000MPa,频率为 80.3%,平均值为 20354MPa;泥岩杨氏模量主要分布在 16000~22000MPa,频率为 76.0%,平均值为 18082MPa。盒 1 气层砂岩泊松比主要分布在 0.22~0.28,频率为 80.9%,平均值为 0.243;砂质泥岩泊松比主要分布在 0.2~0.32,频率为 73.1%,平均值为 0.269;泥岩泊松比主要分布在 0.26~0.34,频率为 82.8%,平均值为 0.299。从盒 1 气层不同岩性地应力剖面可以看出,砂岩最小主应力分布在 50.4~54MPa,最大水平主应力为 58.5~64.6MPa,储隔层应力差为 1~13MPa。采用水平井分段压裂工艺获得了较好的改造效果,截至 2012 年 5 月底,盒 1 气层水平井压裂后平均无阻流量达 $7.56 \times 10^4 m^3/d$。

为进一步提高大牛地气田盒 1 气层的储量动用程度,评价水平井组开发的经济技术可行性,进了"井工厂"压裂模式,在大牛地气田已成熟应用的多级管外封隔器水平井分段压裂工艺的基础上,开展了丛式水平井组同步压裂工艺研究。试验效果表明,"井工厂"模式是可行的,2012 年大牛地气田利用水平井新建产能 $1.00188 \times 10^9 m^3$,其中"井工厂"水平井占总井数的 44%,取得了较好的试验效果,大牛地气田砂体展布面积大,垂向展布厚的大 8 至大 10 井区的下石盒子组盒 1 储层,平均砂岩厚度大于 15m,平均气层厚度大于 10m,平均孔隙度大于 6%,控制面积 8.69km²,动用储量 $1.369 \times 10^9 m^3$。大牛地气田水平井组设计 6 口水平井,根据利用最小的丛式井井场使钻井开发井网覆盖区域最大化的原则,结合"井工厂"压裂模式理念,综合考虑地质概况、井场井位分布条件、扩大井网泄气面积提高产能、缩短压裂作业工期等多方面因素影响,该井组实施同步压裂方案。压裂工艺选择当时较为成熟的多级管外封隔器分段压裂工艺。

综合优化该井组的合理裂缝间距在 135~166m,此范围内缝间干扰的影响较弱。压裂段数在 7~8 段。优化施工参数为:加砂规模第 1 级为 42m³,逐级降低至 30m³ 左右;施工排量由 4.5m³/min 逐级降低至 4.0m³/min;前置液比例由 41% 逐级降低至 37%;砂液比为 20%~23%;采用渐进式加砂程序,加砂规模及压裂段数逐渐增加;液氮伴注比例 6%~9%,从 B 靶点到 A 靶点逐渐减少,液氮注入量大,孔隙压力增加值大,促使更好排液。同步压裂施工时,如何同步是该工艺实施的关键点。

方案优化为:同步压裂时同时起泵,各段打开滑套后各自继续压裂;前四段,施工相差小于 20min,继续各自施工,若施工相差大于 20min,快的车组打开滑套压力平稳后等待;前 4 段压后停泵检修设备,第 5 段同时起泵压裂。该方案可保障同步压裂顺利进行。井组实施的 6 口井全部中靶,井径扩大率均小于 10%,井身质量优质。轨道设计及控制技术应用到现场进行检验,在实钻过程中严格按照井组工程设计进行施工,实钻结果表明实钻轨迹与设计轨道符合率程度较高,进一步验证了井组轨道设计的合理性和可操作性。整个井组砂岩钻遇率平均高达 98.3%,经后期测试,最高测试无阻流量 $2.75 \times 10^5 m^3/d$,累计无阻流量 $8 \times 10^5 m^3/d$;最高日产气量 $6.36 \times 10^4 m^3$,累产气量 $2.783 \times 10^5 m^3/d$。测试放喷点火,火焰高 6~8m。"井工厂"模式在大牛地气田盒 1 储层试验初步成功。

根据上述大牛地气田主要致密气目标层段储层特征及前期压裂改造工艺参数,选取典型井压裂工程设计作为参考,综合盒 1 气层气水两相相对渗透率曲线及储层物性,进行了油藏模型建模,具体参数见表 3-5。主要建模思路与本节第一部分页岩气"井工厂"建模方式类似,需要根据盒 1 气层的油藏物性、前期压裂施工特点及形成裂缝的主要参数进行适当调整。裂缝形态以二级复杂缝及多级复杂缝为主,主裂缝半长 100~200m,二级裂缝半长 5~20m,次级裂缝半长 1~5m,主裂缝导流能力 1~10D·cm,二级裂缝导流能力 0.1~1D·cm,次级裂缝导流能力 0.01~0.1D·cm,裂缝失效时间 1~5 年。

表 3-5 致密气"井工厂"油藏模型主要参数及数值

参数	数值	参数	数值
网格大小	10m×10m×小层高	每段簇数	1~5
网格数量	101×101×11	次级裂缝长度/m	1~5
地层静压力/MPa	24	三级缝裂缝导流能力/(D·cm)	0.01~0.1
平均渗透率/mD	0.01~2	二级裂缝长度/m	5~20
平均孔隙度/%	6~10	二级缝裂缝导流能力/(D·cm)	0.1~1
初始含水饱和度/%	35	主裂缝半长/m	100~200
压裂段数	5~15	主裂缝导流能力/(D·cm)	1~10
井间距/m	500~1000	井底流压/MPa	10~22

(二)致密气"井工厂"产量影响主控因素分析

以本节第一部分建立的页岩气"井工厂"油藏模型为基础,更改为盒 1 气层的主要油藏物性参数及裂缝参数,建立了 1 段 3 口井、2 段 2 口井、3 段 3 口井的"W"形立体井网模型,选取了影响井工厂压后产量的主要因素,包括以下 10 个参数:水平段长、井间距、压裂段数、每段簇数、主裂缝半长、二级裂缝长度、主裂缝导流能力、二级裂缝导流能力、三级裂缝导流能力、二级裂缝数量。在单因素敏感性分析的基础上进行正交方案设计,获得影响"井工厂"压后产量的主控因素。

1. 水平段长敏感性分析

模拟条件:井组除水平段长外其他参数按基础例子参数设置。水平段长分别为 500m、1000m、1500m,不同水平段长条件下井组日产气量随时间的变化曲线如图 3-28 所示,由图可知,水平段长对初产日产气量影响较小,因为虽然水平段长增加了,但是压裂段数、每段簇数保持一致。定压生产条件下,日产气量整体随水平段长增加而上升,上升幅度呈先上升后下降的趋势。生产 7 年后,水平段长分别为 500m、1000m、1500m 条件下的日产气量分别为 $6.6×10^4m^3$、$9.6×10^4m^3$、$1.34×10^5m^3$,水平段长 1000m、1500m 较水平段长 500m 条件日产气量分别增长 45.5%、103%。

井组累产气量随水平段长的变化曲线如图 3-29 所示,由图可知,水平段长分别为 500m、1000m、1500m 条件下井组生产 7 年后累产气量分别为 $4.3×10^8m^3$、$6.4×10^8m^3$、$8.2×10^8m^3$,1000m、1500m 水平段长较 500m 水平段长条件 7 年累产气量分别提高 48.8%、90.7%左右。

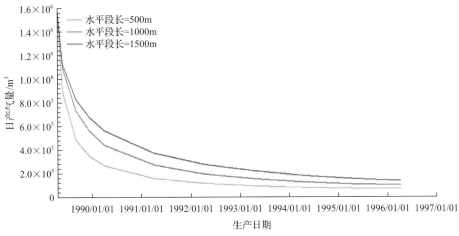

图 3-28　井组日产气量随水平段长的变化(致密气"井工厂")

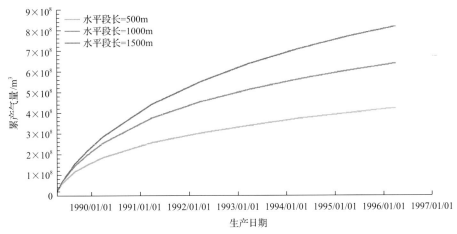

图 3-29　井组累产气量随水平段长的变化(致密气"井工厂")

2. 井间距敏感性分析

模拟条件：井组除井间距外其他参数按基础例子参数设置。井间距分别为 500m、600m、700m、800m、900m 和 1000m。不同井间距条件下井组日产气量随时间的变化曲线如图 3-30 所示，由图可知，日产气量随着井间距的增加而有所增加。定压生产条件下，初产日产气量随井间距增加略微提高，井间距 500m、600m、700m、800m、900m、1000m 条件下的初产日产气量分别为 $1.596 \times 10^6 m^3$、$1.599 \times 10^6 m^3$、$1.6 \times 10^6 m^3$、$1.6 \times 10^6 m^3$、$1.6 \times 10^6 m^3$、$1.6 \times 10^6 m^3$，井间距对初产日产气量的影响几乎可以忽略。随着生产的进行，井间距对日产气量的影响逐渐增加，至生产后期，井间距 500m、600m、700m、800m、900m、1000m 条件下的日产气量分别为 $9.6 \times 10^5 m^3$、$1.09 \times 10^5 m^3$、$1.23 \times 10^5 m^3$、$1.36 \times 10^5 m^3$、$1.49 \times 10^5 m^3$、$1.63 \times 10^5 m^3$，600m、700m、800m、900m、1000m 井间距较 500m 井间距条件日产气量分别提高 13.5%、28.1%、41.7%、55.2%、69.8%左右。随着井间距的增加，井组日产气量有所提高，主要是降低了缝间干扰对产气量的影响。对比页岩气"井工厂"井间距对日产气量的影响可以发现，致密气"井工厂"井间距对日产气量的影响更加明显，这是由于致密气储层渗透率高于页岩气储层，裂缝的缝控范围比页岩气大，在相同的井间距条件下，致密气"井工厂"的缝间干扰更加严重。

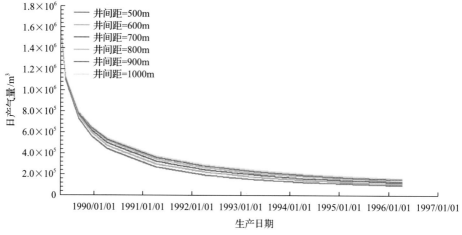

图 3-30　井组日产气量随井间距的变化(致密气"井工厂")

井组累产气量随井间距的变化曲线如图 3-31 所示，由图可知，井间距 500m、600m、700m、800m、900m、1000m 条件下井组生产 7 年后累产气量分别为 $6.42\times10^8m^3$、$7\times10^8m^3$、$7.5\times10^8m^3$、$8\times10^8m^3$、$8.35\times10^8m^3$、$8.62\times10^8m^3$，600m、700m、800m、900m、1000m 井间距较 500m 井间距条件 7 年累产气量分别提高 9.0%、16.8%、24.6%、30.1%、34.3%左右。随着井间距的增加，井组 7 年累产气量有所提高，当井间距超过 800m 时，井间距产生的缝间干扰对累产气量增加量的影响逐渐变小。对比页岩气"井工厂"井间距对累产气量的影响，可以看出致密气"井工厂"井间距对累产气量的影响更加明显，这是由于致密气"井工厂"的缝间干扰更加严重，若在设计时不加以考虑，虽然不会影响初产日产气量但会影响最终的累产气量。

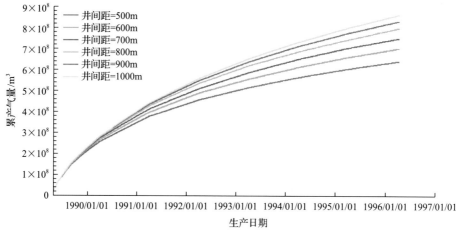

图 3-31　井组累产气量随井间距的变化(致密气"井工厂")

3. 主裂缝半长敏感性分析

模拟条件：井组除主裂缝半长外其他参数按基础例子参数设置。主裂缝半长分别为100m、150m 和 200m，不同主裂缝半长条件下井组日产气量随时间的变化曲线如图 3-32 所示。由图 3-32 可知，日产气量随着主裂缝半长的增加而明显增加。定压生产条件下，初产日产气量随主裂缝半长的增加明显提高，主裂缝半长分别为 100m、150m 和 200m 条件下的初产日产气量分别为 $1.05 \times 10^6 m^3$、$1.55 \times 10^6 m^3$ 和 $1.6 \times 10^6 m^3$，150m 和 200m 主裂缝半长较 100m 主裂缝半长分别提高 47.6%、52.4%，随着主裂缝半长的增加日产气量增加的幅度呈逐渐下降趋势，尤其是当主裂缝半长超过 150m 后。生产两年后，由主裂缝半长造成的日产气量差异程度开始下降，生产 7 年后，主裂缝半长分别为 100m、150m 和 200m 条件下的日产气量均为 $9.6 \times 10^4 m^3$。

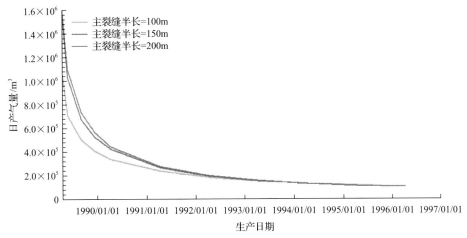

图 3-32 井组日产气量随主裂缝半长的变化(致密气"井工厂")

井组累产气量随主裂缝半长的变化曲线如图 3-33 所示，由图可知，主裂缝半长 100m、150m、200m 条件下井组生产 7 年后累产气量分别为 $4.9 \times 10^8 m^3$、$5.7 \times 10^8 m^3$、$6.1 \times 10^8 m^3$，

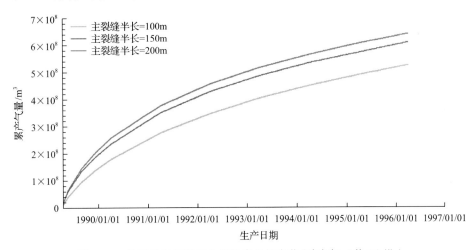

图 3-33 井组累产气量随主裂缝半长的变化(致密气"井工厂")

150m、200m 主裂缝半长较 100m 主裂缝半长条件 7 年累产气量分别提高 16.3%、24.5% 左右，随着主裂缝半长的提高累产气量的增加幅度有略微下降。对比页岩气"井工厂"主裂缝半长对累产气量的影响可以发现，致密气"井工厂"主裂缝半长对累产气量的影响更低，这是由于致密气储层渗透率高于页岩气储层，裂缝的缝控范围比页岩气大，更少地依赖于主裂缝半长带来的额外泄油面积。

4. 压裂段数敏感性分析

模拟条件：井组除压裂段数外其他参数按基础例子参数设置。压裂段数分别为 5 段、10 段、15 段，不同压裂段数条件下井组日产气量随时间的变化曲线如图 3-34 所示。由图 3-34 可知，日产气量随着压裂段数的增加而明显增加。定压生产条件下，初产日产气量随压裂段数增加明显提高，压裂段数分别为 5 段、10 段、15 段条件下的初产日产气量分别为 $8 \times 10^5 m^3$、$1.6 \times 10^6 m^3$、$2.4 \times 10^6 m^3$，10 段、15 段压裂段数较 5 段压裂段数初产日产气量分别提高 100%、200%，随着生产的进行，压裂段数的增加带来的日产气量增加的幅度呈逐渐下降趋势，甚至在生产 1 年后出现了反转，压裂段数增加使中后期日产气量下降，这是由于水平段长不变的情况下，压裂段数增加降低了段与缝的间距，加重了缝间干扰，尤其是在生产中后期裂缝周围储层压力下降严重的情况下。生产 7 年后，压裂段数分别为 5 段、10 段、15 段条件下的日产气量分别为 $9.9 \times 10^4 m^3$、$9.6 \times 10^4 m^3$、$9.2 \times 10^4 m^3$。

井组累产气量随压裂段数的变化曲线如图 3-35 所示，由图可知，压裂段数分别为 5 段、10 段、15 段条件下井组生产 7 年后累产气量分别为 $5.1 \times 10^8 m^3$、$6.4 \times 10^8 m^3$、$7 \times 10^8 m^3$，10 段、15 段压裂段数较 5 段压裂段数条件 7 年累产气量分别提高 25.5%、37.3% 左右，随着压裂段数的提高累产气量的增加幅度有略微下降。虽然在生产中后期缝间干扰影响了日常气量，但由高压裂段数导致的前期高产量及缝控范围增加，整体提高了累产气量。

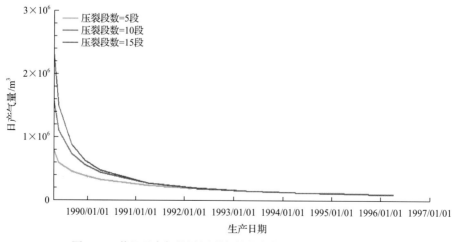

图 3-34 井组日产气量随压裂段数的变化(致密气"井工厂")

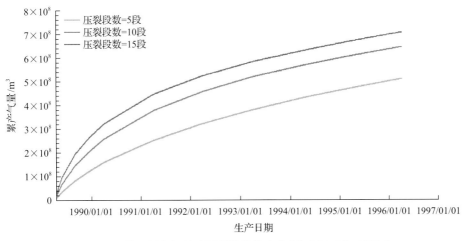

图 3-35 井组累产气量随压裂段数的变化(致密气"井工厂")

5. 每段簇数敏感性分析

模拟条件：井组除每段簇数外其他参数按基础例子参数设置。每段簇数分别为 1 簇、3 簇、5 簇，不同每段簇数条件下井组日产气量随时间的变化曲线如图 3-36 所示。由图 3.36 可知，日产气量随着每段簇数的增加而明显增加。定压生产条件下，初产日产气量随每段簇数增加明显提高，每段簇数分别为 1 簇、3 簇、5 簇条件下的初产日产气量分别为 $1.6 \times 10^6 \mathrm{m}^3$、$4.3 \times 10^6 \mathrm{m}^3$、$6.1 \times 10^6 \mathrm{m}^3$，3 段、5 段每段簇数较 1 段每段簇数分别提高 168.8%、281.3%，随着每段簇数的增加日产气量增加的幅度呈逐渐下降趋势，但在生产 1 年后出现了反转，每段簇数增加使中后期日产气量下降，这是由于压裂段数不变的情况下，每段簇数增加降低了段与缝的间距，加重了缝间干扰，尤其是在生产中后期裂缝周围储层压力下降严重的情况下。

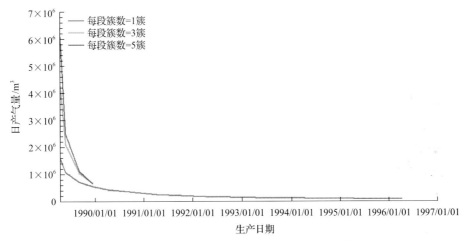

图 3-36 井组日产气量随每段簇数的变化(致密气"井工厂")

井组累产气量随每段簇数的变化曲线如图 3-37 所示，由图可知，每段簇数分别为 1

簇、3 簇、5 簇条件下井组生产 7 年后累产气量分别为 $6.42 \times 10^8 m^3$、$7.65 \times 10^8 m^3$、$8.3 \times 10^8 m^3$,3 簇、5 簇每段簇数较 1 簇每段簇数条件 7 年累产气量分别提高 19.2%、29.3% 左右,随着每段簇数的提高累产气量的增加幅度有略微下降。虽然在生产中后期缝间干扰影响了日产气量,但由高每段簇数导致的前期高产量及缝控范围增加,整体提高了累产气量。

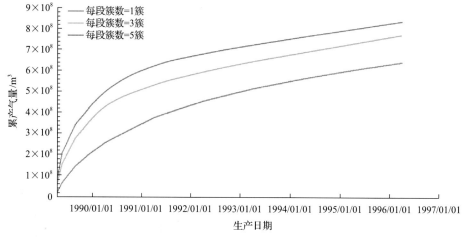

图 3-37 井组累产气量随每段簇数的变化(致密气"井工厂")

6. 二级裂缝长度敏感性分析

模拟条件:井组除二级裂缝长度外其他参数按基础例子参数设置。二级裂缝长度分别为 5m、10m、15m、20m(缝网),不同二级裂缝长度条件下井组日产气量随时间的变化曲线如图 3-38 所示。由图 3-38 可知,日产气量受二级裂缝长度影响较小。

井组累产气量随二级裂缝长度的变化曲线如图 3-39 所示,由图可知,累产气量受二级裂缝长度影响也较小。

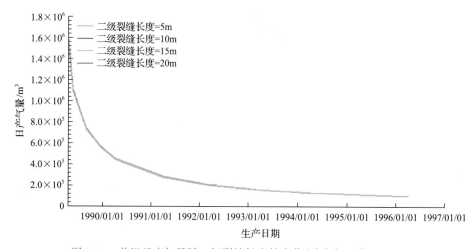

图 3-38 井组日产气量随二级裂缝长度的变化(致密气"井工厂")

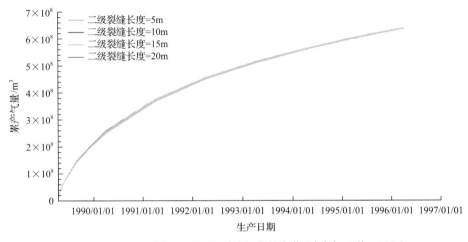

图 3-39　井组累产气量随二级裂缝长度的变化(致密气"井工厂")

7. 主裂缝导流能力敏感性分析

模拟条件：井组除主裂缝导流能力外其他参数按基础例子参数设置。主裂缝导流能力分别为 1D·cm、5D·cm、10D·cm，不同主裂缝导流能力条件下井组日产气量随时间的变化曲线如图 3-40 所示。由图 3-40 可知，日产气量随着主裂缝导流能力的增加而明显增加。定压生产条件下，初产日产气量随主裂缝导流能力增加有所提高，主裂缝导流能力分别为 1D·cm、5D·cm、10D·cm 条件下的初产日产气量分别为 $3.5 \times 10^5 m^3$、$1 \times 10^6 m^3$、$1.6 \times 10^6 m^3$，5D·cm、10D·cm 主裂缝导流能力较 1D·cm 主裂缝导流能力初产日产气量分别提高 185.7%、357.1%，随着主裂缝导流能力的增加日产气量增幅逐渐下降。对比页岩气"井工厂"主裂缝导流能力对日产气量的影响可以发现，致密气"井工厂"主裂缝导流能力对日产气量的影响更高，对于渗透率远高于页岩气的致密气藏来说，限制天然气生产的主要因素是裂缝高渗流通道，而对于页岩气来说，限制天然气生产的主要因素是基质-基质和基质-裂缝的通道。

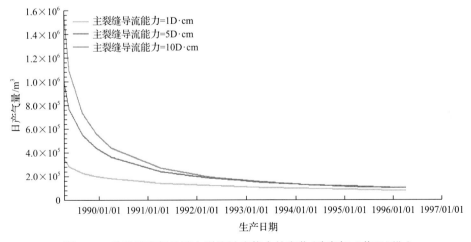

图 3-40　井组日产气量随主裂缝导流能力的变化(致密气"井工厂")

井组累产气量随主裂缝导流能力的变化曲线如图 3-41 所示，由图可知，主裂缝导流能力分别为 1D·cm、5D·cm、10D·cm 条件下井组生产 7 年后累产气量分别为 $3.1 \times 10^8 m^3$、$5.5 \times 10^8 m^3$、$6.4 \times 10^8 m^3$，5D·cm、10D·cm 主裂缝导流能力较 1D·cm 主裂缝导流能力条件 7 年累产气量分别提高 77.4%、106.5% 左右，随着主裂缝导流能力的提高累产气量的增加幅度有略微下降。

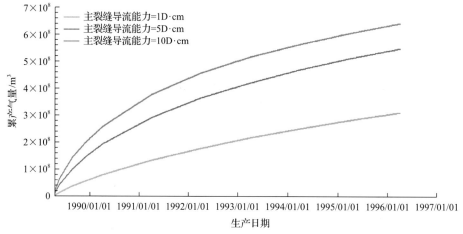

图 3-41　井组累产气量随主裂缝导流能力的变化(致密气"井工厂")

8. 二级裂缝导流能力敏感性分析

模拟条件：井组除二级裂缝导流能力外其他参数按基础例子参数设置。二级裂缝导流能力分别为 0.1D·cm、0.5D·cm、1.0D·cm，不同二级裂缝导流能力条件下井组日产气量随时间的变化曲线见图 3-42 所示。由图 3-42 可知，日产气量受二级裂缝导流能力影响较小。

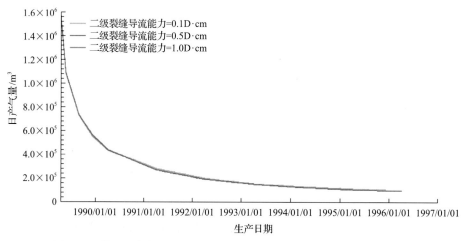

图 3-42　井组日产气量随二级裂缝导流能力的变化(致密气"井工厂")

井组累产气量随二级裂缝导流能力的变化曲线如图 3-43 所示，由图可知，二级裂缝导流能力对井组生产 7 年后累产气量的影响较小。

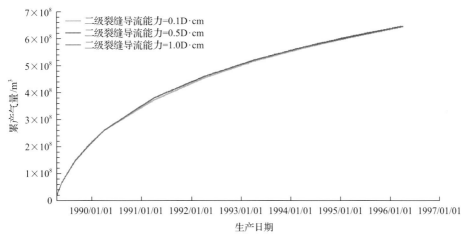

图 3-43 井组累产气量随二级裂缝导流能力的变化(致密气"井工厂")

9. 三级裂缝导流能力敏感性分析

模拟条件:井组除三级裂缝导流能力外其他参数按基础例子参数设置。三级裂缝导流能力分别为 0.01D·cm、0.05D·cm、0.10D·cm,不同三级裂缝导流能力条件下井组日产气量随时间的变化曲线如图 3-44 所示。由图 3-44 可知,日产气量受三级裂缝导流能力影响较小。

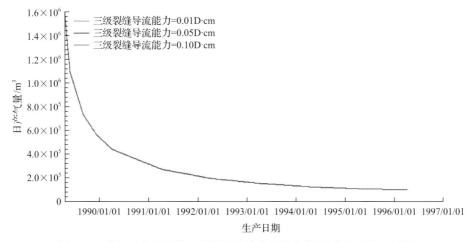

图 3-44 井组日产气量随三级裂缝导流能力的变化(致密气"井工厂")

井组累产气量随三级裂缝导流能力的变化曲线如图 3-45 所示,由图可知,三级裂缝导流能力对井组生产 7 年后累产气量影响较小。

10. 二级裂缝数量敏感性分析

模拟条件:井组除二级裂缝数量外其他参数按基础例子参数设置。二级裂缝数量分别为 0 条、1 条、3 条和 5 条,不同二级裂缝数量条件下井组日产气量随时间的变化曲线如图 3-46 所示。由图 3-46 可知,日产气量随着二级裂缝数量的增加而略微增加。定压生产条件下,初产日产气量随二级裂缝数量增加略微提高,二级裂缝数量分别为 0 条、1 条、

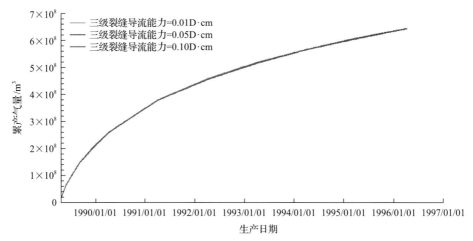

图 3-45　井组累产气量随三级裂缝导流能力的变化(致密气"井工厂")

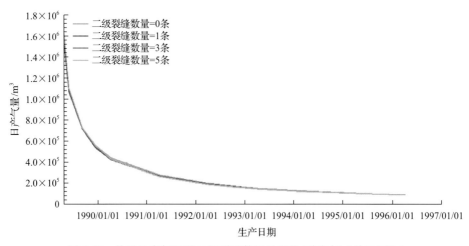

图 3-46　井组日产气量随二级裂缝数量的变化(致密气"井工厂")

3 条和 5 条条件下的初产日产气量分别为 $1.54 \times 10^6 \mathrm{m}^3$、$1.56 \times 10^6 \mathrm{m}^3$、$1.59 \times 10^6 \mathrm{m}^3$ 和 $1.64 \times 10^6 \mathrm{m}^3$，1 条、3 条、5 条二级裂缝数量较 0 条二级裂缝数量分别提高 1.3%、3.2%、6.5%，随着二级裂缝数量的增加，日产气量增加的幅度呈逐渐上升趋势，甚至在生产 1 年后出现了反转，二级裂缝数量增加使中后期日产气量下降，二级裂缝数量的增加加重了缝间干扰，尤其是在生产中后期裂缝周围储层压力下降严重的情况下。对比页岩气"井工厂"二级裂缝数量对日产气量的影响可以发现，致密气"井工厂"二级裂缝数量对日产气量的影响更低。

井组累产气量随二级裂缝数量的变化曲线如图 3-47 所示，由图可知，二级裂缝数量分对井组生产 7 年后累产气量影响较小。

11. 影响井工厂产量的主控因素分析

为了研究以上单因素对页岩气井工厂压后产量的影响程度，对以上参数分别选取 3 个值进行正交方案设计，如表 3-6 所示共 27 个正交方案。对 27 个正交方案进行数值模拟计算，所对应的井组初产日产气量及 7 年累产气量结果见图 3-48。正交设计方差分析结果(表 3-7)表明，起显著影响的各参数中，对初产日产气量的影响程度排序为：每段簇数＞主裂缝导流能力＞压裂段数；对 7 年累产气量的影响程度排序为：主裂缝导流能力＞井间距＞长期导流能力＞每段簇数＞水平段长＞主裂缝半长(表 3-7)。

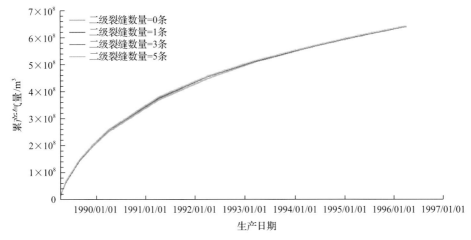

图 3-47 井组累产气量随二级裂缝数量的变化曲线(致密气"井工厂")

表 3-6 不同裂缝参数正交方案设计表(致密气"井工厂")

方案	水平段长/m	主裂缝半长/m	井间距/m	压裂段数	每段簇数	二级裂缝数量/条	三级裂缝数量/条	主裂缝导流能力/(D·cm)	二级裂缝导流能力/(D·cm)	二级裂缝导流能力/(D·cm)	考虑长期导流能力	二级裂缝长度/m	初产日产气量/10⁶m³	7 年累产气量/10⁸m³
1	1000	200	500	10	1	3	1	10	1	0.1	1	10	1.6	6.42
2	1000	200	500	10	1	0	1	10	1	0.1	1	10	1.54	6.4
3	1000	200	500	10	1	1	1	10	1	0.1	1	10	1.56	6.43
4	1000	200	500	10	1	5	1	10	1	0.1	1	10	1.64	6.45
5	1000	200	500	10	1	3	1	10	1	0.1	1	缝网	1.6	6.42
6	1000	200	500	10	1	3	1	10	1	1	1	15	1.6	6.42
7	1000	200	500	10	1	3	1	10	1	0.1	1	5	1.6	6.42
8	1000	200	600	10	1	3	1	10	1	0.1	1	10	1.6	7.0
9	1000	200	700	10	1	3	1	10	1	0.1	1	10	1.6	7.5
10	1000	200	800	10	1	3	1	10	1	0.1	1	10	1.6	8.0
11	1000	200	900	10	1	3	1	10	1	0.1	1	10	1.6	8.35
12	1000	200	1000	10	1	3	1	10	1	0.1	1	10	1.6	8.62
13	1000	200	500	10	1	3	1	1	1	0.1	1	10	0.35	3.69
14	1000	200	500	10	1	3	1	5	1	0.1	1	10	1.0	3.1
15	1000	200	500	10	1	3	1	10	0.1	0.1	1	10	1.6	6.42

续表

方案	水平段长/m	主裂缝半长/m	井间距/m	压裂段数	每段簇数	二级裂缝数量/条	三级裂缝数量/条	主裂缝导流能力/(D·cm)	二级裂缝导流能力/(D·cm)	三级裂缝导流能力/(D·cm)	考虑长期导流能力	二级裂缝长度/m	初产日产气量/10^6m^3	7年累产气量/10^8m^3
16	1000	200	500	10	1	3	1	10	0.5	0.1	1	10	1.6	6.42
17	1000	200	500	10	1	3	1	10	1	0.01	1	10	1.6	6.42
18	1000	200	500	10	1	3	1	10	1	0.05	1	10	1.6	6.42
19	1000	200	500	10	3	3	1	10	1	0.1	1	10	4.3	7.65
20	1000	200	500	10	5	3	1	10	1	0.1	1	10	6.1	8.30
21	1000	200	500	5	1	3	1	10	1	0.1	1	10	0.8	5.1
22	1000	200	500	15	1	3	1	10	1	0.1	1	10	2.4	7
23	500	200	500	10	1	3	1	10	1	0.1	1	10	1.55	4.3
24	1500	200	500	10	1	3	1	10	1	0.1	1	10	1.6	8.2
25	1000	200	500	10	1	3	1	10	1	0.1	0	10	1.61	8.54
26	1000	100	500	10	1	3	1	10	1	0.1	1	10	1.05	4.9
27	1000	150	500	10	1	3	1	10	1	0.1	1	10	1.6	6.1

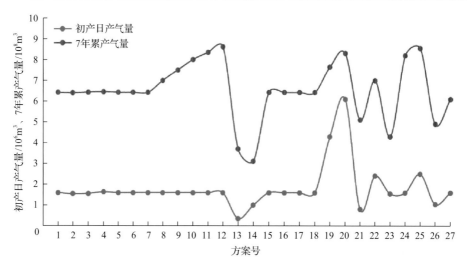

图 3-48 正交方案所对应的初产日产气量及 7 年累产气量(致密气"井工厂")

表 3-7 不同参数对初产日产气量及 7 年累产气量影响程度表(致密气"井工厂")

因素	初产日产气量影响因素排序			7 年累产气量影响因素排序		
	F 比	F 临界值	显著性	F 比	F 临界值	显著性
水平段长	0	9		10.183	9	*
主裂缝半长	3.213	9		9.22	9	*

续表

因素	初产日产气量影响因素排序			7年累产气量影响因素排序		
	F比	F临界值	显著性	F比	F临界值	显著性
井间距	0	9		13.284	9	*
压裂段数	6.523	9	*	8.363	9	
每段簇数	17.238	9	*	10.671	9	*
二级裂缝数量	0.361	9		0	9	
三级裂缝数量	0	9		0	9	
一级裂缝导流能力	12.501	9	*	15.425	9	*
二级裂缝导流能力	0	9		0	9	
三级裂缝导流能力	0	9		0	9	
长期导流能力	0	9		12.925	9	*
二级裂缝长度	0	9		0	9	

第三节 "井工厂"立体缝网多参数协同优化方法

考虑到"井工厂"立体缝网一般是针对多层而言的，涉及的参数优化非常多，包括"井工厂"井网参数，如一个平台的井数(或井网密度)、井间距、水平段长及井型配比等，还涉及每层"井工厂"的交错布井参数；裂缝参数包括主裂缝、分支裂缝及微裂缝的缝长、导流能力及裂缝间距等(包括主裂缝、分支裂缝及微裂缝)；压裂施工参数，包括排量、压裂液量、支撑剂量等；注采参数包括压后返排时机、返排参数及注采参数(包括注入井位置、注入参数等)等；经济参数，包括油价、钻井费用、压裂施工作业费用、压后试油试气费用，以及内部收益率等。

上述多参数优化，可以用人工方式对"井工厂"建立地质力学模型，然后按正交设计方法，分别设置多层"井工厂"井网参数、裂缝参数、压裂施工参数、注采参数及经济参数等的三个水平值，以"井工厂"平台整体的产出投入比或内部收益率为目标函数，并要考虑各个参数的特定约束条件，最终可优选出各类参数的最佳组合。但是该方法费时费力，且参数优化的精度还不一定满足油公司及服务公司的共同期望。

为此，可基于大数据及人工智能算法模型，对上述多参数进行快速、准确的预测，并运用遗传变异算法进行多参数的协同优化。需要指出的是，对多层"井工厂"而言，每层的井网参数、裂缝参数、压裂施工参数与注采参数等应基本相同，不同的可能仅是井排的交错分布位置等，且油气流动仅发生在每层"井工厂"的平面方向，不同层"井工厂"的纵向方向不发生流动。

至于大数据的采集，数值模拟的参数结果相对简单、可靠，只是前期要进行大量的参数设置及对应结果的模拟计算，之后可用人工算法模型对上述参数进行深度学习，然后基于该结果，对各参数在特定约束条件下采用随机函数方法进行生成，并用遗传变异算法进行多类型参数的同步协同优化。这里的关键是油气藏地质建模要精准，如各层"井工厂"的构造精细解释(包括断层、高角度天然裂缝及水平层理缝与纹理缝的发育情况)、岩性、物性、岩石力学与三向地应力场、含油(气)性、地下流体等参数的纵横向展布情况。可基于商业化的 Petrel 软件进行上述建模工作，必须基于地震资料、测井资料、录井资料、岩心分析资料、试油(气)及各种现场测试资料综合分析，并经过开发阶段的不断修正，最终才能获取准确的地质模型。这是以后压裂产量预测及裂缝扩展规律模拟的基础。在此基础上，同一区块的其他"井工厂"多参数优化，就可快速、准确地获取，这对提高工作效率意义重大。

上述只是地质建模及后续的油气藏数值模拟与裂缝扩展数值模拟优化，实际上，随着多层"井工厂"开发实践的进行，不同井网参数、裂缝参数、压裂施工参数及注采参数对应的平台产出投入比或内部收益率等都不同，这些参数及对应效果的数据积累到一定程度后，可建立相应的数据库，然后基于该数据库，应用上述人工深度学习模型，对压后产量、压裂施工参数等进行各种限定条件下的多参数协同优化，这样更符合实际情况。需要指出的是，上述数据库的建立，最好是在地质条件类似的区块单独进行建库，如果数据实在太少，可考虑对不同区块的有关数据进行笼统建库，但地质属性参数务必相对精确才行。

考虑到每层"井工厂"的地质参数差异性相对较大，相应的井网参数、裂缝参数、压裂施工参数及压后注采参数也应不尽相同，因此，每层"井工厂"的各类参数可单独优化输出。但如果多层"井工厂"是由多分支水平井组成的，注采参数也应是相同的。此时就要研究多层"井工厂"混合投产后是否存在层间干扰问题，如层间干扰效应大，应考虑单分支水平井单独开发各层"井工厂"的技术及经济可行性。

此外，对多分支水平井而言，即使钻井技术成熟，也要考虑分段压裂技术的成熟度问题，如果分支井分段压裂达不到油气藏地质要求的分段数目标，应结合经济性评价分析结果，考虑是否用单分支水平井取代多分支水平井，直到多分支水平井的分段压裂技术水平可以满足地质上对分段数的要求为止。

在上述多参数协同优化模型中，核心的算法是遗传算法(genetic algorithm)。遗传算法是一类借鉴生物界的进化规律(适者生存、优胜劣汰遗传机制)演化而来的随机化搜索方法。它是由美国的 Holland 教授于 1975 年首先提出，其主要特点是直接对结构对象进行操作，不存在求导和函数连续性的限定；具有内在的隐式并行性和更好的全局寻优能力；采用概率化的寻优方法，能自动获取和指导优化的搜索空间，自适应地调整搜索方向，不需要确定的规则。遗传算法的这些性质，已被人们广泛地应用于组合优化、机器学习、信号处理、自适应控制和人工生命等领域。它是现代有关智能计算中的关键技术，是从代表问题可能潜在的解集的一个种群开始的，而一个种群则由经过基因编码的一定数目的个体组成。每个个体实际上是染色体带有特征的实体。染色体作为遗传物质的主要载体,即多个基因的集合,其内部表现是某种基因组合决定了个体形状的外部表现。在一开始需要实现从表现型到基因型的映射即编码工作。由于仿照基因编码的工作很复杂,我们往往将其进行简化,如二进制编码,初代种群产生之后,按照适者生存和优胜劣汰的原理,逐代演化产生出越来越好的近似解,在每一代,根据问题域中个体的适应度大小选择个体,并借助自然遗传学的遗传算子进行组合交叉和变异,产生出代表新的解集的种群。一般经过 150 代左右的遗传变异,即可求得最优解。

对于一个求函数最大值的优化问题(求函数最小值也类同),一般可以描述为下列数学规划模型:

$$\begin{cases} \max f(X) \\ X \in R \\ R \subset U \end{cases} \qquad (3\text{-}1)$$

式中,X 为决策变量;$\max f(X)$ 为目标函数式;$X \in R$、$R \subset U$ 为约束条件;U 为基本空间;R 为 U 的子集。满足约束条件的解 X 称为可行解,集合 R 表示所有满足约束条件的解所组成的集合,称为可行解集合。

遗传算法也是计算机科学人工智能领域中用于解决最优化的一种搜索启发式算法,是进化算法的一种。这种启发式算法通常用来生成有用的解决方案来优化和搜索问题。进化算法最初是借鉴了进化生物学中的一些现象而发展起来的,这些现象包括遗传、突变、自然选择以及杂交等。遗传算法在适应度函数选择不当的情况下有可能收敛于局部最优,而不能达到全局最优。遗传算法的基本运算过程如下:

(1)初始化:设置进化代数计数器 $t=0$、最大进化代数 T,随机生成 M 个个体作为初始群体 $P(0)$。

(2)个体评价:计算群体 $P(t)$ 中各个个体的适应度。

(3)选择运算:将选择算子作用于群体。选择的目的是把优化的个体直接遗传到下一代或通过配对交叉产生新的个体再遗传到下一代。选择操作是建立在群体中个体的适应度评估基础上的。

(4)交叉运算:将交叉算子作用于群体。遗传算法中起核心作用的就是交叉算子。

(5)变异运算:将变异算子作用于群体。即对群体中的个体串的某些基因座上的基因值作变动。群体 $P(t)$ 经过选择、交叉、变异运算之后得到下一代群体 $P(t+1)$。

(6)终止条件判断:若 $t=T$,则以进化过程中所得到的具有最大适应度个体作为最优解输出,终止计算。

遗传算法是解决搜索问题的一种通用算法(图 3-49),对于各种通用问题都可以使用。遗传算法的共同特征为:

(1)首先组成一组候选解;

(2)依据某些适应性条件测算这些候选解的适应度;

(3)根据适应度保留某些候选解,放弃其他候选解;

(4)对保留的候选解进行某些操作,生成新的候选解。

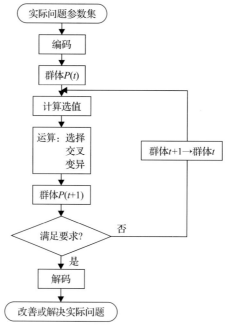

图 3-49   遗传算法基本运算过程示意图

在遗传算法中，上述几个特征以一种特殊的方式组合在一起：基于染色体群的并行搜索，带有猜测性质的选择操作、交换操作和突变操作。这种特殊的组合方式将遗传算法与其他搜索算法区别开来。

遗传算法还具有以下几方面的特点：

(1)遗传算法从问题解的串集开始搜索，而不是从单个解开始。这是遗传算法与传统优化算法的极大区别。传统优化算法是从单个初始值迭代求最优解的，容易误入局部最优解。遗传算法从串集开始搜索，覆盖面大，有利于全局择优。

(2)遗传算法同时处理群体中的多个个体，即对搜索空间中的多个解进行评估，减少了陷入局部最优解的风险，同时算法本身易于实现并行化。

(3)遗传算法基本上不用搜索空间的知识或其他辅助信息，而仅用适应度函数值来评估个体，在此基础上进行遗传操作。适应度函数不仅不受连续可微的约束，而且其定义域可以任意设定。这一特点使得遗传算法的应用范围大大扩展。

(4)遗传算法不是采用确定性规则，而是采用概率的变迁规则来指导搜索方向。

(5)具有自组织、自适应和自学习性。遗传算法利用进化过程获得的信息自行组织搜索时，适应度大的个体具有较高的生存概率，并获得更适应环境的基因结构。

(6)此外，算法本身也可以采用动态自适应技术，在进化过程中自动调整算法控制参数和编码精度，如使用模糊自适应法。

由于"井工厂"钻井及压裂时涉及的参数非常多，有井网参数及裂缝参数，还有压裂施工参数，这三类参数如何合理优化，存在很大的难度。以往的井网参数大多借鉴国外的经验，裂缝参数也大多基于井间距等参数，确定裂缝半长为井间距的一半。导流能力的优化是独立考虑的。压裂施工参数是在裂缝参数确定的基础上单独优化的。换言之，以往的"井工厂"压裂参数优化,大多是基于定性或半定量的,没有考虑各个参数间的协同效应。因此,需要研究提出一种新的"井工厂"压裂开发多参数协同优化方法,以解决上述局限性。

一、影响"井工厂"产量的单因素敏感性分析

在历史拟合的基础上,选取了影响"井工厂"压后产量的主要因素,包括以下 10 个参数:水平段长、井间距、裂缝间距、主裂缝半长(缝长比)、裂缝导流能力、裂缝形态(复杂性程度)、裂缝布局、布缝模式、井位及生产压差。在单因素敏感性分析的基础上进行正交方案设计,获得影响"井工厂"压后产量的主控因素。模拟结果以四井式为例。

(一)水平段长敏感性分析

模拟条件:水平段长分别为 500m、1000m、1500m、2000m、2500m,不同水平段长条件下单井累产气量随时间的变化如图 3-50 所示,井组 20 年累产气量随水平段长的变化曲线如图 3-51 所示。由图 3-50 和图 3-51 可知,产气量随着水平段长的增加而增加;定压生产条件下,日产气量在前两年增长较快,之后趋于稳定,在 $1.0 \times 10^4 \mathrm{m}^3/\mathrm{d}$ 左右长期稳产。

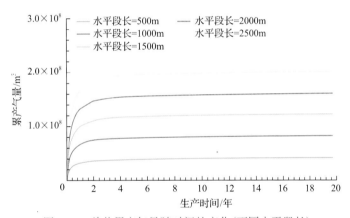

图 3-50 单井累产气量随时间的变化(不同水平段长)

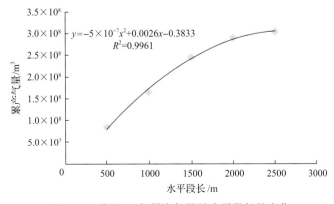

图 3-51 井组 20 年累产气量随水平段长的变化

(二)井间距敏感性分析

模拟条件：井组控制面积相等。井间距分别为 600m、300m、200m、150m、120m和 50m，对应井数分别为 2 口、4 口、6 口、8 口、10 口和 24 口井。不同井间距条件下井组累产气量随时间的变化如图 3-52 所示，井组 20 年累产气量随井间距的变化如图 3-53所示。由图 3-52 和图 3-53 可知，井间距越小，改造强度越大，因此产气量越高。

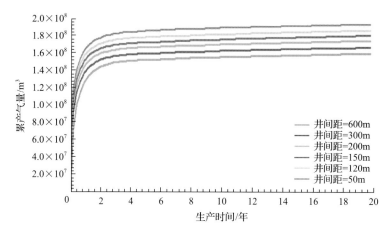

图 3-52　井组累产气量随时间的变化(不同井间距)

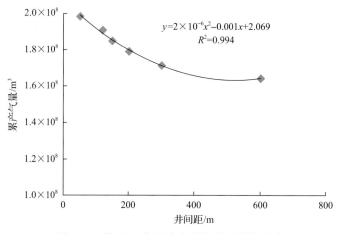

图 3-53　井组 20 年累产气量随井间距的变化

(三)主裂缝半长敏感性分析

模拟条件：主裂缝半长分别为 60m、180m、300m 和 420m，不同主裂缝半长条件下单井累产气量随时间的变化如图 3-54 所示，井组 20 年累产气量随主裂缝半长的变化曲线如图 3-55 所示。由图 3-54 和图 3-55 可知，主裂缝半长越大产气量越高，但产气量增幅逐渐减缓。

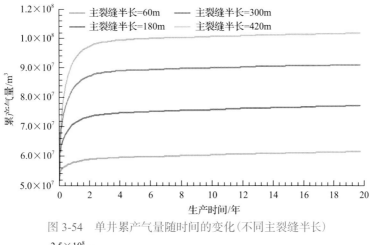

图 3-54 单井累产气量随时间的变化（不同主裂缝半长）

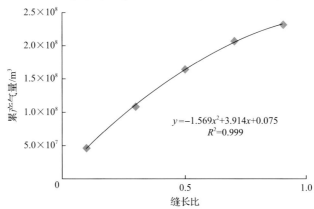

图 3-55 井组 20 年累产气量随主裂缝半长的变化

（四）裂缝导流能力敏感性分析

模拟条件：裂缝导流能力分别为 0.1D·cm、0.5D·cm、1.0D·cm、2.0D·cm、5.0D·cm、8.0D·cm，不同裂缝导流能力条件下单井累产气量随时间的变化如图 3-56 所示，井组 20

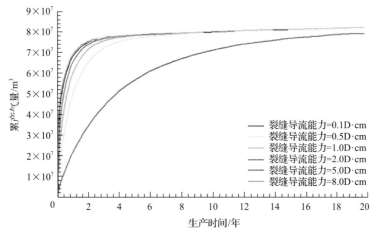

图 3-56 单井累产气量随时间的变化（不同裂缝导流能力）

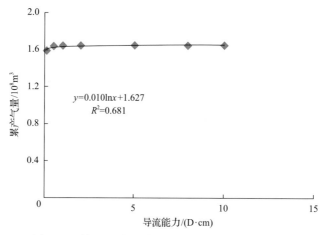

图 3-57 井组 20 年累产气量随裂缝导流能力的变化

年累产气量随裂缝导流能力的变化如图 3-57 所示。由图 3-56 和图 3-57 可知，裂缝导流能力越大，产气量越高，但当裂缝导流能力大于 2.0D·cm 时，产气量增幅不大，因此，最优裂缝导流能力为 1.0～2.0D·cm。

(五)裂缝间距敏感性分析

模拟条件：裂缝间距分别为 4m、10m、20m、30m 和 40m，不同裂缝间距条件下单井累产气量随时间的变化如图 3-58 所示，井组 20 年累产气量随裂缝间距的变化如图 3-59 所示。裂缝间距越小则改造体积越大，产气量越高，开采所需周期越短。

(六)井位敏感性分析

模拟条件：不同井位如图 3-60 所示，包括两水平井筒正对及错位 100m，不同井位条件下单井日产气量和累产气量随时间的变化分别如图 3-61 和图 3-62 所示。由图 3-61 和图 3-62 可知，井位变化对产气量影响不大。

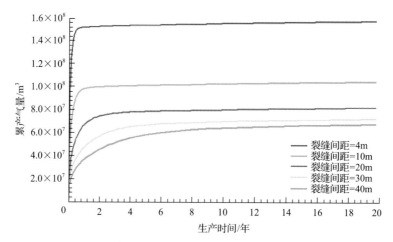

图 3-58 单井累产气量随时间的变化(不同裂缝间距)

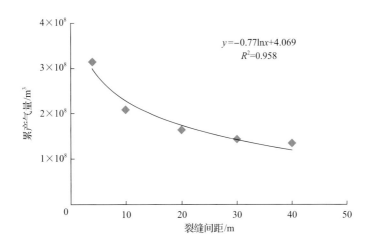

图 3-59 井组 20 年累产气量随裂缝间距的变化

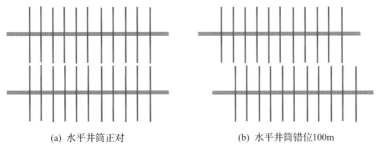

(a) 水平井筒正对 (b) 水平井筒错位100m

图 3-60 不同井位示意图

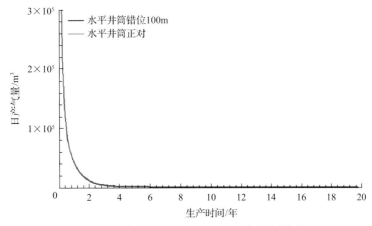

图 3-61 单井日产气量随时间的变化(不同井位)

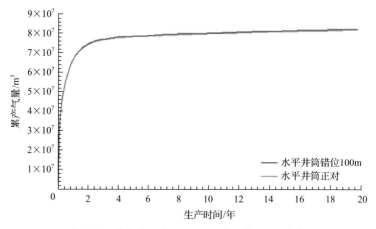

图 3-62　单井累产气量随时间的变化(不同井位)

(七)裂缝形态敏感性分析

　　模拟条件:不同裂缝形态如图 3-63 所示,包括单一缝、单井 2 条复杂缝、单井 4 条复杂缝和单井 6 条复杂缝,其中次裂缝的导流能力为主裂缝的 1/5。不同裂缝形态条件下单井日产气量和累产气量随时间的变化分别如图 3-64 和图 3-65 所示,裂缝形态越复杂产气量越高。

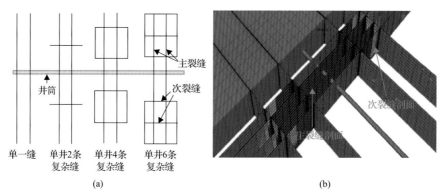

图 3-63　不同裂缝形态图示

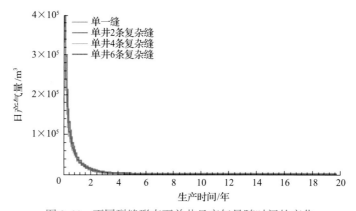

图 3-64　不同裂缝形态下单井日产气量随时间的变化

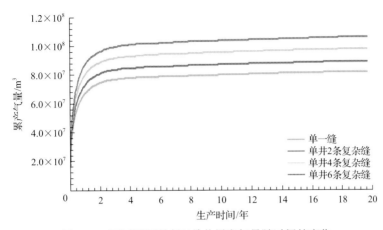

图 3-65　不同裂缝形态下单井累产气量随时间的变化

(八)裂缝布局敏感性分析

模拟条件:不同裂缝布局如图 3-66 所示,包括裂缝正对均匀布缝、正对交错布缝及簇式布缝。不同裂缝布局条件下单井日产气量和累产气量随时间的变化分别如图 3-67 和图 3-68 所示,与正对均匀分布相比,簇式分布单条裂缝间距较小,缝间干扰严重,产气量相对较小。

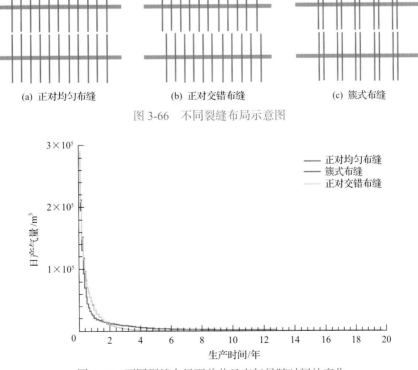

(a) 正对均匀布缝　　　　(b) 正对交错布缝　　　　(c) 簇式布缝

图 3-66　不同裂缝布局示意图

图 3-67　不同裂缝布局下单井日产气量随时间的变化

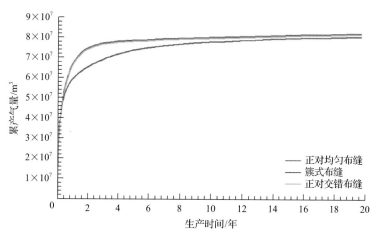

图 3-68   不同裂缝布局下单井累产气量随时间的变化

（九）布缝模式敏感性分析

模拟条件：不同布缝模式如图 3-69 所示，包括均一布缝、U 形布缝和 W 形布缝。不同布缝模式条件下单井日产气量和累产气量随时间的变化分别如图 3-70 和图 3-71 所示，由图可知，W 形布缝模式产气量最高，均一布缝和 U 形布缝模式产气量相当。

（十）生产压差敏感性分析

模拟条件：生产压差分别为 5MPa、8MPa、10MPa、12MPa 和 15MPa。不同生产压差条件下单井日产气量和累产气量随时间的变化如图 3-72 和图 3-73 所示，由图可知，生产压差越大产气量越高。

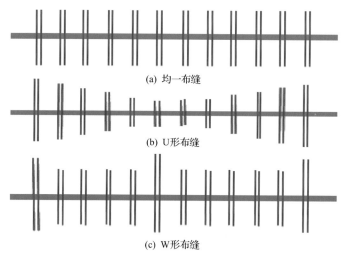

(a) 均一布缝

(b) U形布缝

(c) W形布缝

图 3-69   不同布缝模式示意图

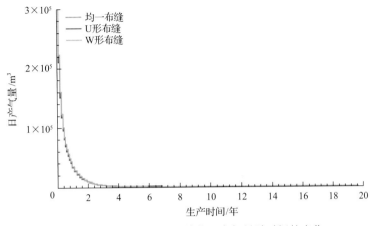

图 3-70 不同布缝模式下单井日产气量随时间的变化

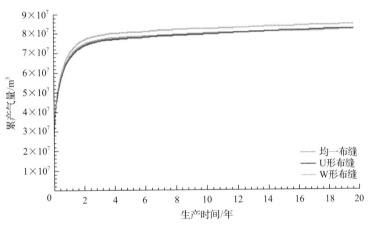

图 3-71 不同布缝模式下单井累产气量随时间的变化

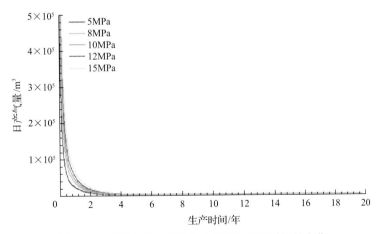

图 3-72 不同生产压差下单井日产气量随时间的变化

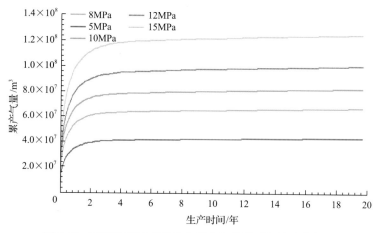

图 3-73 不同生产压差下单井累产气量随时间的变化曲线

(十一)井工厂压裂产量单因素分析小结

(1)建立数值模型,考虑了水平段长、井间距、裂缝间距、主裂缝半长(缝长比)、裂缝导流能力、裂缝形态(复杂性程度)、裂缝布局、布缝模式、井位及生产压差 10 种影响因素,进行了单因素的敏感性分析,得出了规律性认识。

(2)就"井工厂"压裂而言,选择多井的正对交错布缝和单井的 W 形布缝是有利的,井位影响不大,可忽略,生产压差可控的程度也相对较低,物性等参数在一个区块是不可改变的地质参数。因此,可控的是前 5 个参数。

(十二)影响井工厂产量的主控因素分析

为了研究以上单因素对页岩气"井工厂"压后产量的影响程度,对以上参数分别选取 3 个值进行正交方案设计,如表 3-8 所示共 27 个正交方案。对 27 个正交方案进行数值模拟计算,所对应的井组第 1 年及第 20 年累产气量结果见图 3-74。正交设计方差分析结果(表 3-9)表明,起显著影响的各参数中,对第 1 年累产气量的影响程度排序为:裂缝间距>水平段长;对第 20 年累产气量的影响程度排序为:水平段长>井间距>裂缝布局>生产压差。

二、单井及"井工厂"立体缝网多参数协同优化方法

协同优化方法来源于机械行业复杂结构的优化设计,是多参数多目标优化的方法,追求质量、工期和成本三者的有机统一。

借鉴此思路,形成了"单井"及"井工厂"压裂多参数协同优化模块。以"井工厂"整个平台的经济净现值为目标函数,平台的收入来源于压后产量预测结果,成本来源于钻井及压裂成本(没考虑前期勘探投入)。

表 3-8 不同裂缝参数正交方案设计表

方案	水平段长/m	井间距/m	井位	裂缝布局	裂缝间距/m	缝长比	裂缝形态	裂缝导流能力/(D·cm)	生产压差/MPa	第1年累产气量/10⁸m³	第20年累产气量/10⁸m³
										第1年累产气量 /10^8m³	第20年累产气量 /10^8m³
1	500	100	水平井筒正对	正对均匀分布	6	0.3	单一缝	0.1	5	0.066	0.089
2	500	100	水平井筒正对	正对交错分布	20	0.5	复杂缝	2	10	0.134	0.181
3	500	100	水平井筒正对	正对均匀分布	40	0.7	网络缝	10	15	0.205	0.320
4	500	400	水平井筒错位100m	正对交错分布	6	0.3	单一缝	2	10	0.530	0.606
5	500	400	水平井筒错位100m	正对均匀分布	20	0.5	复杂缝	10	15	0.705	0.906
6	500	400	水平井筒错位100m	正对交错分布	40	0.7	网络缝	0.1	5	0.059	0.309
7	500	800	水平井筒错位300m	正对均匀分布	6	0.3	单一缝	10	15	1.555	1.697
8	500	800	水平井筒错位300m	正对交错分布	20	0.5	复杂缝	0.1	5	0.106	0.534
9	500	800	水平井筒错位300m	正对均匀分布	40	0.7	网络缝	2	10	0.548	1.246
10	1500	100	水平井筒错位100m	正对交错分布	6	0.5	网络缝	0.1	10	0.750	0.872
11	1500	100	水平井筒错位100m	正对均匀分布	20	0.7	单一缝	2	15	0.608	0.825
12	1500	100	水平井筒错位100m	正对交错分布	40	0.3	复杂缝	10	5	0.110	0.195
13	1500	400	水平井筒错位300m	正对均匀分布	6	0.5	网络缝	2	15	4.129	4.340
14	1500	400	水平井筒错位300m	正对均匀分布	20	0.7	单一缝	10	5	0.952	1.122
15	1500	400	水平井筒错位300m	正对均匀分布	40	0.3	复杂缝	0.1	10	0.326	0.992
16	1500	800	水平井筒正对	正对交错分布	6	0.5	网络缝	10	5	0.006	0.083

续表

方案	水平段长/m	井间距/m	井位	因素						第1年累产气量/10⁸m³	第20年累产气量/10⁸m³
				裂缝布局	裂缝间距/m	缝长比	裂缝形态	裂缝导流能力/(D·cm)	生产压差/MPa		
17	1500	800	水平井筒正对	正对均匀分布	20	0.7	单一缝	0.1	10	0.004	0.069
18	1500	800	水平井筒正对	正对交错分布	40	0.3	复杂缝	2	15	1.429	2.701
19	2500	100	水平井筒错位300m	正对均匀分布	6	0.7	复杂缝	0.1	15	1.998	2.352
20	2500	100	水平井筒错位300m	正对交错分布	20	0.3	网络缝	2	5	0.329	0.450
21	2500	100	水平井筒错位300m	正对均匀分布	40	0.5	单一缝	10	10	0.316	0.636
22	2500	400	水平井筒正对	正对交错分布	6	0.7	复杂缝	2	5	2.951	3.048
23	2500	400	水平井筒正对	正对均匀分布	20	0.3	网络缝	10	10	1.746	2.201
24	2500	400	水平井筒正对	正对交错分布	40	0.5	单一缝	0.1	15	0.797	3.251
25	2500	800	水平井筒错位100m	正对均匀分布	6	0.7	复杂缝	10	10	10.216	10.449
26	2500	800	水平井筒错位100m	正对交错分布	20	0.3	网络缝	0.1	15	1.524	5.450
27	2500	800	水平井筒错位100m	正对均匀分布	40	0.5	单一缝	2	5	1.148	2.292

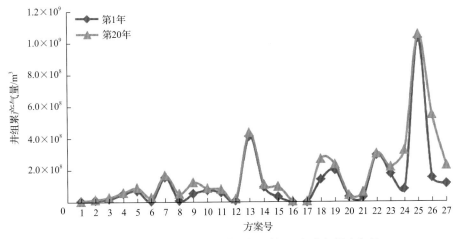

图 3-74 正交方案所对应的第 1 年及第 20 年井组累产气量

表 3-9 不同参数对累产气量影响程度表

因素	第 1 年累产气量影响因素排序			第 20 年累产气量影响因素排序		
	F 比	F 临界值	显著性	F 比	F 临界值	显著性
水平段长	12.001	9	*	31.326	9	*
井间距	5.63	9		16.843	9	*
井位	2.701	9		5.597	9	
裂缝布局	7.157	9		14.648	9	*
裂缝间距	14.13	9	*	8.796	9	
主裂缝半长	4.761	9		2.396	9	
裂缝形态	5.831	9		5.627	9	
裂缝导流能力	3.996	9		0.658	9	
生产压差	3.368	9		9.411	9	*

在模型的求解上,采取遗传变异的算法,先随机生成符合限定条件的多个井网参数、裂缝参数与施工参数,按照变异概率及适应性函数进行多代迭代计算,最终同步优化出整个平台经济效益最大化的多参数组合。

(一)平台的经济净现值优化模型(含各参数限定条件约束)

钻井费用与 L_h 有关,压裂费用与 V_f、V_P、Q_P 有关,而 V_f、V_P、Q_P 又与 L_f、CON_f 有关。

$$NPV = \sum_{i=1}^{n} \frac{Q_i(L_h, D_h, L_f, CON_f, D_f)p_i}{1+I_i} - C_d - C_f$$

$$1000 \leqslant L_h \leqslant 20000$$

$$50 \leqslant D_h \leqslant 600$$

$$20 \leqslant L_f \leqslant 300$$

$$0.5 \leqslant CON_f \leqslant 10 \tag{3-2}$$

$$5 \leqslant D_f \leqslant 40$$

$$100 \leqslant V_f \leqslant 2500$$

$$50 \leqslant V_p \leqslant 120$$

$$5 \leqslant Q_p \leqslant 20$$

式中，NPV 为平台的经济净现值，元；n 为评价年限，一般为 20 年；Q_i 为第 i 年的平台产量，m^3；L_h 为水平井筒长度，m；D_h 为相邻水平井筒间距离，m；L_f 为水力裂缝支撑半长，m；CON_f 为裂缝导流能力，$\mu m^2 \cdot cm$；D_f 为相邻裂缝间距离，m；p_i 为第 i 年油价，元/t；I_i 为第 i 年贴现率，小数；C_d、C_f 分别为钻井及压裂的成本，元；V_f、V_p 分别为单井压裂液及支撑剂总量，m^3；Q_p 为注入排量，m^3/min。

(二) 成本模型

在不考虑前期勘探投入的情况下，仅考虑钻井及压裂成本投入情况。

1. 钻井成本模型

分为固定成本与可变成本两部分。

4 井式平台的钻井成本模型为

$$C_{d4} = C_{d0} + 4(C_{dv}H_v + C_{dh}L_h + C_{df} + C_{dc}) \tag{3-3}$$

6 井式平台的钻井成本模型为

$$C_{d6} = C_{d0} + 6(C_{dv}H_v + C_{dh}L_h + C_{df} + C_{dc}) \tag{3-4}$$

式中，C_{d4} 为 4 井式平台钻井费用，元；C_{d6} 为 6 井式平台钻井费用，元；C_{d0} 为平台钻井固定费用，包括征地费、钻井设备搬迁费等，元；C_{dv} 为垂直井筒进尺单位费用，元/m；C_{dh} 为水平井筒进尺单位费用，元/m；H_v 为垂直井筒进尺，m；C_{df} 为钻井液单井费用，元；C_{dc} 为固井单井费用，元。

2. 压裂成本模型

同样分为固定成本与可变成本两部分。

4 井式平台的压裂成本模型为

$$C_{f4} = C_{f0} + 4(C_{ff} + C_{fp} + V_{fp}P_t) \tag{3-5}$$

6 井式平台的压裂成本模型为

$$C_{f6} = C_{f0} + 6(C_{ff} + C_{fp} + V_{fp}P_t) \tag{3-6}$$

式中，C_{f4} 为 4 井式平台压裂费用，元；C_{f6} 为 6 井式平台压裂费用，元；C_{f0} 为平台压裂固定费用，包括压裂设备基本费用及搬迁费等，元；C_{ff} 为单井压裂液费用，元；C_{fp} 为单井支撑剂费用，元；V_{fp} 为单井混砂浆量，m^3；P_t 为泵注单位混砂浆量费用，元/m^3。

(三)人工神经网络模型

人工神经网络预测立足于两个数值模拟结果，一是产量预测结果，二是裂缝模拟结果。经过学习，可以预测任意井网参数与裂缝参数组合的压后产量，以及任意主裂缝半长及导流能力下的液量、支撑剂量及砂液比等施工参数。

为简便起见，采用成熟的 BP 模型(图 3-75)。

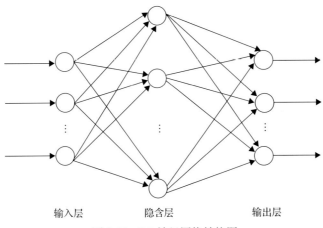

输入层　　　　　　隐含层　　　　　　输出层

图 3-75　BP 神经网络结构图

(四)遗传算法求解

上述模型的求解采用遗传算法，它是一类借鉴生物界的进化规律(适者生存，优胜劣汰遗传机制)演化而来的随机化搜索方法(图 3-76)。

它是由美国的 Holland 教授于 1975 年首先提出，其主要特点是直接对结构对象进行操作，不存在求导和函数连续性的限定；具有内在的隐式并行性和更好的全局寻优能力；采用概率化的寻优方法，能自动获取和指导优化的搜索空间，自适应地调整搜索方向，不需要确定的规则。

以涪陵典型的 4 井式和 6 井式井网为例，进行井工厂多参数协同优化研究，其中部

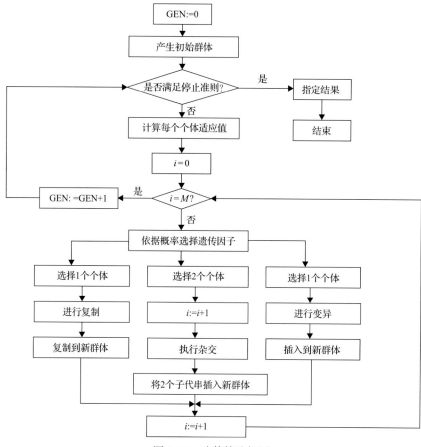

图 3-76 遗传算法框图

GEN 为遗传代数

分关键参数如表 3-10～表 3-13 所示，通过多参数协同优化模块对主要的井网参数(水平段长、井间距、主裂缝半长、裂缝导流能力、相邻裂缝间距)及施工参数(单段液量、单段支撑剂量、注入排量)进行优化，模拟结果表明：以焦石坝目前的地质条件及产量条件，适当加密井间距和相邻裂缝间距，并配合适当小的缝长和施工规模，有利于进一步提高裂缝改造体积，从经济上也更为可行；当气价降低时，应适当加大井间距和相邻裂缝间距。

表 3-10 井工厂部分关键基础参数

参数	数值
压裂液平均单价/(元/m³)	100
支撑剂单价(陶粒)/(元/t)	3000
直井单位进尺费用/(元/m)	6000
平台征地费/万元	600
设备搬迁费/万元	30
水平井筒单位进尺/(元/m)	8000
单井钻井液费用/万元	500

续表

参数	数值
单井固井费用/万元	300
压裂设备基本费/万元	800
贴现率/%	5

表 3-11 需协同优化的参数

参数	数值
水平段长/m	1000~2000
井间距/m	50~600
主裂缝半长/m	50~300
裂缝导流能力/(D·cm)	0.5~10
相邻裂缝间距/m	5~40
单段液量/m³	100~2500
单段支撑剂量/m³	5~120
注入排量/(m³/min)	5~20

表 3-12 井工厂参数优化结果(气价 2.5 元/m³)

井式	4 井式	6 井式
水平段长/m	1214	1123
井间距/m	434	295
裂缝导流能力/(μm²·cm)	2.3	1.2
簇间距/m	21	16
单段液量/m³	896	210
单段支撑剂量/m³	69	24
注入排量/(m³/min)	11.9	13.0
平台经济净现值/万元	54448	80499

表 3-13 井工厂参数优化结果(气价 1.5 元/m³)

井式	4 井式	6 井式
水平段长/m	1252	1015
井间距/m	496	387
裂缝导流能力/(μm²·cm)	2.9	3.1
簇间距/m	22	26
单段液量/m³	1280	2026
单段支撑剂量/m³	58	85
注入排量/(m³/min)	12.6	14.2
平台经济净现值/万元	23889	36660

目前，涪陵页岩气田已率先进行三层"井工厂"立体开发先导试验，并取得了明显效果，如焦页 66 号井组 4 口井连续试气或高产，测试日产气量 $6.7 \times 10^5 \mathrm{m}^3$，开创了页岩气三层立体缝网精细开发的先河。

对于多层开发的"井工厂"立体缝网而言，其他层的"井工厂"参数优化模式及方法参照上述示例的方法及程序即可。但必须以三维精细地质模型为基础，尤其是纵向上多层的岩性、物性、地应力、天然裂缝及含(油)气性的差别还是比较大的，相应的井网、裂缝、压裂施工三类参数应体现出差异性和针对性，以实现各自最佳的产出投入比的开发目标。

相对而言，只要多层开发时，裂缝没有相互压窜，纵向上出现流动干扰的情况就可避免。国内页岩气的三向应力特征与国外的巨大差异性(国内因地质构造挤压运动频繁导致上覆应力与最小水平主应力的差值普遍偏小，因此，压裂施工过程中的水平层理缝更容易张开，导致同样的井深、簇数、压裂工艺参数等条件，水力裂缝的缝高可能远小于国外)以及目前越来越盛行多簇射孔压裂(单段射孔簇数从早期的 2～3 簇逐渐向 4～6 簇、8～10 簇甚至更多的簇数发展。显然地，单段射孔簇数越多，单簇排量越小，缝高越低)，共同决定了多层"井工厂"开发时压窜和流动干扰的可能性都大幅度降低。但有个前提条件是多簇裂缝的均衡起裂与均衡延伸工作必须做好，否则因各簇裂缝进入压裂液及支撑剂的非均衡性，可能导致部分射孔簇裂缝的缝高过度延伸，则有可能上下沟通邻近的开发层系，而其他进液及进支撑剂少的簇裂缝可能连本层都没有完全贯穿，从而会严重影响多层井工厂的整体开发效果。

在各层井工厂都没有压窜和干扰的情况下，纵向多层是否存在流动干扰效应？我们的判断是很少或没有。因为非常规油气储层尤其是页岩油气，水平的层理缝/纹理缝是相当发育的，它们的形成导致了水平方向的流动能力相对较强而垂直方向的流动能力则要弱得多。因此，垂向上多层间的相互流动干扰效应是可以忽略的，就像单独开发各层"井工厂"似的。

第四节 "井工厂"压力保持水平及裂缝导流特性等对采收率影响分析

(一)页岩气"井工厂"采收率影响因素分析

页岩气"井工厂"可有效提高储量动用率。2020 年以来，为充分动用焦石坝区块储量，进一步提高气田采收率和产量，中石化重庆涪陵页岩气勘探开发有限公司优选焦石坝区块的焦页 66 号扩平台作为三层立体开发试验平台，最大限度地提高储量动用率。图 3-77 对比了平面开发、立体二层开发与立体三层开发的储量动用率，分别动用了15.9%、19.5%、24.1%，在一定程度上克服了致密油气藏及页岩气藏因致密程度高导致的储量动用率及采收率低的问题。图 3-78 对比了平面开发、立体二层开发与立体三层开发经过 7 年生产后的生产压降波及范围(压力小于 4500psi 的区域),由图可以看出,通过"井工厂"的三层立体井组开发,可有效提高井控及缝控范围从而增加生产波及范围,大幅提高储量动用率。

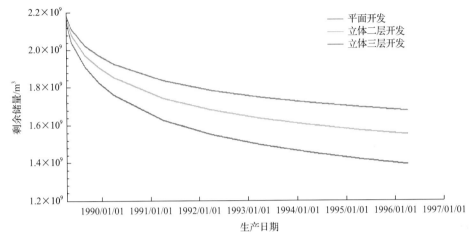

图 3-77 页岩气平面开发、立体二层开发与立体三层开发的动用储量对比

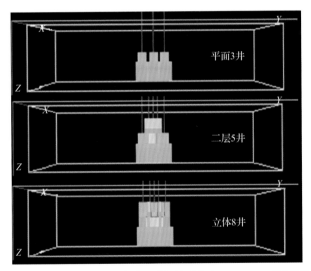

图 3-78 页岩气生产压降波及范围(压力小于 4500psi 的区域)

1. 水平段长敏感性分析

模拟条件:井组除水平段长外其他参数按基础例子参数设置。水平段长分别为 1000m、1500m、2000m,不同水平段长条件下井组剩余储量随时间的变化如图 3-79 所示,由图可知,井组控制范围剩余储量随着水平段长的增加而显著增加。定压条件下生产 7 年,水平段长 1000m、1500m、2000m 条件下的采收率分别是 23.02%、24.07%、24.16%。因为基础模型的裂缝形态是复杂缝网,所以提高水平段长可以略微提高井组的储量动用率。

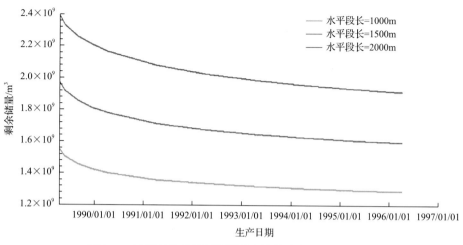

图 3-79 页岩气井组控制范围剩余储量随水平段长的变化

2. 井间距敏感性分析

模拟条件：井组除井间距外其他参数按基础例子参数设置。井间距分别为 500m、600m、700m、800m、900m 和 1000m。不同井间距条件下井组控制范围剩余储量随时间的变化如图 3-80 所示，由图可知，井组控制范围剩余储量随着井间距的增加而有所增加。定压条件下生产 7 年，井间距分别为 500m、600m、700m、800m、900m 和 1000m 条件下的采收率分别是 24.07%、22.84%、21.74%、20.77%、19.32% 和 18.07%。井间距的扩大虽然增加了井组控制范围剩余储量，但是降低了井组在相同生产时间内的采收率。

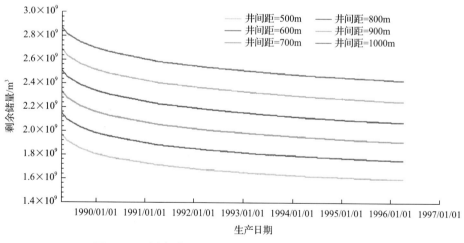

图 3-80 页岩气井组控制范围剩余储量随井间距的变化

3. 主裂缝半长敏感性分析

模拟条件：井组除主裂缝半长外其他参数按基础例子参数设置。主裂缝半长分别为 100m、150m、200m 和 250m，不同主裂缝半长条件下井组控制范围剩余储量随时间的变化如图 3-81 所示。由图 3-81 可知，井组控制范围剩余储量随着主裂缝半长的增加而明显增加，井间距 500m 条件下，主裂缝半长超过 150m 后，井组控制范围剩余储量的上升幅度有所下降。定压生产条件下,井组采收率随主裂缝半长的增加明显提高,主裂缝半长分别为 100m、150m、200m 和 250m 条件下的井组采收率分别为 18.9%、21.15%、24.07% 和 26.08%,采收率增长幅度在主裂缝半长 200m 以下时逐渐上升,在超过 200m 后逐渐下降。

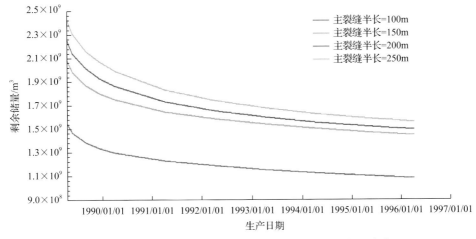

图 3-81　页岩气井组控制范围剩余储量随主裂缝半长的变化

4. 压裂段数敏感性分析

模拟条件:除井组压裂段数外其他参数按基础例子参数设置。压裂段数分别为 10 段、15 段、20 段、25 段和 30 段,不同压裂段数条件下井组控制范围剩余储量随时间的变化如图 3-82 所示。由图 3-82 可知,井组采收率随着压裂段数的增加而明显增加。定压生产条件下,井组采收率随压裂段数增加明显提高,压裂段数分别为 10 段、15 段、20 段、25 段和 30 段条件下的井组采收率分别为 22.48%、24.07%、25.04%、25.58% 和 25.95%,随着压裂段数的增加井组采收率增加的幅度呈逐渐下降趋势,当裂缝密度达到一定值后,继续增加裂缝数量对井组采收率的提高变得非常有限。

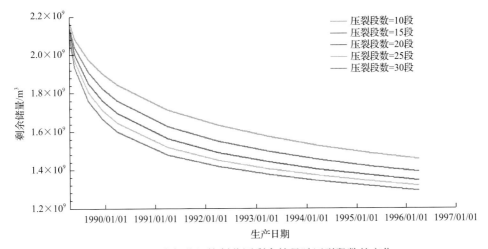

图 3-82　页岩气井组控制范围剩余储量随压裂段数的变化

5. 每段簇数敏感性分析

模拟条件：井组除每段簇数外其他参数按基础例子参数设置。每段簇数分别为 1 簇、2 簇、3 簇、5 簇，不同每段簇数条件下井组控制范围剩余储量随时间的变化如图 3-83 所示。由图 3-83 可知，井组采收率随着每段簇数的增加而明显增加。定压生产条件下，井组采收率随每段簇数增加明显提高，每段簇数分别为 1 簇、2 簇、3 簇、5 簇条件下的井组采收率分别为 21.37%、24.07%、25.31%、26.14%，随着每段簇数的增加井组采收率增加幅度呈逐渐下降趋势。

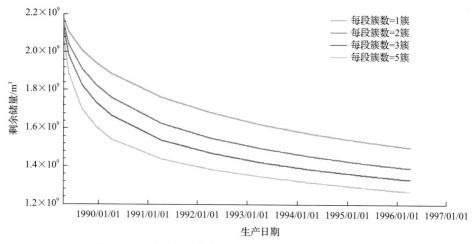

图 3-83　页岩气井组控制范围剩余储量随每段簇数的变化

6. 二级裂缝长度敏感性分析

模拟条件：井组除二级裂缝长度外其他参数按基础例子参数设置。二级裂缝长度分别为 5m、10m、15m、20m（缝网），不同二级裂缝长度条件下井组控制范围剩余储量随时间的变化如图 3-84 所示。由图 3-84 可知，井组采收率随着二级裂缝长度的增加而略微增加。定压生产条件下，井组采收率随二级裂缝长度增加有所提高，二级裂缝长度分

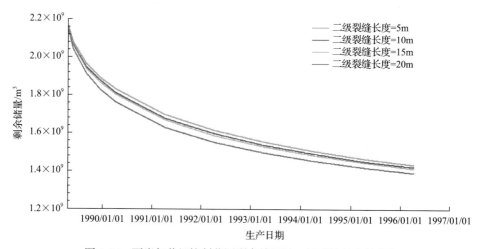

图 3-84　页岩气井组控制范围剩余储量随二级裂缝长度的变化

别为 5m、10m、15m、20m(缝网)条件下的初产井组采收率分别为 23.05%、23.33%、23.5%、24.07%。

7. 主裂缝导流能力敏感性分析

模拟条件：井组除主裂缝导流能力外其他参数按基础例子参数设置。主裂缝导流能力分别为 1D·cm、5D·cm、10D·cm，不同主裂缝导流能力条件下井组控制范围剩余储量随时间的变化如图 3-85 所示。由图 3-85 可知，井组采收率随着主裂缝导流能力的增加而明显增加。定压生产条件下，井组采收率随主裂缝导流能力增加有所提高，主裂缝导流能力分别为 1D·cm、5D·cm、10D·cm 条件下的初产井组采收率分别为 21.8%、24.07%、24.27%，随着主裂缝导流能力的增加井组采收率增幅逐渐下降。

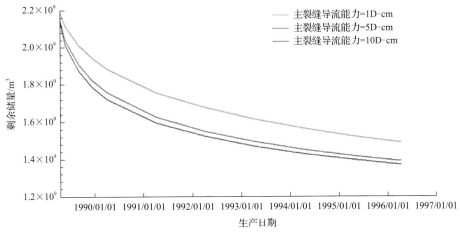

图 3-85　页岩气井组控制范围剩余储量随主裂缝导流能力的变化

8. 二级裂缝导流能力敏感性分析

模拟条件：井组除二级裂缝导流能力外其他参数按基础例子参数设置。二级裂缝导流能力分别为 0.1D·cm、0.5D·cm、1.0D·cm，不同二级裂缝导流能力条件下井组控制范围剩余储量随时间的变化如图 3-86 所示。由图 3-86 可知，井组采收率受二级裂缝导

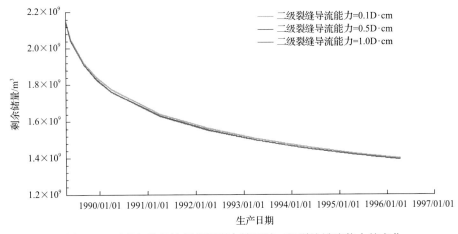

图 3-86　页岩气井组控制范围剩余储量随二级裂缝导流能力的变化

流能力的增加影响较小。定压生产条件下,二级裂缝导流能力分别为 0.1D·cm、0.5D·cm、1.0D·cm 条件下的井组采收率分别为 23.92%、24.04%、24.07%。

9. 三级裂缝导流能力敏感性分析

模拟条件:井组除三级裂缝导流能力外其他参数按基础例子参数设置。三级裂缝导流能力分别为 0.01D·cm、0.05D·cm、0.10D·cm,不同三级裂缝导流能力条件下井组控制范围剩余储量随时间的变化如图 3-87 所示。由图 3-87 可知,井组采收率随着三级裂缝导流能力的增加而增加。定压生产条件下,井组采收率随三级裂缝导流能力增加有略微提高,三级裂缝导流能力分别为 0.01D·cm、0.05D·cm、0.10D·cm 条件下的井组采收率分别为 23.65%、23.86%、24.07%。

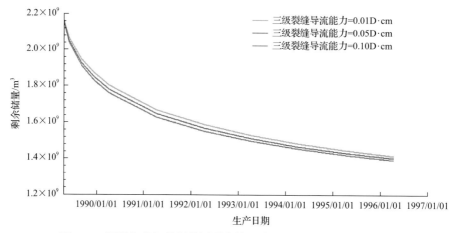

图 3-87　页岩气井组控制范围剩余储量随三级裂缝导流能力的变化

10. 二级裂缝数量敏感性分析

模拟条件:井组除二级裂缝数量外其他参数按基础例子参数设置。二级裂缝数量分别为 0 条、1 条、3 条和 5 条,不同二级裂缝数量条件下井组控制范围剩余储量随时间的变化如图 3-88 所示。由图 3-88 可知,井组采收率随着二级裂缝数量的增加而明显增加。

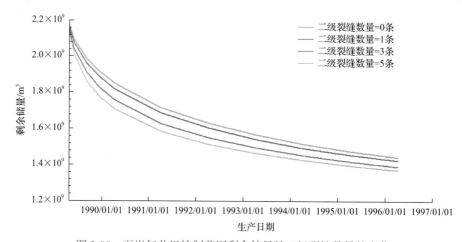

图 3-88　页岩气井组控制范围剩余储量随二级裂缝数量的变化

定压生产条件下，井组采收率随二级裂缝数量增加明显提高，二级裂缝数量分别为 0 条、1 条、3 条和 5 条条件下的井组采收率分别为 22.98%、23.37% 和 24.07%、24.34%，随着二级裂缝数量的增加井组采收率增加的幅度呈逐渐下降趋势。

11. 三级裂缝数量敏感性分析

模拟条件：井组除三级裂缝数量外其他参数按基础例子参数设置。三级裂缝数量分别为 1 条、2 条和 3 条，不同三级裂缝数量条件下井组控制范围剩余储量随时间的变化如图 3-89 所示。由图 3-89 可知，井组采收率受三级裂缝数量增加的影响较小。

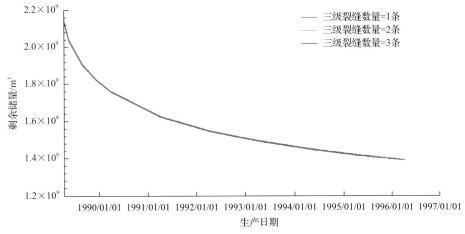

图 3-89 页岩气井组控制范围剩余储量随三级裂缝数量的变化

12. 影响"井工厂"采收率的主控因素分析

为了研究以上单因素对页岩气"井工厂"压后采收率的影响程度，对以上参数分别选取 3 个值进行正交方案设计，如表 3-14 所示共 33 个正交方案。对 33 个正交方案进行数值模拟计算，所对应的生产 7 年后的采收率结果见图 3-90。正交设计方差分析结果（表 3-15）表明，起显著影响的各参数中，对生产 7 年后的采收率的影响程度排序为：长期导流能力保持程度＞井间距＞裂缝半长＞每段簇数＞主裂缝导流能力＞压裂段数（表 3-15）。

表 3-14 页岩气井组不同裂缝参数对采收率影响的正交方案设计表

方案	水平段长/m	裂缝半长/m	井间距/m	压裂段数	每段簇数	二级裂缝数量/条	三级裂缝数量/条	主裂缝导流能力/(D·cm)	二级裂缝导流能力/(D·cm)	三级裂缝导流能力/(D·cm)	二级裂缝长度/m	生产7年后的采收率/%
1	1500	200	500	15	2	3	1	5	1	0.1	缝网	24.07
2	1500	200	500	15	2	0	1	5	1	0.1	缝网	22.98
3	1500	200	500	15	2	1	1	5	1	0.1	缝网	23.37
4	1500	200	500	15	2	5	1	5	1	0.1	缝网	24.34
5	1500	200	500	15	2	1	2	5	1	0.1	缝网	24.07
6	1500	200	500	15	2	1	3	5	1	0.1	缝网	24.08

续表

方案	水平段长/m	裂缝半长/m	井间距/m	压裂段数	每段簇数	二级裂缝数量/条	三级裂缝数量/条	主裂缝导流能力/(D·cm)	二级裂缝导流能力/(D·cm)	三级裂缝导流能力/(D·cm)	二级裂缝长度/m	生产7年后的采收率/%
7	1500	200	500	15	2	3	1	5	1	0.1	10	23.33
8	1500	200	500	15	2	3	1	5	1	0.1	15	23.5
9	1500	200	500	15	2	3	1	5	1	0.1	5	23.05
10	1500	200	600	15	2	3	1	5	1	0.1	缝网	22.84
11	1500	200	700	15	2	3	1	5	1	0.1	缝网	21.74
12	1500	200	800	15	2	3	1	5	1	0.1	缝网	20.77
13	1500	200	900	15	2	3	1	5	1	0.1	缝网	19.32
14	1500	200	1000	15	2	3	1	5	1	0.1	缝网	18.07
15	1500	200	500	15	2	3	1	1	1	0.1	缝网	21.8
16	1500	200	500	15	2	3	1	10	1	0.1	缝网	24.27
17	1500	200	500	15	2	3	1	5	0.1	0.1	缝网	23.92
18	1500	200	500	15	2	3	1	5	0.5	0.1	缝网	24.04
19	1500	200	500	15	2	3	1	5	1	0.01	缝网	23.65
20	1500	200	500	15	2	3	1	5	1	0.05	缝网	23.86
21	1500	200	500	15	3	3	1	5	1	0.1	缝网	25.31
22	1500	200	500	15	5	3	1	5	1	0.1	缝网	26.14
23	1500	200	500	15	1	3	1	5	1	0.1	缝网	21.37
24	1500	200	500	20	2	3	1	5	1	0.1	缝网	25.04
25	1500	200	500	25	2	3	1	5	1	0.1	缝网	25.58
26	1500	200	500	30	2	3	1	5	1	0.1	缝网	25.95
27	1500	200	500	10	2	3	1	5	1	0.1	缝网	22.48
28	1000	200	500	15	2	3	1	5	1	0.1	缝网	23.02
29	2000	200	500	15	2	3	1	5	1	0.1	缝网	24.16
30	1500	200	500	15	2	3	1	5	1	0.1	缝网	30.1
31	1500	150	500	15	2	3	1	5	1	0.1	缝网	21.15
32	1500	100	500	15	2	3	1	5	1	0.1	缝网	18.9
33	1500	250	500	15	2	3	1	5	1	0.1	缝网	26.08

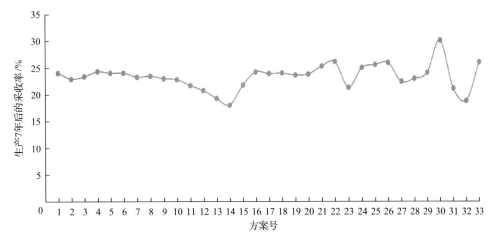

图 3-90 页岩气井组正交方案所对应的生产 7 年后的采收率

表 3-15 页岩气井组不同裂缝参数对生产 7 年后的采收率影响程度表

因素	生产 7 年后的采收率影响因素排序		
	F 比	F 临界值	显著性
水平段长	3.093	9	
裂缝半长	13.291	9	*
井间距	13.305	9	*
压裂段数	8.607	9	
每段簇数	10.739	9	*
二级裂缝数量	3.287	9	
三级裂缝数量	0.42	9	
一级裂缝导流能力	9.57	9	*
二级裂缝导流能力	1.03	9	
三级裂缝导流能力	1.835	9	
长期导流能力保持程度	13.736	9	*
二级裂缝长度	5.389	9	

(二)致密气 "井工厂" 采收率影响因素分析

为进一步提高大牛地气田盒 1 气层的储量动用程度,评价水平井组开发的经济技术可行性,引进了 "井工厂" 压裂模式,在大牛地气田已成熟应用的多级管外封隔器水平井分段压裂工艺的基础上,开展了丛式水平井组同步压裂工艺研究。试验效果表明,"井工厂" 模式是可行的。2012 年大牛地气田利用水平井新建产能 $1.00188 \times 10^9 \text{m}^3$,其中 "井工厂" 水平井占总井数的 44%,取得了较好的试验效果。图 3-91 对比了致密气藏平面开发、立体二层开发与立体三层开发井组的储量动用率,分别为 15.72%、21.55%、27.53%,较页岩气藏 "井工厂" 立体井网部署对于储量的动用有更明显的提高。图 3-92 对比了平面开发、立体二层开发与立体三层井组经过7年生产后的生产波及范围(压力小于2600psi的区域),由图可以看出,通过"井工厂"的三层立体井组开发,可有效提高井控及缝控范围从而增加了生产波及范围,大幅提高了储量动用率。

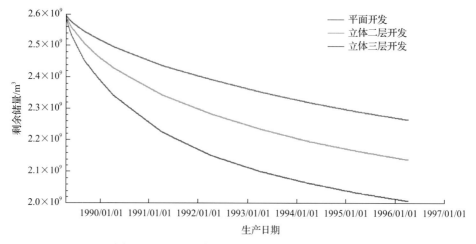

图 3-91　致密气平面开发、立体二层开发与立体三层开发的动用储量对比

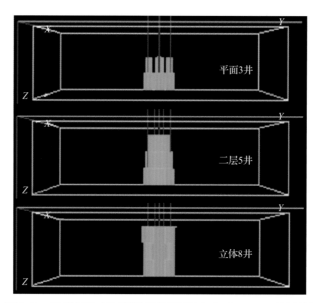

图 3-92　致密气生产压降波及范围(压力小于 2600psi 的区域)

1. 水平段长敏感性分析

模拟条件:井组除水平段长外其他参数按基础例子参数设置。水平段长分别为 500m、1000m、1500m,不同水平段长条件下井组控制范围剩余储量随时间的变化如图 3-93 所示。由图 3-93 可知,井组控制范围剩余储量随着水平段长的增加而显著增加。定压条件下生产 7 年,水平段长为 500m、1000m、1500m 条件下的采收率分别是 26.72%%、27.53%、27.81%。

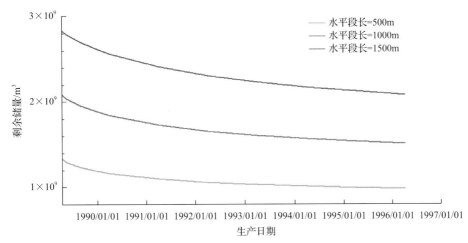

图 3-93 致密气井组控制范围剩余储量随水平段长的变化

2. 井间距敏感性分析

模拟条件：井组除井间距外其他参数按基础例子参数设置。井间距分别为 500m、600m、700m、800m、900m 和 1000m。不同井间距条件下井组控制范围剩余储量随时间的变化如图 3-94 所示。由图 3-94 可知，井组控制范围剩余储量随着井间距的增加而有所增加。定压条件下生产 7 年，井间距分别为 500m、600m、700m、800m、900m 和 1000m 条件下的井组采收率分别是 27.53%、27.23%、26.58%、26.03%、25.11% 和 24.21%，随着井间距的增加井组采收率的下降幅度逐渐增加。井间距的扩大虽然增加了井组控制范围，但是降低了井组在相同生产时间内的井组采收率。

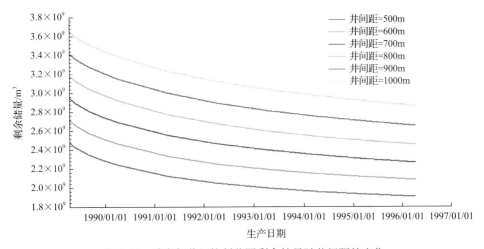

图 3-94 致密气井组控制范围剩余储量随井间距的变化

3. 主裂缝半长敏感性分析

模拟条件：井组除主裂缝半长外其他参数按基础例子参数设置。主裂缝半长分别为 100m、150m、200m，不同主裂缝半长条件下井组控制范围剩余储量随时间的变化如图 3-95 所示，由图可知，井组控制范围剩余储量随着裂缝半长的增加而明显增加，井间距 500m

条件下,裂缝半长超过 150m 后,井组控制范围剩余储量的上升幅度有所下降。定压生产条件下,井组采收率随裂缝半长增加有略微提高,主裂缝半长分别为 100m、150m、200m 条件下的井组采收率分别为 19.81%、20.33%、20.93%,较页岩气"井工厂"裂缝半长对井组采收率的提高作用,致密气"井工厂"裂缝半长对井组采收率的影响较小。

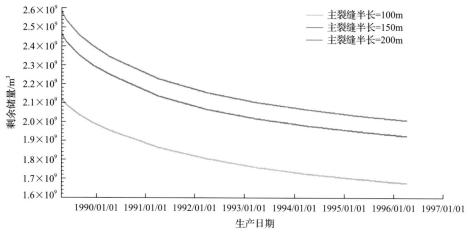

图 3-95 致密气井组控制范围剩余储量随主裂缝半长的变化

4. 压裂段数敏感性分析

模拟条件:井组除压裂段数外其他参数按基础例子参数设置。压裂段数分别为 5 段、10 段、15 段,不同压裂段数条件下井组控制范围剩余储量随时间的变化如图 3-96 所示,由图可知,井组采收率随着压裂段数的增加而明显增加。定压生产条件下,井组采收率随压裂段数增加明显提高,压裂段数为 5 段、10 段、15 段条件下的井组采收率分别为 22.11%、27.53%、29.76%,随着压裂段数的增加井组采收率的增加幅度呈逐渐下降趋势,当裂缝密度达到一定值后,继续增加裂缝数量对井组采收率的提高作用逐渐变弱。

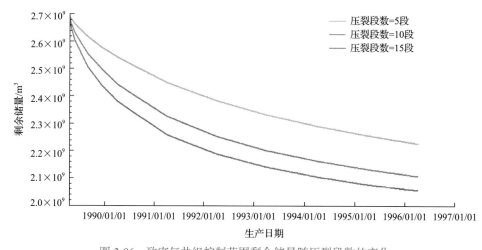

图 3-96 致密气井组控制范围剩余储量随压裂段数的变化

5. 每段簇数敏感性分析

模拟条件：井组除每段簇数外其他参数按基础例子参数设置。每段簇数分别为1簇、3簇、5簇，不同每段簇数条件下井组剩余储量随时间的变化如图3-97所示，由图可知，井组采收率随着每段簇数的增加而明显增加。定压生产条件下，井组采收率随每段簇数增加明显提高，每段簇数为1簇、3簇、5簇条件下的井组采收率分别为27.53%、29.41%、30.15%，随着每段簇数的增加井组采收率的增加幅度呈逐渐下降趋势。

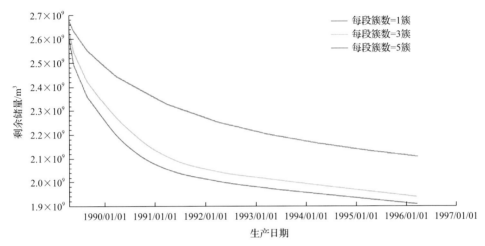

图3-97 致密气井组控制范围剩余储量随每段簇数的变化

6. 二级裂缝长度敏感性分析

模拟条件：井组除二级裂缝长度外其他参数按基础例子参数设置。二级裂缝长度分别为5m、10m、15m、20m(缝网)，不同二级裂缝长度条件下井组控制范围剩余储量随时间的变化如图3-98所示，由图可知，二级裂缝长度对井组采收率的影响较小。

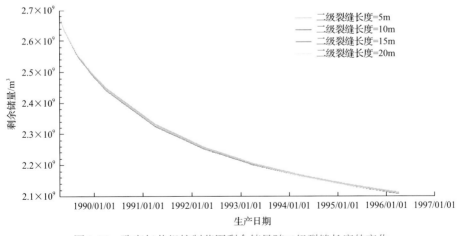

图3-98 致密气井组控制范围剩余储量随二级裂缝长度的变化

7. 主裂缝导流能力敏感性分析

模拟条件：井组除主裂缝导流能力外其他参数按基础例子参数设置。主裂缝导流能力分别为 1D·cm、5D·cm、10D·cm，不同主裂缝导流能力条件下井组控制范围剩余储量随时间的变化如图 3-99 所示，由图可知，井组采收率随着主裂缝导流能力的增加而增加。定压生产条件下，井组采收率随主裂缝导流能力增加显著提高，主裂缝导流能力为 1D·cm、5D·cm、10D·cm 条件下的采收率分别为 13.75%、23.69%、27.53%，随着主裂缝导流能力的增加井组采收率增加幅度逐渐下降。

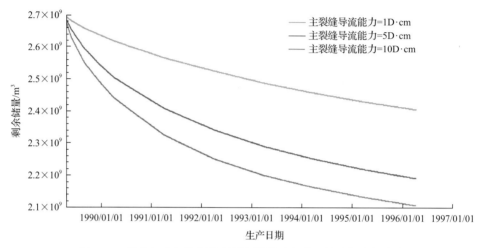

图 3-99　致密气井组控制范围剩余储量随主裂缝导流能力的变化

8. 二级裂缝导流能力敏感性分析

　　模拟条件：井组除二级裂缝导流能力外其他参数按基础例子参数设置。二级裂缝导流能力分别为 0.1D·cm、0.5D·cm、1.0D·cm，不同二级裂缝导流能力条件下井组控制范围剩余储量随时间的变化如图 3-100 所示，由图可知，井组采收率受二级裂缝导流能力的增加影响较小。定压生产条件下，二级裂缝导流能力为 0.1D·cm、0.5D·cm、1.0D·cm 条件下的井组采收率分别为 27.42%、27.5%、27.53%。

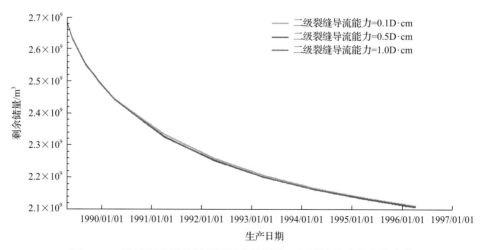

图 3-100　致密气井组控制范围剩余储量随二级裂缝导流能力的变化

9. 三级裂缝导流能力敏感性分析

模拟条件：井组除三级裂缝导流能力外其他参数按基础例子参数设置。三级裂缝导流能力分别为 0.01D·cm、0.05D·cm、0.10D·cm，不同三级裂缝导流能力条件下井组控制范围剩余储量随时间的变化如图 3-101 所示，由图可知，井组采收率受三级裂缝导流能力的增加影响较小。

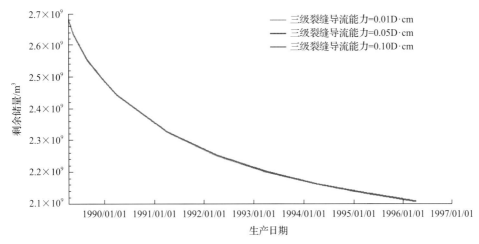

图 3-101　致密气井组控制范围剩余储量随三级裂缝导流能力的变化

10. 二级裂缝数量敏感性分析

模拟条件：井组除二级裂缝数量外其他参数按基础例子参数设置。二级裂缝数量分别为 0 条、1 条、3 条和 5 条，不同二级裂缝数量条件下井组控制范围剩余储量随时间的变化如图 3-102 所示，由图可知，井组采收率受二级裂缝数量的增加影响较小。

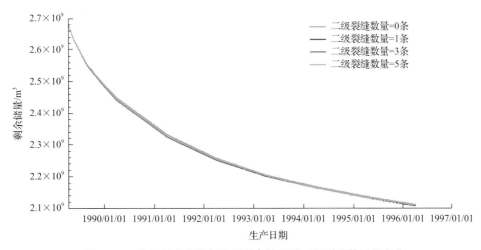

图 3-102　致密气井组控制范围剩余储量随二级裂缝数量的变化

11. 影响"井工厂"采收率的主控因素分析

为了研究以上单因素对页岩气"井工厂"压后采收率的影响程度，对以上参数分别选取 3 个值进行正交方案设计，如表 3-16 所示共 27 个正交方案。对 27 个正交方案进行数值模拟计算，所对应的生产 7 年后的采收率结果见图 3-103。正交设计方差分析结果（表 3-17）表明，起显著影响的各参数中，对生产 7 年后的采收率的影响程度排序为：主裂缝导流能力＞考虑长期导流能力＞压裂段数＞每段簇数＞井间距。

表 3-16 不同致密气井组裂缝参数对采收率影响的正交方案设计表

方案	水平段长/m	主裂缝半长/m	井间距/m	压裂段数	每段簇数	二级裂缝数量/条	三级裂缝数量/条	主缝导流能力/(D·cm)	二级裂缝导流能力/(D·cm)	三级裂缝导流能力/(D·cm)	考虑长期导流能力	二级裂缝长度/m	生产7年采收率/%
1	1000	200	500	10	1	3	1	10	1	0.1	1	10	27.53
2	1000	200	500	10	1	0	1	10	1	0.1	1	10	27.5
3	1000	200	500	10	1	1	1	10	1	0.1	1	10	27.5
4	1000	200	500	10	1	5	1	10	1	0.1	1	10	27.54
5	1000	200	500	10	1	3	1	10	1	0.1	1	缝网	27.53
6	1000	200	500	10	1	3	1	10	1	0.1	1	15	27.52
7	1000	200	500	10	1	3	1	10	1	0.1	1	5	27.52
8	1000	200	600	10	1	3	1	10	1	0.1	1	10	27.23
9	1000	200	700	10	1	3	1	10	1	0.1	1	10	26.58
10	1000	200	800	10	1	3	1	10	1	0.1	1	10	26.03
11	1000	200	900	10	1	3	1	10	1	0.1	1	10	25.11
12	1000	200	1000	10	1	3	1	10	1	0.1	1	10	24.24
13	1000	200	500	10	1	3	1	1	1	0.1	1	10	13.75
14	1000	200	500	10	1	3	1	5	1	0.1	1	10	23.69
15	1000	200	500	10	1	3	1	10	0.1	0.1	1	10	27.42
16	1000	200	500	10	1	3	1	10	0.5	0.1	1	10	27.5
17	1000	200	500	10	1	3	1	10	1	0.01	1	10	27.51
18	1000	200	500	10	1	3	1	10	1	0.05	1	10	27.52
19	1000	200	500	10	3	3	1	10	1	0.1	1	10	29.41
20	1000	200	500	10	5	3	1	10	1	0.1	1	10	30.15
21	1000	200	500	5	1	3	1	10	1	0.1	1	10	22.11
22	1000	200	500	15	1	3	1	10	1	0.1	1	10	29.76
23	500	200	500	10	1	3	1	10	1	0.1	1	10	26.72
24	1500	200	500	10	1	3	1	10	1	0.1	1	10	27.81
25	1000	200	500	10	1	3	1	10	1	0.1	0	10	35.9
26	1000	100	500	10	1	3	1	10	1	0.1	1	10	27.4
27	1000	150	500	10	1	3	1	10	1	0.1	1	10	27.47

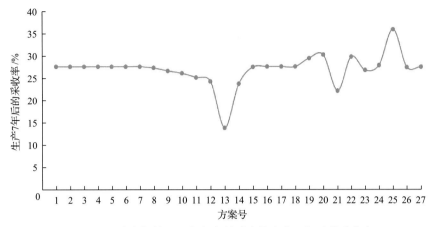

图 3-103 致密气井组正交方案所对应的生产 7 年后的采收率

表 3-17 致密气井组不同裂缝参数对生产 7 年后的采收率影响程度表

因素	生产 7 年后的采收率影响因素排序		
	F 比	F 临界值	显著性
水平段长	4.48	9	
主裂缝半长	1.102	9	
井间距	9.621	9	*
压裂段数	11.253	9	*
每段簇数	9.669	9	*
二级裂缝数量	0.712	9	
三级裂缝数量	0.081	9	
主裂缝导流能力	19.358	9	*
二级裂缝导流能力	0.866	9	
三级裂缝导流能力	0.252	9	
考虑长期导流能力	14.88	9	*
二级裂缝长度	0.195	9	

（三）压力保持水平及裂缝导流能力对采收率影响分析

对于应力敏感性强的页岩气储层，生产过程中孔隙压力下降会造成基质和裂缝渗流能力的下降。由有效应力、地应力和孔隙压力之间的关系可知，页岩气井生产过程中，地层压力会逐渐下降，储层基质和裂缝受到的有效应力逐渐增加，这会导致基质孔喉体积被压缩变小引起基质渗透率下降，还会导致水力裂缝中的支撑剂嵌入及破碎，从而造成裂缝宽度减小及支撑剂渗透率下降，也就是所谓的"裂缝长期导流能力伤害"。整体来看，页岩气生产过程中的孔隙压力下降会造成基质和裂缝渗流能力的下降，从而影响产能及最终可采量。北美页岩气开发早于中国，关于压后生产制度对最终可采量的研究较多，发现在储层应力敏感性较强的储层，如 Haynesville 页岩，控压生产模式较不控压生产模式最终可采量能够有效提高，最高可达 20%以上。但是在北美 Barnett、Marcellus 等储层应力敏感性较弱的储层，一般采用不控压生产模式，一是因为控压生产模式效果不明显，二是因为北美石油公司一般追求前期产量最大化加快资金回转速度以便投入新井的开发。国内涪陵、威远、昭通等页岩气区块由于应力敏感性较强，主要采用控压生产模式以最大化可采量。

控压生产牵扯到压后返排的问题，支撑剂由闭合应力变化造成的嵌入及破碎伤害是一个不可逆的过程，所以从压后返排开始就应将对裂缝导流能力的保护考虑在内。在页岩气水平井分段压裂优化设计中，压后排采设计一直较为薄弱。国外对页岩气压后排采机理研究不多，大部分基于统计分析。部分模型研究考虑因素单一，难以全面衡量返排的主控因素。国外的压后返排率一般为 10%～50%，且不同盆地、不同区块、不同井的压后返排率都不尽相同，规律性也不强。国内页岩气水平井压后返排似乎更无规律可循。有的井初期产气后来突然不出气，如东峰 2 井；有的返排率高，但产气低，如彭页 1HF 井；有的返排率低，但高产，如焦页 1HF 井。

压后排采包含两方面的问题，一是排采时机，二是排采制度。就排采时机而言，如排采时机过迟或排采速度过慢，会导致如下问题：

(1)由于普遍存在过顶替现象，缝口处导流能力大幅降低，甚至出现"包饺子"现象；

(2)基质滤失低，裂缝闭合慢，会导致支撑剂的沉降较多，远井裂缝在纵向上支撑效率降低；

(3)滤失伤害增大，水锁效应大，气流通道被大量水相占据，导致出气慢；

(4)停泵后网络裂缝继续延伸的可能性大，增加返排难度。

反之，如排采时机过早或排采速度过快，会导致如下问题：

(1)井筒出砂及支撑剂的二次运移，影响裂缝的有效支撑；

(2)支撑剂承受的循环应力载荷变化剧烈，裂缝导流能力会因此而快速降低；

(3)缝壁应力敏感性加剧，纳米级喉道水锁效应以及天然裂缝快速闭合。

蒋廷学等研究了页岩气返排主控因素发现如下结论：

(1)压后返排液在大尺度裂缝内优先流动。压力降低后，带动小尺度天然裂缝内的压裂液流动(靠近主裂缝优先，远井天然裂缝次之)。页岩基质由于纳米级孔喉，返排要克服巨大的毛细管力，几乎不可能有流动。

(2)单一主裂缝应压后立即返排，避免支撑剂沉降。同时，返排率应较高，但产气效果不理想(缝壁基质液锁效应大)。

(3)复杂缝或网络缝可适当关井。裂缝越复杂，返排流动越困难。此时，返排率低，但如压力系数高，气易指进突进，形成气锁。

(4)如出气后因某种原因关井，压力系数又不高，出气通道被液体重新占据后，可能抑制气再次出现。返排一段时间后如不出气了，可关井半年甚至更长时间，由于渗吸效应，液相更多向深处扩散，流出气体流动通道，可重新产气。同时研究了返排的影响因素，认为返排周期偏长，出现峰值气的时间普遍在 8～15 个月。

(5)单段规模越大，出现峰值产气量的时间越晚，即返排更多才出峰值气。

(6) 各种因素对压后产气及产液的影响程度不同。共同的影响因素为压力系数、段数、破胶液黏度、单段规模、裂缝复杂性及缝高剖面等。

(7) 为了实现最佳的返排效果，可以人为变化的因素如单段规模、长期导流能力及破胶液黏度等，都必须采取必要措施进行科学优化与控制。针对所研究的各因素，给出如下影响程度排序：破胶液黏度＞压力系数＞井底流压＞压裂段数(表3-18)。

表3-18   13个参数的返排率影响程度显著性对比

影响参数	F 比	F 临界值	显著性
压裂段数	9.475	5.14	*
裂缝形态	1.162	5.14	
主裂缝半长	3.726	5.14	
导流能力	2.547	5.14	
井底流压	15.002	5.14	*
单段注入量	4.3	5.14	
破胶液黏度	86.029	5.14	*
压力系数	39.282	5.14	*
吸附气含量	0.744	5.14	
日排液量	3.36	5.14	
束缚水饱和度	1.482	5.14	
返排时机	3.127	5.14	
缝高剖面	1.135	5.14	

合理地设计返排井底压力是控压生产制度的关键，但是由于缺乏研究，这一部分的设计一般都被忽略了，很容易造成返排过快导致的裂缝导流能力不可逆伤害。油藏模拟研究证明返排率随着井底流压设置的上升而降低，这意味着如果要追求高返排，需要尽量降低返排时的井底流压，如图3-104所示，但是从裂缝长期导流能力的角度来看，过低的返排井底流压肯定是有害的。对于常规油气藏来说，低返排通常是不利的，因为压裂液滞留聚集在井筒或者裂缝周围，导致两相渗流共存，降低了两相渗流能力，而且滞留的压裂液有可能造成黏土水化膨胀作用，加重近井筒或近裂缝区域的储层伤害，从而进一步影响两相渗流能力，降低初产、累产甚至是采收率。但是对于页岩气藏来说，低返排并不总是导致低产能，甚至有时高返排反而产能更低。针对这一现象，国内外也展开了大量研究，主流观点认为渗吸作用缓解了近井筒或者近裂缝区域的压裂液滞留伤害。由于大部分页岩气藏是地层水欠饱和状态，加之微纳米孔喉导致的高毛细管力，压裂液渗吸作用极强。这种作用会使压裂液逐渐渗吸进入远井筒段或者远裂缝段的深部储层，降低井筒或者裂缝区域的含水饱和度，减轻了压裂液滞留对两相渗流的影响，也解释了大量注入储层的压裂液去了哪的问题。尤其是对于形成复杂缝网的压裂井，压裂液与储

层接触面积更大，渗吸作用更强更快，极有可能是某些井返排低但是产量高的原因，其根本还是因为压裂施工成功，造成了体积更大的缝网。

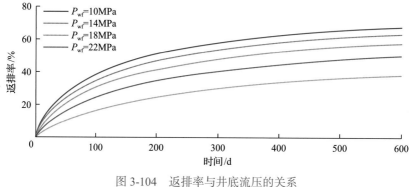

图 3-104　返排率与井底流压的关系

P_{wf}-井底流压

针对控压生产制度，应将页岩气压后返排分成三个阶段：返排初期(油嘴放喷)、返排中期(敞喷)、返排后期(下泵助排)。借助井筒流动分析计算软件，针对不同的时期计算井筒中的流动特性，优化页岩气压后返排制度。

根据实际生产数据，绘制水相的流入流出曲线，如图 3-105 所示。气藏流入大于油管流入的区域为稳定生产区域。对于不同生产时期内的水相流入动态(IPR)曲线，气水两相稳定生产区域在协调点附近。由图 3-105 可知，示例井的生产协调点为 26.8MPa 的井底流压和 116.5m³/d 的产水量。

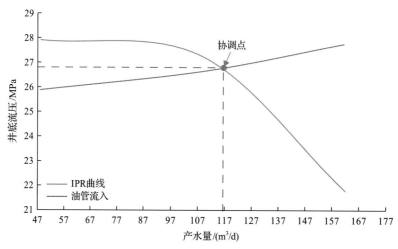

图 3-105　示例的气井水相流入流出曲线

当产气井实际产液量为 140～150m³/d 时，油嘴尺寸推荐 10～18mm。示例的气井返排初期油嘴优化见图 3-106。

分析可发现敞喷阶段，油管尺寸对油管曲线影响较小，协调点变化量不大。示例的气井敞喷期油管优化见图 3-107。

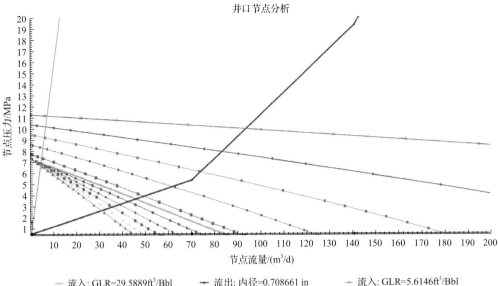

图 3-106 示例的气井返排初期油嘴优化
GLR-气液比

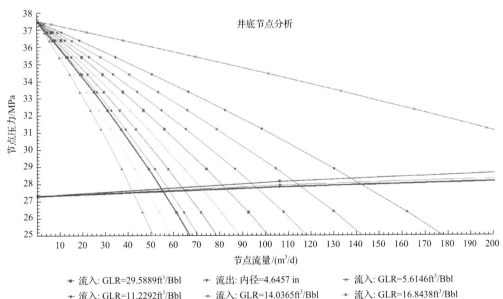

图 3-107 示例的气井敞喷期油管优化

依据水相生产曲线的协调点,确定下泵后的气井理想产量。借助井筒流动分析软件进行电泵设计。采用逐级计算方法,所需电泵级数为 34 级。根据所选参数计算得到电泵特性曲线,如图 3-108 及图 3-109 所示,最终确定主要下泵参数,见表 3-19。

对于控压生产制度,一个重要的环节就是生产过程中的生产制度控制,由于需要控制井底压力,通常会控制井口产量来调整井口压力从而实现对井底压力的保持。基于第二节所建立的涪陵地区"井工厂"油藏数值模拟模型,对比了控压生产模式与不控压

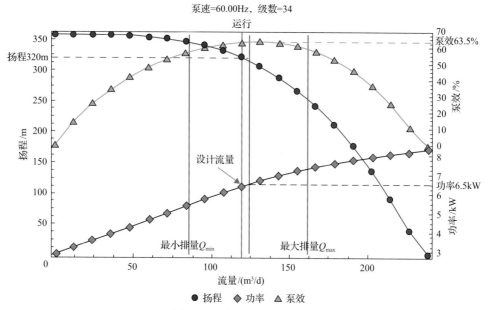

图 3-108　标准电泵特性曲线

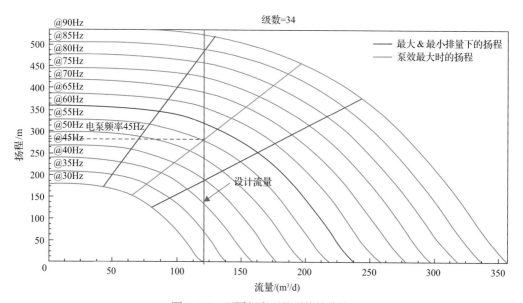

图 3-109　不同频率下的泵特性曲线

表 3-19 电泵参数优选结果

参数	数值
电泵名称	WoodGroup: TD800
设计产量/(m³/d)	116.5
下泵深度/m	2700
电泵级数	34
电泵泵效/%	63.5
电泵功率/kW	6.5
电泵频率/Hz	45
油管内径/mm	118

生产模式对页岩气最终可采量及采收率的影响。图 3-110 展示了页岩气 "井工厂"油藏模型存在裂缝长期导流能力伤害和不存在裂缝长期导流能力伤害的情况下 7 年累产的对比。从图 3-110 中可以看出，裂缝长期导流能力伤害对井组的生产产生了非常明显的影响，而且这种影响在生产早期就出现了，且这种影响随着生产的进行逐步累加，最终导致了 21.9%左右的累产降低，采收率整体下降了 6.8%左右。

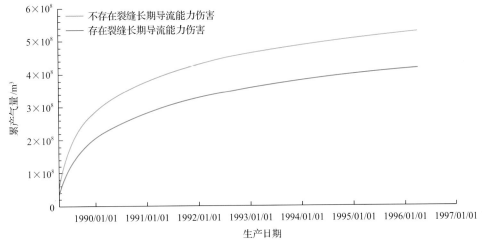

图 3-110 页岩气 "井工厂"油藏模型存在裂缝长期导流能力伤害和不存在裂缝长期
导流能力伤害的情况下 7 年累产气量的对比

本节前半部分介绍了裂缝长期导流能力伤害的主要原因是地层压力逐渐下降，储层基质和裂缝受到的有效应力逐渐增加，导致了支撑剂的嵌入和破碎，从而降低了裂缝的导流能力。对于页岩储层来说，由于基质致密程度极高，基质-基质的渗流速度远慢于基质-裂缝、裂缝-裂缝及裂缝-井筒的渗流速度，虽然复杂缝网大幅度提高了泄气面积，但是由于整体渗流速度的差异，随着生产的进行，会出现裂缝及裂缝附近区域油气的亏空。因为压力的本质就是物质的多少，所以出现油气亏空的裂缝及裂缝附近区域压力会出现明显的下降，且无法通过深部储层基质-基质的油气渗流进行及时补充恢复。图 3-111 展

示了页岩气 "井工厂"考虑裂缝长期导流能力伤害并进行定压生产(井底压力≥裂缝长期导流能力)的储层压力变化。从图 3-111 中可以看出,生产开始 10d 后,主裂缝靠近起裂点附近的区域已经开始出现压力亏空(压力<2700psi)。当生产半年时,井组顶部两排 5 口井的全部主裂缝及部分分支裂缝已呈现压力亏空状态(压力<2700psi)。由于井组底部储层渗透率及孔隙度等储层物性条件优于中部及上部储层,底部储层 3 口井直到生产 1 年后才出现明显的压力亏空。可以看出,对于高渗透率及孔隙度储层来说,由于基质-基质的渗流速度略快,需要相对更长的生产时间才会出现压力亏空,这对于保持裂缝的长期导流能力来说是有利的,相反对于越致密的储层,裂缝长期导流能力的伤害越来越难保持,而且会越早地对产能产生影响。

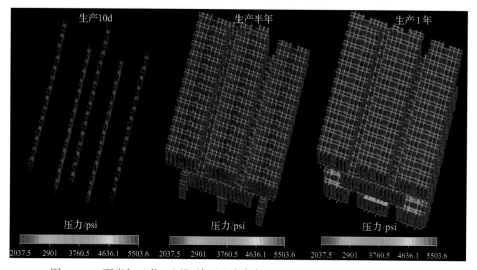

图 3-111　页岩气 "井工厂"放压生产条件下压力下降区域(压力<2700psi)

控压生产制度可以通过控制并适当降低井口产量,从而控制井口压力及井底压力。在降低了产量后,裂缝及裂缝周围区域的压力亏空现象会延后出现或者压力亏空的速率会变慢,这是因为降低了井口产量也就降低了裂缝及裂缝周围物质亏空的速度,虽然基质-基质渗流仍无法赶上降低产量后的物质亏空速度,但是可以减慢这一过程从而减缓裂缝系统中压力降低的速度,起到保护裂缝长期导流能力的作用。图 3-112 对比了页岩气 "井工厂"分别在限制 $6×10^4 m^3$ 日产气条件下的控压生产制度及限制井底压力 1500psi 条件下的放压生产制度下的 7 年累产气量。从图 3-112 中可以看出,控压生产制度在生产前期由于限制了日产气量,累产气量是低于放压生产制度的。但是可以看出,放压生产制度下的日产气量递减速率是高于控压生产制度的。在生产 1 年半左右的时间后,控压生产制度的累产气量逐渐赶上并超过了放压生产制度。到了生产中后期,由于控压制度和放压制度下压力亏空已经出现且压力下降水平达到很高的程度,两种制度对于裂缝导流能力的保护程度差异变小,所以中后期累产气量的差距扩大量在逐渐变小。生产 10 年后,控压制度较放压制度累产气量提高 12.3%左右,采收率提高 7.1%左右。

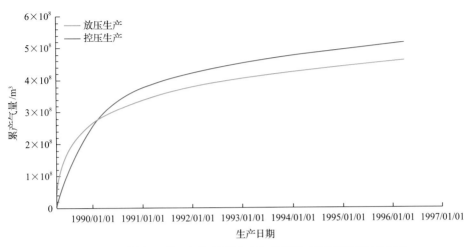

图 3-112 页岩气"井工厂"控压生产与放压生产制度累产气量对比

图 3-113 展示了页岩气"井工厂"控压生产条件下压力下降区域,对比图 3-111 的页岩气"井工厂"放压生产条件下压力下降区域可以看出,控压生产条件下,裂缝及裂缝周围区域压力亏空现象被延后,生产半年时中部渗透率及孔隙度较差的储层尚未出现明显的裂缝系统内压力过度下降现象。生产 1 年时,下部渗透率及孔隙度较好的储层尚未出现明显的裂缝系统内压力过度下降现象。相较放压生产的压力下降情况,可以说控压生产制度明显延后了裂缝系统内压力空亏出现的时间及亏空程度,保护了裂缝长期导流能力。

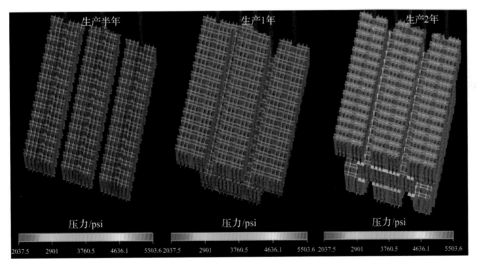

图 3-113 页岩气"井工厂"控压生产条件下压力下降区域(压力<2700psi)

通过上述比较可以看出,控压生产制度的优势在于延后了裂缝系统内的压力空亏出现时间及亏空程度,保护了裂缝长期导流能力,从而提高了累产气量及采收率。但是控压生产制度的劣势比较明显,就是前期累产气量低于放压生产。这对于需要资金快速回转的北美石油公司来说是难以接受的,但是与国内以最终可采储量为首要目标的页岩气田开发目标是十分契合的。进一步控制并降低初期日产气量能否进一步提高累产气量及最终储量呢？图 3-114 展示了页岩气"井工厂"分别在控压条件下（控制日产气量分别为 $2×10^4m^3$ 和 $6×10^4m^3$）和放压条件下的 10 年累产气量对比。由图 3-144 可以看出，通过进一步将日产气量从 $6×10^4m^3/d$ 降到 $2×10^4m^3/d$ 虽然可以更好地控压保持裂缝系统的长期导流能力，但是前期累产气量与放压生产及 $6×10^4m^3/d$ 控压生产条件下相比差距太大，这种差距直到生产 9 年后才能赶上，这显然是不符合生产要求的。所以控压生产的条件需要根据区块储层的特征进行优化，既不能过快生产，破坏裂缝长期导流能力，影响最终可采储量，也不能一味为了保护裂缝长期导流能力而忽略了经济效益。

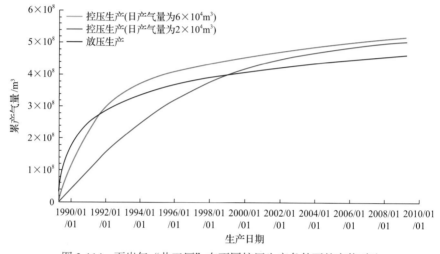

图 3-114　页岩气"井工厂"在不同控压生产条件下的产能对比

　　基于第二节所建立的致密气"井工厂"油藏数值模拟模型，对比了考虑和不考虑长期导流能力情况下对致密气最终可采量及采收率的影响。图 3-115 展示了致密气"井工厂"

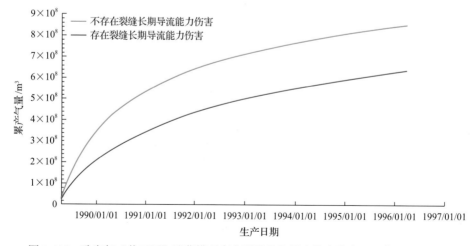

图 3-115　致密气"井工厂"油藏模型存在裂缝长期导流能力伤害和不存在裂缝长期
导流能力伤害的情况下 7 年累产气量的对比

油藏模型存在裂缝长期导流能力伤害和不存在裂缝长期导流能力伤害的情况下 7 年累产气量的对比。从图 3-115 中可以看出,裂缝长期导流能力伤害对井组的生产造成了非常明显的影响,而且这种影响在生产早期就出现了,随着生产的进行这种影响逐步累加,最终导致了 24.8%的累产气量降低,采收率整体下降了 10.2%。

图 3-116 展示了致密 "井工厂"考虑裂缝长期导流能力伤害并进行放压生产(井底压力≥1500psi)的储层压力变化。从图 3-116 中可以看出,生产开始半年后,井组中部 2 口井主裂缝靠近起裂点附近的区域已经开始出现压力亏空(压力<2400psi)。生产 1 年时,井组 8 口井全部主裂缝靠近井筒射孔区域开始出现压力亏空状态(压力<2400psi)。生产 2 年后,井组 8 口井仅主裂缝部分区域开始出现压力亏空状态(压力<2400psi),主裂缝末端及分支裂缝未出现压力亏空状态。可以看出,致密气 "井工厂"与页岩气 "井工厂"裂缝及裂缝周围区域的压降规律差异很大,对于渗透率及孔隙度更高的致密气储层来说,由于基质-基质的渗流速度较快,需要相对更长的生产时间才会出现压力亏空,这对于保持裂缝的长期导流能力来说是有利的,相反对于更致密的页岩气储层,裂缝长期导流能力的伤害越来越难保持,而且会越早地对产能产生影响。

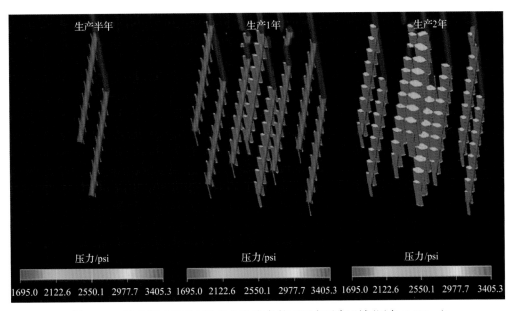

图 3-116　致密气 "井工厂"放压生产条件下压力下降区域(压力<2400psi)

图 3-117 对比了致密气 "井工厂"分别在限制 $4\times10^4m^3$ 日产气条件下的控压生产制度及限制井底压力 1500psi 条件下的放压生产制度下的 10 年累产气量。从图 3-117 中可以看出,控压生产制度在生产前期由于限制了日产气量,累产气量是低于放压生产制度的。但是可以看出,放压生产制度下的日产量递减速率是高于控压生产制度的。不同于页岩气 "井工厂"控压生产很快能够赶上放压生产的累产气量,生产 10 年时控压生产的累产气量还是略低于放压生产,虽然差距在逐渐缩小并且有反超趋势,但是总体来说所需要的时间太久了。产生这种结果的原因是,对于致密气藏来说,相较页岩气藏较高的

渗透率及孔隙度导致了压力亏空出现得较晚且程度较低。从图 3-116 来看，致密气藏压力亏空出现的模式也与页岩气藏不同，呈现大范围压力同时下降，而非页岩气藏的裂缝系统单独下降。由此可见，基质-基质的渗流速度是决定压力亏空严重程度和出现模式的重要因素。

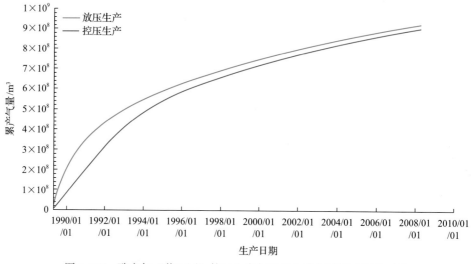

图 3-117　致密气"井工厂"控压生产与放压生产制度累产气量对比

（四）注气井网及注气时机影响因素分析

对于页岩气藏及致密气藏来说，开展提高采收率方法的研究一般比较少。尤其是对于需要采用水平井分段压裂为主要开采技术的页岩气及部分致密气，水驱方法适用性较差，一是会造成严重的水锁效应，二是会水淹水平井段，对产能造成极大伤害，大大提高作业成本、降低生产效率。气驱方法不存在上述问题，但是以气驱方法来提高气藏的采收率本身就存在低效问题，一是体现在气体压缩性强导致的驱替效率低，二是体现在产出混合气需要分离带来的额外作业成本，三是体现在水平井井网的巨大缝控范围带来的巨大注气量导致的注气成本。随着"碳达峰"及"碳中和"的提出，通过二氧化碳封存的方法来减少碳排量也成为研究的重点，本节基于所建立的页岩气及致密气"井工厂"油藏模型，讨论了通过二氧化碳早期注入提高"井工厂"产能及采收率的主要影响因素。虽然气藏二氧化碳注入及封存的经济性离实际工业化运用还比较遥远，但针对该方法对于页岩气藏及致密气藏的增产提采效果研究较少，是本节主要关注的内容。

1. 注气井网类型

模拟条件：注气井网位于缝控范围外围，包含下面三种分布情况，即注气井网平行于生产井井筒(注气井网垂直于主裂缝)、注气井网垂直于生产井井筒(注气井网平行于主裂缝)、包含了注气井网平行于生产井井筒(注气井网垂直于主裂缝)及注气井网垂直于生产井井筒(注气井网平行于主裂缝)的混合井网。页岩气"井工厂"无注气井网、注气井网平行于生产井井筒、注气井网垂直于生产井井筒、包含了注气井网平行于生产井井筒及注气井网垂直于生产井井筒的混合井网 20 年累产气量随时间的变化如图 3-118 所示。由图 3-118 可知,混合井网的增产提采效果优于注气井网平行于生产井井筒和注气井垂直于生产井井筒,上述三类模拟情况的 20 年累产气量分别为 $1.51 \times 10^8 m^3$、$1.46 \times 10^8 m^3$、$1.40 \times 10^8 m^3$,较未注气条件下的 $1.349 \times 10^8 m^3$ 分别提高 11.9%、8.2%、3.8%。可以看出注气井网最大的贡献来源于平行于生产井井筒注气井,相较注气井网垂直于生产井井筒的情况,注气井网平行于生产井井筒部署,能增加接触主裂缝的数量及面积,有效提高注气增产提采效果。但是对于页岩气藏来说,由于储层基质渗透率极低,注气效率及压力传播速度较低,整体增产效果有限,经济性较差。

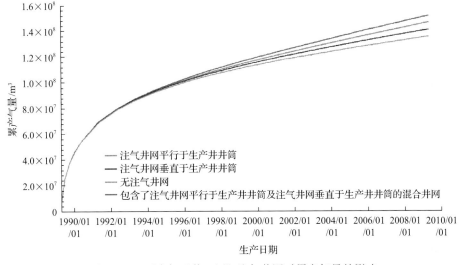

图 3-118 页岩气"井工厂"注气井网对累产气量的影响

图 3-119 对比了致密气"井工厂"注气井网平行于生产井井筒、注气井网垂直于生产井井筒及包含了注气井网平行于生产井井筒及注气井网垂直于生产井井筒的混合井网的 20 年累产气量。由图 3-119 可知,对于致密气"井工厂"来说,混合井网的增产提采效果优于注气井网平行于生产井井筒,优于注气井网垂直于生产井井筒,上述三类模拟情况的 20 年累产气量分别为 $4.89 \times 10^9 m^3$、$4.15 \times 10^9 m^3$、$2.49 \times 10^9 m^3$,较未注气条件下的 $1.65 \times 10^9 m^3$ 分别提高 196%、152%、50.9%。相较页岩气"井工厂",由于致密气藏渗透率较高,注气后的压力传播距离及速度远高于页岩气藏,致密气藏整体上增产提采的效果远高于页岩气藏。与页岩气藏相似的是,对于致密气藏,注气井网最大的贡献来源于平行于生产井井筒注气井,相较注气井垂直于生产井井筒的情况,注气井平行于生产井井筒部署,能增加接触主裂缝的数量及面积,有效提高注气增产提采效果。需要指出的是,页岩气"井工厂"采用了极高的注气井密度才能达到较明显的增产提采效果,对于致密气"井工厂"采用与页岩气"井工厂"相同的注气井密

度显然过于密集了，需要从经济性的角度出发考虑适当的注气井密度。

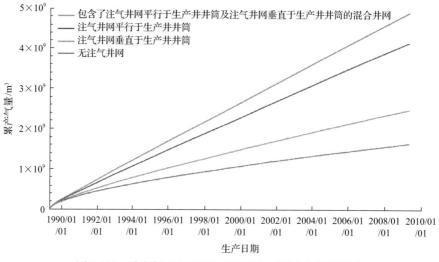

图 3-119　致密气"井工厂"注气井网对累产气量的影响

对于页岩气立体"井工厂"也可以采用井筒上下空间方向的注气方式，水平井下方注气的情况很难采用垂直井注气井进行注气，故在模拟页岩气立体"井工厂"时也可以采用井筒上下空间方向的注气方式，注气井采用了水平井的形式。图 3-120 对比了页岩气"井工厂"注气井网分别为垂直生产井且位于生产井上方及垂直生产井且位于生产井下方的 20 年累产气量。由图 3-120 可知，对于页岩气立体"井工厂"来说，注气井网垂直生产井且位于生产井上方及垂直生产井且位于生产井下方的两种注气井网整体注气效果差别不大，上述两类模拟情况下的 20 年累产气量分别为 $1.369 \times 10^9 m^3$、$1.367 \times 10^9 m^3$，较无注气井网条件下的 $1.349 \times 10^9 m^3$ 分别提高 1.5%、1.3%。由于页岩气储层纵向渗透率极低且明显低于横向渗透率，在生产井上下方向进行注气的增产提采效果不明显。

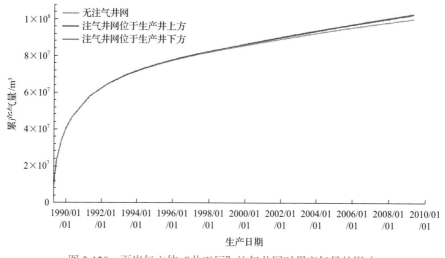

图 3-120　页岩气立体"井工厂"注气井网对累产气量的影响

图 3-121 对比了致密气"井工厂"注气井网分别为垂直生产井且位于生产井上方及垂直于生产井且位于生产井下方的 20 年累产气量。由图 3-121 可知，对于致密气"井工厂"来说，注气井网垂直于生产井且位于生产井上方及垂直于生产井且位于生产井下方的两种注气井网井网整体注气效果差别也比较小，考虑是重力作用造成的，从下部注气的效果略优于上部注气，上述两类模拟情况的 20 年累产气量分别为 $6.76 \times 10^9 \mathrm{m}^3$、$6.56 \times 10^9 \mathrm{m}^3$，较未注气条件下的 $1.88 \times 10^9 \mathrm{m}^3$ 分别提高 260%、249%。虽然致密气储层纵向渗透率低于横向渗透率但整体处于较高的水平，保障了注气后压力传播的范围及速度，使得在生产井上下方向进行注气的增产提采效果非常明显，甚至大幅超过了包含注气井网平行于生产井井筒及注气井网垂直于生产井井筒的混合井网，这是因为生产井上下方向采用水平井注气，大幅增加了注气井与主裂缝的对应面积从而大幅提高了注气增产提采效果。

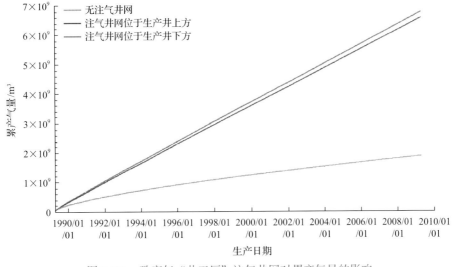

图 3-121　致密气"井工厂"注气井网对累产气量的影响

2. 注气井网密度

图 3-122 对比了页岩气"井工厂"采用平行于生产井井筒注气井网时，不同的注气井网密度条件下的 20 年累产气量。由图 3-122 可知，对页岩气"井工厂"来说，注气井网密度对注气效果影响较大，注气井网密度为 1 口/100m 水平段长、0.5 口/100m 水平段长、0.25 口/100m 水平段长条件下的 20 年累产气量分别为 $1.46 \times 10^8 \mathrm{m}^3$、$1.41 \times 10^8 \mathrm{m}^3$、$1.38 \times 10^8 \mathrm{m}^3$，较无注气井网条件下的 $1.349 \times 10^8 \mathrm{m}^3$ 分别提高 8.2%、4.5%、2.3%。页岩气储层整体渗透率极低，对于平行于生产井井筒注气井网需要高密度注气井网才能保证每一条主裂缝能够得到能量的补充。

图 3-123 对比了页岩气"井工厂"采用垂直于生产井井筒(注气井网平行于主裂缝)注气井网时不同的注气井网密度条件下的 20 年累产气量。由图 3-123 可知，对页岩气"井工厂"来说，相较平行于生产井井筒注气井网，垂直于生产井井筒注气井网密度对注气

效果影响较小,注气井网密度为 1 口/100m 水平段长、0.5 口/100m 水平段长、0.25 口/100m 水平段长条件下的 20 年累产气量分别为 $1.4×10^8m^3$、$1.38×10^8m^3$、$1.36×10^8m^3$,较无注气井网条件下的 $1.349×10^8m^3$ 分别提高 3.8%、2.3%、0.8%。

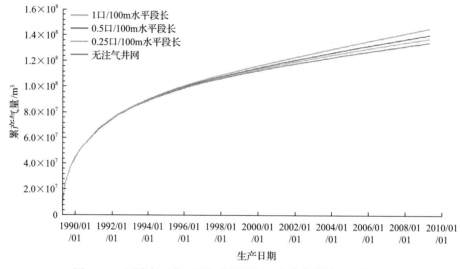

图 3-122 页岩气 "井工厂" 采用平行于生产井井筒注气井网时注气井网密度对累产气量的影响

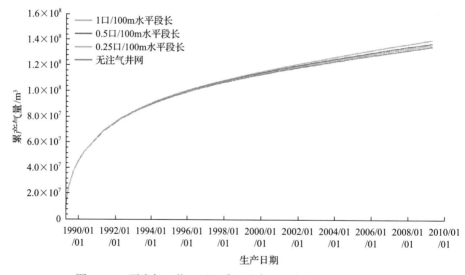

图 3-123 页岩气 "井工厂" 采用垂直于生产井井筒注气井网时注气井网密度对累产气量的影响

图 3-124 对比了页岩气 "井工厂" 采用井筒上下空间方向注气方式的注气井网时不同注气井网密度条件下的 20 年累产气量。由图 3-124 可知,对页岩气 "井工厂" 来说,上下空间方向注气方式的注气井网受注气井网密度的影响较小。

图 3-125 对比了致密气 "井工厂" 采用平行于生产井井筒注气井网时不同注气井网密度条件下的 20 年累产气量。由图 3-125 可知,对致密气 "井工厂" 来说,注气井网密

度对注气效果影响很大,注气井网密度为 1 口/100m 水平段长、0.5 口/100m 水平段长、0.25 口/100m 水平段长条件下 20 年累产气量分别为 $4.15×10^9m^3$、$3.13×10^9m^3$、$2.46×10^9m^3$,较无注气井网条件下的 $1.65×10^9m^3$ 分别提高 152%、90%、49%。

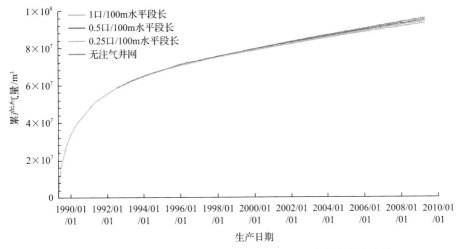

图 3-124 页岩气"井工厂"采用井筒上下空间方向注气方式的
注气井网时注气井网密度对累产气量的影响

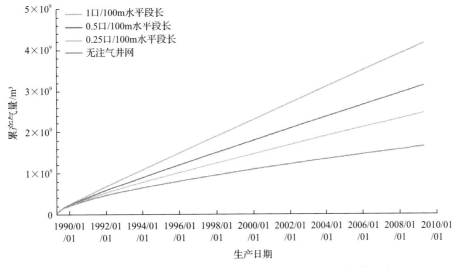

图 3-125 致密气"井工厂"采用平行于生产井井筒注气井网时
注气井网密度对累产气量的影响

图 3-126 对比了致密气"井工厂"采用垂直于生产井井筒注气井网时不同注气井网密度条件下的 20 年累产气量。由图 3-126 可知,对致密气"井工厂"来说,相较平行于生产井井筒注气井网,垂直于生产井井筒(注气井网平行于主裂缝)注气井网密度对注气效果影响略小,但是仍很明显,注气井网密度为 1 口/100m 水平段长、0.5 口/100m 水平段长、0.25 口/100m 水平段长条件下的 20 年累产气量分别为 $2.49×10^9m^3$、

$2.12 \times 10^9 m^3$、$1.93 \times 10^9 m^3$,较无注气井网条件下的 $1.65 \times 10^9 m^3$ 分别提高 50.9%、28.5%、17.0%。

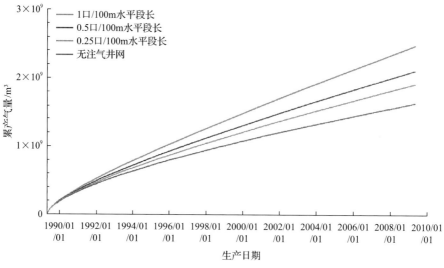

图 3-126 致密气"井工厂"采用垂直于生产井井筒注气井网时
注气井网密度对累产气量的影响

图 3-127 对比了致密气"井工厂"采用平行于生产井井筒注气井网时不同注气井网密度条件下 20 年累产气量。由图 3-127 可知,对致密气"井工厂"来说,平行于生产井井筒注气井网密度对注气效果影极大,注气井网密度为 1 口/100m 水平段长、0.5口/100m 水平段长、0.25 口/100m 水平段长条件下的 20 年累产气量分别为 $6.76 \times 10^9 m^3$、$4.67 \times 10^9 m^3$、$3.3 \times 10^9 m^3$,较无注气井网条件下的 $1.88 \times 10^9 m^3$ 分别提高 259.6%、148%、76%。

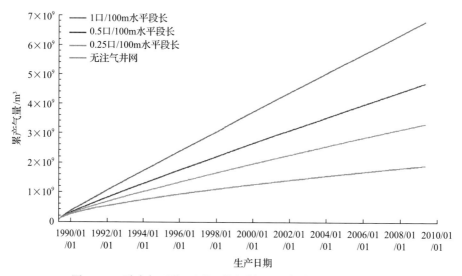

图 3-127 致密气"井工厂"采用平行于生产井井筒注气井网时
注气井网密度对累产气量的影响

3. 注气压力

模拟条件：注气井网位于缝控范围外围，页岩气"井工厂"注气压力为 4000psi、5000psi、6000psi（高于原始地层压力）、7000psi（高于原始地层压力）、8000psi（高于原始地层压力）条件下 20 年累产气量随时间的变化如图 3-128 所示。由图 3-128 可知，上述几种模拟情况的 20 年累产气量分别为 $1.35×10^8m^3$、$1.35×10^8m^3$、$1.35×10^8m^3$、$1.41×10^8m^3$、$1.46×10^8m^3$，较无注气井网条件下的 $1.349×10^8m^3$ 分别提高 0.07%、0.07%、0.07%、4.5%、8.2%。可以看出对于页岩气"井工厂"来说，注气压力低于原始地层压力时，由于页岩储层极低渗透率的限制，注气压力的传播范围及速度极小，很难达到增产提采的作用。当注气压力超过原始地层压力后，随注气压力的升高增产提采的效果更加明显，但整体来看提高注气压力的成本也在升高，随之带来的产量增加较小，经济性较差。

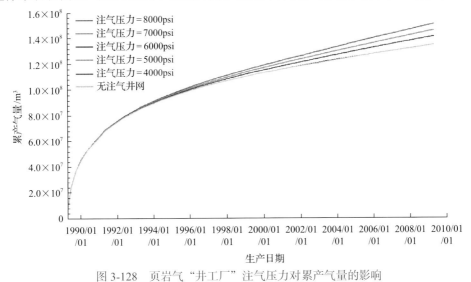

图 3-128 页岩气"井工厂"注气压力对累产气量的影响

图 3-129 对比了致密气"井工厂"注气压力为 4000psi、5000psi、6000psi（高于原始

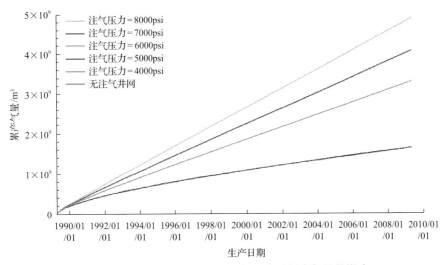

图 3-129 致密气"井工厂"注气压力对累产气量的影响

地层压力)、7000psi(高于原始地层压力)、8000psi(高于原始地层压力)20年累产气量随时间的变化。由图3-129可知,上述几种模拟情况的20年累产气量分别为$1.651\times10^{8}m^{3}$、$1.651\times10^{8}m^{3}$、$3.31\times10^{8}m^{3}$、$4.07\times10^{8}m^{3}$、$4.89\times10^{8}m^{3}$,较未注气条件下的$1.65\times10^{8}m^{3}$分别提高0.06%、0.06%、101%、147%、196%。可以看出对于致密气"井工厂"来说,注气压力低于原始地层压力时,由于页岩储层极低渗透率的限制,注气压力的传播范围及速度极小,很难达到增产提采的作用。当注气压力超过原始地层压力后,随注气压力的升高增产提采的效果更加明显。

4. 注气时机

模拟条件:注气井网位于缝控范围外围,页岩气"井工厂"注气起始时间为压后立即、压后1年、压后3年、压后5年、压后10年条件下20年累产气量随时间的变化如图3-130所示。由图3-130可知,上述几种模拟情况的20年累产气量分别为$1.51\times10^{8}m^{3}$、$1.5\times10^{8}m^{3}$、$1.48\times10^{8}m^{3}$、$1.46\times10^{8}m^{3}$、$1.40\times10^{8}m^{3}$,较无注气井网条件下的$1.349\times10^{8}m^{3}$分别提高11.9%、11.2%、9.7%、8.2%、3.8%。可以看出对于页岩气"井工厂"来说,越早进行注气越有利于提高注气的增产提采效果,当注气起始时间超过5年后,增产效果出现明显下降。

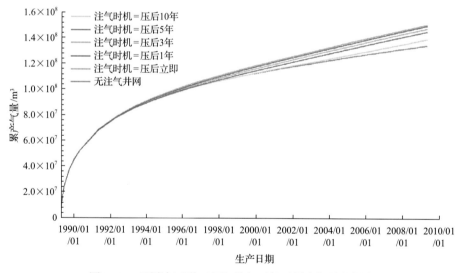

图3-130 页岩气"井工厂"注气时机对累产气量的影响

图3-131对比了致密气"井工厂"注气起始时间为压后立即、压后1年、压后3年、压后5年、压后10年条件为20年累产气量随时间的变化。由图3-131可知,上述几种模拟情况的20年累产气量分别为$4.89\times10^{9}m^{3}$、$4.42\times10^{9}m^{3}$、$3.87\times10^{9}m^{3}$、$3.48\times10^{9}m^{3}$、$2.7\times10^{9}m^{3}$,较无注气井网条件下的$1.65\times10^{9}m^{3}$分别提高196%、168%、135%、111%、64%。可以看出对于致密气"井工厂"来说,越早进行注气越有利于提高注气的增产提采效果,当注气起始时间超过5年后,增产效果出现明显下降。

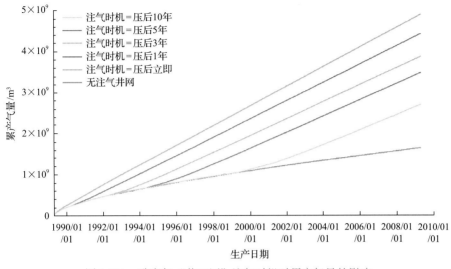

图 3-131　致密气"井工厂"注气时机对累产气量的影响

第五节　"井工厂"重复压裂时机及裂缝参数对压后产量的影响分析

近年来,中国页岩气田的部分压裂井出现了产量递减快、井口压力低于输压的情况,亟须采用重复压裂技术进行有效增产。由于页岩气的超低渗透性及大比例吸附气赋存状态,中外页岩气的压后产量都表现出递减率高的特性。美国 Fayetteville、Barnett、Wood Ford、Haynesville、Eagle Ford 等页岩气盆地开发产量统计表明,1 年后产量递减率达 50% 甚至更高,生产测井表明 33%~40% 的射孔簇对产能没有贡献。北美在多个页岩气田开展了大量的重复压裂现场试验,取得了一定的效果。自 2012 年开发至今,中国页岩气出现了产量递减快、井口压力低于输压的情况,产气剖面测试结果表明,约 1/3 的射孔簇无产气贡献,影响了气田的经济有效开发。重复压裂作为重要的增产技术,被提上议事日程。

页岩气重复压裂技术一般可分为机械封隔(可膨胀衬管、连续油管等)重复压裂工艺和暂堵(暂堵球、暂堵剂等)重复压裂工艺。机械封隔重复压裂工艺可以精确控制液体走向,实施定点重复压裂改造、降低施工风险。但是其成本高、工艺复杂、作业难度大等问题,限制了其推广应用。暂堵重复压裂由于成本低、施工工艺简单,近年来在北美的 Barnett、Haynesville、Eagle Ford 等页岩气盆地得到了较多应用。1999~2003 年,Barnett 气田针对 202 口页岩气井进行了重复压裂作用。美国大陆中部的重复压裂项目从 1999 年起持续到 2005 年,作业区块包括 Barnett 和 Wood Ford 的多口井页岩气井,部分地区井复压后平均可增产 224 万 m^3,但也有部分井重复压裂后未见得到明显增产。Wood Mackenzie、IHS Markit 等分析机构以及多个美国页岩油气公司均认为页岩油气井重复压裂技术仍处于早期阶段,至少在短期内还需要进行攻关。

页岩气井实施重复压裂主要有以下三个方面原因。

1）页岩气固有属性导致的产量递减较快

在页岩气开采过程中，水平井体积压裂后，其生命周期主要分为 4 个阶段：①高产期，产量主要来自人工裂缝；②高速递减期，以达西与非达西流动为主；③低产低效期，流体主要来自微米-纳米级孔隙结构；④低产无效期，流体以解吸、扩散为主。其中，高产期时间较短，初期产量递减一般在 50%～60%，气田投产不久就出现产量递减的现象。

2）初次压裂效果有限，采用重复压裂恢复甚至提高产能

一些页岩气井在初次压裂后，由于返排油嘴管理不善，产量递减过快，地层有效应力增大，支撑剂嵌入严重，裂缝过早闭合；或者生产状况不佳导致井筒出砂、结垢，而导致产能低于预期。

3）利用重复压裂，减缓加密井母子井间的干扰

目前非常规油气开发已进入加密井实施阶段，外国部分施工表明加密井子井压裂作业往往对邻井母井生产带来压裂冲击，表现为邻井产量增加或下降，严重时压裂裂缝会沟通邻井，发生井控事故，同时加密井子井本身的压裂施工和生产也会受到邻井的影响。为避免母井与加密井子井之间的相互影响，外国作业公司在加密井压裂前，通常先对母井进行保护性重复压裂，以恢复其周围孔隙压力，减少母井地层压力亏空对加密井子井压裂的负面影响，同时也减少加密井子井压裂作业对母井带来的压裂冲击伤害。

在现有技术条件下，重复压裂主要借助 3 种机理来恢复、改善和提高产能：①针对初次裂缝支撑剂嵌入、结垢等导致的导流能力下降，或初次压裂改造强度不够，通过改造老缝清除裂缝污染，恢复或提高已闭合或失效裂缝的导流能力，达到增产的目的；②采用新的压裂手段，如化学或机械暂堵技术，充分改造初次压裂未改造区域或层段；③恢复近井地带井筒与地层连通性，借助近井地带应力重定向甚至反转，改变重复压裂裂缝延伸方向，在近井地带生成复杂缝网，提高有效改造体积。

对于老井来说，井周围及缝网周围逐渐出现因生产诱发的地层亏空，因此压裂时机的选择会影响重复压裂的效果。国外研究发现，随着生产的进行油藏压力逐渐下降，可造成各个方向的应力变化，甚至会造成储层最小水平应力方向的改变。天然裂缝密度会影响上述应力场变化过程及最终分布，天然裂缝的存在会改变压降区域的形态，主要是降低了上述区域在最大水平主应力方向的大小，增加了上述区域在最小水平主应力方向上的大小，综合起来会造成最大最小水平主应力方向变化程度的减弱以及 SRV 区域内应力分布复杂程度的加强。天然裂缝的存在、裂缝间距的增加以及储层渗透率的降低都会延缓最大最小水平主应力方向变化的出现，上述因素的影响还会使最大最小水平主应力方向的变化出现逆向恢复。水平主应力差也会影响生产过程中最大最小水平主应力的分布及方向，越小的水平主应力差越有利于使最大水平主应力重新分布，甚至在 SRV 区域外会出现水平主应力方向反转现象。出现最大最小水平主应力反转现象的时间受水平主应力差影响明显，以 Bakken 油田为例，最大最小水平主应力反转现象的时间从半年到 5 年不等，数值模拟研究发现最大最小水平主应力差为 500psi 时，最大最小水平主应力反转现象的时间为半年；最大最小水平主应力差为 1300psi 时，最大最小水平主应力反转现象的时间为 5 年，如图 3-132 所示。研究者认为对于重复压裂来说，重复压裂的时机存在最优解，主要受天然裂缝分布、裂缝间距、最大最小水平主应力差以及储层渗透率

的影响。如果重复压裂时机选择得过晚，重复压裂的子裂缝不管是从母裂缝起裂点继续起裂还是从母裂缝起裂点之间的位置起裂都有可能无法扩展至生产波及区域外，甚至有可能压窜母裂缝。

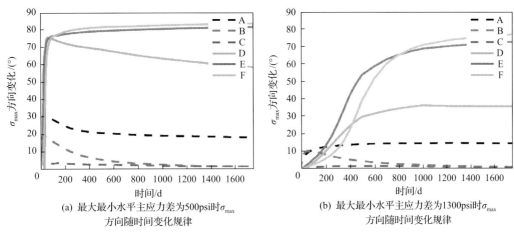

(a) 最大最小水平主应力差为500psi时σ_{max}
方向随时间变化规律

(b) 最大最小水平主应力差为1300psi时σ_{max}
方向随时间变化规律

图 3-132 不同水平应力差条件下的应力反转时间对比[12]

σ_{max}-最大水平主应力，A~F 代表不同考察区域

中国对重复压裂的研究仍处于先导试验阶段，整体研究相对较少。崔静等针对焦石坝页岩气井储层断层发育、曲率及裂缝分布复杂等地质特征，引入了多孔弹性应力转向系数、单位压降产量与压力系数、气藏质量指数、归一化拟产量递减率等评价指标，建立了页岩气井重复压裂选井评价模型，并优选了重复压裂候选井[13]。应用该模型进行重复压裂改造，投产初期日产量比原来提高了 5~6 倍。李彦超等提出了页岩重复压裂开发潜力评价指数，建立了重复压裂设计与评估方法，并进行了现场应用。研究结果表明，天然裂缝非均质性导致压裂缝网存在较大差异，易形成明显的"死气区"，实例井重复压裂测试产量提高了38.9%，1 年累产气量提高了62.5%，增产效果明显。任岚等考虑页岩气在开采过程中"有机质干酪根-无机质纳米孔隙-天然裂缝"的多尺度空间流动行为以及储层参数和水力裂缝导流能力随生产的动态变化，建立页岩气水平井重复压裂产能预测的数学模型，探讨气井初次压裂后有效应力和水力裂缝渗透率变化规律，为重复压裂时间节点优化提供参考。2017 年 10 月 9 日，中国第一口页岩气水平井长宁 H3-6 井重复压裂施工顺利完成，暂堵转向 23 次，累计注入压裂液超过 $3×10^4m^3$、砂量超过 100t，产量尚无相关报道。同年 12 月 1 日，中国石化涪陵页岩气田焦 9-2HF 井完成页岩气水平井重复压裂施工，共注入压裂液近 $1×10^4m^3$、暂堵球近 700 个，压后测试产能明显提高。但据现场反馈，后期产量递减较快[14-16]。

针对焦石坝页岩气区块开展了基于油藏数值模拟的重复压裂时机及裂缝参数敏感性分析。从上述油藏物性及岩石力学特性来看，焦石坝页岩气藏整体水平应力差较大，储层渗透率较低，天然裂缝发育，结合应力随生产变化的规律认为应力反转出现时机较晚且应力反转区域在母裂缝的缝控范围以外。

基于第二节涪陵页岩气"井工厂"油藏模拟模型，开展了母裂缝重复压裂以及子裂缝起裂两种重复压裂方式的油藏模拟研究,主要考察了重复压裂时机对于压后增产效果的影响。由于母裂缝在初次压裂时已经历过一次起裂过程,连通了天然裂缝,加之主裂缝周围应力及应力差较大,整体难以形成较长裂缝超过母裂缝缝控范围,主要的效果是缝长的略微增加以及导流能力的恢复,图 3-133 对比了压后 1 年、2 年、3 年及 4 年时重复压裂的压后增产效果,从图中可以看出重复压裂后初期产量出现了较明显的增加,但是随着生产的进行,4 年内不同压裂时机重复压裂产生的产量差异逐渐变小,生产 20 年后,重复压裂时机为压后 1 年、2 年、3 年、4 年的累产气量分别为 $1.387 \times 10^8 \mathrm{m}^3$、$1.385 \times 10^8 \mathrm{m}^3$、$1.383 \times 10^8 \mathrm{m}^3$、$1.382 \times 10^8 \mathrm{m}^3$,较未重复压裂条件下的 $1.349 \times 10^8 \mathrm{m}^3$ 分别提高 2.82%、2.67%、2.52%、2.45%。对于母裂缝重复压裂,虽然重新注入的支撑剂能够提高已经因生产降低的母裂缝导流能力,但是由于裂缝周围压降已较严重,重新压裂投产后,新裂缝及周围的压力会很快下降到重复压裂前的水平,导致裂缝嵌入及闭合从而很快降低新裂缝导流能力,结果就是重复压裂投产不久后产能又恢复到重复压裂前的水平。

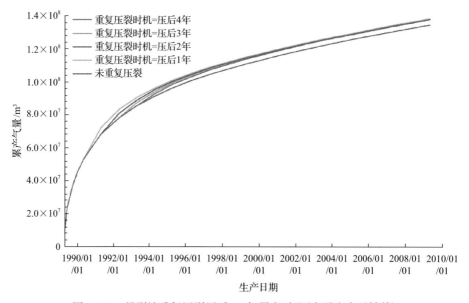

图 3-133 母裂缝重复压裂压后 20 年累产对比(水平应力反转前)

图 3-134 对比了压后 1 年、5 年、6 年时重复压裂的压后增产效果,从图中可以看出即便在水平应力反转后进行重复压裂,母裂缝重复压裂的效果也没有出现明显的提升,生产 20 年后,重复压裂时机为压后 1 年、5 年、6 年的累产气量分别为 $1.387 \times 10^8 \mathrm{m}^3$、$1.376 \times 10^8 \mathrm{m}^3$、$1.375 \times 10^8 \mathrm{m}^3$,较未重复压裂的情况分别提高 2.82%、2.0%、1.93%。对于母裂缝重复压裂,即便缝控范围外的水平应力已产生反转,缝控范围内很难发生应力反转,由于裂缝周围压降已较严重,重新压裂投产后,新裂缝及周围的压力会很快下降到重复压裂前的水平,导致裂缝嵌入及闭合从而很快降低新裂缝导流能力,结果就是重复压裂投产不久后产能又恢复到重复压裂前的水平。对于母裂缝重复压裂的情况,压裂时机选得越靠后效果越不明显,由于缝控范围内很难出现水平应力反转加上母裂缝重复起裂难以扩展超出原始缝控范围,整体对水平应力反转的时间不敏感。

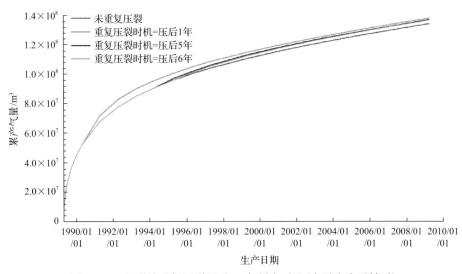

图 3-134　母裂缝重复压裂压后 20 年累产对比（水平应力反转后）

　　子裂缝重复压裂一般选择在同一段母裂缝之间的空间重新射孔进行起裂，母裂缝之间的区域相较母裂缝邻近区域应力及应力差较小，使得子裂缝的起裂扩展更加容易以及有助于多级裂缝的起裂。子裂缝重复压裂最有可能突破母裂缝的缝控范围，进入缝控范围外的水平应力反转区，形成多级裂缝甚至转向的主裂缝，增加了缝控范围从而提高产能及采收率。图 3-135 对比了压后 1 年、2 年、3 年、4 年时重复压裂的压后增产效果，从图中可以看出重复压裂后初期产量出现了较明显的增加，但是随着生产的进行，四年内不同压裂时机重复压裂产生的产量差异逐渐变小，生产 20 年后，重复压裂时机为压后 1 年、2 年、3 年、4 年的累产气量分别为 $1.382 \times 10^{8} \mathrm{m}^{3}$、$1.381 \times 10^{8} \mathrm{m}^{3}$、$1.379 \times 10^{8} \mathrm{m}^{3}$、$1.377 \times 10^{8} \mathrm{m}^{3}$，较未重复压裂条件下的 $1.349 \times 10^{8} \mathrm{m}^{3}$ 分别提高 2.45%、2.37%、2.22%、2.08%。对于子裂缝重复压裂，虽然子裂缝的起裂扩展更加容易以及有助于多级裂缝的起

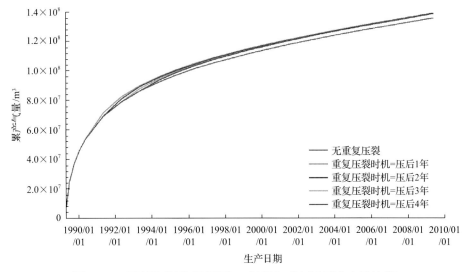

图 3-135　子裂缝重复压裂压后 20 年累产对比（水平应力反转前）

裂，但由于初次压裂采用多簇射孔起裂导致裂缝间距较小，母裂缝之间的储层压降虽然比母裂缝周围低，但整体相近，重新压裂投产后，新裂缝及周围的压力会很快下降到重复压裂前的水平，导致裂缝嵌入及闭合从而很快降低新裂缝导流能力，加之为了避免压窜，母裂缝重复压裂的规模及工艺都受到限制，整体上子裂缝的加砂强度低于母裂缝及母裂缝重复压裂，所以在水平应力反转出现前进行子裂缝重复压裂的效果是略差于母裂缝重复压裂的。

图 3-136 对比了压后 1 年、5 年、6 年时子裂缝重复压裂的压后增产效果，从图中可以看出水平应力反转后按子裂缝突破母裂缝缝控范围产生方向反转的主裂缝模拟，生产 20 年后，重复压裂时机为压后 1 年、5 年、6 年的累产气量分别为 $1.382 \times 10^8 m^3$、$1.482 \times 10^8 m^3$、$1.474 \times 10^8 m^3$，较未重复压裂条件下的 $1.349 \times 10^8 m^3$ 分别提高 2.45%、9.9%、9.3%。水平应力反转后的子裂缝重复压裂效果明显优于母裂缝重复压裂以及水平应力反转前的子裂缝重复压裂。对于子裂缝重复压裂来说，优化重复压裂时机以及压裂工艺以保障子裂缝扩展延伸至应力反转区是关键。

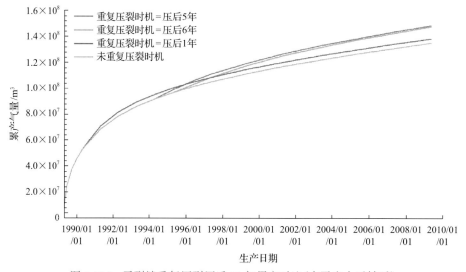

图 3-136　子裂缝重复压裂压后 20 年累产对比（水平应力反转后）

由于页岩气重复压裂井长水平段存在初次压裂裂缝，最大的挑战在于如何保证对整个水平段有效实施重复压裂，并使裂缝转向沟通初次压裂未改造区域。在实施暂堵重复压裂时，液体首先通过初次压裂段簇进入地层压力较低区域，尤其是井根部位。投加暂堵球（剂）进行封堵时，暂堵球（剂）在液体中的跟随性较差，往往造成暂堵球（剂）封堵不住进液通道，从而导致优势进液通道过度改造，部分裂缝过度延伸，甚至沟通邻井，而其他区域得不到有效改造。

目前常用暂堵剂封堵效果并不十分有效。外国研究表明暂堵重复压裂产生的裂缝多产生在衰竭区周围。要在未改造区域产生裂缝，必须产生足够的净压力，克服衰竭区与未改造区域之间的应力差。这需要采用暂堵剂对已改造区域进行有效封堵，迫使裂缝转向。而外国的部分施工曲线及监测结果均显示，缝内暂堵效果并不明显，裂缝较难发生转向。因此，研发有效的暂堵材料是重复压裂的重点。

重复压裂工艺参数优化尚缺乏有效手段。重复压裂裂缝处于动态的延伸过程之中，暂堵工艺参数的选择除了与水平段的射孔簇有关外，还与井的轨迹、衰竭程度、封堵位置、近井的连通状况、选择的封堵剂材料有关，只有设计合理的泵序，选择恰当的暂堵方法，才能达到增大 SRV 的目的。同时，孔眼的存在，使得井筒流体的流速逐渐降低，导致液体携带支撑剂能力有限，一部分支撑剂不能进入孔眼，仍然滞留在井筒内部，因此需要优化液体黏度、支撑剂密度及泵序。否则，支撑剂在井筒沉降严重，影响重复压裂改造效果。

初次压裂后，随着地层气体的产出，地层有效应力增加，导致暂堵重复压裂生成新缝的难度较大，因此，暂堵重复压裂不能较大幅度地沟通未改造区域，有效改造体积增加有限，从而增产效果也受限。目前外国部分暂堵重复压裂井虽然在压后初期取得了较好的产能，但是在较短时间内产量递减较快。与钻新井相比，暂堵重复压裂由于消除了钻完井环节，看似比钻新井经济性较好。但是重复压裂的经济评价需要考虑施工成本及重复压裂改造后的产量增加，总体看来，其经济性仍然较差。

第六节 "井工厂"分支井压裂产量及主控因素分析

分支水平井在低渗油气藏开发中的应用已比较成熟，北美在页岩油气开发中也尝试使用过分支水平井技术。分支水平井技术可以实现一个井眼同时开发多个目标层位，显著增加裂缝钻遇率和泄油气面积，提高单井控制储量，在低渗油气藏开发中呈现了良好的少井高产效果。页岩气开发需要借助较大的井筒波及体积和分段压裂改造手段提高单井产量和采收率，分支水平井及配套压裂技术应用到页岩气及致密气"井工厂"的开发，有利于降本增效。

对于多分支水平井来说，影响其产能的因素除了储层地质因素，主要还包括分支水平井长度、分支水平井数量、分支水平井与主井筒夹角及分支水平井间距等。分支水平井长度的增加能够明显增加产能，分支水平井数量的增加可有效增加产能但存在井筒数量的最佳值，分支水平井与主井筒夹角越大，分支水平井产能越高，但是超过一定数值后产量随夹角增加的增幅减缓，分支水平井间距的增加可增加分支水平井网的控制范围及降低分支水平井间的干扰从而增加产能。对于"井工厂"分支井压裂来说，其比上述单纯的多分支水平井更加复杂，因为裂缝的展布规律会受到分支水平井方向及角度的影响。通常来说，为了最大化压裂裂缝展布的高效性，页岩气水平井筒的方向选择为最小水平主应力方向，从而保证水力裂缝可以沿最大水平主应力方向垂直于井筒起裂及扩展。如果改变了分支水平井井筒方向，与最小水平主应力方向产生了夹角，必然导致压裂裂缝与分支水平井井筒产生夹角，这会影响裂缝的缝控范围甚至加剧缝间干扰从而影响压后产能。本节主要针对影响"井工厂"分支水平井压裂产量的因素展开讨论分析。

基于第二节涪陵页岩气"井工厂"油藏模拟模型，开展了"井工厂"分支井压裂的油藏数值模拟研究，主要考察了分支井角度对于压后增产效果的影响，分支井角度分别设置为与最小水平主应力夹角为15°、30°、45°、60°、75°。图 3-137 对比了上述不同夹角条件下的"井工厂"分支井压后日产气量，从图中可以看出小幅度提高分支井与最小水平主应力夹角(小于 30°时)可小幅提高压后初产日产气量,但是随着分支井与最小水平主应力夹角继续增加(大于 30°时),压后初产日产气量开始逐渐下降,下降幅度也随夹角的增加而增加,夹角为 15°、30°、45°、60°、75°的初产日产气量分别为 $3.89 \times 10^5 m^3$、$3.87 \times 10^5 m^3$、$3.83 \times 10^5 m^3$、$3.71 \times 10^5 m^3$、$3.35 \times 10^5 m^3$,较分支井与最小水平主应力夹角为 0°条件的 $3.87 \times 10^5 m^3$ 分别变化了 0.5%、0%、−1.0%、−4.1%、−13.4%。随着生产的进行,分支井与最小水平主应力夹角对日产气量的影响更加显著,尤其是过大的夹角对于日产气量的降低作用非常显著,这主要是由于分支井与最小水平主应力夹角过大时,裂缝仍沿最大水平主应力方向起裂,相当于裂缝间距变得很小,这变相减小了缝控范围并增加了缝间干扰,从而降低了产能。如图 3-138 所示,当分支井与最小水平主应力夹角较小时,增加夹角虽然从沿水平井筒方向上增加了缝间干扰,但是沿主裂缝方向增加了缝控范围,上述两对因素在夹角较小时,后者的影响大于前者的影响,故产生了日产气量随夹角增加而增加的现象。

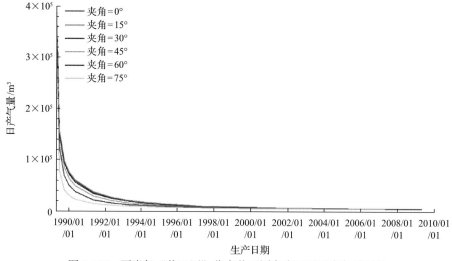

图 3-137　页岩气"井工厂"分支井不同角度压后日产气量对比

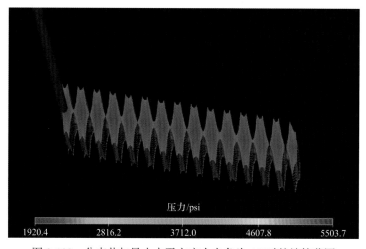

图 3-138　分支井与最小水平主应力夹角为 15°时的缝控范围

图 3-139 对比了上述不同夹角条件下"井工厂"分支井压后 20 年累产气量，从图中可以看出小幅度提高分支井与最小水平主应力夹角（小于 30°时）可提高压后 20 年累产气量，但是随着分支井与最小水平主应力夹角继续增加（大于 30°时），压后 20 年累产气量开始逐渐下降，下降幅度也随夹角的增加而增加，夹角为 15°、30°、45°、60°、75°的 20 年累产气量分别为 $1.31 \times 10^8 m^3$、$1.24 \times 10^8 m^3$、$1.13 \times 10^8 m^3$、$0.96 \times 10^8 m^3$、$0.76 \times 10^8 m^3$，较分支井与最小水平主应力夹角条件的 $1.24 \times 10^8 m^3$ 分别提高 5.6%、0%、–8.9%、–22.6%、–38.7%。对于页岩气"井工厂"来说，小角度的压裂分支井有利于增加产能，过大角度的压裂分支井产能浪费较为严重，综合来看角度小于 30°为最优。

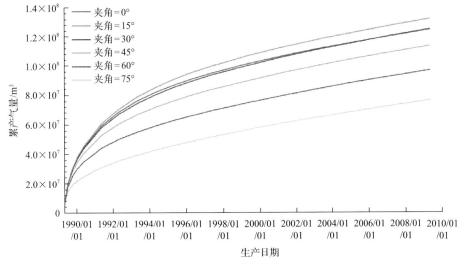

图 3-139 页岩气"井工厂"分支井不同角度压后 20 年累产对比

上述分支井与最小水平主应力夹角对页岩气分支井压后日产气量及累产气量的影响只考虑了单井的情况，对于页岩气立体"井工厂"来说，分支井与最小水平主应力夹角除了会从单井层面上影响"井工厂"的整体产能，还会在分支井的井与井及缝网与缝网层面上影响整体产能，这是因为单井的分支井与最小水平主应力夹角也会变相影响到各分支井及其缝网的相对展布关系。图 3-140 对比了 W 形分布含 8 口分支井的页岩气井组在不同井筒方向与最小水平主应力方向夹角情况下的日产气量，其中最上层及最下层井组中间的分支井方向为最小水平主应力方向，外围的两口井设置为与最小水平主应力方向存在夹角，中间层的两口井均设置为与最小水平主应力方向存在夹角，夹角为 15°、30°、45°、60°、75°的"井工厂"井组初产日产气量分别为 $2.12 \times 10^6 m^3$、$2.11 \times 10^6 m^3$、$2.09 \times 10^6 m^3$、$2.03 \times 10^6 m^3$、$1.82 \times 10^6 m^3$，较分支井沿最小水平主应力条件的 $2.14 \times 10^6 m^3$ 分别降低了 1%、1.4%、2.3%、5.1%、15%。随着生产的进行，夹角为 15°、30°、45°情况下的页岩气"井工厂"日产气量先后超过了井筒沿最小水平主应力情况下的日产气量。可以看出对于日产气量来说，随着生产的进行，适当的分支井与最小水平主应力夹角带来的缝控范围在垂直水平井筒方向的增大越来越明显地影响产能。

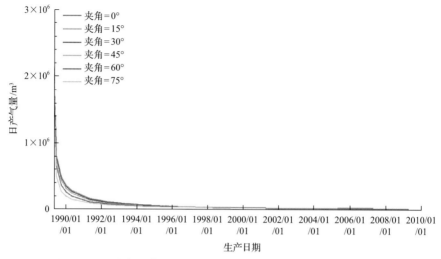

图 3-140 页岩气立体"井工厂"不同角度分支井压后日产气量对比

图 3-141 对比了 W 形分布含 8 口分支井的页岩气井组在不同分支井与最小水平主应力方向夹角情况下的累产气量,其中最上层及最下层井组中间的分支井方向为最小水平主应力方向,外围的两口井设置为与最小水平主应力方向存在夹角,中间层的两口井均设置为与最小水平主应力方向存在夹角,夹角为 15°、30°、45°、60°、75° 的"井工厂"井组 20 年累产气量分别为 $5.6×10^8m^3$、$5.46×10^8m^3$、$5.12×10^8m^3$、$4.56×10^8m^3$、$3.87×10^8m^3$,较分支井沿最小水平主应力条件的 $4.99×10^8m^3$ 分别变化了 12.2%、9.4%、2.6%、–8.6%、–22.4%。可以看出对于页岩气"井工厂"来说,增加分支井与最小水平主应力方向的夹角虽然等效减小了裂缝间距、沿水平井筒方向上增加了缝间干扰,但是沿主裂缝方向增加了缝控范围、减小了缝间干扰。上述两对因素在夹角较小时,后者为主控因素,可明显提高页岩气"井工厂"产能。而当夹角较大时,前者变为主控因素,反而明显降低了页岩气"井工厂"产能。

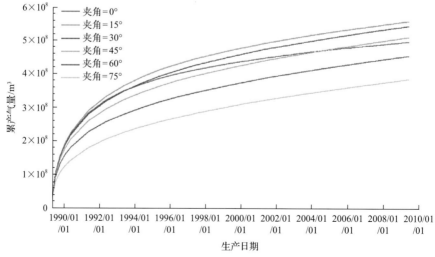

图 3-141 页岩气立体"井工厂"不同角度分支井压后 20 年累产气量对比

基于致密气"井工厂"油藏模拟模型，开展了"井工厂"分支井压裂的油藏数值模拟研究，主要考察了分支井角度对于压后增产效果的影响，分支井角度分别设置为与最小水平主应力方向的夹角为15°、30°、45°、60°、75°。图3-142对比了上述不同夹角条件下的致密气"井工厂"分支井压后日产气量，从图中可以看出小幅度提高分支井与最小水平主应力方向的夹角(小于15°时)可小幅提高压后初产日产气量，但是随着分支井与最小水平主应力方向的夹角继续增加(大于15°时)，压后初产日产气量开始逐渐下降，下降幅度也随夹角的增加而增加，夹角为15°、30°、45°、60°、75°的初产日产气量分别为$2.18 \times 10^6 \text{m}^3$、$2.15 \times 10^6 \text{m}^3$、$2.13 \times 10^6 \text{m}^3$、$2.03 \times 10^6 \text{m}^3$、$1.93 \times 10^6 \text{m}^3$，较分支井与最小水平主应力方向的夹角为0°条件的$2.17 \times 10^6 \text{m}^3$分别变化了0.5%、−1%、−1.8%、−6.5%、−11.1%。对于致密气来说，相较页岩气分支井与最小水平主应力方向的夹角对于分支井的产能影响较小，这是因为致密气渗透率高于页岩气，主导压后流动形态的因素以井筒控制范围为主的拟径向流为主，而不像页岩气是以裂缝控制范围的双线性流-拟径向流为主，这也就导致了主要影响缝控范围的分支井与最小水平主应力方向的夹角对于致密气"井工厂"分支井压后产能影响较小。

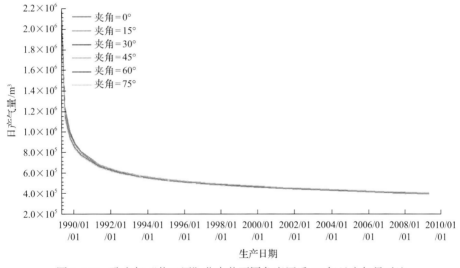

图3-142 致密气"井工厂"分支井不同角度压后20年日产气量对比

图3-143对比了上述不同夹角条件下的致密气立体"井工厂"分支井压后20年累产气量，从图中可以看出小幅度提高分支井与最小水平主应力方向的夹角(小于45°时)可提高压后20年累产气量，但是随着分支井与最小水平主应力方向的夹角继续增加(大于45°时)，压后20年累产气量开始逐渐下降，下降幅度也随夹角的增加而增加，夹角为15°、30°、45°、60°、75°的20年累产气量分别为$3.79 \times 10^9 \text{m}^3$、$3.81 \times 10^9 \text{m}^3$、$3.82 \times 10^9 \text{m}^3$、$3.78 \times 10^9 \text{m}^3$、$3.68 \times 10^9 \text{m}^3$。对于致密气"井工厂"来说，分支井与最小水平主应力方向的夹角对压后累产气量的影响较小。

图3-144对比了W形分布含8口分支井的致密气井组在不同分支井与最小水平主应力夹角情况下的日产气量，其中最上层及最下层井组中间的分支井方向为最小水平主应

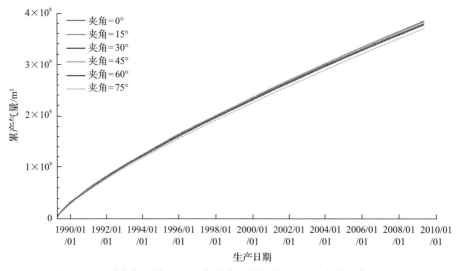

图 3-143 致密气"井工厂"分支井不同角度压后 20 年累产气量对比

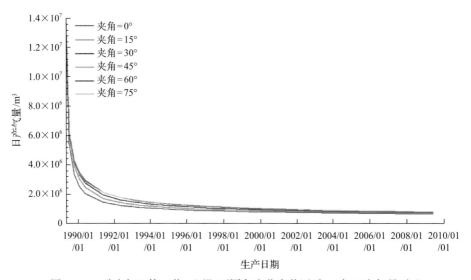

图 3-144 致密气立体"井工厂"不同角度分支井压后 20 年日产气量对比

力方向,外围的两口井设置为与最小水平主应力方向存在夹角,中间层的两口井均设置为与最小水平主应力方向存在夹角,夹角为 15°、30°、45°、60°、75°的"井工厂"井组初产日产气量分别为 $1.35 \times 10^7 m^3$、$1.35 \times 10^7 m^3$、$1.33 \times 10^7 m^3$、$1.27 \times 10^7 m^3$、$1.21 \times 10^7 m^3$,较分支井沿最小水平主应力条件的 $1.29 \times 10^6 m^3$ 分别变化了 4.7%、4.7%、3.1%、-1.6%、-6.2%。随着生产的进行,夹角越大的情况下日产气量越高,当夹角超过 45°时,日产气量随夹角的升高增幅很小。可以看出,对于致密气"井工厂"分支井来说,由于主导的流动模式不再是以缝控范围为主的双线性流,井筒控制范围的井间干扰成为影响产能的主控因素,当夹角低于 45°时,随着夹角的降低,井间干扰逐渐增大,导致日产气量逐渐降低;当夹角达到 45°时,井间干扰对产能的影响已降到最低,故继续增加夹角没有产生明显的提高产量的效果。

图 3-145 对比了 W 形分布含 8 口分支井的致密气井组在不同分支井与最小水平主应力方向夹角情况下的累产气量，其中最上层及最下层井组中间的分支井方向为最小水平主应力方向，外围的两口井设置为与最小水平主应力方向存在夹角，中间层的两口井均设置为与最小水平主应力方向存在夹角，夹角为 15°、30°、45°、60°、75°的"井工厂"井组 20 年累产气量分别为 8.37×10^9m^3、9.15×10^9m^3、9.77×10^9m^3、9.77×10^9m^3、9.78×10^9m^3，较分支井沿最小水平主应力条件的 7.52×10^9m^3 分别变化了 11.3%、21.7%、29.9%、29.9%、30.1%。可以看出对于致密气"井工厂"来说，通过增加分支井与最小水平主应力方向夹角可有效减小井间干扰，增加压后产能及累产气量，存在一个分支井与最小水平主应力方向夹角的最优值，使得井间干扰降到最低，继续增加夹角将无法有效继续提高致密气"井工厂"产能。

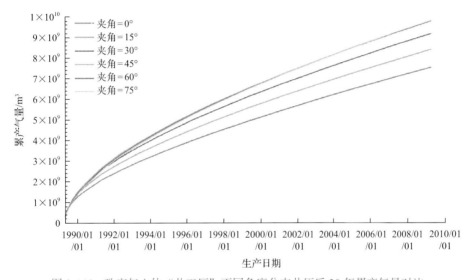

图 3-145　致密气立体"井工厂"不同角度分支井压后 20 年累产气量对比

参 考 文 献

[1] 蒋廷学, 卞晓冰, 王海涛, 等. 深层页岩气水平井体积压裂技术[J]. 天然气工业, 2017, 37(1): 90-96.

[2] 张晓明, 石万忠, 徐清海, 等. 四川盆地焦石坝地区页岩气储层特征及控制因素[J]. 石油学报, 2015, 36(8): 926-939, 953.

[3] 贾爱林, 位云生, 刘成, 等. 页岩气压裂水平井控压生产动态预测模型及其应用[J]. 天然气工业, 2019, 39(6): 71-80.

[4] 蒋廷学, 卞晓冰, 王海涛, 等. 页岩气水平井分段压裂排采规律研究[J]. 石油钻探技术, 2013, (5): 21-25.

[5] 肖博, 李双明, 蒋廷学, 等. 页岩气井暂堵重复压裂技术研究进展[J]. 科学技术与工程, 2020, (24): 9707-9715.

[6] 沈金才. 涪陵焦石坝区块页岩气井动态合理配产技术[J]. 石油钻探技术, 2018, 46(1): 103-109.

[7] Shen Z, Sheng J J. Experimental and numerical study of permeability reduction caused by asphaltene precipitation and deposition during CO_2 huff and puff injection in Eagle Ford shale[J]. Fuel, 2018, 211(1): 432-445.

[8] Shen Z, Sheng J J. Optimization strategy to reduce asphaltene deposition-associated damage during CO_2 huff-n-puff injection in shale[J]. Arabian Journal for Science and Engineering, 2019, 44(6): 6179-6193.

[9] Araque-Martinez A, Rai R, Boulis A, et al. A systematic study for refracturing modeling under different scenarios in shale reservoirs[C]. SPE Eastern Regional Meeting, Pittsburgh, 2013.

[10] Rezaei A, Rafiee M, Siddiqui F, et al. The role of pore pressure depletion in propagation of new hydraulic fractures during refracturing of horizontal wells[C]. SPE Annual Technical Conference and Exhibition, San Antonio, 2017.

[11] Sheng J. Increase liquid oil production by huff-n-puff of produced gas in shale gas condensate reservoirs[J]. Journal of Unconventional Oil and Gas Resources, 2015, 11: 19-26.

[12] Sangnimnuan A, Li J, Wu K, et al. Application of efficiently coupled fluid flow and geomechanics model for refracturing in highly fractured reservoirs[C]. SPE Hydraulic Fracturing Technology Conference & Exhibition, The Woodlands, 2018.

[13] 孟浩, 汪益宁, 滕蔓. 页岩气多分支水平井增产机理[J]. 油气田地面工程, 2012, (12): 13-15.

[14] 崔静, 高东伟, 毕文韬, 等. 页岩气井重复压裂选井评价模型研究及应用[J]. 岩性油气藏, 2018, 30(6): 148-153.

[15] 李彦超, 何昀宾, 肖剑锋, 等. 页岩气水平井重复压裂层段优选与效果评估[J]. 天然气工业, 2018, 38(7): 65-70.

[16] 任岚, 黄静, 赵金洲, 等. 页岩气水平井重复压裂产能数值模拟[J]. 天然气勘探与开发, 2019, 42(2): 100-106.

第四章 "井工厂"多井多缝开发压裂工艺参数优化

第一节 多井多缝多层诱导应力干扰模拟及主控因素分析

一、水平井分段多簇压裂条件下多簇裂缝均衡起裂机制研究

(一)水平井分段多簇压裂条件下起裂压力计算模型

1. 基本假设

(1)页岩储层为均质线弹性；

(2)井筒、水泥环和地层之间胶结良好；

(3)忽略岩石与压裂液的热交换及化学作用导致的岩石力学性质变化。

2. 射孔孔眼围岩应力场计算方法

考虑到井筒围岩应力场在套管和水泥环影响下，受地应力和井底流体压力共同作用，通过应力叠加原理求得地应力和井底流体压力共同作用下井周应力分布，具体为

$$
\begin{cases}
\sigma_r = (\sigma_r)_{p_w} + (\sigma_r)_\sigma \\
\sigma_\theta = (\sigma_\theta)_{p_w} + (\sigma_\theta)_\upsilon \\
\sigma_z = (\sigma_z)_{p_w} + (\sigma_z)_\sigma \\
\tau_{rz} = (\tau_{rz})_{p_w} + (\tau_{rz})_\sigma \\
\tau_{\theta z} = (\tau_{\theta z})_{p_w} + (\tau_{\theta z})_\sigma \\
\tau_{r\theta} = (\tau_{r\theta})_{p_w} + (\tau_{r\theta})_\sigma
\end{cases}
\tag{4-1}
$$

式中，σ_r 为径向应力；σ_θ 为周向应力；σ_z 为轴向应力；τ 为剪切应力；下标 p_w 为井底流体压力；σ 为地应力。

根据 Fallahzadeh 等的研究成果，射孔孔眼直径相对于井筒尺寸较小，因此，可以将射孔孔周的受力近似于平面问题，则射孔孔眼围岩的应力场为

$$
\begin{cases}
\sigma'_z = p_w + \delta\phi(p_w - p_p) \\
\sigma'_\theta = \sigma_z + \sigma_\theta - 2(\sigma_z - \sigma_\theta)\cos 2\theta - 4\tau_{\theta z}\sin 2\theta \\
\qquad - p_w - \delta\left[\dfrac{\alpha(1-2\nu)}{2(1-\nu)} - \phi\right](p_w - p_p) \\
\sigma'_z = \sigma_z - \nu[2(\sigma_z - \sigma_\theta)\cos 2\theta + 4\tau_{\theta z}\sin 2\theta] \\
\qquad - \delta\left[\dfrac{\alpha(1-2\nu)}{2(1-\nu)} - \phi\right](p_w - p_p) \\
\tau'_z = 0 \\
\tau'_{\theta z} = 2(-\tau_{rz}\sin\theta + \tau_{r\theta}\cos\theta)
\end{cases}
\tag{4-2}
$$

式中，ϕ 为孔隙度；θ 为射孔周向角度；α 为毕奥（Biot）系数；ν 为泊松比；p_w 为井底流体压力；p_p 为地层压力；δ 为渗透性系数。

3. 起裂压力求解方法

研究发现，基于最大拉应力准则预测裂缝的起裂压力比其余破裂准则更准确，则射孔簇裂缝起裂的破裂准则为

$$\sigma_3 - \alpha p_\text{p} = -\sigma_\text{t} \tag{4-3}$$

式中，σ_t 为页岩的抗拉强度；σ_3 为主应力。

在计算时，采用二分法等试算方法，可以求得水平井分段多簇压裂条件下的裂缝起裂压力。

（二）地质力学参数对起裂压力的敏感性分析

以川东南地区某页岩气井为例，进行了水平井分段多簇射孔压裂条件下起裂压力的敏感性分析。相关计算参数见表 4-1。敏感性因素主要为地质参数，包括泊松比、最小水平主应力、抗拉强度、Biot 系数。

表 4-1　计算参数表

计算参数	数值	计算参数	数值
弹性模量/GPa	25.2	垂直主应力/MPa	56.3
泊松比	0.2	地层压力/MPa	26
最大水平主应力/MPa	55.4	最小水平主应力/MPa	46.9
抗拉强度/MPa	7	Biot 系数	0.8

1. 泊松比对起裂压力的影响规律

图 4-1 为泊松比对起裂压力的影响规律。由图 4-1 可以看出，随着泊松比的增大，起裂压力增加。这是由于随着泊松比的增大，岩石塑性增强，裂缝起裂的难度相应增大。

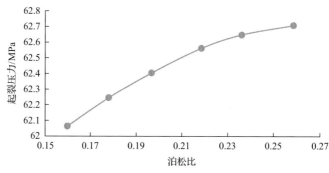

图 4-1　泊松比对起裂压力的影响规律

2. Biot 系数对起裂压力的影响规律

图 4-2 为 Biot 系数对起裂压力的影响规律。由图 4-2 可以看出，随着 Biot 系数的增

大，起裂压力降低。这是由于随着 Biot 系数的增大，有效闭合压力降低，页岩起裂所克服的阻力变小，从而起裂压力减小。

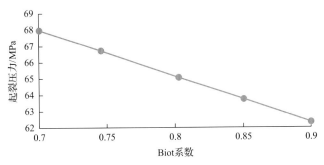

图 4-2　Biot 系数对起裂压力的影响规律

3. 最小水平主应力对起裂压力的影响规律

图 4-3 为最小水平主应力对起裂压力的影响规律。由图 4-3 可以看出，随着最小水平主应力的增大，起裂压力增加。这是由于随着最小水平主应力的增大，孔眼围岩起裂所克服的阻力增加，从而起裂压力相应增加。

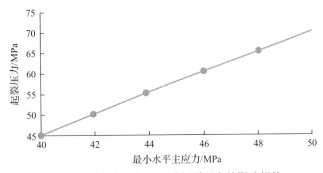

图 4-3　最小水平主应力对起裂压力的影响规律

4. 抗拉强度对起裂压力的影响规律

图 4-4 为页岩抗拉强度对起裂压力的影响规律。由图 4-4 可以看出，随着页岩抗拉强度的增大，起裂压力增加。这是由于随着页岩抗拉强度的增大，孔眼围岩发生变形及破坏的难度相应提高，所以起裂压力随着页岩抗拉强度的增加而增大。

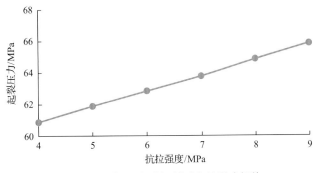

图 4-4　抗拉强度对起裂压力的影响规律

(三) 先压裂缝干扰下起裂压力影响规律分析

页岩层理发育, 在纵向及横向上储层的各向异性较强。因此, 受工程及地质条件制约, 段内页岩表现出较强的力学非均质性, 因此段内各射孔簇裂缝起裂压力存在一定差别, 这导致在压裂施工初期, 随着井底压力的增加, 各射孔簇裂缝开启的时间存在一定的差异。在此条件下, 先压裂缝将在一定范围内产生诱导应力, 使附近的应力场发生变化, 进而对未起裂的射孔簇产生应力干扰作用, 最终影响了后续压裂裂缝的多簇裂缝均衡起裂。基于断裂力学相关知识, 开展了先压裂缝干扰下起裂压力影响规律研究。

1. 裂缝间距

图 4-5 为裂缝间距(射孔簇和先压裂缝的距离)对起裂压力的影响规律。由图 4-5 可以看出, 随着裂缝间距的增加, 起裂压力增幅降低。当裂缝间距小于 20m 时, 起裂压力的增幅较大。当裂缝间距大于 20m 时, 起裂压力的增幅减缓。

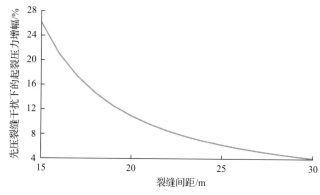

图 4-5　裂缝间距对起裂压力的影响规律

2. 裂缝高度

图 4-6 为先压裂缝的缝高对起裂压力的影响规律。由图 4-6 可以看出, 随着裂缝高度的增加, 起裂压力增加。当裂缝高度超过 10m 后, 起裂压力的增幅明显增加。由此可以

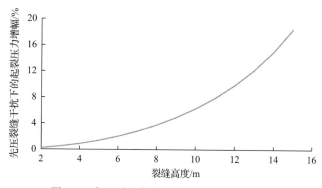

图 4-6　先压裂缝高度对起裂压力的影响规律

看出，当段内新裂缝产生后，随着裂缝在高度和长度方向上不断延伸，先压裂缝对未起裂的射孔簇产生的诱导应力不断增加，应力干扰作用不断增强，从而进一步增大了未起裂射孔簇的起裂压力，随着压裂的进行，未起裂射孔簇发生裂缝起裂的难度不断增加。在压裂中后期，可考虑通过投球暂堵的方法，实现多簇裂缝均衡起裂。

(四)限流法控制多簇起裂机制分析

根据以上分析，随着压裂施工的进行，未起裂射孔簇的压开难度不断增大，实现多簇裂缝均衡起裂的最佳时机为压裂施工前期。令已压裂裂缝延伸压力为$p_{已延伸}$，则段内井底压力为

$$p_{井底} = p_{已延伸} + p_{已射孔} \qquad (4\text{-}4)$$

式中，$p_{井底}$为井底压力；$p_{已射孔}$为已压开射孔簇的孔眼摩阻。当井底压力超过未起裂射孔簇的裂缝起裂压力时，裂缝起裂，即

$$p_{井底} \geqslant p_{起裂} \qquad (4\text{-}5)$$

式中，$p_{起裂}$为未压开射孔簇的裂缝起裂压力。

将式(4-4)代入式(4-5)中，为

$$p_{已射孔} \geqslant p_{起裂} - p_{已延伸} \qquad (4\text{-}6)$$

由此可以看出，通过控制孔眼摩阻可以实现多簇裂缝均衡起裂。针对此，开展了多簇裂缝非均衡起裂条件下井底压力的影响因素分析。

图 4-7 为排量对井底压力的影响规律，图 4-8 为孔数对井底压力的影响规律。由图 4-7和图 4-8 可以看出，增加排量和减小孔数可以增加孔眼摩阻，进而增大井底压力。基于此，为促进多簇裂缝均衡起裂，推荐在压裂施工初期快提排量，同时利用射孔孔眼节流的摩阻作用提高水平井筒内的压力，从而引导未压开射孔簇发生裂缝起裂，以实现多簇裂缝均衡起裂的目标。

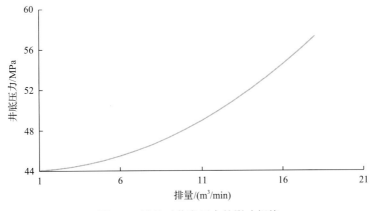

图 4-7 排量对井底压力的影响规律

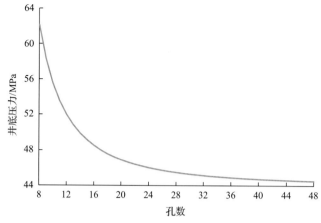

图 4-8　孔数对井底压力的影响规律

二、多簇裂缝同步扩展机制研究

(一)多簇裂缝同步扩展数学模型

1. 基本假设

(1)各压裂裂缝为垂直于最小水平主应力的横向裂缝;

(2)岩石是均质、各向同性的线弹性体;

(3)不考虑压裂液压缩性;

(4)假设所有射孔簇的裂缝均起裂。

2. 基本方程

1)裂缝内流体流动方程:

$$\frac{\partial p}{\partial x} = -\frac{64}{\pi}\frac{q\mu}{w^3 H} \tag{4-7}$$

式中,p 为缝内压力;q 为缝内流量;μ 为压裂液黏度;w 为裂缝宽度;H 为裂缝高度;x 为缝内某位置。

2)连续性方程

裂缝内:

$$-\frac{\mathrm{d}q}{\mathrm{d}x} = \int_0^L \frac{2HC_{\mathrm{L}}}{\sqrt{t-\tau(x)}}\mathrm{d}x + \frac{\mathrm{d}w}{\mathrm{d}t} \tag{4-8}$$

式中,C_{L} 为滤失系数;t 为压裂施工时间;$\tau(x)$ 为 x 处压裂液开始漏失的时间;L 为缝长。

井筒内:

$$Q_{\mathrm{in}} = \sum_{i=1}^{n} Q_i \tag{4-9}$$

式中,Q_{in} 为入口流量;Q_i 为各裂缝的进液流量;n 为裂缝数量。

3) 裂缝宽度方程：

$$w = \frac{2H(1-v^2)p_{\text{net}}}{E} \tag{4-10}$$

式中，p_{net} 为缝内净压力；E 为弹性模量；v 为泊松比。

在水平井分段压裂过程中，形成的人工裂缝会在周围产生诱导应力场，影响到相邻裂缝的延伸扩展。为此，引入缝间干扰因子来近似表示应力干扰强度：

$$\frac{w_{\text{e}}}{w_{\text{e}}(0)} = 1 - \frac{1}{2}\psi_{\xi} \tag{4-11}$$

$$\frac{w_{\text{i}}}{w_{\text{i}}(0)} = 1 - \psi_{\xi} \tag{4-12}$$

式中，ψ_{ξ} 为缝间干扰因子；$w_{\text{e}}(0)$ 为边部裂缝簇的宽度；$w_{\text{i}}(0)$ 为内部裂缝簇的宽度；w_{e} 为边部裂缝簇的宽度 (考虑缝间干扰)；w_{i} 为内部裂缝簇的宽度 (考虑缝间干扰)。

4) 井筒内压力分布

沿程摩阻方程：

$$\Delta p = 2f\frac{\rho v^2 L}{d}(1 - R_{\text{降阻}}) \tag{4-13}$$

式中，ρ 为流体密度；Δp 为沿程摩阻；$R_{\text{降阻}}$ 为降阻率；v 为井筒内平均流速；d 为井筒内平均直径；f 为摩阻系数。

井口压力：

$$p_{\text{井口}} = p_{\text{净压力}} + \sigma_{\text{min}} + \Delta p + p_{\text{孔}} \tag{4-14}$$

式中，σ_{min} 为最小水平主应力；$p_{\text{净压力}}$ 为施工净压力；$p_{\text{孔}}$ 为孔眼摩阻。

5) 孔眼摩阻：

$$p_{\text{孔}} = \frac{8\rho Q_i^2}{\pi^2 n_{\text{孔}}^2 C d_{\text{孔}}^4} \tag{4-15}$$

式中，C 为系数；$d_{\text{孔}}$ 为射孔孔眼直径；$n_{\text{孔}}$ 为射孔孔眼孔数；ρ 为流体密度。

3. 求解方法

考虑摩阻压降、应力干扰等复杂因素的多缝同步扩展数学方程组非线性较强，需通过迭代数值解法才能获得求解。考虑到该方程组求解的关键是各射孔簇进液量的流量分配，可先假设一个多缝流量的分布，并计算该条件下的缝内压力分布，然后根据全井筒连续性方程及井口压力一致的原则，基于牛顿迭代法反复迭代，调整多缝流量的分布，直到满足要求的精度，再进入下一个时间步的计算。

(二)敏感性分析

以川东南地区某页岩气井为例,进行水平井分段多簇射孔压裂条件下多簇裂缝扩展的敏感性分析。相关计算参数见表4-2。敏感性因素主要包括:孔眼数、簇数、簇间距、压裂液排量、压裂液黏度、降阻率、弹性模量和滤失系数。

表4-2 敏感性分析计算参数表

计算参数	数值	计算参数	数值
孔眼数	24~64	压裂液黏度/cP	1~30
降阻率/%	40~100	弹性模量/GPa	10~40
压裂液排量/(m³/min)	10~18	滤失系数/(m·min^0.5)	0.0002~0.0012
簇数	2~12	簇间距/m	5~30

注: 1cP=10⁻³Pa·s。

1. 孔眼数

图 4-9 和图 4-10 为孔眼数对多簇裂缝扩展的影响规律。由图 4-9 和图 4-10 可以看出,随着孔眼数的增加,多簇裂缝半长及进液的非均匀性增强。鉴于此,在施工压力允许的前提下,可考虑减小射孔密度来提高多簇裂缝扩展的均匀性。

2. 簇数

图 4-11 和图 4-12 为簇数对多簇裂缝扩展的影响规律。由图 4-11 和图 4-12 可以看出,随着簇数的增加,多簇裂缝半长及进液的均匀性增强。这是由于在总孔数不变时,随着簇数的增大,单射孔簇的节流效应增强。鉴于此,在施工压力允许的前提下,可考虑结合地质条件,适当增加簇数来提高多簇裂缝扩展的均匀性。

3. 簇间距

图 4-13 和图 4-14 为簇间距对多簇裂缝扩展的影响规律。由图 4-13 和图 4-14 可以看

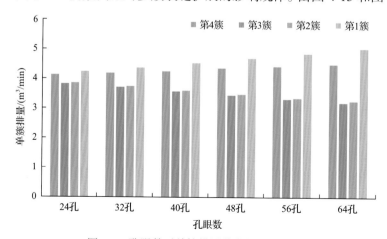

图 4-9 孔眼数对单簇排量分布的影响规律

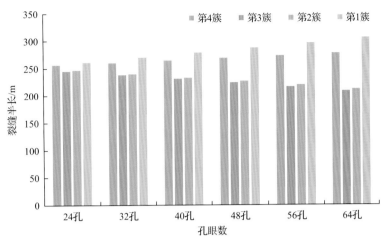

图 4-10 孔眼数对裂缝半长的影响规律

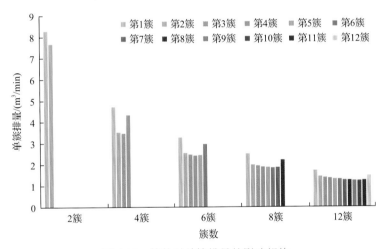

图 4-11 簇数对单簇排量的影响规律

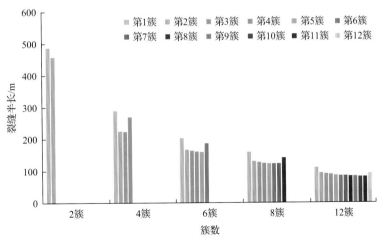

图 4-12 簇数对裂缝半长的影响规律

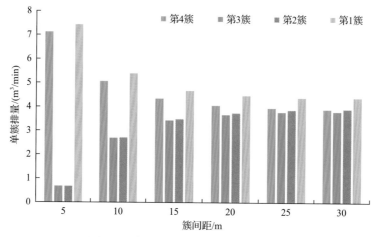

图 4-13　簇间距对单簇排量的影响规律

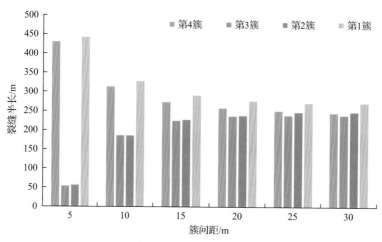

图 4-14　簇间距对裂缝半长的影响规律

出，随着簇间距的增加，多簇裂缝半长及进液的均匀性增强。这是由于随着簇间距的增加，缝间应力干扰减小，裂缝扩展时所受的应力干扰作用降低。

4. 压裂液排量

图 4-15 和图 4-16 为压裂液排量对多簇裂缝扩展的影响规律。由图 4-15 和图 4-16 可以看出，随着压裂液排量的增加，多簇裂缝半长及进液的均匀性增强。鉴于此，在施工压力允许的前提下，可考虑适当增加压裂液排量来提高多簇裂缝扩展的均匀性。

5. 压裂液黏度

图 4-17 和图 4-18 为压裂液黏度对多簇裂缝扩展的影响规律。由图 4-17 和图 4-18 可以看出，随着压裂液黏度的增加，多簇裂缝的进液非均匀性增强，裂缝半长略有降低。

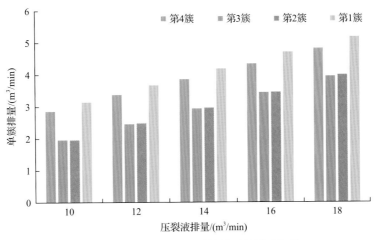

图 4-15 压裂液排量对单簇排量的影响规律

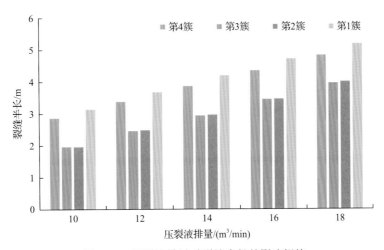

图 4-16 压裂液排量对裂缝半长的影响规律

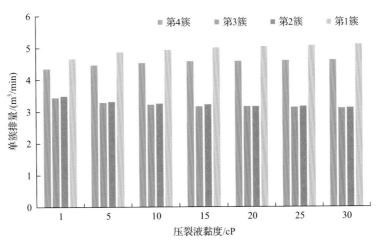

图 4-17 压裂液黏度对单簇排量的影响规律

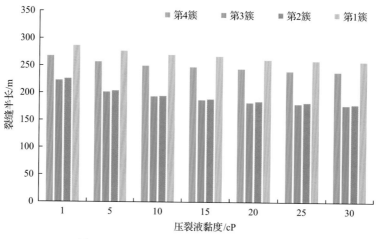

图 4-18　压裂液黏度对裂缝半长的影响规律

6. 降阻率

图 4-19 和图 4-20 为降阻率对多簇裂缝扩展的影响规律。由图 4-19 和图 4-20 可以看出，随着降阻率的增加，多簇裂缝半长及进液的均匀性略有增加。这是由于随着降阻率的增大，沿程摩阻降低，各裂缝的缝内净压力差别在一定程度上减小。鉴于此，推荐采用高降阻压裂液。

7. 弹性模量

图 4-21 和图 4-22 为岩石的弹性模量对多簇裂缝扩展的影响规律。由图 4-21 和图 4-22 可以看出，随着弹性模量的增加，多簇裂缝半长差异性增加，进液均匀性下降。这是由于随着弹性模量的增大，岩石的刚度增加，裂缝开启难度增大，缝内净压力增大，缝间干扰作用增强。

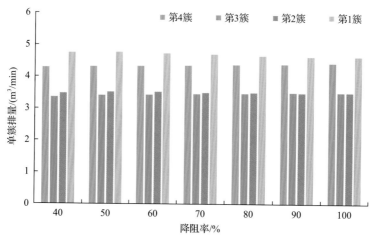

图 4-19　降阻率对单簇排量的影响规律

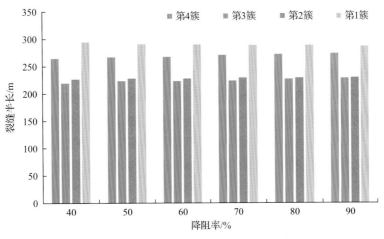

图 4-20 降阻率对裂缝半长的影响规律

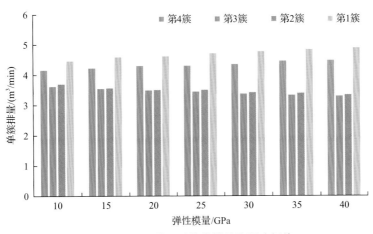

图 4-21 弹性模量对单簇排量的影响规律

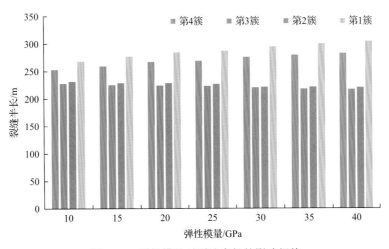

图 4-22 弹性模量对裂缝半长的影响规律

8. 滤失系数

图 4-23 和图 4-24 为滤失系数对多簇裂缝扩展的影响规律。由图 4-23 和图 4-24 可以看出，随着滤失系数的增加，多簇裂缝半长差异性降低，进液均匀性增强。这是由于随着滤失系数的增大，缝内净压力降低，缝间干扰作用减弱，裂缝扩展时所受的应力干扰作用降低。

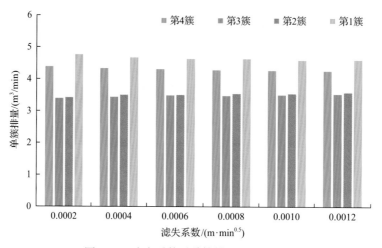

图 4-23　滤失系数对单簇排量的影响规律

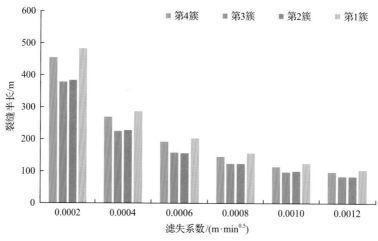

图 4-24　滤失系数对裂缝半长的影响规律

第二节　簇射孔参数对裂缝均衡起裂与延伸的影响模拟及优化

一、数值分析原理简介

非常规储层天然裂缝和沉积层理的良好发育，使其在压裂改造过程中产生复杂的裂缝起裂和延伸模式，形成纵横交错的裂缝网络，为大规模商业化开发提供了可能，而进一步分析非常规地层复杂裂缝的延伸过程，对深入认识其网状裂缝的形成机理至关重要。

针对非常规储层复杂的层理构造特征，在岩石类材料非均质性的基础上，从细观力学角度出发，建立了考虑地层各向异性的二维水力压裂模型，分析了非常规地层水平井单段多簇水力裂缝的扩展过程，进一步揭示了水力压裂网状裂缝的形成机理，探讨了影响复杂裂缝形态的主要因素。

(一)RFPA 数值计算原理与方法

对岩石破裂失稳过程的研究，目前主要依赖于现场观测和相关物理试验。现场观测对大型工程问题具有较好的说明性，但受现场条件、人力、物力等限制较大，不能作为有效的研究手段。物理试验是研究岩石力学问题必不可少的手段，能直观地再现变形及破坏过程，并系统地进行相关分析，但其受外界因素影响较大，且不具备重复性，资源浪费严重。另外，岩石的非均质性、非线性及失稳、破坏行为等涉及尺度较大的岩体，通过小型试样的实验室试验通常难以建立。因此，岩石力学数值试验是解决这些问题的对策。

经过三十多年的蓬勃发展，目前已出现了众多岩石力学数值计算方法与商业软件，使用最多的三种方法为：有限单元法(finite element method)、边界元法(boundary element method)和离散元法(distinct element method)，且都有广泛应用的数值计算软件[1-5]，但它们有一个共同缺陷，即不能计算岩石受力状态下的破裂全过程，这极大地限制了其工程应用。而细观力学方法是解决这一缺陷的极好选择。从细观角度出发，利用岩石细观结构的非均匀性在整体上表现出的复杂宏观力学行为进行研究，逐渐成为岩石破裂过程数值计算的研究方向。

项目采用数值计算软件 RFPA(realistic failure process analysis)，全称为岩石真实破裂过程分析系统，是以弹性力学、损伤力学及 Biot 渗流理论为基本原理，考虑细观结构非均匀性和流固耦合作用的岩石破裂过程分析系统。其主要理论基础为基于微元强度统计分布建立的反映岩石材料微观(细观)非均匀性与变形非线性相联系的弹性损伤模型，并将材料的非均质性及缺陷的随机性通过统计分布与有限元相结合，用有限元作为应力求解器，以弹性损伤理论及修正后的莫尔-库仑(Mohr-Coulomb)准则对单元进行变形及破裂处理，实现对非均匀材料破裂过程的模拟。

基本思路：将实际模型离散为由大量细观基元组成的数值模型，细观基元为各向同性的弹-脆性介质；离散化的细观基元的力学参数服从韦布尔(Weibull)分布，以建立细观与宏观力学性质的联系；根据弹性力学中应力、应变的求解方法对基元进行应力、应变状态分析；以最大拉伸强度准则和 Mohr-Coulomb 准则为损伤阈值对单元进行损伤判断；基元相变前后均为线弹性体，且其力学性质随演化过程的发展不可逆；岩石中的裂纹扩展是一个准静态过程，忽略快速扩展引起的惯性力影响。

(二)非均质性描述

对岩石材料，由于矿物晶体、胶结物晶体及各种微缺陷等的分布不同，不同位置的力学性质存在较大差异，不能用相同的特征值进行描述。Weibull 于 1939 年提出了用统计数学方法表征材料的非均匀性,并用具有门槛值的幂函数描述其强度分布规律。在 RFPA^{2D} 系统中,用 Weibull 统计分布函数来描述离散后基元体力学性质的分布规律,即

$$\varphi(\alpha') = \frac{m}{\alpha_0} \cdot \left(\frac{\alpha'}{\alpha_0}\right)^{m-1} \cdot \mathrm{e}^{-\left(\frac{\alpha}{\alpha_0}\right)^m} \tag{4-16}$$

式中,α' 为岩石基元力学性质参数(强度、弹性模量),MPa;α_0 为岩石基元力学性质的平均值,MPa;m 为分布函数的形态参数,反映了岩石的均质性,定义为均质度系数;$\varphi(\alpha')$ 为基元力学性质参数 α' 的统计分布密度,MPa^{-1}。式(4-16)反映了细观力学性质的非均匀分布特点,随均质度系数 m 的增加,力学性质趋于一个狭窄的范围,均质性较强;随均质度系数 m 的减小,基元力学性质分布范围变宽,且峰值降低,岩石均质性较弱,非均质性较强。

(三)本构关系模型

损伤力学为材料破坏机理的研究提供了一个重要思路。当材料受力变形时,内部首先出现细观损伤,形成大量微裂纹,微裂纹的逐步发展形成宏观裂纹,最终导致材料断裂破坏。从损伤力学角度,考虑材料的损伤过程,建立一维损伤模型:

$$\sigma = (1-D)\sigma_e = E(1-D)\varepsilon \tag{4-17}$$

式中,σ 为平均应力,MPa;σ_e 为有效应力,MPa;D 为损伤参量,单轴应力状态下,在物理意义上可理解为微裂纹在整个材料中所占的体积比率,$D=0$ 表示材料完好无损,$D=1$ 表示材料完全损伤;ε 为应力加载后的应变。

一维损伤模型真实地描述了岩石的非均匀性导致破坏的非线性原理,参数 D 的表达则是能否获得准确本构关系的关键。考虑到岩石性质极不均匀,可用统计学观点,对岩石内部损伤进行描述。损伤参量 D 与基元体破坏的统计分布密度的关系为

$$\frac{\mathrm{d}D}{\mathrm{d}\varepsilon} = \varphi(\varepsilon) \tag{4-18}$$

式中,$\varphi(\varepsilon)$ 为损伤参量与基元体破坏的统计分布密度。

由式(4-17)式(4-18)得损伤参量的表达式为

$$D = \int_0^\varepsilon \varphi(x)\,\mathrm{d}x = 1 - \mathrm{e}^{-\left(\frac{\varepsilon}{\varepsilon_0}\right)^m} \tag{4-19}$$

式中,ε_0 为基元体应变参数的平均值。

将式(4-19)代入式(4-17)得

$$\sigma = E\varepsilon \cdot \mathrm{e}^{-\left(\frac{\varepsilon}{\varepsilon_0}\right)^m} \tag{4-20}$$

此即基元强度按 Weibull 分布时对应的岩石单轴受压本构方程。

(四)渗流-应力耦合基本方程

目前已有大批学者就渗流-应力耦合分析理论及与之相关的数值模型和计算程序进行研究。虽然这些数值模型或计算程序都能在一定程度上解决岩石的破裂问题，但都很难描述岩石内部复杂的孔隙结构及其与水压作用下裂纹扩展过程的关系，同时也没有考虑非裂纹单元的渗透率和力学机制。而 RFPA^{2D} 基于损伤力学及 Biot 渗流理论，引入弹性损伤本构关系，以及损伤变量与孔隙压力、渗透系数间的关系方程，建立了岩石渗流-损伤耦合模型，从细观力学角度解释了宏观工程岩体流固耦合作用下的失稳、破裂特性。

岩石渗流-损伤耦合模型中假设流体在岩石介质中的流动遵循 Biot 渗流理论，Biot 渗流-应力耦合基本方程如下。

平衡方程：

$$\sigma_{ij,j} + f_i = 0, \qquad i,j = 1,2,3 \tag{4-21}$$

式中，f_i 为体积力分量，N/m^3。

几何方程：

$$\varepsilon_{ij} = \frac{1}{2}(u_{ij} + u_{ji}) \tag{4-22}$$

$$\varepsilon_v = \varepsilon_{11} + \varepsilon_{22} + \varepsilon_{33} \tag{4-23}$$

式中，u_{ij}、u_{ji} 为不同方向的位移分量；ε_{11}、ε_{22}、ε_{33} 为三个正交方向的应变；ε_{ij} 和 ε_v 分别为应变和体应变。

本构方程：

$$\sigma'_{ij} = \sigma_{ij} - \alpha_c p' \delta_{ij} \varepsilon_v + 2G\varepsilon_{ij} \tag{4-24}$$

式中，δ_{ij} 为张量系数；σ_{ij} 为正应力，MPa；p' 为孔隙水压力，MPa；G 为剪切模量。

渗流方程：

$$K\nabla^2 p' = \frac{1}{\alpha}\frac{\partial \varepsilon_v}{\partial t} - \alpha_c \frac{\partial \varepsilon_v}{\partial t} \tag{4-25}$$

式中，α_c 为孔隙压力系数；K 为渗透系数，m/s；α 为 Biot 系数。

式(4-21)~式(4-25)为 Biot 经典渗流理论的表达式，但由于 Biot 渗流理论中没有涉及应力引起的渗透性的变化，不能满足动量守恒，考虑到应力对渗流的影响，补充耦合方程：

$$K(\sigma, p') = \xi K_0 e^{-\beta(\sigma_{ii}/3 - \alpha p')} \tag{4-26}$$

式中，K_0 为初始渗透系数，m/s；ξ 为渗透突跳系数；β 为耦合系数；σ_{ii} 为三个方向的正应力。

(五)渗流-损伤耦合方程

当单元的应力或应变状态满足特定的损伤阈值时,单元开始出现损伤,损伤后单元的弹性模量为

$$E = (1-D)E_0 \tag{4-27}$$

式中,E 为损伤后单元的弹性模量,GPa;E_0 为无损伤后单元的弹性模量,GPa。

以单轴压缩和拉伸本构关系为例,介绍单元的渗透-损伤耦合方程。单轴压缩时,采用 Morh-Coulomb 准则作为破坏准则,当单元的剪应力达到损伤阈值时应力存在如下关系:

$$\sigma_1 - \sigma_3 \frac{1+\sin\varphi}{1-\sin\varphi} \geqslant \sigma_c \tag{4-28}$$

式中,φ 为岩石的内摩擦角,(°);σ_c 为岩石的抗压强度,MPa;σ_1 为最大主应力;σ_3 为最小主应力。

损伤参量可表示为

$$D = \begin{cases} 0, & \varepsilon < \varepsilon_c \\ 1 - \dfrac{\sigma_{cr}}{E_0 \varepsilon}, & \varepsilon \geqslant \varepsilon_c \end{cases} \tag{4-29}$$

式中,σ_{cr} 为压破坏残余强度,MPa;ε_c 为最大压应变。

试验发现,损伤将导致渗透突跳系数增大,从而使渗透系数增大。单元渗透系数可表示为

$$K = \begin{cases} K_0 \mathrm{e}^{-\beta(\sigma_1 - \alpha p')}, & D = 0 \\ \xi K_0 \mathrm{e}^{-\beta(\sigma_1 - \alpha p')}, & D > 0 \end{cases} \tag{4-30}$$

式中,ξ 为基元损伤时对应的渗透突跳系数。

式(4-30)为单轴压缩时对应的渗透系数-损伤耦合方程。拉伸试验中,单元拉应力达到抗拉强度 σ_t 时产生拉伸破坏:

$$\sigma_3 \leqslant -\sigma_t \tag{4-31}$$

拉应力达到损伤阀值时,损伤变量可表示为

$$D = \begin{cases} 0, & \varepsilon > \varepsilon_t \\ 1 - \dfrac{\sigma_{tr}}{E_0 \varepsilon}, & \varepsilon_{max-t} \leqslant \varepsilon \leqslant \varepsilon_t \\ 1, & \varepsilon < \varepsilon_{max-t} \end{cases} \tag{4-32}$$

式中,σ_{tr} 为拉破坏残余强度,MPa;ε_t 为最大拉应变;ε_{max-t} 为极限拉应变。

拉伸状态下，渗透系数-损伤耦合方程为

$$K = \begin{cases} K_0 e^{-\beta(\sigma_3 - \alpha p')}, & D = 0 \\ \xi K_0 e^{-\beta(\sigma_3 - \alpha p')}, & 0 < D < 1 \\ \xi' K_0 e^{-\beta(\sigma_3 - \alpha p')}, & D = 1 \end{cases} \tag{4-33}$$

式中，ξ'为基元完全破坏时对应的渗透系数增大系数。

以上为结合单轴压缩试验推导出的渗流-损伤耦合模型。考虑到拉伸试验较少，拉伸状态下的模型是在压缩模型的基础上简单地假设应力和渗透率的关系满足负数方程，并延伸到拉伸坐标轴得到的。

对三轴应力状态下的耦合方程，可在一维压应力本构关系的基础上，单轴压应变用最大压缩主应变ε_1代替，最大主应力σ_1用平均主应力$\sigma_{ii}/3$代替，最终得到的三维应力状态下的渗透系数可表示为

$$K = \begin{cases} K_0 e^{-\beta(\sigma_{ii}/3 - \alpha p')}, & D = 0 \\ \xi K_0 e^{-\beta(\sigma_{ii}/3 - \alpha p')}, & D > 0 \end{cases} \tag{4-34}$$

(六)渗流-应力-损伤耦合模型的分析计算过程

由于渗流-应力-损伤耦合方程组为高度非线性抛物形方程组，采用级数和积分变换法只能对少数简单问题进行求解，通常情况下，只能求取数值解。RFPA^{2D}系统中，需充分保证渗流计算与应力计算的独立性，分别建立渗流计算和应力计算的代数方程组，对渗流场和应力场进行计算，再根据相互存在的耦合项进行迭代，直至满足一定的迭代误差为止。

二、簇射孔参数对水力裂缝扩展过程的影响

目前，国内外学者对水力裂缝扩展过程的数值模拟已做了大量研究。然而，受限于力学参数分布规律的复杂性，大量的研究成果都是在假设地层为均质各向同性的基础上得到的。非常规储层的沉积层理对岩体的强度、破裂过程及稳定性均起主要控制作用，因此，在分析地层水力裂缝扩展过程时考虑层理的作用极其必要。

数值计算时，水压加载方式为单步增量0.1MPa(即10m水柱)，逐渐加载至地层完全破裂，形成一定的水力裂缝通道。液体密度为1000kg/m^3。边界条件为：模型四个边的渗流边界设定为水头初始值；增量均为零；地应力分别设定为垂向地应力和水平最大地应力。

由于射孔完井方式下，射孔通道处将最先开始起裂，以下数值模型都以射孔孔眼附近地层为研究对象，分别开展了射孔完井方式下不同射孔孔眼直径、射孔间距、射孔深度对破裂压力及裂缝演化的影响研究。

（一）射孔孔眼直径对破裂压力的影响

射孔孔眼直径是射孔设计的一个重要参数。考虑到射孔孔眼尺寸较小，而初始起裂的影响范围较小，为减少计算规模，同时保持数值分析模型与压裂物理模拟试验的一致性，选择数值模型尺寸为 300mm×300mm，单元划分规模为 300 个×300 个。对不同射孔参数情况下页岩储层的水力压裂过程进行了数值模拟。数值模拟计算中三向地应力根据涪陵焦石坝实测值：垂向应力为 58MPa，最大水平地应力为 63MPa，最小水平地应力为 49MPa。设定模型横切射孔孔眼，使射孔方向沿最大水平地应力方向。射孔孔眼直径分别为 6mm、8mm、10mm、12mm、14mm、16mm、18mm、20mm。边界荷载为：垂向应力 σ_v=58MPa，最小水平地应力 σ_h=49MPa。由于页岩地层层理相对发育，在模型计算中分别考虑含天然弱层理面与不含弱层理面两种情况进行数值模拟研究。通过对涪陵焦石坝对应储层露头页岩的观测描述及室内水力压裂物理模拟实验分析，设定页岩储层的强胶结与弱胶结比为 19∶1，如图 4-25 模型所示。

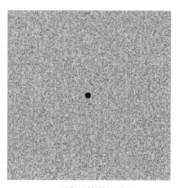 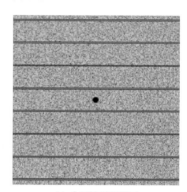

(a) 不含天然弱层理面　　　　　　　　(b) 含天然弱层理面

图 4-25　页岩储层示意图

计算得出了含天然弱层理面与不含弱层理面条件下，射孔孔眼直径为 6～20mm 时，射孔孔眼破裂后的裂缝演化图，见图 4-26～图 4-33。

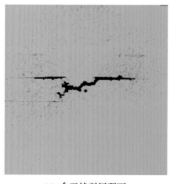 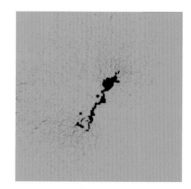

(a) 含天然弱层理面　　　　　　　　(b) 不含天然弱层理面

图 4-26　射孔孔眼直径为 6mm 的页岩地层水力裂缝演化图

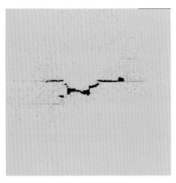

(a) 含天然弱层理面   (b) 不含天然弱层理面

图 4-27 射孔孔眼直径为 8mm 的页岩地层水力裂缝演化图

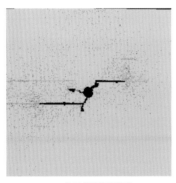
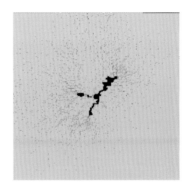

(a) 含天然弱层理面   (b) 不含天然弱层理面

图 4-28 射孔孔眼直径为 10mm 的页岩地层水力裂缝演化图

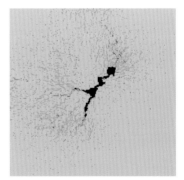

(a) 含天然弱层理面   (b) 不含天然弱层理面

图 4-29 射孔孔眼直径为 12mm 的页岩地层水力裂缝演化图

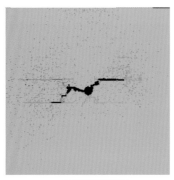

(a) 含天然弱层理面   (b) 不含天然弱层理面

图 4-30　射孔孔眼直径为 14mm 的页岩地层水力裂缝演化图

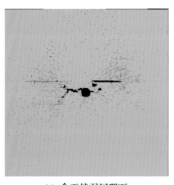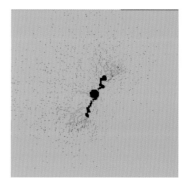

(a) 含天然弱层理面   (b) 不含天然弱层理面

图 4-31　射孔孔眼直径为 16mm 的页岩地层水力裂缝演化图

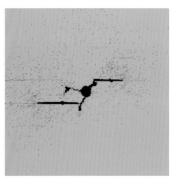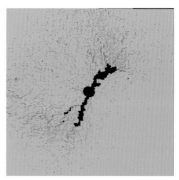

(a) 含天然弱层理面   (b) 不含天然弱层理面

图 4-32　射孔孔眼直径为 18mm 的页岩地层水力裂缝演化图

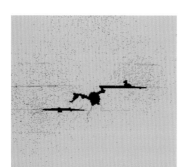 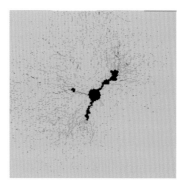

(a) 含天然弱层理面   (b) 不含天然弱层理面

图 4-33　射孔孔眼直径为 20mm 的页岩地层水力裂缝演化图

根据声发射事件-加载步曲线来判断其破裂压力,由此得到了其破裂压力随射孔孔眼直径变化关系曲线,如图 4-34 和图 4-35 所示。

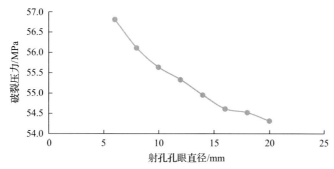

图 4-34　不含天然弱层理面射孔孔眼直径与破裂压力关系图

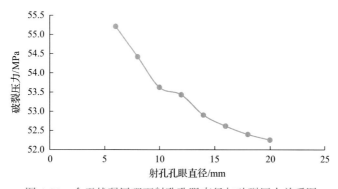

图 4-35　含天然弱层理面射孔孔眼直径与破裂压力关系图

当射孔孔眼直径变大时,破裂压力整体呈缓慢下降趋势,下降幅度较小,影响趋势较弱。当射孔孔眼直径由 6mm 增大到 20mm 时,含天然弱层理面页岩破裂压力由 55.2MPa 降低到 52.3MPa,而不同射孔孔眼直径条件下的破裂模式基本类似,结合现场射孔枪参数,优选射孔孔眼直径参数以 10～14mm 为宜。发生拉伸破坏裂缝主要发生在孔眼附近位置,裂缝初始沿垂直于最小水平地应力方向扩展。

在含天然弱层理面页岩地层，随着注入压裂液的增加，水力裂缝在射孔两端部首先起裂，裂缝初始垂直于最小水平主应力方向；当水力裂缝扩展至层理时，由于层理强度较低、渗透性较强，压裂液更易沿层理渗透，水力裂缝在层理处垂直分叉、转向，产生了沿层理扩展的次生裂缝，而主裂缝继续沿垂直层理方向延伸，但其扩展速度明显较沿次生裂缝慢；当沿层理扩展的次生裂缝延伸一定距离后，由于压裂液在水力通道内流动时沿程摩擦及滤失增大，压裂液已不足以使沿层理扩展的次生裂缝继续快速延伸，故在井眼层理处又起裂了沿层理扩展的次生裂缝，复杂水力通道的形成阻止了裂缝的快速扩展，只有加大排量才能保证水力主裂缝和次生裂缝继续快速延伸，从而沟通更多的层理或天然裂缝，形成更复杂的裂缝网络。

不含天然弱层理面页岩地层，随着注入压裂液的增加，水力裂缝在射孔两端部首先起裂，主压裂缝垂直于最小水平主应力方向延伸，由于页岩储层的非均质性，在主压裂缝周围形成了分叉、转向，与主裂缝相交形成相对复杂的裂缝网络。

(二)射孔间距对裂缝起裂的影响

射孔密度设计是重要的压裂参数之一，现场通常采用的射孔密度参数为 16 孔/m、18 孔/m、20 孔/m，相位角为 60°。为分析射孔密度对裂缝起裂的影响，对模型进行了适度简化，考虑在同一平面内为两簇射孔，分析不同射孔间距条件下的裂缝形态与干扰特征。通过对射孔间距的分析，可得到射孔密度对裂缝形态的影响规律。设定模型横切射孔孔眼，使射孔方向沿最大水平主应力方向。边界荷载为：$\sigma_v=58MPa$、$\sigma_h=49MPa$。模型取 3000mm×3000mm，单元划分规模为 300 个×300 个。两射孔孔眼位于模型的中心位置，两孔眼位于同一水平方向的中心线上，设定射孔孔眼直径为 10mm，射孔间距为 0.6m、0.5m、0.429m、0.375m、0.333m、0.30m、0.273m、0.25m，对应簇内射孔密度为 10 孔/m、12 孔/m、14 孔/m、16 孔/m、18 孔/m、20 孔/m、22 孔/m、24 孔/m；射孔位于模型的中心位置，并在同一水平方向的中心线上。不同射孔间距模型见图 4-36。

不同射孔间距裂缝起裂演化图见图 4-37，压裂液持续泵入下，三射孔孔眼周围存在明显的应力干扰，各射孔之间相互贯通，且当其中一个或两个射孔起裂后，会抑制其余射孔起裂，先起裂射孔周围裂缝扩展起主导地位，在扩展过程中三射孔之间的裂缝逐渐合并为一条主裂缝。射孔密度与破裂压力关系见图 4-38，破裂压力随射孔密度的增加

(a) 射孔间距0.6m

(b) 射孔间距0.5m

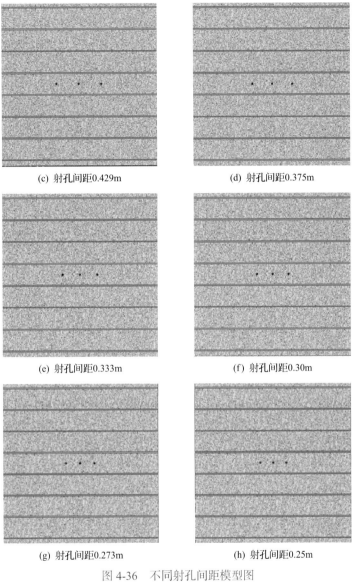

(c) 射孔间距0.429m   (d) 射孔间距0.375m

(e) 射孔间距0.333m   (f) 射孔间距0.30m

(g) 射孔间距0.273m   (h) 射孔间距0.25m

图4-36 不同射孔间距模型图

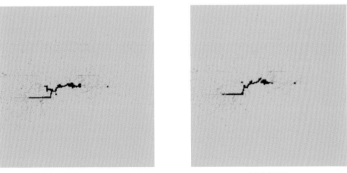

(a) 射孔间距0.6m   (b) 射孔间距0.5m

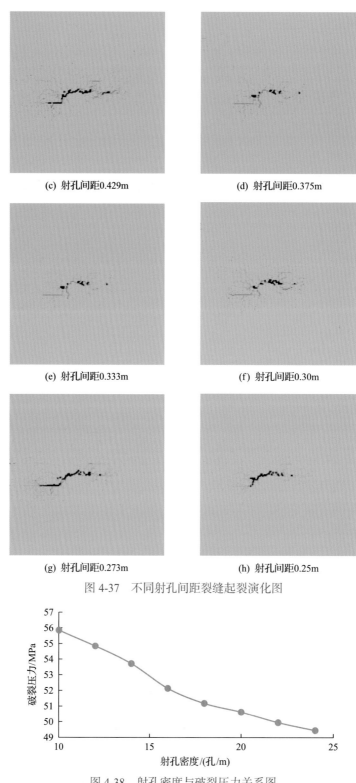

(c) 射孔间距0.429m   (d) 射孔间距0.375m

(e) 射孔间距0.333m   (f) 射孔间距0.30m

(g) 射孔间距0.273m   (h) 射孔间距0.25m

图 4-37 不同射孔间距裂缝起裂演化图

图 4-38 射孔密度与破裂压力关系图

而减小，并不是呈线性关系，当射孔密度增大为 16 孔/m、18 孔/m 时，破裂压力随射孔密度增加趋于平缓，多孔应力集中效应的相互影响程度逐渐增加，因此可以将 16 孔/m、18 孔/m 作为优化后的射孔密度，这样既保证了地层破裂压力较低，也兼顾了过多射孔给套管强度所带来的问题。

(三)射孔深度对裂缝起裂的影响

射孔深度是射孔设计的一个重要参数。为重点分析射孔深度对裂缝形态的影响，对模型进行了放缩，计算模型取 3000mm×3000mm，单元划分规模为 300 个×300 个，射孔直径为 10mm，井筒直径为 150mm。建立射孔方向垂直于水平最大地应力的计算模型，射孔深度分别取 0.1m、0.2m、0.3m、0.4m、0.5m、0.6m、0.7m、0.8m、0.9m、1.0m。边界载荷为：σ_h=58MPa、σ_v=49MPa，如图 4-39 所示。

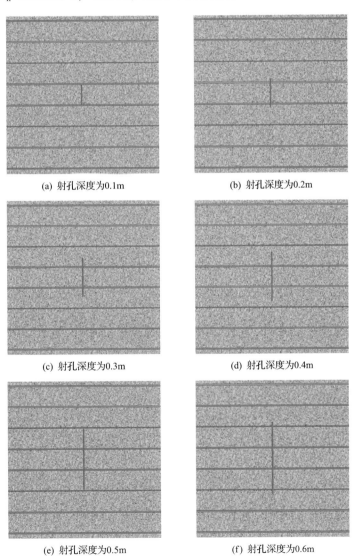

(a) 射孔深度为0.1m (b) 射孔深度为0.2m

(c) 射孔深度为0.3m (d) 射孔深度为0.4m

(e) 射孔深度为0.5m (f) 射孔深度为0.6m

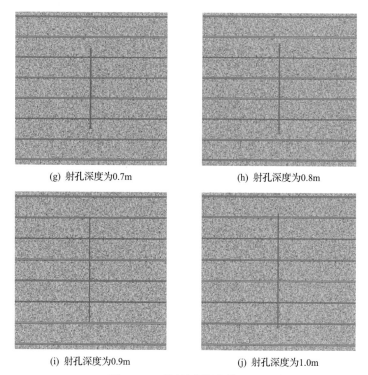

(g) 射孔深度为0.7m   (h) 射孔深度为0.8m

(i) 射孔深度为0.9m   (j) 射孔深度为1.0m

图 4-39　不同射孔深度模型图

  不同射孔深度裂缝演化见图 4-40。在射孔深度为 0.1m 时，射孔端部恰好位于预设弱层理位置，起裂后裂缝即转向沿层理面方向扩展；其余射孔深度条件，由于水平最小地应力小于垂向应力，在泵注压裂液作用下，初始裂缝沿射孔方向扩展，在主裂缝延伸中遇到弱层理后沟通弱层理面。各射孔深度之间的演化趋势大致类似，在主裂缝方向对地层进行局部弱化，在主裂缝周围一定范围内形成次生裂缝，在弱层理面延伸受阻后，主裂缝仍可继续扩展，形成复杂裂缝。由图 4-41 可知，随射孔深度增加，对应初始破裂压力有小幅降低，当射孔深度为 0.5m、0.6m 时，随射孔深度的增加，破裂压力变化不大，且更利于主裂缝与层理裂缝的沟通，因此优选射孔深度为 0.5m、0.6m。

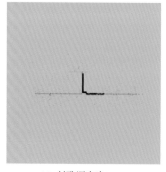

(a) 射孔深度为0.1m   (b) 射孔深度为0.2m

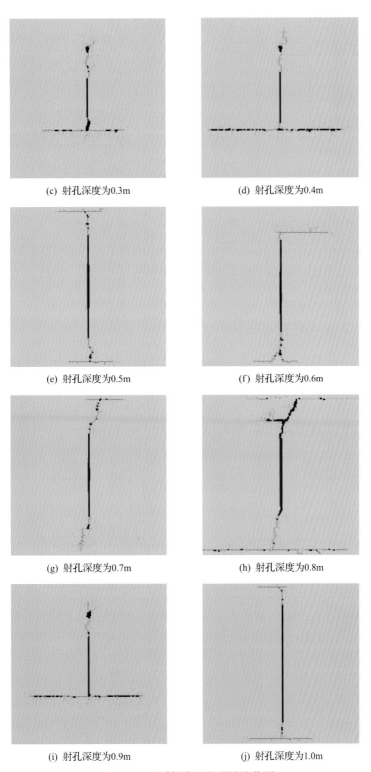

(c) 射孔深度为0.3m (d) 射孔深度为0.4m

(e) 射孔深度为0.5m (f) 射孔深度为0.6m

(g) 射孔深度为0.7m (h) 射孔深度为0.8m

(i) 射孔深度为0.9m (j) 射孔深度为1.0m

图 4-40 不同射孔深度裂缝演化图

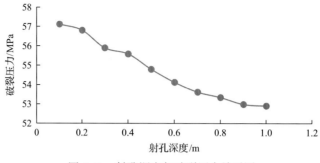

图 4-41　射孔深度与破裂压力关系图

第三节　压裂注入模式优化

一、变黏度压裂液多级交替注入技术

针对非常规储层，经缝宽、缝长、缝高及 SRV 的多因素模拟分析，认为压裂液黏度是最重要的因素，见图 4-42（以缝宽及 SRV 为例）。

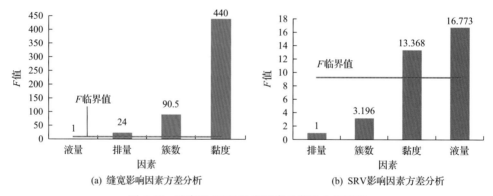

(a) 缝宽影响因素方差分析　　　　(b) SRV 影响因素方差分析

图 4-42　缝宽及 SRV 的多因素显著性分析图版

一般地，低黏压裂液穿透和沟通微小裂隙的能力强，而中高黏压裂液因黏滞阻力高难以进入小微裂隙，因此只能沿主裂缝方向扩展。因此，充分利用好不同黏度压裂液的优点，进行变黏度、变排量压裂液的多级交替注入，既可实现主裂缝的充分延伸，又可实现主裂缝缝长范围内的复杂裂缝连通效果，最终达到最大限度地提高裂缝的复杂性及改造体积的目标。

低黏滑溜水及中高黏胶液的单级注入模式，只能形成近井复杂裂缝与远井单一主裂缝的裂缝组合模式；单纯的低黏滑溜水注入只能形成近井复杂裂缝而没有主裂缝突破到远井地带；而低黏滑溜水与中高黏胶液的多级交替注入，利用"黏滞指进"效应（黏度比 6 倍以上），后一级注入的滑溜水快速呈指状推进到上一级胶液的造缝前缘，继续沟通与延伸微小裂缝系统，再通过中高黏胶液的注入，将主裂缝继续往前推进。如此多级循环注入，实现复杂裂缝沿主裂缝的全覆盖。

不同深度储层的压裂液黏度上限值的优化图版见图 4-43。由图 4-43 可知，压裂液黏度上限值可取 100mPa·s。通常采用黏度较高的胶液作为前置液胶液，也可取以往中浅层常用的 30～40mPa·s，以在用 100mPa·s 主加砂之前沟通延伸更多的分支裂缝系统。同样地，根据裂缝参数及 SRV 的敏感性模拟分析，两种胶液合计占据的比例应在 30%～40%。

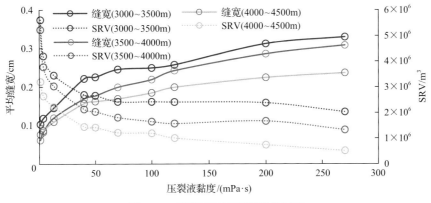

图 4-43　压裂液黏度界限优化图版

经模拟，不同深度不同胶液比例下的平均缝宽占比计算结果见表 4-3。

表 4-3　不同深度不同胶液比例下的平均缝宽的占比情况

深度/m	平均缝宽/mm	不同胶液比例对应的平均缝宽占比/%							
		胶液比例为 0%	胶液比例为 10%	胶液比例为 20%	胶液比例为 30%	胶液比例为 40%	胶液比例为 50%	胶液比例为 60%	胶液比例为 70%
3000～3500	0.270～0.378	6	6	6	6	6	6	6	6
	0.378～0.636	14	14	13	13	13	13	12	12
	0.636～1.272	55	47	47	47	46	45	43	36
	1.272～1.800	25	33	34	34	31	31	32	34
	1.800～3.600	—	—	—	—	4	5	7	11
	2.550～5.100	—	—	—	—	—	—	—	1
3500～4000	0.270～0.378	5	5	5	5	5	5	5	5
	0.378～0.636	47	13	9	9	9	9	9	9
	0.636～1.272	48	82	66	54	52	49	48	40
	1.272～1.800			20	32	32	34	29	28
	1.800～3.600	—	—	—	—	2	3	9	17
	2.550～5.100	—	—	—	—	—	—	—	1
4000～4500	0.270～0.378	5	5	5	5	5	5	5	5
	0.378～0.636	54	20	18	17	17	17	17	17
	0.636～1.272	38	73	76	71	71	69	64	54
	1.272～1.800	3	2	1	7	7	9	14	24

续表

深度/m	平均缝宽/mm	不同胶液比例对应的平均缝宽占比/%							
		胶液比例为0%	胶液比例为10%	胶液比例为20%	胶液比例为30%	胶液比例为40%	胶液比例为50%	胶液比例为60%	胶液比例为70%
4000~4500	1.800~3.600	—	—	—	—	—	—	—	—
	2.550~5.100	—	—	—	—	—	—	—	—

二、长段塞或连续加砂模式

不同尺度的裂缝空间造出后，如何实现全尺度裂缝的饱和充填是提高有效改造体积(ESRV)的终极目标。按照目前通用的造缝宽度是支撑剂平均粒径6倍的原则，根据表4-3得出的不同宽度的裂缝占比，可获得支撑剂不同粒径及占比的优化结果。

目前的研究证明[6-12]，对既有主裂缝(一级裂缝)又有分支裂缝(二级裂缝)和更次级裂缝(三级及四级等)的复杂裂缝系统而言，70/140目支撑剂能够进入二级、三级和四级裂缝，20/40目支撑剂则较难进入二级裂缝及以下级别的裂缝系统中。对于非常规储层，可以通过改变加砂方式，采用长段塞或连续加砂模式提高砂液比和支撑剂铺置浓度。为避免非常规储层加砂过程中常见的施工压力突变、砂堵等问题，通常采用一个井筒加砂一个井筒顶替的短段塞加砂方式。以页岩气为例，中深层页岩地应力不高，缝宽相对较宽，最高砂液比可以达到20%左右，在一定的用液量情况下综合砂液比与支撑剂铺置浓度可以达到设计要求；而深层页岩地应力高，缝宽窄，最高砂液比超过15%难度大，因此，要达到设计的综合砂液比和支撑剂铺置浓度难度非常大。室内实验结果表明，连续铺置在高闭合压力下可以保持较高导流能力，为此，要提高砂液比和支撑剂铺置浓度，可以采取如下两种方式来实现。

(一) 长段塞加砂

将携砂液阶段的单个段塞容积由一个井筒容积提高到2~5个井筒容积，一个压裂段采用2个以上的长段塞加砂，依据施工压力变化，长段塞可以在加砂前期、中期或后期实施，通过减少总用液量来提高综合砂液比[13-18]，如图4-44所示。

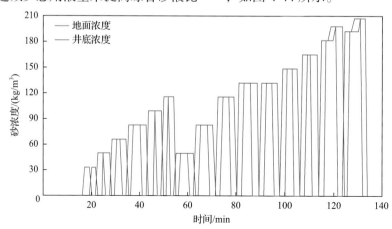

图 4-44 长段塞加砂砂浓度变化示意图

(二) 低砂液比连续加砂

在携砂液阶段中期或者后期采用低-中等砂液比连续加砂，砂液比 3%～8%，最高砂液比控制在 8% 以内，如图 4-45 所示。

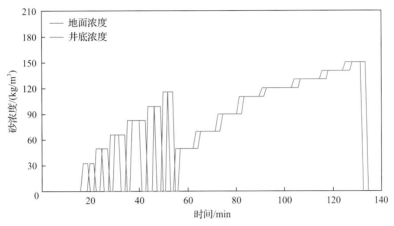

图 4-45 低砂液比连续加砂砂浓度变化示意图

非常规储层压裂形成的复杂缝网中，主裂缝宽度窄，分支裂缝或微小裂缝宽度更窄，为了使分支裂缝或微小裂缝得到支撑，采用微小粒径支撑剂来充填[2,6,10]。微小裂缝的张开主要依靠低黏度滑溜水，图 4-46 模拟的是不同深度页岩滑溜水和胶液造缝宽度曲线，可以看到，3500m 以深主裂缝宽度小于 1.4mm，便于支撑剂进入与充填，支撑剂的最大粒径应当小于 0.2mm，应当选用 70/140 目以下的微小粒径支撑剂来支撑，以提高裂缝的综合导流能力。

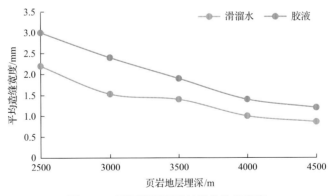

图 4-46 不同深度页岩的平均造缝宽度

受缝宽限制，非常规页岩通常无法进行高砂液比施工，提高综合砂液比和加砂规模主要通过优化滑溜水和胶液混合比、优化中顶液量、采用低砂液比长段塞或者连续加砂模式施工来实现。裂缝软件模拟计算表明，在加砂量相同、液量一致条件下，采用短段塞、长段塞、连续铺砂三种模式施工，综合砂液比分别达到 3%、3.5%、4% 时，裂缝导流能力可提高到 $1\mu m^2 \cdot cm$ 以上，如图 4-47 所示。

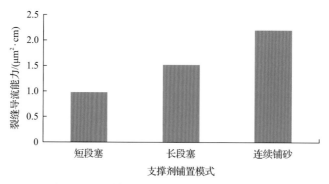

图 4-47 不同加砂方式对裂缝导流能力的影响

第四节 压裂工艺注入参数优化

将实验室尺度下的裂缝扩展模拟拓展到工程尺度并结合施工参数变化进行水力压裂关键工艺参数优化研究。由于页岩地层中的层理缝显著发育，压裂过程中层理缝若被打开，则易于形成次生裂缝。模型网格划分见图 4-48。对整个模型施加三向真实地应力场，并且赋予初始孔隙压力、孔隙度和流体饱和度等。模型的主要输入参数见表 4-4。

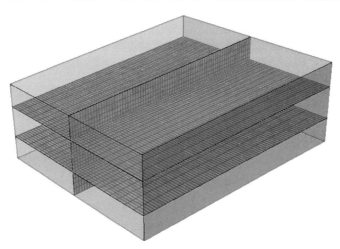

图 4-48 工程尺度模拟的数值模型

表 4-4 工程尺度水力压裂模拟输入参数

类型	参数	值	单位
地层参数	弹性模量	15	GPa
	泊松比	0.2	—
	渗透系数	3×10^{-10}	m/s
	滤失系数	5×10^{-11}	$m \cdot min^{0.5}$
	抗拉强度	层理：8；本体：13	MPa

续表

类型	参数	值	单位
应力条件	最大水平主应力	94.57	MPa
	最小水平主应力	85.79	MPa
	垂向应力	103.6	MPa
	地层压力	41.16	MPa
流体参数	压裂液黏度	1/10/25/50/100	mPa·s
	压裂液排量	10/12/14/16	m³/min

改变压裂液黏度和压裂液排量，分析在不同工况下的破裂压力、延伸压力、层理张开时间及其相应注入量等参数。典型水力裂缝扩展云图如图 4-49 所示。

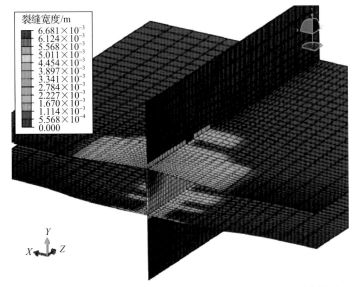

图 4-49 压裂液排量 14m³/min、压裂液黏度 25mPa·s 条件下的水力裂缝扩展 PFOPEN 云图

从图 4-50 破裂压力与压裂液排量的关系曲线可知，压裂液排量等于 12m³/min 时破裂压力最小，约为 123MPa。当压裂液排量等于 16m³/min 时破裂压力最大，约为 143MPa。当处于同一压裂液排量条件下时，破裂压力几乎不随压裂液黏度的变化而变化，当黏度增大时，破裂压力仅有很小的增量，不超过 1MPa。而延伸压力会随着压裂液黏度的增大而增大。层理缝张开前，低黏度压裂液在不同排量下的延伸压力变化不大，高黏度压裂液在较高排量下延伸压力稍有升高，但升高量不超过 2MPa。当压裂液排量等于 12m³/min，压裂液黏度等于 25mPa·s 时，延伸压力最低，约为 100MPa。结合不同工况下的泵压曲线可知，当层理缝张开后，延伸压力随着裂缝扩展规模的增大而逐渐增加，甚至可能超过起裂压力。由于不同工况下裂缝扩展规模难以统一，此处仅将层理缝张开前的平均裂缝延伸压力作对比。总的来说，对于延伸压力，压裂液黏度和裂缝扩展规模

对其影响较大，在 12～16m³/min 范围内，压裂液排量主要影响破裂压力，对延伸压力的影响几乎可以忽略。从降低破裂压力角度来讲，采用 12m³/min 的压裂液排量较为适合，从降低延伸压力角度来讲，宜采用尽量低的压裂液黏度。

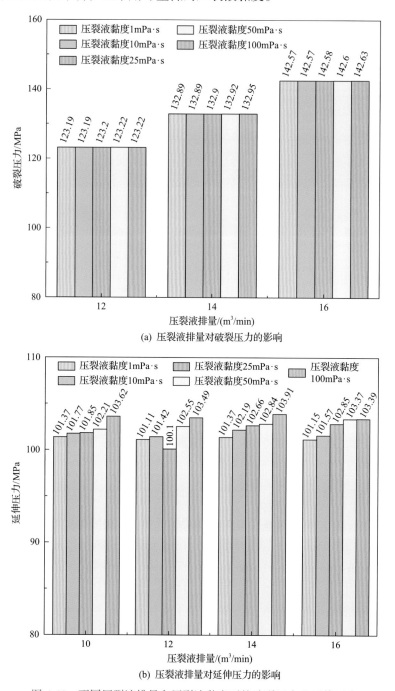

(a) 压裂液排量对破裂压力的影响

(b) 压裂液排量对延伸压力的影响

图 4-50　不同压裂液排量和压裂液黏度下的破裂压力和延伸压力

图 4-51 为不同压裂液排量和压裂液黏度条件下层理缝开启情况。通过模拟可知，几

乎每种工况下层理缝都会开启，但是开启时间和开启时的注入量不同。当压裂液排量为 10m³/min 时，压裂液黏度越大，层理缝开启时间越晚，因此层理缝开启时对应的注入量也越大，当压裂液黏度为 100mPa·s 时，层理缝开启时注入量为 24.5m³，该压裂液排量下其余黏度注入量为 16m³ 左右，增大约为 50%，可见低压裂液排量下，黏度对层理缝开启

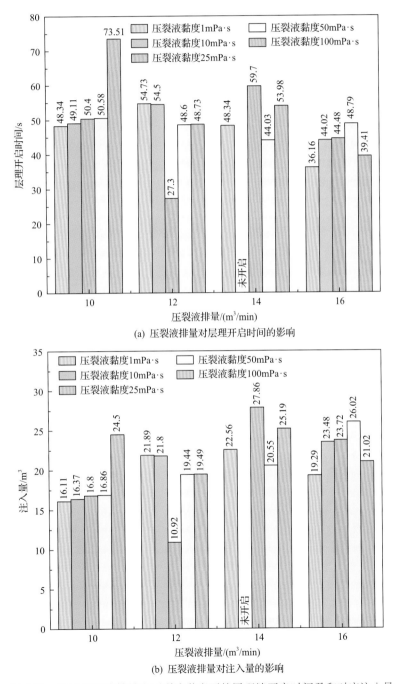

(a) 压裂液排量对层理开启时间的影响

(b) 压裂液排量对注入量的影响

图 4-51　不同压裂液排量和压裂液黏度下的层理缝开启时间及和对应注入量

时机影响明显。当压裂液排量为 14m³/min 和 16m³/min 整体上呈现中等黏度时，层理缝开启较晚，高黏度和低黏度均能使得层理缝开启。当压裂液排量为 12m³/min、黏度 25mPa·s 时，层理缝能较早开启，该压裂液排量其余黏度条件下层理缝开启较晚。整体上，低黏度（1mPa·s）和高黏度（100mPa·s）时，层理缝开启时注入量随排量增大先升高后降低，在中等黏度下（50mPa·s），注入量会随着排量增大而增大。当层理缝较早开启时，有利于形成复杂缝，但是不利于主裂缝向前延伸，对主裂缝的缝宽影响也较大。

图 4-52 为压裂过程中的最大主裂缝缝宽。大部分工况下，当水力裂缝扩展到一定程度，层理缝即将发生开启时，主裂缝的缝宽达到最大。通过对比最大主裂缝缝宽可知，当采用低压裂液排量 10m³/min，且压裂液黏度为 100mPa·s 时，有最大主裂缝缝宽，为 11.62mm。排量为 12m³/min 且压裂液黏度为 50mPa·s 时缝宽最大，而压裂液黏度为 25mPa·s 时缝宽最小。当采用大压裂液排量 16m³/min 时，不同压裂液黏度下的最大主裂缝缝宽几乎相等。在中等排量 14m³/min、中等黏度 25mPa·s 时，缝宽最大为 13.29mm，且比其他所有工况下的缝宽都大。结合前面分析，对于主要考虑降低破裂压力的工况，选取压裂液排量为 12m³/min、压裂液黏度为 50mPa·s 较为适合，如果要考虑增大裂缝宽度，则可以考虑采用 14m³/min 的压裂液排量，压裂液黏度选择 25mPa·s 较合适。另外，根据模拟结果，层理缝张开度在 2mm 左右，且基本为剪切型裂缝。

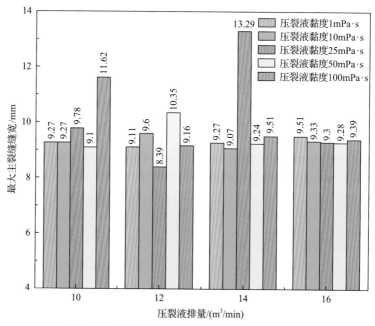

图 4-52 压裂过程最大主裂缝缝宽（PFOPEN）

除破裂压力和缝宽外，追求尽可能大的改造体积也是压裂设计考量的因素之一。此处通过张开裂缝的面积来表征改造体积。由图 4-53 可知，压裂液排量为 10m³/min 和 12m³/min 时，在所有压裂液黏度下均有层理缝面积大于主裂缝面积，而压裂液排量为 14m³/min 和 16m³/min 时，所有黏度条件下，主裂缝面积大于层理缝面积。说明压裂液排量较小时有利于层理缝打开，压裂液排量较大时有利于主裂缝扩展。压裂液排量为10m³/min 时，1mPa·s 压裂液黏度下改造的裂缝面积最大；压裂液排量为 12m³/min、14m³/min 时，最大改造裂缝面积对应的压裂液黏度分别为 20mPa·s 和 32mPa·s；压裂排量为 16m³/min、压裂液黏度为 1mPa·s 时，改造裂缝面积最大，其次是 50mPa·s 时改造裂缝面积较大。整体上看，当压裂液排量增大时，与之匹配的最优压裂液黏度也有所增大，但高排量条件下，低黏度压裂液仍然有利于层理缝扩展。然而在相同压裂液排量条件下，高压裂液黏度时，层理缝和主裂缝的改造面积随黏度增大均逐渐减小或者保持不变。因此，应该根据排量选择合适的压裂液黏度。

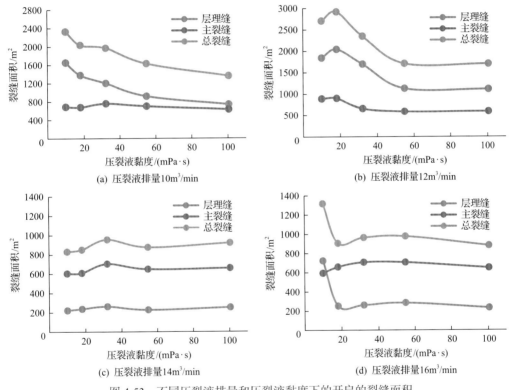

图 4-53 不同压裂液排量和压裂液黏度下的开启的裂缝面积

第五节 顶替液类型及顶替参数对裂缝尺寸的影响分析

一、顶替液类型及黏度优化

以顶替液黏度为研究对象，顶替液排量等其他参数一定条件下，应用软件模拟顶替液黏度对改造体积的影响。顶替液黏度对缝宽与 SRV 的影响见图 4-54，可知顶替液黏度的变化对裂缝形态也有着较大的影响[19-22]。顶替液黏度越大则平均缝宽和缝高越大，但 SRV 和裂缝半长越小。当胶液黏度＞100mPa·s 时，黏度的变化对裂缝形态的影响程度变小，因此优选黏度在 100mPa·s 以内的液体作为主体顶替液。

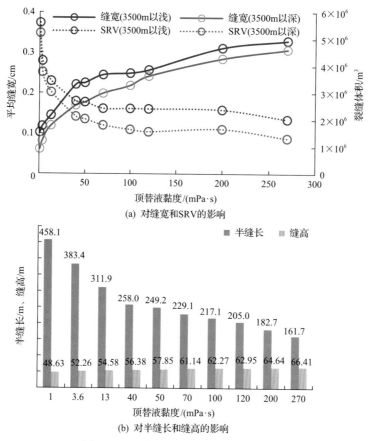

(a) 对缝宽和SRV的影响

(b) 对半缝长和缝高的影响

图 4-54　顶替液黏度对裂缝形态的影响

二、顶替液用量优化

顶替中、高黏压裂液体有利于防止近井筒沿层理起裂，降低施工初期高泵压。低黏滑溜水容易在近井筒进入层理沿层理起裂延伸，起裂压力及延伸压力较高，缝宽小，加砂难度大。以龙马溪组页岩储层为例，建立了裂缝在不同高黏压裂液注入量下的裂缝纵向扩展模型，模拟结果如图 4-55 和图 4-56 所示。为保证穿行③小层压裂段突破应力遮挡，优选超高黏滑溜水($25\sim35$mPa·s)，用量 120m^3 以上；为保证穿行②小层压裂段突破应力遮挡，优选超高黏滑溜水($25\sim35$mPa·s)，用量 100m^3 以上。

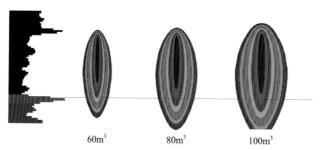

图 4-55　②小层不同超高黏滑溜水注入量下缝高剖面

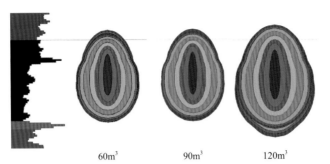

$60m^3$ $\qquad$ $90m^3$ $\qquad$ $120m^3$

图 4-56 ③小层不同超高黏滑溜水注入量下的缝高剖面

参 考 文 献

[1] 陈作, 曾义金. 深层页岩气分段压裂技术现状及发展建议[J]. 石油钻探技术, 2016, 44(1): 6-11.

[2] 蒋廷学, 卞晓冰, 王海涛, 等. 深层页岩气水平井体积压裂技术[J]. 天然气工业, 2017, 37(1): 90-96.

[3] 王海涛, 蒋廷学, 卞晓冰, 等. 深层页岩压裂工艺优化与现场试验[J]. 石油钻探技术, 2016, 44(2): 76-81.

[4] Fan L, Thompson J W, Robinson J R. Understanding gas production mechanism and effectiveness of well stimulation in the Haynesville shale through reservoir simulation[C]. Canadian Unconventional Resources & International Petroleum Conference, Calgary, 2010.

[5] Gulen G, Ikonnikova S, Browning J, et al. Fayetteville shale-production outlook[J]. 2014 SPE Economics & Management, 2014, 7(2): 1-13.

[6] 冯国强, 赵立强, 卞晓冰, 等. 深层页岩气水平井多尺度裂缝压裂技术[J]. 石油钻探技术, 2017, 45(6): 77-82.

[7] Msalli A, Jennifer M. Slickwater proppant transport in hydraulic fractures: New experimental findings & scalable correlation[C]. SPE Annual Technical Conference and Exhibition, Houston, 2015.

[8] Kennedy R L, Gupta R, Kotov S, et al. Optimized shale resource development: Proper placement of wells and hydraulic fracture stages[C]. Abu Dhabi International Petroleum Conference and Exhibition, Abu Dhabi, 2012.

[9] Klingensmith B C, Hossaini M, Fleenor S. Considering far-field fracture connectivity in stimulation treatment designs in the Permian Basin[C]. SPE Unconventional Resources Technology Conference, San Antonio, 2015.

[10] 曾义金, 陈作, 卞晓冰. 川东南深层页岩气分段压裂技术的突破与认识[J]. 天然气工业, 2016, 36(1): 61-67.

[11] 贾承造, 郑民, 张永峰. 中国非常规油气资源与勘探开发前景[J]. 石油勘探与开发, 2012, 39(2): 129-136.

[12] 邹才能, 翟光明, 张光亚, 等. 全球常规-非常规油气形成分布、资源潜力及趋势预测[J]. 石油勘探与开发, 2015, 42(1): 13-25.

[13] 邹才能, 赵群, 董大忠, 等. 页岩气基本特征、主要挑战与未来前景[J]. 天然气地球科学, 2017, 28(12): 1781-1796.

[14] 路保平, 丁士东. 中国石化页岩气工程技术新进展与发展展望[J]. 石油钻探技术, 2018, 46(1): 1-9.

[15] 蒋廷学, 王海涛, 卞晓冰, 等. 水平井体积压裂技术研究与应用[J]. 岩性油气藏, 2018, 30(2): 1-11.

[16] 唐颖, 张金川, 张琴, 等. 页岩气井水力压裂技术及其应用分析[J]. 天然气工业, 2010, 30(10): 33-38.

[17] 陈尚斌, 朱炎铭, 王红岩, 等. 中国页岩气研究现状与发展趋势[J]. 石油学报, 2010, 31(4): 689-694.

[18] 叶登胜, 李建忠, 朱炬辉, 等. 四川盆地页岩气水平井压裂实践与展望[J]. 钻采工艺, 2014, 37(3): 42-44.

[19] 周德华, 焦方正, 贾长贵, 等. JY1HF 页岩气水平井大型分段压裂技术[J]. 石油钻探技术, 2014, 42(1): 75-80.

[20] Soliman M Y, East L, Augustine J. Fracturing design aimed at enhancing fracture complexity[C]. SPE Annual Conference and Exhibition, Barcelona, 2010.

[21] 吴奇, 胥云, 王腾飞, 等. 增产改造理念的重大变革——体积改造技术概论[J]. 天然气工业, 2011, 31(4): 7-12.

[22] 薛承瑾. 页岩气压裂技术现状及发展建议[J]. 石油钻探技术, 2011, 39(3): 24-29.

第五章 "井工厂"立体缝网开发压裂主体工艺技术

"井工厂"开发压裂的主要特征就是多井拉链式或同步压裂,或者是单井压裂,但受到周围邻井干扰较为严重。对于井网密度较大的"超级井工厂"而言,一次性进行压裂的井数越多,诱导应力的干扰效果就越大,则压后单井的产量及 EUR 等也相应越高。但过高的诱导应力有时可能会抑制部分射孔簇裂缝的有效起裂和延伸,因此,诱导应力干扰效应如何因势利导实现趋利避害,就显得尤为关键[1-3]。下面分别就主体压裂工艺进行阐述。

第一节 多井拉链式压裂技术

首先是两井拉链式压裂。所谓拉链式压裂就是共用一套压裂车组,分别对相邻的两口井进行交互压裂作业,即先压裂第一口井的第一段,然后转第二口井的第一段,再回到第一口井压裂第二段,然后再转到第二口井压裂第二段,如此交替循环往复,就像拉链那样将两口井的所有段压裂完。换言之,压裂设备一直在持续工作,在第二口井压裂的同时,第一口井进行下桥塞和射孔联作作业,等该作业完成时,第二口井压裂施工恰好完成。因此,各工序间是无缝衔接的,中间无停待时间,且能保持一天 24h 或多天 24h 的高强度连续作业,最大限度地提高了压裂作业时效,降低了压裂施工费用。同时,更重要的是地下诱导应力的干扰效应,可大幅度提高裂缝的复杂性及整体改造体积。此外,在本井压裂时,邻井对应段的裂缝处于停泵泄压阶段,诱导应力可以适当降低,有利于降低邻井的段间应力干扰效应和由此提高水平井段的利用率。同样地,邻井压裂时,该井同样处于停泵泄压阶段,也有利于降低该井的段间应力干扰效应和提高该井水平井段的利用率。因此,两井拉链式压裂可同时实现综合降本、提速和增产的目标[4-6]。

由图 5-1 的模拟结果可见,压裂时间间隔影响应力干扰程度。随着压裂时间的增加,裂缝周围最小主应力逐渐减小。

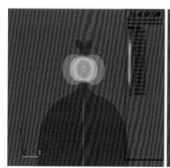 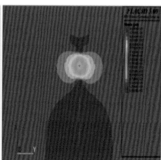 

(a) t=0min　　　　　　　(b) t=5min　　　　　　　(c) t=10min

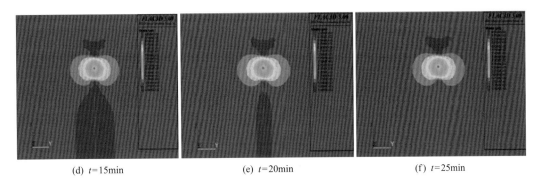

(d) *t*=15min　　　　　　　(e) *t*=20min　　　　　　　(f) *t*=25min

图 5-1　压裂时间间隔对诱导应力的影响

同时，压裂时间间隔越大，井底净压力维持的波及范围越小，说明应力干扰越小。相邻两井拉链式压裂示意图如图 5-2 所示。

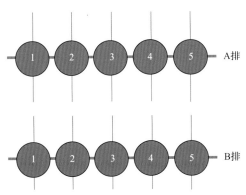

图 5-2　示例的相邻两井拉链式压裂示意图

压裂顺序 A1-B1-A2-B2-A3-B3……

一般情况下，对应段的对应射孔簇裂缝应是完全正对着的，此时，裂缝长度（一般指半缝长）的设计可以为井距的一半。其中，在该井的某段进行压裂时，其诱导应力沿最大主应力方向即向邻井的垂直方向传递，对邻井压裂裂缝的复杂性程度提升具有更直接的影响。但由诱导应力向水平两个主应力方向的传播规律可知，在最大水平主应力方向上叠加的诱导应力远小于最小水平主应力方向上叠加的诱导应力[7-9]。换言之，上述相邻两井正对布缝的效果需要改进，唯一的方法是对相邻的两井各簇裂缝进行交错布缝，示意图如图 5-3 所示。

设计各井交错布缝的缝长时，有意识地超过井距的一半。这样，相邻两井进行对应段的拉链式压裂时，就有相邻的交错分布的裂缝产生真正的在最小水平主应力方向的诱导压力叠加效应，大幅度增加上述交错分布裂缝的重叠区的裂缝复杂性及裂缝的整体改造体积。进一步地，该诱导应力的叠加也是不同步的，至少当相邻两井的对应裂缝造缝长度之和超过井距时，才能真正实现诱导应力的同步叠加效应。但即使不是同步叠加，只要设计的缝长合适且足够长，总有叠加的时候。但上述交错布缝也不能确保邻井的裂缝不能交叉，尤其是考虑到储层基质的非均质性导致的多簇裂缝的非均衡起

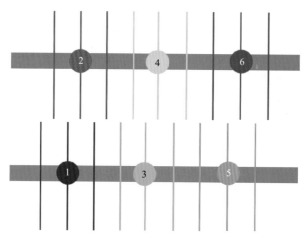

图 5-3　两井拉链式压裂交错布缝示意图

裂与延伸现象难以完全避免，因此，部分延伸较长的裂缝，其诱导应力作用大，可能迫使相邻的簇裂缝在延伸过程中发生某种程度的转向效应，因此，仍有可能造成邻井裂缝间的交叉及相互干扰。但无论如何，从增加裂缝整体改造体积而言，邻井交错布缝仍是值得推荐的。

显然地，上述交错分布裂缝的重叠区面积越大，诱导应力的干扰效果越好。最理想的情况是将各自的裂缝半长设计为井距的一倍，这样，诱导应力真正作用的区域可以拓展到整个裂缝面积上。但有个风险是容易压窜到邻井，尤其是在各簇裂缝起裂与延伸的均衡性难以准确控制的前提下更是如此。因此，比较稳妥的方法是裂缝长度设计为井距的 70%～90%，以充分利用两个方向的诱导应力的共同作用效果。这里需要对不同裂缝长度下两个方向的诱导应力的作用区域及大小等进行精细模拟分析。考虑到单段压裂规模增加后势必增加压裂成本，可适当增加相邻两口井各自的簇间距，由此可在全井上缩小段数。

此外，通过延长相邻裂缝的压裂时间间隔或者扩大裂缝间距，可以减少裂缝间相互波及范围的相互重叠和应力干扰，从而提高压裂效果。

该拉链式压裂的优势是相邻两井相邻裂缝间的诱导应力干扰效应可以得到最大限度的发挥，但不足之处是只有一半的裂缝即两口井相邻的裂缝间存在诱导应力干扰效应，在每口井的外侧裂缝，不存在井间的应力干扰效应，而只存在该井的段间应力干扰。此外，从理论上分析，两口井相邻的裂缝虽然存在较强的应力干扰效应，有利于复杂裂缝的形成和裂缝整体改造体积的提升，但也存在着部分射孔簇裂缝难以起裂的可能性及风险[10]。两井相邻的各簇裂缝的起裂条数及延伸缝长都远不及各井外侧的裂缝条数和延伸缝长，导致裂缝的非均衡起裂与延伸不但出现在段内各簇裂缝间，也存在于同簇裂缝水平井筒的不同侧翼方向，说明诱导应力干扰的正面效应(促进复杂裂缝形成及提升裂缝整体改造体积)小于负面效应(叠加的诱导应力抑制了裂缝的起裂和延伸)，补救的措施之一就是适当增加各井的簇间距和/或井距，并用各种裂缝监测手段检验参数改变后的效果，目标就是既最大限度地提高诱导应力的正面效应，又最大限度地降低诱导应力的负面效应，以取得二者间的平衡，且最理想的效果是每口井起裂内外侧裂缝条数相同，延伸缝长相同，且内侧裂缝的复杂性程度远高于外侧裂缝的复杂性程度。

同时，支撑剂的分布形态及浓度的差异性也极大，主要取决于裂缝的起裂与延伸情况，且在裂缝延伸较长的情况下，支撑剂的铺置长度(即支撑缝长)及浓度也较大，这个很容易理解。还有一个需要注意的现象是各井内侧裂缝的支撑剂铺置浓度普遍较低，经分析认为主要是因为各井内侧裂缝的诱导应力较大，因此，延伸的裂缝缝宽普遍较窄，也在很大程度上阻碍了支撑剂的顺畅进入。如果再考虑储层岩石各向异性的影响，包括地应力大小与岩石力学参数在两个水平方向上的差异性，则裂缝宽度的计算结果又有较大的差别，则对支撑剂的运移铺置结果也会造成相应的影响。

究其原因，主要是水平井筒内存在一定的压力梯度，尤其是多簇压裂时的排量相对较高，且加砂中后期的压裂液黏度也逐渐增加，导致上述井筒内的压力梯度更大。由此导致各簇裂缝排量分配的不均衡性加剧。当某簇裂缝的排量不足以使支撑剂产生转向进入时，则该簇裂缝的支撑剂进入量就会相对降低甚至停止。支撑剂分布的不均衡性反过来使各簇裂缝排量分配的不均衡性加剧，如此恶性循环，最终导致支撑剂在各簇裂缝中的分布极不均衡。采取的纠正措施主要是应用高比例的低密度支撑剂及小粒径支撑剂、常规密度的自悬浮支撑剂、缝内暂堵剂、连续加砂或激进式加砂技术等。

需要指出的是，即使支撑剂铺置长度较大，但缝高方向尤其是远井缝高方向的支撑剂铺置浓度都很小甚至为零，且上述支撑剂铺置浓度低或无铺置的面积占比还相对较高，因此，裂缝的整体导流能力会大受影响，这会极大降低压后的稳产期。这是因为，如裂缝初始导流能力低，则长期导流能力必然低，特别是缝端附近区域因造缝宽度本身就小，则支撑剂运移到缝端的能力也大幅度降低。以缝端附近导流能力的优先丧失为前提，则缝端区域的支撑缝长必然会相应丧失。因此，导流能力问题不仅是导流能力本身的问题，还同时牵涉到缝长的损失问题。这也是怎么强调裂缝长期导流能力都不过分的原因所在。以此类推，转向分支裂缝因应力高、延伸时间有限、多个分支裂缝导致的排量较低等因素，最终导致转向分支裂缝的导流能力相对更小且递减更快。这也解释了许多井压后产量递减快的本质原因。

还需要强调的是，虽然无支撑剂的裂缝靠岩石壁面的自支撑也具有一定的导流能力，但在储层埋深较大的情况下，自支撑的裂缝导流能力会快速丧失。解决的措施之一仍是适当增加各井簇间距和/或井距。同时，采用小粒径支撑剂、低密度高强度支撑剂或自悬浮支撑剂也是需要考虑的策略方向。显然地，最理想的优化目标是两井各簇裂缝的支撑剂分布均匀。但目前的多簇裂缝支撑剂动态输砂物理模拟结果表明，即使各簇裂缝均衡延伸了，但各簇裂缝支撑剂分布的差异性仍相当大，主要原因是支撑剂密度远大于压裂液密度，因此，支撑剂的流动跟随性相对较差，因流动惯性作用，可能更多地向 B 靶点附近的裂缝缝口处堆积，导致后续的大量压裂液及支撑剂只能在靠近 A 靶点附近的裂缝中运移和堆积。此外，因为靠近 A 靶点裂缝的分流效应和水平井筒中的压力梯度效应，越往 B 靶点，裂缝的进入排量及液量也相应降低，导致支撑剂的进入量相应降低。为此，在加砂过程中投入低密度暂堵球也是不错的策略选择。之所以选择低密度暂堵球，主要考虑到以往的中等密度暂堵球因流动惯性大等原因，很难准确地将进液及进砂量大的需要真正封堵的裂缝完全封堵住，反而可能座封在进液及进砂量小的不需要封堵的裂缝缝口处，进一步加剧了各簇裂缝进砂的非均匀性。但采用低密度暂堵球后，虽然不能完全实现与压裂液的流动跟随性，但起码大概率事件会是暂堵球将绝大部分进液及进砂量多的裂缝全部或大部分封堵住，而封堵进液及进砂少的裂缝的概率也大幅度降低。因此，投入低密度暂堵球的效果，起码是促进了已压开裂缝进液及进砂的均匀性。当然，如暂堵球座封后的压力升幅足以压开新的裂缝，那是最好不过的了。

上述讨论只是着重就加砂压裂进行的，如果是低渗或致密碳酸盐岩油气藏，则情况会略有不同。因不考虑加砂，其动态缝宽窄，面容比相对较大，则酸岩反应速度也应相对较大，因此，酸蚀裂缝导流能力不一定降低。另外，诱导应力因酸岩反应刻蚀效应小于非反应的水力加砂压裂的情况，导致在同等条件下的动态酸蚀缝宽应相对较宽，加上酸蚀刻蚀的缝宽，因此，总体的酸蚀缝宽及导流能力不一定降低。考虑到低渗致密碳酸盐岩储层一般为块状沉积体，有时高角度天然裂缝更为发育，因此在同等施工条件下的缝高更易快速增长，导致水平方向转向形成复杂裂缝的难度相对较大。

为此，为达到既控缝高又能形成横向复杂裂缝的效果，可以适当增加簇数（在段长一定的情况下相对于缩短簇间距），这样每簇排量就相应降低了，缝高肯定会相应得到某种程度的控制。同时，由于簇间距的降低，每簇裂缝在延伸过程中沟通邻近高角度天然裂缝的机会就会大增，且每簇主裂缝与天然裂缝的沟通方式主要有三种，一是主裂缝直接穿过天然裂缝（两向水平应力差相对较大且天然裂缝与主裂缝的夹角相对较大时），二是主裂缝沿天然裂缝延伸（两向水平应力差相对较小和/或天然裂缝与主裂缝的夹角相对较小时），三是二者没有任何沟通。

显然地，一般前两种情况发生的占比相对较大。从提高酸蚀裂缝体积出发，第一种沟通是期望的，既可以充分发挥天然裂缝对产量的贡献（沟通后会有一部分酸液进入天然裂缝溶蚀其中的充填物和继续延伸天然裂缝），还可以使主裂缝在继续沿既定方向延伸的过程中沟通更多的天然裂缝系统，进一步增加裂缝的整体改造体积，最终的主裂缝延伸长度还可以达到设计的预期要求，正可谓一举多得。而第二种情况发生时，主裂缝的延伸方向就会被迫改变（很少有主裂缝与天然裂缝延伸方向一致的情况，在此情况下，二者更难沟通了），此时几乎全部的压裂液被天然裂缝吸收，而天然裂缝发育的长度及方向又具有高度的随机性，因此，压裂裂缝基本上是不可控的，且延伸后的天然裂缝方向在很大程度上与其他天然裂缝沟通的概率是很低的（天然裂缝的延伸方向具有区域性的特点，在此区域内的发育方向应是基本一致的），除非该天然裂缝吸收不了几乎全部的压裂液，则主裂缝中会剩余一部分排量继续维持原先的延伸状态。此时就会发生天然裂缝与主裂缝相互竞争吸收压裂液的问题，显然地，由于主裂缝延伸阻力相对最小（天然裂缝一般在主裂缝的侧翼方向分布，在延伸过程中，其闭合应力肯定在一定程度上高于主裂缝承受的闭合应力），最终的主裂缝会逐渐将绝大部分排量吸收过来继续维持原先的主导性延伸地位。此时，主裂缝在继续延伸的过程中，又有很大的概率遇到下一个天然裂缝，然后又会发生上述类似的过程。

总之，第二种情况在很多时候与第一种情况是相互交错发生的，最终的效果可能更易实现更大的裂缝改造体积，因为沟通的天然裂缝也在一定程度上获得延伸扩展的机会。此时为了使主裂缝长度达到设计预期的要求，液量应适当增加，以弥补各个天然裂缝沟通延伸所消耗掉的液量。但具体增加多少液量，考虑到各个天然裂缝延伸的长度具有高度的随机性，因此，增加液量的设计也同样具有盲目性，以目前的技术水平而言还难以进行定量的设计计算。上述第三种情况发生的概率其实也相对较低，除非天然裂缝完全不发育或者其被某种填隙物完全充填而且此时主裂缝内的净压力还没有达到其张开需要的临界压力，或者天然裂缝与主裂缝完全平行。

天然裂缝完全不发育时肯定不会发生主裂缝与天然裂缝沟通的情况，但如果发育的天然裂缝只是其中充满了填隙物时，总有某个时间点主裂缝的净压力会突破其张开的临界压力（主裂缝的净压力在延伸过程中应是一直增加的，在加砂过程或暂堵过程中，净压力的增加幅度更大），此时也会发生二者沟通的现象。即使主裂缝与天然裂缝的方向是完全一致的，但在多簇主裂缝的延伸过程中，由于非常规油气藏的强非均质性，总有部分簇的裂缝会获得优势延伸地位，其诱导应力对其他簇主裂缝的延伸方向就会产生一定程度的干扰。换言之，其他簇的主裂缝在延伸过程中的方向可能会发生一定程度的偏转，因此，与原先平行方向的天然裂缝仍有沟通的可能。加上天然裂缝的区域性分布特征，主裂缝在延伸过程中也可能穿过不同的区域（非常规油气藏的主裂缝半缝长经常设计为250m甚至300m，因此，穿过不同区域的可能性是真实存在的），同样存在主裂缝与天然裂缝沟通的可能性。此时又可能会发生上述第一种情况与第二种情况相互交叉的现象，总之，最终的结果对提高裂缝的整体改造体积都是非常有利的。

综上所述，鉴于相邻两口井拉链式压裂的诸多局限性及进一步提高压裂时效的需要，亟须研究提出一种新的拉链式压裂技术，即三口井甚至更多井的拉链式压裂，如图5-4所示。

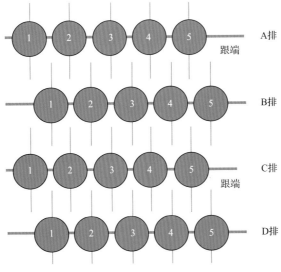

图 5-4 示例的多井拉链式压裂示意图

压裂顺序 B1-D1-A1-C1-B2-D2-A2-C2……

对三口井拉链式压裂技术而言，可在顺序压裂相邻的三口井的第一段后，再回到第一口井的第二段、第二口井的第二段、第三口井的第二段，如此循环往复，直到将所有井的所有段压裂完为止。与两口井拉链式压裂相比，三口井拉链式压裂的诱导应力干扰效应有一定幅度的降低，有利于提高各簇裂缝的起裂裂缝数量，也有利于降低段间距，进而提高水平井段的利用率。当然，三口井拉链式压裂的顺序也可模仿"得州两步跳"的策略，即先压裂第一口井的第一段，然后压裂第三口井的第一段，最后回过头来再压裂第二口井的第一段。然后，以此为顺序，循环往复，直到将所有井的所有段压裂完为止。显然地，与刚才的三口井顺序压裂相比，第二口井因有相邻的第一口井与第三口井对应段裂缝的应力干扰叠加效应，其改造程度应相对更好，但前提是三口井相互间的井距都不应太大，否则也失去了基于诱导应力原理的拉链式压裂的意义。另外，不管是上述哪种方式的三井拉链式压裂，相邻两井相邻裂缝间的诱导应力干扰效应进一步增强了，但第一口井与第三口井的外缘裂缝仍然不存在井间诱导应力干扰效应，至多存在本井多簇裂缝间的诱导应力干扰现象。当然，三口井拉链式压裂还有其他的多种组合形式，见图 5-5[10]。

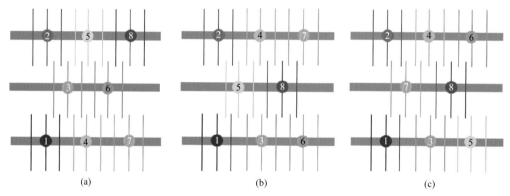

(a)　　　　　　　　　　　(b)　　　　　　　　　　　(c)

图 5-5　三口井拉链式压裂的三种方式示意图[10]

由图 5-5 可见，虽然三口井 8 个段的压裂位置保持恒定，但每段压裂的顺序组合有多种，显然，每种顺序组合产生的效果是不同的，如同样是中间这口井的第一段压裂，图 5-5(b)的应力干扰就弱些，图 5-5(c)的就更弱了。至于图 5-5(b)和(c)哪个更好，主要取决于诱导应力是否达到某个临界值，即既能最大限度地提高中间井第一段的裂缝复杂性程度及改造体积，又能避免抑制其部分簇裂缝的起裂。

至于每口井每段裂缝错开距离的影响，主要取决于诱导应力影响下每簇裂缝是否产生了转向分支裂缝以及该转向分支裂缝的转向角及延伸距离。转向角取决于当时的水平应力差大小及压裂液黏度与排量的组合。如果当时的应力差大（不是原始水平应力差）和/或压裂液黏度与排量的乘积相对较小，则转向角（分支裂缝偏离主裂缝的锐角）就相对较小；反之，则分支裂缝的转向角就相对较大。而转向分支裂缝的缝端到主裂缝垂直距离的 2 倍，就是上述每段裂缝错开距离的最小值。考虑到主裂缝不同转向裂缝处的诱导压力叠加的结果还是有差异的，因此，即使是同一口井的同一个主裂缝，其不同位置处的分支裂缝的转向角及延伸距离也是不同的，则上述裂缝错开距离的最小值应是分支裂缝中延伸最长和/或转向角最大情况下计算的缝端到主裂缝垂直距离的 2 倍，否则，会产生不同井不同裂缝间的过早干扰效应，反而不利于提高相邻两井间的裂缝整体改造体积。

至于每口井每簇裂缝缝长的设计，在不产生上述井间裂缝过早窜通的情况下，可设计为井距的 70%～90%，理想的情况下应是 100%，但考虑到多簇裂缝起裂与延伸的非均匀性始终存在，为避免部分射孔簇裂缝过早与邻井井筒相通，设计 70～90 口较为稳妥。

复杂裂缝中各种尺度的裂缝尤其是转向分支裂缝及三级微裂缝中支撑剂的充分充填，依然是个十分艰巨的任务。关键是各种尺度的裂缝宽度、体积占比等的计算具有高度不确定性，加上转向分支裂缝起裂与延伸的时机、延伸的时间、起裂位置及条数等也难以准确判断和计算，三级微裂缝的起裂和延伸情况就更难以判断和计算了。但不管如何，在体积裂缝或其影响的储层岩石范围内，分支裂缝及微裂缝的体积占比应占据绝对的主导地位。因各种商业软件模拟的单段裂缝改造体积动辄十几万立方米或几十万立方米，而单个主裂缝按缝长 250m、缝高 30m、造缝宽度 15mm 计算，也仅 225m³（双翼裂缝体积），即使按每段 10 簇裂缝计算，主裂缝的体积也仅 2250m³。即使再加上主裂缝流动波及的体积，因为其波及的方向为垂直于主裂缝的最小主渗透率方向，所以与转向分支裂缝及微裂缝的油气波及方向的渗透率不可同日而语。换言之，主裂缝对整个裂缝改造体积的贡献是不占优势的，而之所以要尽量大的主裂缝长度及高度，也是利用这个优势增加大范围沟通与延伸小微尺度裂缝的概率。目前国外有在前置液造缝过程中同时加入 200 目的微细支撑剂并取得成功的报道。该微细支撑剂的粒径、砂液比及总量的优化是至关重要的，只有粒径选取合适、砂液比及用量等参数也与造缝过程中产生的三级微裂缝发育情况匹配性好，才能取得既能最大限度地降低滤失、提高造缝效率，又能最大限度地实现压后对三级微裂缝的充分支撑的效果，从而达到一举两得的目的。

进一步地，如拉链式压裂的井数超过三口井，可以有更多井进行拉链式压裂。在此情况下，随着井数的增多，有井间诱导应力干扰效应的裂缝数量占比也增加。但考虑到诱导应力的时效性，如井数太多，按顺序压裂的话，再次回到第一口井压裂时可能已失去诱导应力干扰效应了；如不按顺序压裂，如何排布各井压裂顺序，也并无先例可循。参照上述图 5-5 的类似方法，随着井数的增多，各种压裂顺序组合也增加。当然，参与多井的拉链式压裂作业，也并非井数越多越好，应以促进井间诱导应力干扰和复杂裂缝形成为目标，同时又不影响裂缝的起裂，还要进行经济上的综合权衡分析。

第二节 多井同步压裂及同步拉链式压裂技术

一、多井同步压裂技术

与拉链式压裂模式不同，同步压裂是相邻两口井，每口井采用独立的压裂车组及泵注系统，同时对各自的第一段进行施工作业，然后再同时压裂各自的第二段、第三段……，以此类推，直到将所有的段都施工完为止。当然，随着压裂装备技术的进步，小型化、大功率、智能化是其发展方向，加上配套的地面高压分流管汇的应用，一套压裂装备也可以同时给相邻的两口井进行同步压裂作业[11-14]。则以往同步压裂的概念要及时更新才行。此时,同样的两套压裂车组,同步压裂的井数就由以前的两口井增加到四口井。以此类推,三套压裂车组可以进行六口井的同步压裂作业,四套压裂车组可进行八口井的同步压裂作业,最终如在某个区块上有更多的井投入同步压裂,就是类似的集群式压裂了,将会在第八章详细介绍。

由于在同一时间内有两口井的两段更多簇裂缝相互干扰,裂缝复杂性及整体改造体积较拉链式压裂会有较大幅度的增加。类似地,如果有三口井甚至更多的井进行同步压裂,则诱导应力的叠加效应会更加强烈,裂缝的复杂性及改造体积也会更进一步增加。而且,随着井数的增多,没有诱导应力叠加区域的面积占比是逐渐降低的,如两口井是50%,三口井是33%,四口井是25%,五口井是20%,以此类推。但诱导应力叠加区的多簇裂缝均衡起裂与延伸的难度也会相应增加。多井同步压裂的示意图见图5-6。

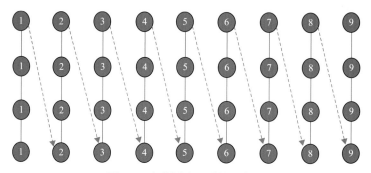

图 5-6 多井同步压裂的示意图

从下到上分别为 A 排、B 排、C 排、D 排、A1、B1、C1、D1 同时压裂,然后 A2、B2、C2、D2 同时压裂,以此类推

与前述拉链式压裂类似,同步压裂的诱导应力叠加区也是相邻两井的对应裂缝交叉分布且进入重叠区时才真正起作用。因此,缝长设计应大于井间距的一半且越大越好,但一般设计为井间距的 60%~70%较为稳妥,原因是多簇裂缝非均衡起裂与延伸情况难以完全遏制,一旦优势裂缝的前缘突破相邻的水平井筒(正好沟通射孔眼才有用,如没有沟通射孔眼,则可能穿过邻井的井筒继续延伸,这反倒不用担心了),易引起相邻两井压裂窜通效应。退一步讲,这种相邻两井同步压裂窜通的情况即便发生了也并没有多大的破坏效应,反而因窜通造成相邻两井的井筒压力接近或相当,导致每口井造缝及延伸相互平衡,最终可能反而是有利的。从这个角度讲,相邻两口井对应裂缝间的窜通也不用太担心。但裂缝间的窜通从原理上分析可能性相对较小。原因在于,即使邻井的对应裂缝没有交叉分布,极端的情况是正对分布,在对应裂缝的缝端相对接近时,因裂缝延伸方向即最大水平主应力方向也有诱导应力作用,就像同性磁铁那样发生绕着对方延伸的情况。

这种原理解释也被以前的现场实践所验证(以前直井分层压裂的缝高一直担心相互压窜的问题,但现场很少出现这种问题,即使上下邻层的距离相对不大,且从分层模拟的缝高叠加结果也完全超过了上述距离)。另外,有一点需要指出,如因诱导应力效应,裂缝的延伸方向发生了某种角度的偏转,则相邻井的裂缝是有可能窜通的。但即便如此,因相邻井的诱导应力作用范围相对有限,各井裂缝的偏转方向也应是一致的(假设储层基质的非均质性相对较弱为前提），换言之，相邻井的裂缝在延伸方向上仍是平行的，也难以窜通。

但需要特别指出的是，正是因为诱导应力作用首先发生在各井的段内多簇裂缝间，且非常规油气藏具有强非均质性和各向异性特性，各簇裂缝起裂与延伸的非均衡性难以完全避免，所以各簇裂缝延伸时难以一直沿初始的方向延伸，可能会发生某种角度的偏转，而邻井的对应裂缝也可能会发生同样的情况，且偏转的角度还不一定一致，因此，从这个方面讲，邻井对应裂缝间的沟通或窜通也是可能发生的。只是沟通的方式不同，如直接穿过，影响倒不大，但压力平衡效应在一定程度上是存在的。如沟通后沿邻井的对应裂缝延伸，则窜通的程度最大，压力平衡效应几乎是可以快速实现的。

就同步压裂的时机而言，当然是开发初期的同步压裂效果最好。此时油气藏处于原始的压力、应力和含油气最好的阶段，利用同步压裂获得最大裂缝复杂性及改造体积的优势，可最大限度地发挥储层的生产潜力。当然，如在开发的某个阶段进行同步压裂，虽然原始的水平应力差是降低的（油气生产引起的孔隙压力的降低导致两个水平主应力同步降低，但因最大主应力方向也是最大主渗透方向，其应力降低幅度更大），而且更有利于同步压裂时的裂缝转向和改造体积的增加，但因油气丰度降低导致的压后增产效果可能并没有初期效果那么明显。这与重复压裂的时机研究的原理极其类似。但正因为原始水平应力差降低，主裂缝在延伸过程中可能更易发生多次转向，这对主裂缝的顺利加砂以及让支撑剂进入主裂缝沟通的转向分支裂缝及微裂缝中也是极其困难的，尤其当考虑地层压力降低引起的储层综合滤失系数加大，导致造缝宽度降低，支撑剂的进入就更为困难。因此，同步压裂的时机越早越好。当然，如是后期加密井（子井）的同步压裂则另当别论，但是，为了降低子井压裂裂缝向早期压裂井（母井）裂缝泄压区延伸沟通的风险，一般会提前对母井进行注水，以维持母井与子井的应力平衡或接近平衡状态，从而在一定程度上可避免母井与子井的压裂干扰效应。这个会在后面的有关章节中进行更详细的阐述，在此不再赘述。

但同步压裂也有缺点，一是过高的诱导应力作用可能使部分射孔簇裂缝难以充分延伸甚至无法有效起裂，尤其在目前的裂缝簇数越来越多的情况下，由于地质非均质性、水平井筒压裂液流动压力梯度及支撑剂与压裂液流动跟随性差等多因素共同作用，部分射孔簇裂缝本来就难以有效起裂和均衡延伸，过高的诱导应力作用肯定会加剧这一趋势。最终导致的结果一是裂缝的复杂性及改造体积非但没有增加反而可能因此降低。二是诱导压力作用区的支撑剂运移铺置相对困难，原因在于增加的应力使裂缝宽度相应降低。与拉链式压裂相比，这种支撑剂运移困难导致的非均衡分布效应将更加严重，相应地，段簇中间位置的裂缝对压后产量的贡献也将大打折扣。三是如果相邻两套压裂车组及泵注系统同时进行大排量及变黏度压裂工艺的施工，可能造成地面管线及井口的震动现象加剧，更容易出现高压管汇的松动和井口刺漏等危险现象。

二、同步拉链式压裂技术

同步拉链式压裂则是同时兼顾了拉链式压裂和同步压裂的优势，并且也在一定程度上避免了单纯的同步压裂或拉链式压裂的劣势。所谓同步拉链式压裂，是指至少在相邻的四口井进行压裂作业,其中相邻的两口井采用一套压裂车组的拉链式压裂模式,两组拉链式压裂的四口井集中在一个"井工厂"面积内,则相互间的诱导应力干扰效应都大于单一的拉链式压裂或同步压裂。但考虑到同步压裂的诱导应力叠加效应只在最中间的相邻两口井间(每口井对应各自的拉链式压裂),且主要在相邻两口井的某一侧翼裂缝方向上,因此,总体上不用担心因诱导应力过大导致的裂缝起裂与延伸的非均衡性效应加剧的现象。换言之,在同步拉链式压裂模式中,诱导应力叠加区域的面积并不是随井数的增加而呈线性增加,因为诱导应力在传播过程中随介质的物理性质的变化会发生很大的变化,这些介质的变化包括水平井筒及裂缝,尤其是相邻的裂缝,诱导应力大部分会被吸收掉或过滤掉。但从"井工厂"角度而言,多井同步拉链式压裂会产生地层压力的整体式抬升,从而增加了压后生产的稳产能力。虽然就某口井而言,地层压力的增加可能阻碍了本井油气的顺畅流出,这与地层本身就是高压的情况不可同日而语,但对邻井的生产确是利好,因为本井地层压力的抬升,会促使本井附近的油气向邻井附近区域运移。但随着高压渗吸作用的逐渐发挥,井底附近的大量压裂液也会逐渐向储层深部运移,从而留出油气的流动通道,此时,因本井压裂液进入造成的地层高压效应,同样对本井油气的产出起到正向的促进作用,只是时间上略有滞后而已。

另外,按同步拉链式压裂的原理,相邻的三口井也可进行同步拉链式压裂作业,只不过中间的那口井压裂进度是其他井的两倍而已,则中间井压裂结束后,拉链式压裂井的组合要进行及时调整。这种三口井的同步拉链式压裂的诱导应力干扰效应小于相邻四口井的,但对各簇裂缝的均衡起裂和延伸应具有促进作用。

如果井数多于四口(应是四的整数倍),应力叠加的效应与上述四口井的应基本相当,只是随着井数的增多,没有应力干扰或应力干扰弱的外缘井的外缘所占的区域面积占比降低了,且诱导应力传递穿过水平井筒或邻近裂缝后的概率也增大了,从理论上而言,诱导应力的传播不管遇到任何沿途介质的变化,都会向远处传递,只不过是应力传递的衰竭速度不同罢了。因此,从这个角度而言,多井同步拉链式压裂覆盖的区域内,发生诱导应力转向效应的概率应大幅度增加。这可能会加剧上述多簇裂缝间的非均衡起裂与延伸。但正因为上述诱导应力的叠加效应覆盖的面积大,所以,地应力尤其是最小水平主应力是整体式抬升的,导致引起多簇裂缝非均衡起裂与延伸的主控因素已转变为不同区域、不同段簇位置处的裂缝诱导应力的差异性。换言之,随着同步拉链式压裂井数的增加,井工厂内出现复杂裂缝和提高整体裂缝改造体积的正效应的概率要远大于多簇裂缝非均衡起裂与延伸的负效应的概率。

需要指出的是,四口井同步拉链式压裂的顺序排列也是有较大影响的,第一段压裂就有四种排列组合,相应的第二段压裂也有四种排列组合,以此类推,每一段的压裂都是四种排列组合。这种压裂模式的压裂车组有两套。多于四口井的同步拉链式压裂,每段压裂时的排列组合就更多了。至于具体哪种排列组合的压裂顺序好,主要取决于两个优化目标的综合权衡,即既能最大限度地提高诱导应力的裂缝转向效应,又能最大限度地避免诱导应力对各簇裂缝起裂延伸造成的非均衡性。同样地,考虑到相邻的两口井相对的裂缝产生重叠区时诱导应力最大,因此,同样应进行交叉布缝设计及施工作业。

多井同步拉链式压裂示意图见图5-7。

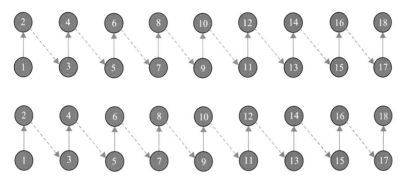

图5-7 多井同步拉链式压裂示意图

从下到上分别为A排、B排、C排、D排，A1、C1先同时压裂，然后B2、D2同时压裂，
接着，A3、C3先同时压裂，然后B4、D4同时压裂，以此类推

与同步拉链式压裂原理相似，拉链式同步压裂也可同时结合同步压裂及拉链式压裂的优势并避免了上述压裂方式的缺点。所谓拉链式同步压裂是指，首先是相邻两口井同步压裂第一段，然后再同步压裂邻近的另外两口井的第一段，再回过头来同步压裂先前两口井的第二段，然后再同步压裂邻近的另外两口井的第二段，以此类推，直到将四口井的所有段压裂完为止。这种压裂模式同样需要采用两套压裂车组，且四口井都存在井间的应力干扰效应，只不过同步压裂的两口井应力干扰更强，而最中间的两口井虽然也存在井间应力干扰效应，但存在一个时间滞后效应。与单纯的相邻两口井同步压裂模式相比，这种模式的同步压裂也存在一个时间滞后效应，因此，整体上相邻四口井范围内的诱导应力作用应弱于同步拉链式压裂，裂缝的非均衡起裂与延伸效应相对有所改善。

对多于四口井的拉链式同步压裂而言(井数也应是四的整数倍)，只是相当于邻区有另一个四井式的拉链式同步压裂而已。但一定要是邻区的，相互间也可产生某种程度的应力干扰效应才行。但据国外目前的最新研究成果，参与压裂作业的井数以四口井为基础最为经济适用，超过四口井可能造成操作上的问题，同时井间诱导应力的利用和把控难度也较大。

需要指出的是，上述讨论的多井同步压裂、同步拉链式压裂及拉链式同步压裂模式都是基于单层的"井工厂"而言的，诱导压力的干扰效应也都是以层内相对较大为前提的。但如果考虑相邻两层的"井工厂"，由于纵向上诱导应力传播的距离及大小等都相对较弱(纵向上水平层理/纹理缝及渗透率更小等因素共同作用)，诱导应力的不利影响一般只能发生于同层内。因此，相对而言，相邻两层的"井工厂"多井同步压裂、同步拉链式压裂及拉链式同步压裂可比单层"井工厂"多一倍的井进行类似的压裂作业，且压裂的顺序排列就更为复杂多变了，如同步压裂既可以是单层"井工厂"的，也可以是多层"井工厂"的。同样地，拉链式压裂也应如此。但井场面积应相对更大，或者压裂泵车的体积更小和功率更大才能完成相邻两层"井工厂"的上述多井压裂作业，甚至是相邻三层"井工厂"的多井压裂作业。

总而言之，不管是同步拉链式压裂模式还是拉链式同步压裂模式，不变的是如何对诱导应力作用进行因势利导，以最大限度地发挥其有利作用和抑制其不利影响，变化的是压裂井的两两组合及其先后顺序(综合考虑经济性及现场可操作性)。要实现上述技术目标，必须基于"井工厂"立体范围内的精细地质力学模型的建立(尤其是以天然裂缝及各级断层的精细刻画为基础，以及相应的地应力场模拟)及多井多缝间诱导压力干扰效应的精确模拟计算。

第三节　基于诱导应力错峰排布的多井压裂技术

虽然诱导应力导致出现复杂裂缝的概率大幅度增加，但由于诱导应力传递的差异性，多簇裂缝间的非均衡起裂与延伸现象依然大量存在，这在一定程度上降低了段内诱导应力效应及复杂裂缝出现的概率(只有同步起裂与同步均衡延伸的裂缝间的诱导应力才最大)，二者恶性循环，进一步加剧了上述现象。更有甚者，正是由于非均衡延伸效应，进液量大的簇裂缝产生的诱导应力最大，且此裂缝一般靠近 A 靶点附近，导致下段压裂时要加大段间距以避免下段裂缝应力干扰和非均衡起裂延伸情况。

上述非均衡延伸现象进一步加大了压裂过程中套管变形的风险，因为起裂早与延伸好的簇裂缝一般为脆性好、地应力低及含油含气性好的位置，一旦其吸收了大量的压裂液及支撑剂，会导致局部过大的应力集中效应，加上该处的进砂量也多，大量支撑剂的注入对该处的磨蚀效应大，进一步加剧了该处发生套管变形的风险。因此，在"井工厂"多井压裂中，如何选择压裂井的先后顺序就显得至关重要了。由此提出了基于诱导应力错峰排布的多井压裂技术。显然地，该技术的优化前提是"井工厂"范围内地质力学模型的精细建立以及在此基础上的多井多簇裂缝诱导应力叠加模型的建立，这是一个异常复杂艰巨的模拟计算工作，计算结果的准确与否，可由现场的施工压力尤其是施工结束时的瞬时停泵压力来定性判断，如果瞬时停泵压力逐段增加，说明相邻段间施工有应力干扰现象，则错峰排布的压裂井顺序要由此进行相应的必要性调整。当然，如瞬时停泵压力有整体式抬升但相邻段间的差异性不明显，则说明计算结果也基本准确，错峰排布的压裂井顺序也没有问题。

与拉链式压裂在相邻两口井间的顺序交替压裂不同，错峰排布压裂井的选择可能要隔开邻井甚至有时要隔开相邻的两口井。换言之，错峰排布多井压裂的目标是既要最大限度地利用诱导应力的叠加效应，又要最大限度地降低诱导应力的非均匀性对多簇裂缝均衡起裂与延伸的不利影响。值得指出的是，叠加的诱导应力的非均匀性基本上是一个普遍性规律，主要原因首先在于诱导应力传播的衰竭速度相对较快，在其传播的不同位置处，诱导应力的大小差别很大；其次在于储层普遍存在的地应力本身的非均质性和各向异性；最后在于多簇裂缝本身延伸的非均匀性，每簇裂缝产生的诱导应力也是千差万别的。如再考虑到支撑剂与压裂液的流动跟随性差的问题，则进一步加剧了多簇裂缝延伸的非均衡性。特别是，如压裂过程中发生套管变形，要丢掉一些段簇，这些丢掉的段簇位置基本没有产生诱导应力及其叠加效应。上述因素都导致了多井错峰排布压裂时的诱导应力的非均匀性。

综上所述，错峰排布压裂技术类似于以往提出的单井压裂的"得州两步跳"技术

（图 5-8），即先压裂第一段，然后压裂第三段，再回过头来压裂第二段，只不过是将段更换为井而已，因此二者的技术原理类似[15-17]。只不过因模拟情况的不同，有时可能要跳过附近的两口井。此时，压裂的先后顺序就没有"得州两步跳"那样具有高度的规律性。但不管压裂井的顺序怎么排列，就某一段压裂而言，如排最后的压裂井的该段压裂工作没有完成的话，就不能进行别的井下一段的压裂施工。相对而言，错峰排布压裂技术更适应于高密度地下"井工厂"压裂作业，如井工厂的井数少，则失去了错峰排布的可能性。尤其是目前，单一"井工厂"平台上的钻井数量越来越多，国外页岩气井有的可达 50 口以上，国内页岩气目前也基本是 6～8 口井，随着钻井三维绕障技术的进步和复杂储层的特殊开发技术及新工艺要求，井工厂的密度即钻井数会越来越多，这些都为多井错峰排布压裂提供了广阔的应用与推广空间。

图 5-8 "得州两步跳"压裂示意图

多井错峰排布压裂的示意图如图 5-9 所示。

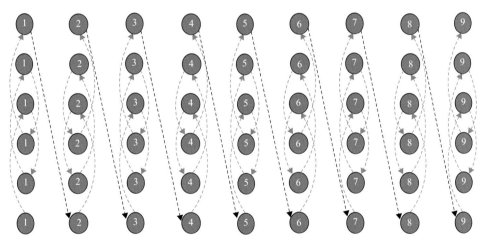

图 5-9 多井错峰排布压裂示意图

从下往上井排依次为 A 排、B 排、C 排、D 排、E 排、F 排，压裂的顺序为 A1、D1、B1、E1、C1、F1，然后依次为 A2、D2、B2、E2、C2、F2，以此类推

需要指出的是，错峰排布压裂还暗含的一个含义是先压裂井一旦诱导应力太大，通过压裂远处的井以避免受其不利影响，在该井压裂等待期中，其周围的诱导应力会缓慢释放或衰竭，直到其诱导应力效应不至于引起邻井多簇裂缝的非均衡起裂与延伸现象为止。为模拟诱导应力的衰竭效应，可以参考该井压裂结束时的瞬时停泵压力与下次开泵前的开井压力的差值，作为近井筒处的诱导应力最大衰竭量（近井筒处的诱导应力与主裂缝的净压力是相当的）。而优化的诱导应力衰竭幅度应基于目标井层的精细地质力学模型和各簇裂缝起裂压力的精准计算为基础，目标是在保证各簇裂缝尽可能多地起裂的

前提下，最大限度地实现裂缝的复杂性程度和整体裂缝改造体积的提升。

第四节　"井工厂"加密子井防干扰压裂技术

对"井工厂"压裂而言，初期由于各种经验不足，难免会设计过大的井间距，导致相邻两个水平井间存在大量的未动用的流动死区。国外通过钻井取心的方法也发现支撑剂运移的距离(即裂缝半长)一般在 50m 以内。缩小一半井间距的加密井钻井及后续压裂的部分实践也证实了加密井及其裂缝延伸区域基本上仍处于油气藏的原始应力状态。但由于多簇射孔裂缝起裂与延伸的不均衡性仍难以完全避免，尤其在"井工厂"开发模式及水平井分段多簇压裂的早中期阶段，对多簇裂缝的均衡起裂与延伸控制方法还不具备或不完善，在此情况下就更难以避免了。裂缝不均衡延伸的主要表现是部分簇裂缝长度过长，可能远超过井间距的一半，这就带来了加密井(或称之为子井，先打的井为母井)在压裂过程中的干扰问题。所谓干扰就是指压裂施工压力因沟通邻井的低压区发生突然变化导致加砂风险加大和不可控程度增加。图 5-10 为现场加密井压裂受到母井干扰的施工曲线。

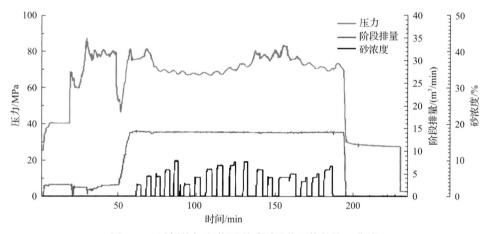

图 5-10　示例的加密井压裂受到母井干扰的施工曲线

另外，由于非常规油气储层非均质性和各向异性相对较为严重，母井压裂裂缝波及区域内的地应力除了大小发生相当幅度的降低外，地应力的方向也可能发生某种程度的偏转，导致子井压裂时的裂缝可能转向母井裂缝波及的低压区延伸，因此，子井压裂时容易发生压力突降甚至砂堵等不利情况，且因泄压区的储隔层应力差较原始值增大，所以子井压裂的裂缝缝高尤其是远井缝高会有一定幅度的降低，且泄压区的储层压力降低幅度越大，这种缝高的降低幅度也越大，因此，子井压裂裂缝改造体积的降低幅度也越大。显然地，子井压裂时因发生与母井的井间干扰，一般的裂缝延伸是强非对称性的，且靠近母井生产泄压区的一侧裂缝延伸得更长。但到一定的缝长后，因滤失的加剧，在某种临界条件下，注入速度可能与滤失速度持平，则裂缝就会停止延伸(压裂施工曲线上应反映为其他参数不变的情况下压力一直维持在恒定状态)。此时应立即停止注入。显然地,上述子井压裂的裂缝非对称延伸程度(用两翼裂缝的半缝长的差值与假设的子井在油气藏的原始状态压裂时两翼对称延伸的半缝长的比值来表征)越大越不利。其主要影响因素有母子井间的井距、子井压裂的时机,以及母井裂缝波及区域的储层扩散系数(与储层的渗透率、孔隙度、油气黏度及综合压缩系数有关),且上述母子井的井间距越大、子井的压裂时机越早及储层扩散系数越小,上述子井裂缝的非对称延伸程度越小,反之越大。上述参数的具体优化还应结合经济效益及母井与子井的累计产量之和的最大化为目标进行相应的模拟及优化工作。

因为母子井的井间距及储层扩散系数等都难以人为控制,能够人为控制的就是通过控制子井的压裂时机,降低压裂时裂缝非均匀扩展程度[18]。

那么,如何降低母井压裂裂缝对子井压裂的上述干扰? 常规做法有:一是优化子井的压裂时机及母子井的井间距。显然,压裂时机越早和/或母子井的井间距越大,母井压后生产时的压裂裂缝泄压区越难以波及子井及其裂缝延伸区,但子井的压裂时机也不能太早,且这也不现实,原因在于子井压裂时应是第一批母井的井网都完善后,如生产递减快才转为子井的井网部署及后续的压裂工作。二是对母井先注水增压,恢复或部分恢复井底及裂缝波及的亏空区地层压力,示例的压裂施工曲线见图 5-11。需要指出的是,临近的母井一般有两口,要同时等量进行注入,否则,注入量少的母井裂缝波及区域仍可能会诱导子井压裂的裂缝偏转(但由于非常规油气藏的非均质性及各向异性一般相对较强,很难保证相邻的两口邻井可以等量注水),但相比于邻近的两口母井都不注水的情况,子井压裂裂缝延伸的非均衡性肯定会得到明显改善。

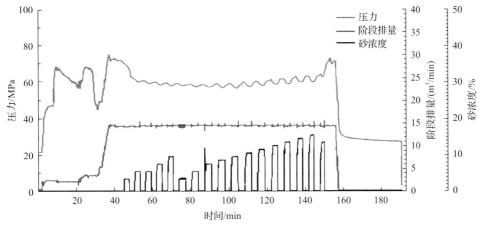

图 5-11 母井注水后子井压裂施工曲线(几乎没有影响)

虽然上述母井注水的方法简单实用,但存在的问题是大量水的进入是否会造成该井生产时的水锁效应? 因为与第一次压裂不同,第一次压裂时非常规储层普遍呈现出缺水状态,对水的吸纳能力相对较强,即渗吸能力相对较强,换言之,水相的进入对油气流动通道不产生影响或影响较弱。但等子井压裂前再次注入大量水时,则水与岩石的微观作用机理尤其是储层岩石基质的吸水能力与第一次压裂时应有显著的不同,结果导致大量的注入水主要滞留于母井压裂的裂缝系统及与其沟通的天然裂缝与水平层理缝系统中，显然地，这些近井筒及近裂缝系统的水相会占据原来的油气流通道，且侵入的深度因毛细管力作用还相对较深。但从另一个层次进行分析，第一次渗吸后因对孔喉的溶蚀作用，近井或近裂缝地带的毛细管力是变小的，只有第一次渗吸未波及的区域，毛细管力才维持原先的相对高水平。换言之，母井第二次渗吸作用发生时，在第一次渗吸作用区域内是变差的(但因毛细管力变小易于将注入水快速推进到第一次渗吸未波及的区域)，但超过第一次渗吸作用区域则维持不变。因此，上述二次渗吸机理研究是相当复杂的，需要进一步加强后续相关的工作。

此外就是在子井压裂时通过多级暂堵技术实现裂缝向原始应力区或接近原始压力区的延伸，示例井的施工曲线见图 5-12。之所以采取多级暂堵技术就是因为子井压裂的裂缝在延伸过程中，会不断地向母井及其裂缝波及的低应力区域转向与沟通，为防止大量滤失(滤失大的原因有两个方面，一是母井压裂的裂缝及与其沟通的天然裂缝、裂隙的滤失加大；二是地层压力亏空造成滤失压差增大导致滤失加大)造成的低效施工或砂堵效应，采用多级暂堵转向技术，可在降滤的同时迫使裂缝向接近原始应力状态的区域延伸。具体暂堵的级数与母井的老裂缝波及的区域大小有关系，波及的区域越大，则暂堵的级数应越多，反之则越少。至于压裂过程中的降滤失技术，主要包括适当增加压裂前置液的黏度和/或体积、采用 70/140 目小粒径支撑剂或其他固体暂堵颗粒(如油溶性树脂)等。压裂液也可用滤失小的泡沫压裂液，在降低滤失的同时，压后还有助于悬砂和返排，也能降低水相的关联性伤害等。但泡沫压裂液有个缺点是难以沟通小微尺度的复杂裂缝系统，同时，因静液柱压力低导致井口压力增加等。

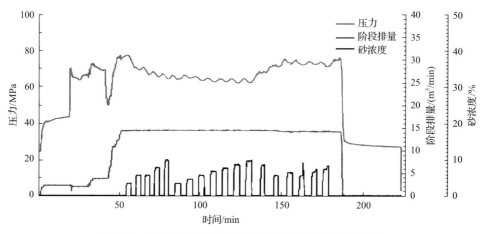

图 5-12　子井多级暂堵后压裂施工曲线(几乎没有影响)

从某种意义上讲，只要相邻的两口母井同时注水且注水量相当(假设两口母井及其裂缝延伸区域的储层扩散系数相同，否则应进行相应的数值模拟计算)，则子井压裂时就相当于"得州两步跳"，只不过将其中的段换为井而已。换言之，子井压裂时同样可产生三口井间的诱导应力叠加效应及相应的复杂裂缝，只不过是母井应力衰竭后因弹塑性难以完全恢复到原始的诱导应力状态而已。而且随着母井注水的进行,水平应力差会增大,但不会达到原始值,且储隔层应力差也会逐渐降低,但也不会降低到原始值。这些参数的变化,都会对子井压裂裂缝的起裂和扩展规律造成相应的影响。

需要注意的是,母井第一次压裂及子井压裂前又注入大量水,加上子井压裂的注入水,相邻的三口井前后累计注水量可能高达 $2 \times 10^5 \mathrm{m}^3$ 以上,因此,水化及渗吸机理需要进行精细模拟与评价研究,且早期的水化及渗吸与后期的水化及渗吸,在影响程度及效果上估计会有很大的差别。从理论上而言,后期注入水的水化效果应明显降低,且渗吸效果也会明显降低,原因在于第一次压裂注入的水已将裂缝系统附近的区域基本饱和,再次注入的水难以直接接触岩石基质进行再次水化扩孔。另外,第一次压裂的注入水因溶蚀扩孔效应,毛细管力应相应降低,导致渗吸深度也相应降低(虽然可能仍相对较深)。也就是说第二次注入的水容易在近井筒及原先的裂缝区域滞留,影响后续油气的顺畅流出。

当然,上述讨论中,还应考虑到渗吸的适用储层条件问题,应主要是海相沉积的非常规油气藏。而陆相的非常规油气藏,因其黏土含量相对较高且其中的水敏性蒙脱石的含量相对更高,是否适合于渗吸作用,要取目的井层的岩心进行大量的渗吸效果实验研究才能获取有关的结论。

需要强调的是,母井注水时应适当控制注入速率,防止其裂缝在注水过程中再次张开引起支撑剂的二次运移分布及沉降。否则,母井注水结束后,很难再恢复到先前的产量水平。具体控制方法就是在准确评估母井注水前的真实地层压力的基础上,再进一步评估其裂缝闭合压力的变化,由此反推注水时的井口最大允许压力。考虑到母井因长期生产,地层压力亏空较大,注水时的滤失速率也相对较大,因此井口压力也很难快速上升到上述井口最大允许压力水平。

另外,上述两个措施只是强调了如何防止母子井压裂时的井间干扰和子井裂缝的非对称延伸程度问题,而没有考虑支撑剂运移及铺置的影响问题。显然地,当子井压裂的一翼裂缝延伸到母井裂缝泄压区范围后,因滤失增大导致缝宽变窄,因此,支撑剂难以顺畅进入。换言之,在加砂前的子井裂缝非对称延伸主要向母井裂缝泄压的低压区延伸,一旦支撑剂进入困难后,实际支撑的裂缝长度可能不一定有另一翼裂缝长,因此,子井支撑裂缝的非对称延伸程度应有所缓解。但也应通过加砂参数等控制(如在其他参数不变的情况下,井口施工压力一直持续上扬,应是远离母井泄压区一翼裂缝更多延伸和加砂的证据),防止支撑裂缝非对称延伸程度加剧。

需要强调的是,上述论述中只强调了母井裂缝泄压区地应力大小的降低对子井压裂裂缝延伸的影响,而没有考虑上述泄压区中地应力方向变化导致的子井压裂裂缝的延伸转向问题。正是由于非常规油气藏的非均质性和各向异性一般相对严重,母井压后生产引起的孔隙压力降低及地应力的降低,在不同方向的降低幅度是不同的,在最大水平主应力方向降低的幅度最大(对应最大主渗透率方向),在最小水平主应力方向降低的幅度最低(对应最小主渗透率方向)。最终导致在母井压裂后生产的某个时间节点后,地应力方向会发生局部或区域性反转(图 5-13)。

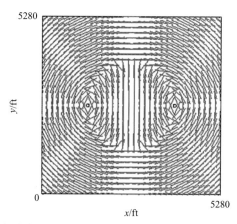

图 5-13　某非常规气藏两口生产井生产 15 年后最大主应力的变化

原始最大水平主应力方向为东西向，产量 $5 \times 10^4 \mathrm{m}^3/\mathrm{d}$

一旦地应力方向发生上述局部或区域性反转，在子井压裂时易发生裂缝的一次或多次转向，这虽然有利于形成复杂裂缝形态，但支撑剂在裂缝的转弯处易发生堆积和砂堵效应，加上一旦延伸到母井压裂裂缝泄压区，滤失速率也明显增加，更增加了子井压裂的施工风险。鉴于此，必须及时对区域和单井的地质模型进行修正，为子井压裂优化设计及施工提供实时的动态的基础地质参数。当然，子井压裂时对地质参数的实时反演分析也至关重要，尤其是对压裂施工压力曲线的综合分析判断，比母井在原始地质环境下压裂实时分析反演的难度更大。

第五节　多层"井工厂"立体压裂技术

随着"井工厂"开发压裂模式的逐渐普及，它的降本增效效果较以往的单井模式日益显现。以往虽然也讲求对井网或井组进行整体开发，但压裂时一般都是单井逐一进行的，因此，压裂的时效要差得多[19]。考虑到国内非常规储层与国外的巨大差异性，主要是地质构造运动频繁导致的垂向应力与最小水平应力差值相对较小，因此，在同等埋深及同等压裂施工参数的前提下，段内各簇裂缝的平均缝高与国外相比是相对降低的，甚至有时降低的幅度还很大。因此，国内的非常规储层可能更需要以两层甚至两层以上的更多层"井工厂"模式进行开发。目前，涪陵页岩气田已率先在焦页 66 号扩井组的四口井上进行连续试气，测试日产量高达 $6.7 \times 10^5 \mathrm{m}^3$，开创了页岩气三层立体井网精细开发的先河。

顾名思义，所谓多层"井工厂"立体压裂技术是针对以往的单井压裂模式或单层"井工厂"多井压裂模式而言的，就是指通过各层"井工厂"的多井同时或错时压裂作业，实现各层"井工厂"压裂裂缝的三维立体交错分布以及对纵横向的油气流动区域的全覆盖(油气流动无死区)，从而实现真正意义上的"打碎油气藏"或"人造油气藏"的目标[20,21]。

实际上，目前的多层"井工厂"开发模式开始时仍是单层"井工厂"模式，后期逐渐上返层位，实现二层或三层"井工厂"的立体开发。从目前的开发压裂效果而言，各层"井工厂"间很少发生垂向上的窜流干扰效应，虽然上部层位有时因水平层理缝/纹理缝的发育程度相对较弱，导致对缝高的遮挡效果变差，压裂缝高仍大多得到了有效控制，这主要得益于多簇射孔技术的普遍应用，因为随着射孔簇数的增加，单簇排量相应降低。另外，国内外大量的矿场生产和监测数据也显示，尤其对水平层理相对发育的页岩油气储层而言，缝高一般在 20m 甚至以下居多。而微地震监测的缝高动辄 40～50m 甚至 100m 以上，是经不起推敲的。因为，压裂过程中的微地震信号有的是在压裂液前缘产生剪切破坏时发生，有的则是缝内净压力通过储层岩石骨架传递，在遇到某个天然裂缝发育的地方，也会产生剪切破坏现象，但这种剪切裂缝是孤立的，与压裂液是不连通的，因此，对裂缝整体改造体积的贡献几乎为零。一般将这种孤立的剪切裂缝产生的微地震事件称为"无效事件点"。但如果多个无效事件产生的裂缝能相互间窜通起来，就有可能与压裂液形成的主裂缝、分支裂缝及微裂缝系统相连，这样就可对裂缝的整体改造体积起到较大的作用。但这种连通的概率应是相当小的。因为，压裂液贯通的多尺度裂缝中的净压力在岩石骨架中的传播能量是逐渐减弱的，遇到孤立的小微尺度裂隙时衰竭程度更大，尤其当遇到页岩油气藏时因水平层理缝/纹理缝异常发育就更是如此。尤其是传播距离超过裂缝高度的一倍时，上述净压力引起的诱导应力的衰竭速度更快。

但为了避免万一垂向上出现窜流效应，各层"井工厂"布井时还应考虑垂向上进行交错布井，防止以上下正对的方式布井(虽然理论上分析，即使以上下以正对的方式布井，压裂缝高也不会上下完全贯通，因在裂缝延伸过程中，裂缝的顶底部也存在压力集中效应，即使上层的缝底与下层的缝顶在某处接近会合，因各自集中的应力叠加效应，像同性磁铁那样，两条裂缝在某处汇聚时应是相互排斥，而不是相互吸引的。因此，只要上下两层"井工厂"的地应力方位一致或接近一致，就不用担心各自裂缝的上下窜通问题。但如果两层的地应力方位有较大的差异，则裂缝的上下缝高窜通问题是可能的且紧迫的，尤其是块状分布的碳酸盐岩油气藏)。此外，如果某层"井工厂"开发的累计产量很高，地层亏空就会相对较大，则纵向上的地应力剖面会发生很大的变化，在其他层"井工厂"开发压裂时，很有可能发生裂缝由高应力层向低地应力层的贯通现象，导致压裂液的大量滤失及砂堵等被动局面的发生。压后也会产生严重的层间干扰效应，从而大幅度降低其他层"井工厂"的开发效果。尤其是目前，"井工厂"开发的层数越来越多，有的已达到三层了，因此，上述层间裂缝窜通的可能性是存在的。但由于水平井分段压裂的簇数也越来越多，单簇分配的排量也相应降低，即使存在部分射孔簇吸收更多压裂液的情况，但层内水平方向上的裂缝延伸速度仍远快于层内和/或层间垂向上的裂缝延伸速度，因此，在一定程度上也使得上述"井工厂"层间窜通的情况得以缓解。

值得进一步探讨的是，如果开发初期就进行二层或三层以上的"井工厂"模式设计，并且每层"井工厂"同步进行压裂，那效果是否像单层"井工厂"的拉链式压裂、同步压裂或同步拉链式压裂那样，裂缝复杂性及改造体积有相当幅度的提升？从理论上分析，考虑到非常规储层要么是水平层理缝/纹理缝发育，要么是纵向多岩性叠合，因此，压裂时的诱导应力传播路径应主要集中在水平方向的各层"井工厂"覆盖的储层分布范围内，而垂向上的诱导应力传播应相对较弱甚至其效果可忽略不计。但各层"井工厂"内的多井同步压裂方式仍能产生同样的提高裂缝复杂性及改造体积的效果。

总而言之，各层"井工厂"可以看作是相互独立的个体，各自独立进行拉链式压裂、同步压裂或同步拉链式压裂，但从多层"井工厂"整体而言，就是立体压裂的问题，就可实现纵横向三维的立体缝网开发效果。多层"井工厂"同时投入立体压裂和立体开发的潜在好处还有可以确保垂向上多层间的应力平衡效应，进而可最大限度地降低垂向上的压裂裂缝贯通情况。即使出现了上述层间的裂缝窜通情况(在压裂施工压力曲线上有缝高失控的迹象，即压力突然降低或持续缓慢降低，分别反映了缝高的突然失控和缓慢失控效应)，也有相应的解决方法。对于缝高向下突破的情况而言，可以通过加入小粒径高密度的支撑剂使其沉降缝底来遏制上述不利局面的发生。但对缝高向上突破延伸的情况而言，预防与治理的难度就相对较大。因为目前小粒径超低密度且抗高压的支撑剂的研制是相当困难的。退一步来说，对抗压强度不作过高的要求，即使支撑剂在裂缝顶部被压碎，尽管没有导流能力，但对遏制层间的窜流效应还是能起到较大作用的。上述抑制缝高失控的技术还必须注意的是，在注入相应支撑剂或类似的下沉剂和上浮剂时，应进行更长的段塞注入或连续注入，以防止小段塞控制范围有限的情况发生，确保缝高控制机制在裂缝延伸的全缝域范围内都起作用。

但上述分析没有考虑到地面场地面积对压裂车组摆放的限制。与单层"井工厂"不同，不同层的"井工厂"各自同时进行同步压裂是不现实的，最大的可能是进行拉链式压裂作业，此时每层"井工厂"只配置一套压裂车组。除非以后随着压裂装置研制技术的进步，如最终研制出了更小型化和更大功率的压裂泵车、大容量插拔式的地面高压分流管汇(可一次性两口井同时供液)，以及远距离的传送带输砂设备，那样就可以进行多层"井工厂"的同步压裂作业。

此外，钻完井方式对多层"井工厂"而言也至关重要。是每层"井工厂"单独钻完井还是实施二层或三层的分支井且每个分支井对应一层"井工厂"？显然地，每层"井工厂"如单独进行钻完井相对好操作，分段压裂技术也是成熟的。但多层分支井的分段压裂技术(一般为裸眼完井方式，裂缝的产生位置不可控，且与桥塞射孔完井方式相比，段内的簇数相对较少，簇间裂缝诱导应力相对较小，裂缝复杂性及改造体积会因此受限)目前国外都有成功的应用案例报道，但分压段数相对较少，一般不到10段。因为一般分支裸眼井的井眼尺寸都相对较小，不利于提高分段段数。但国内分支井分段压裂技术还基本上不成熟、不配套，如分支井的分段工具以及井下导向工具设计难度较大。目前国内基本上未进行过相应的现场试验应用。因此，早期的成本估计会有大幅度的增加。但随着技术的进步，分支井的小套管完井技术及分段压裂工具都会研制出来，随着其规模的普及，成本也会逐渐降低。但不管如何，分支井的钻完井及分段压裂技术，即使在早期，产出投入比也应是相对较高的，因与油气藏的接触面积确实能出现巨大的增幅，加上技术的进步、长水平段小井眼分支井的成功应用及普及，与油气藏的接触面积会进一步增加，则多层"井工厂"的稀井高产、稳产的目标一定会实现。

还需要强调的是，多层"井工厂"的开发井网的设计原则，需要慎重研究及优化，尤其是水平段的长度及井间距等的优化问题。

关于水平段长优化问题，随着钻井技术的不断进步，一趟钻的水平越来越高，单位水平段的投入越来越低。而对应的多段压裂技术也逐步成熟配套，压裂的段数从理论上而言，可实现无限段的目标。因此，应从精细的地质建模、油气藏工程研究、油气藏动态预测数值模拟(考虑压裂的不同形态、裂缝参数、裂缝复杂性及导流能力随时间的递减等影响因素)及经济评价等方面，论证长水平段的经济极限长度及稀井高产的经济可行性。

关于井距问题，是先设计稀井网以考虑后期的加密调整井，还是立足于采用一次性密井网而不考虑后期的加密井？两种方式各有优缺点，要综合考虑经济性及现场可操作性综合权衡确定。一般而言，如采用常规的水平井完井方式，可先采用稀井网再考虑后期加密。虽然加密井的钻井及压裂都存在许多问题，但第一次钻井及压裂的技术缺陷可在加密井上逐步完善与优化。当然，早期的水平井(即母井)也面临着重复压裂的问题。目前水平井的重复压裂存在的主要问题如下：

(1)如何再造井筒，包括小直径套管固井及液体暂堵胶塞等技术可供选择。

(2)二次甜点评价的问题(关系到段簇位置的优选，是压老缝、新缝，还是新老缝兼顾？)，相当于常规油气的剩余储量评价，可结合压后多次产气剖面结果综合权衡确定。但现场经常出现压后不同时间的产气剖面结果变化很大的情况，很难有规律性认识，这主要是由非常规油气的强非均质性导致的，以及可能出现的复杂裂缝导致各簇或各段裂缝的连通。但总体认识是每段靠近趾部位置的剩余油气较多，这与相应位置处的裂缝延伸程度不充分关联性较大。鉴于此，采取的二次甜点评价方法，应在地质模型修正的基础上，结合压后多次产气剖面按时间加权平均。尤其是含气量及地层压力已大幅度降低，对二次甜点指标的影响较大。

(3)重复压裂的裂缝起裂与延伸问题。第一次压裂导致的两个水平主应力方向上增幅不同，且最小水平主应力方向上增幅更大，可导致水平应力差值降低。而压后长时间生产引起的诱导应力降低，因为储层强各向异性的影响，两个水平方向的诱导应力降低幅度也不同，且最大水平主应力方向上降低幅度更大，导致水平应力差值也降低。上述两个因素决定了重复压裂前的水平应力差值较原始值已有很大幅度的降低，导致重复压裂的裂缝更易转向。

(4)正因为储层压力的降低以及第一次压裂裂缝并不能确保完全失效，导致重复压裂时的滤失系数有较大幅度增加，加上裂缝容易转向等情况，重复压裂时更容易发生砂堵等被动局面。另外，针对多分支水平井的完井方式，则最好采用一次性密井网。但是后期需要进行多分支水平井的重复压裂，这虽然更难，但必须面对。考虑到分支井的井眼尺寸相对更小，再造井筒的难度更大，可能只有液体暂堵胶塞一条路径可供选择，且将各个分支井筒中的剩余胶塞彻底钻除也是一项十分艰巨的任务。当然，也可用常规的暂堵剂进行多次暂堵作业实现多分支水平井的分段压裂，尽管暂堵分段压裂具有高度的随机性和不可控性，但总比笼统压裂的效果要好，且投入也相对更低。

还需要指出的是，多层"井工厂"立体压裂时的裂缝实时监测、储层关键地质参数的实时反演及相应的压裂施工参数的动态调整至关重要，这关系到地质-工程一体化的理念能否真正落地。目前较为成熟的裂缝监测方法主要有地面及井下的测斜仪技术与微地震技术、分布式光纤进行温度与声波等的监测，以及广域电磁法等。其中只有分布式光纤监测技术可以测量分簇裂缝吸收的压裂液量，可以对分簇裂缝起裂与延伸的均衡性进行监测，其他的几种监测方法一般不能进行分簇裂缝的定量描述。尤其是目前，段内分簇数越来越多，每簇裂缝起裂与延伸的非均衡性日益加剧，对分簇裂缝进行定量描述显得越发重要，可由此实时判断是否需要投入簇间暂堵球以促进各簇裂缝的均衡起裂和延伸。

而对储层关键参数的实时定性或定量的反演分析，则是压裂施工参数动态调研的直接依据。能实时分析或反演的储层地质参数主要包括岩石脆性指数、渗透率、岩石力学参数、地应力及水平应力差，以及天然裂缝的位置与发育程度等。其中，岩石脆性指数的计算可基于压裂施工曲线及裂缝破裂压力的曲线形态与包络线的面积来确定。如岩石脆性好，破裂压力特征会相对明显，且破裂后压力下降幅度及速度较快，形成的施工包络线面积相对较小。反之，如岩石脆性较弱或塑性较强，则破裂压力特征不明显，即使破裂，压力下降幅度及速度等都相对较小，因此，上述施工包络线的面积就相对较大。可由此实时定量计算岩石脆性的大小。上述包络线的面积实际上就是破裂岩石消耗的能量大小，脆性好的地层破裂后能量消耗相对较小，反之则较大。该方法可以对每段裂缝的破裂特征及脆塑性特征进行实时分析，如脆性指数高，可降低滑溜水的黏度及施工砂液比，反之则用较高的压裂液黏度及施工砂液比。

利用破裂前的压裂液注入量，根据径向渗流理论进行分析，可对渗透率进行实时计算[9]。根据压裂施工参数，可求取杨氏模量与泊松比随施工时间的变化曲线，实时计算岩石力学参数[10]。地应力尤其是最小水平主应力的求取方法比较多，也相对成熟，如小型测试压裂及压后压力降落曲线的 G 函数分析等。而两向水平应力差的模型如下：

$$\Delta\sigma_h = 2\sigma_h - p_i - p_f + \sigma_f \tag{5-1}$$

式中，σ_h 为最小水平应力，MPa；$\Delta\sigma_h$ 为两向水平应力差，MPa；p_i 为储层孔隙压力，MPa；p_f 为储层岩石地下破裂压力，MPa；σ_f 为储层岩石抗张强度(可通过室内岩心实验或现场一次瞬时停泵测试获取)。由式(5-1)求取的两向水平应力差可能与室内岩心测试或测井结果有差别，但这个结果应更为真实，因构造应力系数也反映在该值的计算中，而构造应力系数在进行室内测试或偶极子声波测井时都只能预估，不一定符合实际情况。并且该值可反映实时的诱导应力影响下的水平应力差的动态变化。如果实时反演的裂缝净压力低于计算的水平应力差，则应考虑缝内暂堵剂等措施以实现裂缝的复杂性及改造体积的提升目标。

至于天然裂缝的位置与发育程度，定性的判断可基于压裂施工时的井底压力曲线的剧烈波动时机及波动幅度等进行描述。但前提条件是应用黏度相对较低的滑溜水为宜，否则，高黏度的胶液即使遇到天然裂缝张开，也难以进入，因此在井口压力曲线显示上不会出现天然裂缝出现的压力锯齿状剧烈波动的典型特征。至于天然裂缝距离主裂缝的距离，可基于实时的施工参数反演获得。而描述每个天然裂缝(假设为张开型天然裂缝)

的长度及宽度的一个重点就是确定流量在各天然裂缝的动态分配。多条天然裂缝同时存在和延伸时满足基尔霍夫（Kirchoff）第一定律和Kirchoff第二定律即物质平衡和压力连续准则。

假设在时间段 $j-1$ 末，主裂缝延伸至第 $k+1$ 条天然裂缝且天然裂缝开启，则第 $k+1$ 条天然裂缝的缝口压力为缝口闭合压力 $\sigma_{c(k+1)}$，裂缝扩展模型为

$$\sum_{i=1}^{k+1} Q_i + Q = Q_{\mathrm{T}} \tag{5-2}$$

$$P_0 = \Delta P_{\mathrm{cf}i} + \Delta P_{\mathrm{w}i} + \sigma_{\mathrm{n}i} = \Delta P_{\mathrm{cf}(k+1)} + \sigma_{\mathrm{c}(k+1)}, \qquad i = 1, 2, \cdots, k \tag{5-3}$$

$$\frac{\mathrm{d}P_{\mathrm{w}i}}{\mathrm{d}s} = (-2k)\left(\frac{2n+1}{n}\right)^n Q_i \frac{1}{H_i W_i^{2n+1} \xi}, \quad P_{\mathrm{w}i}(x_i) = P_{\mathrm{cf}i}, \quad P_{\mathrm{w}i}(\mathrm{tip}) = \sigma_{\mathrm{c}i}^{\mathrm{tip}}, \qquad i = 1, 2, \cdots, k \tag{5-4}$$

$$\frac{\mathrm{d}P_{\mathrm{cf}}}{\mathrm{d}s} = (-2k)\left(\frac{2n+1}{n}\right)^n Q^n \frac{1}{H^n W^{2n+1} \xi}, \quad P_{\mathrm{cf}(x_{k+1})} = \sigma_{\mathrm{c}(k+1)}, \quad P_{\mathrm{cf}(x_0)} = P_0 \tag{5-5}$$

在随后时间段，仍然只有 $k+1$ 条天然裂缝，则按如下公式分配流量：

$$\sum_{i=1}^{k+1} Q_i + Q = Q_{\mathrm{T}} \tag{5-6}$$

$$P_0 = \Delta P_{\mathrm{cf}i} + \Delta P_{\mathrm{w}i} + \sigma_{\mathrm{n}i}, \qquad i = 1, 2, \cdots, k+1 \tag{5-7}$$

$$\frac{\mathrm{d}P_{\mathrm{w}i}}{\mathrm{d}s} = (-2k)\left(\frac{2n+1}{n}\right)^n Q_i \frac{1}{H_i W_i^{2n+1} \xi}, \quad P_{\mathrm{w}i}(x_i) = P_{\mathrm{cf}i}, \quad P_{\mathrm{w}i}(\mathrm{tip}) = \sigma_{\mathrm{c}i}^{\mathrm{tip}}, \qquad i = 1, 2, \cdots, k+1 \tag{5-8}$$

$$\frac{\mathrm{d}P_{\mathrm{cf}}}{\mathrm{d}s} = (-2k)\left(\frac{2n+1}{n}\right)^n Q^n \frac{1}{H^n W^{2n+1} \xi}, \quad P_{\mathrm{cf}(x_0)} = P_0 \tag{5-9}$$

$$w_{i\max}(x) = 2\alpha \left[\frac{1}{60} \frac{(1-\nu^2) Q_i \mu L_i}{E}\right]^{1/4}, \quad \bar{w}_i = \frac{\pi}{4} w_{\max i} \tag{5-10}$$

$$L_i = \frac{Q_i \bar{w}_i}{4\pi H_i C^2}\left[\mathrm{e}^{x^2} \mathrm{erfc}(x) + \frac{2x}{\sqrt{\pi}} - 1\right] \tag{5-11}$$

$$x = \frac{2C\sqrt{\pi t}}{\bar{w}}$$

式（5-2）～式（5-11）中，ν 为泊松比；μ 为流体黏度；L_i 为缝长；$\bar{w}_i$ 为平均缝宽；$w_{\max i}$ 为最大缝宽；E 为杨氏模量；C 为压裂液滤失系数；Q_{T} 为压裂液总排量；Q 和 Q_i 分别

为主裂缝和第 i 条天然裂缝的压裂液流量；P_{cf} 及 P_{cfi} 为主裂缝中的压力和主裂缝中对应第 i 天然裂缝位置处的压力；$P_{wi}(x_i)$ 为主裂缝中相对于第 i 条裂缝 x_i 位置处的压力；ΔP_{cfi} 为主裂缝中从缝口到第 i 条天然裂缝的缝中沿程压降；P_{wi} 为第 i 条天然裂缝中的压力；$P_{wi}(\text{tip})$ 为第 i 条天然裂缝尖端压力；ΔP_{wi} 为第 i 条天然裂缝中的压力降；σ_{ci} 及 σ_{ci}^{tip} 为第 i 条裂缝闭合应力和尖端闭合应力；P_0 为主裂缝缝口压力；x_0 及 x_i 分别为主裂缝缝口位置和主裂缝中相对于第 i 条天然裂缝的位置。

表 5-1 为某示例井压裂段天然裂缝反演计算结果。

表 5-1 基于压裂适当曲线反演的天然裂缝位置（距离井筒）及尺寸

压裂段	排量/(m³/min)	单段流量/m³	天然裂缝位置/m	天然裂缝半缝长/m
A	10～12	1 331	10.0	12.5
B	12～14	1 545	12.6	15.7

至于压裂施工参数的实时动态调整方法，就是在上述储层特性参数及裂缝形态与尺寸等实时分析反演的基础上，进行必要的参数调整，如压裂液黏度、不同黏度压裂液的注入顺序（如缝高不足则应当用高黏压裂液进行前置注入）、施工砂液比及暂堵剂等。

当然，压后评估分析也是重要的补充，通过压后评估分析，对储层特性参数、裂缝形态与尺寸，以及压裂材料与工艺等对储层的适应性等进行系统评价，可为后续段簇或邻井的压裂施工参数优化提供直接的依据。特别是压降分析，可提供很多有用的信息。对脆性好的储层而言，早期的压降（一般指停泵后的前 5min）一般反映的是压裂停泵后裂缝的继续延伸（砂堵情况除外），而不是反映储层滤失大或物性好的证据。而 5min 后的压降数据则基本上反映了储层的滤失系数大小或渗透性好坏。如有条件，可以持续记录压裂停泵后至下次压裂前的压力降情况，即获取停泵压力与下段压裂的开井压力的差值，有时与停泵 5min 后的压力差又会有较大的差异。在此期间，有的时间间隔是 2～3h，且一般是白天的相邻两段施工时间间隔，有的可能要 10h 以上，这个一般是白天的最后一段与第二天的第一段施工的时间间隔。为便于对比分析，一般可以简单分为两类，一是白天相邻两段施工时间间隔相对较短，二是白天最后一段与第二天的第一段施工时间间隔相对较长。与停泵 5min 相比，如压力降落速度不变或变化较慢，说明裂缝的复杂性程度相对较好（当然要排除焖井渗吸期间沟通邻近断层或邻井压裂裂缝泄压区的可能性作为前提），反之，则说明裂缝的复杂性程度不足。特别需要指出的是，上述记录的压力动态要尽可能地增加压力记录的密度，如每秒至少一个压力点，这样可精细反映地下水力裂缝的复杂性程度及距离井筒的远近。如果在早期出现井口压力有较大幅度的波动现象，则说明复杂裂缝出现在近井地带，以此类推，如上述压力波动出现在停泵后相对较长的时间后，则复杂裂缝可能出现在中井或远井地带。目前已有相关的压后反演模型可供精确计算分析。显然地，如果像往常那样，压力记录的密度相对较低，如每分钟只有有限的几个点，则好多压力动态会被隐藏，也就无从精细判断分析复杂裂缝是否形成及在何处形成了。

至于多层"井工厂"立体压裂返排后的投产方式，理论上分析应是同步投产的效果相对较好,这样可以在储层内产生接近均衡降压的泄压区域(考虑到储层岩石的各向异性,该均衡降压效果大大降低了应力等的各向异性,因为最大水平主应力方向即为最大主渗透率方向,该方向的应力降低幅度也最大),即使是后期进行重复压裂,也就类似于在低压油气藏的初期压裂那样,考虑的因素相对简单,尤其是同层内的"井工厂"更应同步投产。而不同层的"井工厂"同步投产的迫切性还相对较小。显然地,如不同井的投产时间不同,势必在同层内产生压力水平不同的区域,则相互间的流动干扰效应会相应增加,这肯定会影响油气藏的整体采收率,也给后续的重复压裂带来异常复杂的情况,需要精细考虑。

第六节 多层"井工厂"立体压裂后的能量补充技术

本章前五节的论述,都是立足于一次采油(气)的枯竭式开采模式,这也是目前国内外的主流开发模式,加上立体压裂技术的逐渐完善和应用普及,油气藏被打碎的概率大幅度增加,因此,一次采油(气)的采收率也应相对较高,但一般都不超过20%,甚至有的只有10%左右,这与二次采收率动辄超过40%的水平而言,仍然存在着较大的差距。同时开发初期压裂时的用水量极大,每口水平井动辄$3\times10^4\sim5\times10^4\mathrm{m}^3$的耗水量,虽然在一定程度上也具有补充地层能量的效果,但由于压后压裂液返排及后期生产时都持续有水采出,尤其对裂缝复杂性程度不足的情况而言,压裂液返排期间及生产期间水的返排率可能高达60%甚至80%以上,因此,压后生产时的能量衰减程度还是相对较大的,鉴于此,非常规油气藏多层"井工厂"立体压裂后的井发模式,仍需考虑注水(注气)的可行性及现场可操作性。

与常规油气藏一般考虑注水的模式相比,非常规油气藏由于渗透率的大幅度降低及黏土含量的增加,单纯注水存在注不进或黏土膨胀等不利情形的可能性,因此,还应考虑注气和/或水气交替注入的可行性。相对于单纯的注水而言,注气具有多个方面的优势,一是气体因黏度低易于降低注气压力或在注入压力不变的条件下提高注气量,因此可在很大程度上扩大注气波及面积或体积,尤其在储层的高温高压条件下,气体还有可能转变为超临界状态,黏度更低,因此波及的面积或体积更大;二是注气时可避免注水的黏土膨胀效应,有利于储层保护,尤其是当注入二氧化碳时,二氧化碳与地层束缚水或原生水结合后形成的弱酸性介质环节,还有利于抑制黏土的膨胀或运移,同时还具有油气置换、提高驱油(气)效率和碳埋存等多方面的功效,正所谓一举多得。但考虑到单纯的注气成本可能相对较高,可将注水与注气结合起来,充分发挥各自的优势,进行水气交替注入,这在国内外也有大量成功应用的报道。

在水气交替注入时,由于气体与水的黏度差异足以形成黏滞指进效应,气可快速指进到注水的前缘,大面积沟通更多的小微尺度甚至纳微米结构的储层基质。而且在注气过程中,原先的注入水有时间进行渗吸等作用,也利于降低注水区域的平均压力及扩大注水区域的孔喉直径及渗透率,为后续的继续注水提供技术基础。至于是先注水还是先注气,要结合目标井层的实际岩心进行相应的驱替实验才能确定。但一般而言,先注气可能更好些,一是可以在近井地带实现更大面积的波及,同时也降低了注入压力;二是后期注水对降低水相的侵入也具有积极的促进作用。至于水气的交替注入级数、体积比等参数，要结合室内岩心的驱替物理模拟及油气藏数值模拟结果，以及经济评价结果等综合权衡确定，需要付出大量的工作量才行。

此外，在进行单独注气的方案设计时，是采用气驱好还是吞吐好(气驱主要针对多个注采井，吞吐主要针对单井，且一般为同注同采)，尤其是应用二氧化碳时，需要精细模拟计算和室内实验才行。一般而言，对于井间连通性不好的情况而言，吞吐可能较气驱更有优势。

需要指出的是，水气交替注入时，因注气压力相对较低，对注水而言相当于部分周期性注水，但与常规砂岩的周期性注水还略有不同，即非常规油气藏普遍具有渗吸作用，也在一定程度上降低了水在主水线上的滞留量，也有利于降低后续的注水压力，更有利于油气向低压区的流动，因为渗吸后水相的含水饱和度在一定程度上也降低了。另外，注水(气)井肯定要压裂，否则注水(气)效率肯定要大幅度降低。但因其压裂后一直有水或气的注入，因此井底压力或裂缝内的压力较生产井要高，因此注入井的裂缝承受的有效闭合压力相对较低，裂缝导流能力也会因此相对较高，尤其是裂缝长期导流能力会相对更好，这非常利于提高注水(气)效率。国外早期注水直井压裂时甚至会采用无支撑剂压裂技术，也是考虑后期注水时裂缝导流能力易于维持的特性而采取的针对性策略，但水平注水(气)井无支撑剂压裂目前还未见文献报道。主要原因可能在于目前采用补充能量的开发案例还相对较少。

另外，上述注水(气)井的注入策略尤其是井口注入压力的高低也至关重要，是维持裂缝的闭合还是促使裂缝在注水(气)过程中一直维持裂缝的持续延伸？维持裂缝持续延伸以往称为超破裂压力注水(气)，目前比较热门的称呼是压驱。在压驱条件下，因裂缝内压力相对较高，所以无论是裂缝延伸方向还是其侧翼方向，注水(气)波及的面积或体积肯定更大，即使是采用水气交替注入的压驱也是如此，且气体在高压下更易进入超临界状态，其波及的面积或体积更大。同时因注水和注气交互导致的井底压力产生脉冲效应，也利于压驱过程中产生更为复杂的裂缝系统，进一步促进了注水(气)的效率及注入波及面积或体积。显然地，即使是所谓的压驱，裂缝延伸速度的控制非常关键，如裂缝延伸速度太快，很可能快速产生水(气)窜的不利局面，这显然与提高注水(气)波及面积或体积的目标背道而驰。但如果考虑到临近的采出井也进行了更大规模的压裂，裂缝间的诱导应力作用即使裂缝完全闭合也仍存在(储层固有的弹塑性特征尤其是非常规油气藏的塑性更强,诱导应力更难因裂缝的闭合而消失)，则在注水(气)井的裂缝延伸过程中，很难直接与邻井井筒直接沟通，加上邻井井筒本身也产生应力集中效应，更加剧了注水(气)井裂缝与其直接沟通的难度；但如果注水(气)井的裂缝延伸速度太慢，则因裂缝内注入压力相对较低，注水(气)的波及面积或体积增加的速度也相对较慢，与维持裂缝闭合注入策略优势对比就不明显了。

从后期重复压裂或加密井压裂防干扰的角度而言，上述注水(气)补充储层能量技术，可使油气藏实现储层压力的整体性提升，因此，重复压裂或加密井压裂时的裂缝就不容易出现向所谓的低压区沟通的风险，也有利于裂缝进入以前未发生渗流干扰的区域，进而也有利于提高重复压裂或加密井压裂的效果和非常规油气藏的整体采收率。

上述实现能量补充的方式还应考虑注水(气)井的优选及时机的优化等问题。注水(气)井可以先作为采出井,然后再转为注入井,也可以一直作为注入井,显然地,这两种方式带来的注水(气)波及面积或体积是不同的,具体应结合精细地质建模和油气藏数值模拟结果并结合经济评价结果综合权衡确定。从提高采油(气)速度的角度出发,应倾向于先采后注,由于此时储层处于原始应力及含油(气)状态,采油(气)井的驱动力相对较强,产量也应相对较高,与早期邻井就注采对应的情况差别不大,因邻井注水(气)形成的压降漏斗(与采油气井的压降漏斗反向)还未传递过来。等采出井生产一段时间再转注,由于地层压力较低,注水(气)井的注入效率可有较大幅度的提升。当然,最佳的转注时机也很关键,转注时间早了,采出程度有限,注入压力也会相对较高。反之,如转注时间晚了,产量及生产时效会相对较低,而注水(气)更容易突进从而影响最终的驱替效率。对专门用于注水(气)的井而言,注入时机的优化同样关键。常规的低渗油气田有时更倾向于超前注水(气),可有利于提高临近采出井压裂裂缝附近储层的含油气丰度,加上生产压差的增加,这些都有助于采出井产量的提升及压后递减率的降低。

对渗透率更低的非常规油气藏而言,相似的作用机理仍然存在,且因目的层地层孔隙压力和地应力的增加,储隔层间纵向的应力差异降低,更有利于提高临近采出井多簇射孔压裂时的裂缝高度和整体改造体积。但前提是注入的流体尤其是水与储层的黏土矿物作用没有水敏伤害或水敏伤害效应相对微弱。且超前注入的时间也不是越早越好,原因是可能引起早期水(气)窜的情况。另外,由于非常规油气藏的极低渗透性,早期注入井如不压裂注入压力会越来越高,注入量也会相应地越来越小。需要指出的是,注采同步的情况更为普遍,除非产量任务非常紧张,且采出井投产时注入井的相关准备工作还没有做好。而晚期注入时,不同的注入滞后时间对最终的采收率影响是相对较大的。具体的优化结果同样需要基于精细的地质建模和油气藏生产历史的精细拟合,并结合经济评价结果综合权衡确定。

还需要指出的是,注入井的单位注入量与注入时间的匹配关系需要进一步优化。例如,同样的总注入量,是采用较高的单位注入量和较短的注入时间组合,还是采用较低的单位注入量和较长的注入时间组合。目前的模拟及现场结果证实,采用前者效果更好。产生这种结果的原因可能在于,较高单位注入量产生的裂缝内压力也相对较高,产生的诱导应力通过储层岩石骨架能传递得更远,也有利于提高邻近采出井的油气产量。相对而言,注入水(气)波及区的影响会较为滞后,且在总注入量一定的前提下,与较低单位注入量的波及面积或体积应接近相等。而较低的单位注入量因裂缝内压力相对较低,诱导应力相对较低,通过储层岩石骨架传递的距离也相对较小,因此对临近采出井油气产量的影响较小[22]。

参 考 文 献

[1] 冯其红, 李东杰, 时贤, 等. 基于扩展有限元的水平井改进拉链式压裂数值模拟[J]. 中国石油大学学报: 自然科学版, 2019, 43(2): 105-112.

[2] Saberhosseini S E, Chen Z, Sarmadivaleh M. Multiple fracture growth in modified zipper fracturing[J]. International Journal of Geomechanics, 2021, 21(7): 04021102.

[3] Sukumar S, Weijermars R, Alves I, et al. Analysis of pressure communication between the Austin Chalk and Eagle Ford reservoirs during a zipper fracturing operation[J]. Energies, 2019, 12 (8): 1-28.

[4] Sesetty V, Ghassemi A. Simulation of simultaneous and zipper fractures in shale formations[C]. 49th U.S. Rock Mechanics/ Geomechanics Symposium, San Francisco, 2015.

[5] Jacobs T. The shale evolution: Zipper fracture takes hold[J]. Journal of Petroleum Technology, 2014, 66 (10): 60-67.

[6] Rafiee M, Soliman M Y, Pirayesh E. Hydraulic fracturing design and optimization: A modification to zipper frac[C]. SPE Annual Technical Conference and Exhibition, San Antonio, 2012.

[7] Shi X, Li D J, Yang L, et al. Hydraulic fracture propagation in horizontal wells with modified zipper fracturing in heterogeneous formation[C]. 52nd US Rock Mechanics/Geomechanics Symposium, Seattle, 2018.

[8] 钱斌, 张俊成, 朱炬辉, 等. 四川盆地长宁地区页岩气水平井组"拉链式"压裂实践[J]. 天然气工业, 2015, 35 (1): 81-84.

[9] 刘洪, 廖如刚, 李小斌, 等. 页岩气"井工厂"不同压裂模式下裂缝复杂程度研究[J]. 天然气工业, 2018, 302 (12): 76-82.

[10] Manchanda R, Zheng S, Sharma M. Fracture sequencing in multi-well pads: Impact of staggering and lagging stages in zipper fracturing on well productivity[C]. SPE Hydraulic Fracturing Technology Conference and Exhibition, The Woodlands, 2020.

[11] Zhou D S, He P. Major factors affecting simultaneous frac results[C]. SPE Production and Operations Symposium, Oklahoma City, 2015

[12] Sesetty V, Ghassemi A. A numerical study of sequential and simultaneous hydraulic fracturing in single and multi-lateral horizontal wells[J]. Journal of Petroleum Science & Engineering, 2015, 132: 65-76.

[13] Kumar D, Ghassemi A. A three-dimensional analysis of simultaneous and sequential fracturing of horizontal wells[J]. Journal of Petroleum Science and Engineering, 2016, 146: 1006-1025.

[14] Waters G A, Dean B K, Downie R C, et al. Simultaneous hydraulic fracturing of adjacent horizontal wells in the Woodford Shale[C]. SPE Hydraulic Fracturing Technology Conference, The Woodlands, 2009.

[15] Soliman M Y, East L E, Augustine J R. Fracturing design aimed at enhancing fracture complexity[C]. SPE EUROPEC/EAGE Annual Conference and Exhibition, Barcelona, 2010.

[16] Roussel N, Sharma M. Strategies to minimize frac spacing and stimulate natural fractures in horizontal completions[C]. SPE Annual Technical Conference and Exhibition, Denver, 2011.

[17] Roussel N P, Sharma M M. Optimizing fracture spacing and sequencing in horizontal-well fracturing[J]. SPE Production & Operations, 2011, 26 (2): 173-184.

[18] Kumar A, Shrivastava K, Elliott B, et al. Effect of parent well production on child well stimulation and productivity[C]. SPE Hydraulic Fracturing Technology Conference and Exhibition, The Woodlands, 2020.

[19] 付茜, 刘启东, 刘世丽, 等. 中国"夹层型"页岩油勘探开发现状及前景[J]. 石油钻采工艺, 2019, 41 (1): 63-70.

[20] Suarez-Rivera R, Dontsov E, Abell B. Quantifying the induced stresses during multi-stage, multi-well stacked-lateral completions to improve pad productivity[C]. Unconventional Resources Technology Conference, Denver, 2019.

[21] Damani A, Kanneganti K, Malpani R. Sequencing hydraulic fractures to optimize production for stacked well development in the delaware basin[C]. Unconventional Resources Technology Conference, Austin, 2020.

[22] Olusola B K, D Orozco, Aguilera R. Optimization of recovery by huff and puff gas injection in shale-oil reservoirs using the climbing-swarm derivative-free algorithm[J]. SPE Reservoir Evaluation & Engineering, 2020, 24 (1): 205-218.

第六章 "井工厂"开发压裂配套技术

第一节 多簇裂缝均衡起裂与均衡延伸控制技术

一、变排量酸预处理技术

酸预处理是页岩气压裂的标准作业流程之一。在致密砂岩中尤其是天然裂缝性砂岩中，因钻井泥浆污染等，也需要酸预处理。

常规的酸预处理作业，一般采用低排量模式，不利于各簇裂缝均匀布酸。如采用变排量的注入模式，可提高所有簇裂缝均匀进酸的概率(图 6-1)。

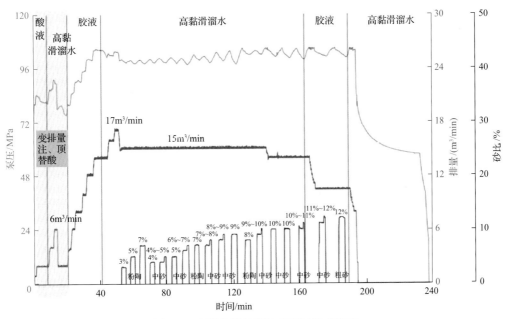

图 6-1 变排量酸处理技术现场施工应用

二、低黏滑溜水变排量技术

在酸预处理后，采用低黏滑溜水与变排量组合的注入模式，可以大幅度降低水平井筒中的压力梯度。管流中压力梯度的计算公式[1,2]如下：

$$\Delta p = 0.092 \left(\frac{\mu}{\rho u D} \right)^{0.2} \frac{\rho u^2 L}{D} \tag{6-1}$$

式中，Δp 为管流摩阻，Pa；μ 为压裂液黏度；Pa·s，ρ 为压裂液密度，kg/m^3；u 为压裂液管内流速，m/s；D 为管柱内径，m；L 为管柱长度，m。由式(6-1)可见，滑溜水的黏度越小，起步排量越低，则水平井筒内的压力梯度越小，越有利于多簇裂缝的同步起裂与同步延伸。

此外，在 Ansys 平台上采用 Fluent 模块进行数值模拟，建立水平井筒多簇射孔模型，模拟支撑剂在水平井筒内的分布情况，结果表明，随着压裂液黏度的增加，支撑剂在水平井筒中的分布更为均匀，如图 6-2 所示。

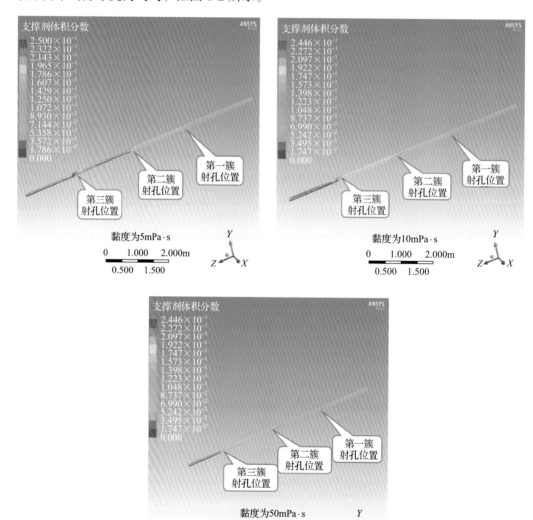

图 6-2　井筒内支撑剂浓度随压裂液黏度变化规律模拟

三、变黏度滑溜水及变黏度胶液注入技术

以往采用变黏度滑溜水及变黏度胶液更多地注重单簇裂缝内的多尺度裂缝起裂与延伸，而没有考虑到多簇裂缝接近均衡进液的可能性及优势。实际上，随着滑溜水黏度及胶液黏度的增加，其进缝的黏滞阻力也相应增加，通过不同黏度及体积的优化，可以促

使段内多簇裂缝均匀延伸(图6-3)。

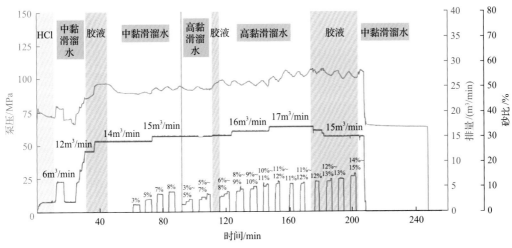

图6-3 变黏度滑溜水注入技术现场应用

四、高黏胶液中顶技术

以往采用高黏胶液的主要目的是在单簇裂缝内起到液体暂堵剂的作用,迫使裂缝内的净压力幅度提升,而没有考虑到其对多簇裂缝均匀延伸的积极作用。由于黏度相对较高,甚至可能在水平井筒的缝口处快速封堵,从而迫使后续压裂液进入先前进液少或不进液的簇射孔裂缝。因此,不同的胶液黏度及体积对不同簇裂缝的封堵效果是不同的(图6-4)。

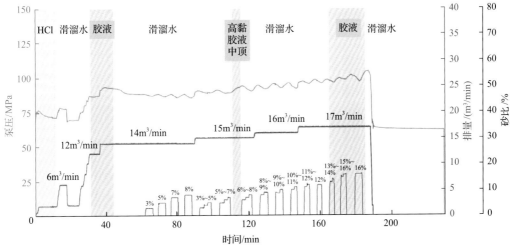

图6-4 高黏胶液中顶技术现场应用

五、段内封堵球技术

采用比射孔眼直径大1~2mm的封堵球,在高黏携带液及低排量注入模式下,可以促使段内多簇裂缝接近均匀延伸。在Ansys平台上选用Fluent模块,建立水平井筒多簇射孔物理模型,选用离散相模型(DPM),模拟有限个暂堵球在井筒内的封堵规律,基于分析,采用低排量、高黏携带液的方法,可以有效改进暂堵球在各簇位置的封堵效果,如图 6-5、图 6-6 所示。

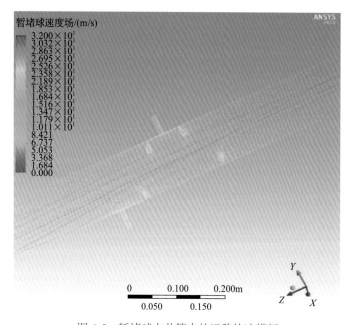

图 6-5 暂堵球在井筒中的运移轨迹模拟

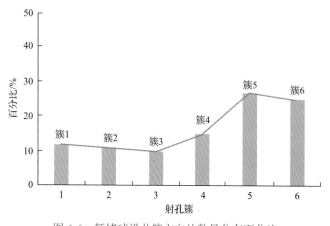

图 6-6 暂堵球沿井筒方向的数量分布百分比

但由于封堵球的密度一般比压裂液要大,水平井筒中,中上部的射孔眼由于要克服重力的作用,封堵效率会有所降低,如图 6-7 所示。

六、段内限流压裂

所谓段内限流压裂,就是段内限制射孔数量,使孔眼摩阻有较大幅度的增加,见图 6-8。通过孔眼摩阻的增加,促使井底压力不能快速释放,从而有利于多个孔眼裂缝同时起裂和同时延伸。

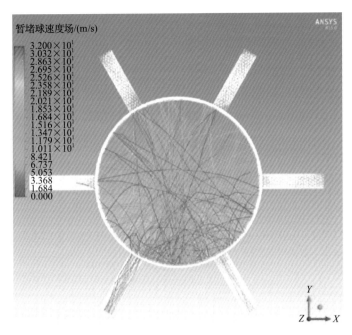

图 6-7 重力作用使暂堵球更容易封堵底部孔眼

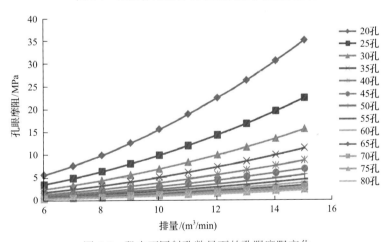

图 6-8 段内不同射孔数量下的孔眼摩阻变化

如果事先知道段内不同位置的地应力分布情况，可以在适当的位置变化孔眼直径的大小，以取得更均匀的进液及进砂效果。

七、适当增加小粒径支撑剂比例

以往增加小粒径支撑剂更多地聚焦于单簇裂缝中充填小尺度裂缝，而没有考虑其对多簇裂缝均匀延伸的影响。实际上，由于支撑剂的密度比压裂液密度相对大得多，支撑剂与压裂液的流动跟随性差，相比转向进入各簇裂缝而言，支撑剂更容易沿水平井筒向 B 靶点方向运移，即更容易先进入靠近 B 靶点的裂缝中。如支撑剂的粒径相对较大，很容易过早在上述裂缝中产生堵塞效应。反之，如先期采用小粒径支撑剂，且比例还相对较大，则可延缓靠近 B 靶点的裂缝的砂堵时机(一般而言，靠近 B 靶点的裂缝延伸相对不充分，加上支撑剂在水平井筒中的运动惯性作用，支撑剂在其中优先发生砂堵是大概率事件，不同的只是砂堵的时间不同)。提高小粒径支撑剂用量的现场应用见图 6-9，其中，小粒径支撑剂占比 80%以上。

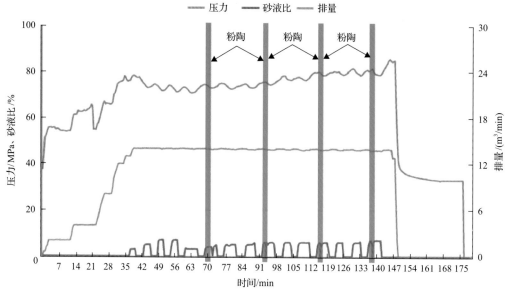

图 6-9　提高小粒径支撑剂用量的现场应用

八、现场应用及效果分析

上述研究成果在现场获得不同程度的应用，统计四川盆地某页岩气 7 口井的数据，平均压裂 18 段，平均单段压裂液用量约 1755m³，平均单段加砂量 55.77m³，平均砂液比 3.19%，平均无阻流量 $6.15 \times 10^5 \text{m}^3/\text{d}$，在储层及施工可对比情况下(表 6-1，表 6-2)，压后平均无阻流量比邻井提升 2.8 倍。以 X-1 井 16 级压裂施工为例，压裂各簇产气贡献率

表 6-1　压裂井地质参数对比表

类别	井号	垂深/m	TOC/%	孔隙度/%	石英含量/%	黏土含量/%	杨氏模量/GPa	泊松比
应用井	A-3	2366	3.96	5.7	46.4	34.6~46.7	18~37	0.11~0.26
	B-1	2276	2.2	4.8	44.4	34.6~46.7	18~37	0.11~0.26
	C-1	2366	3.2	5.1	44.5	34.6~46.7	25~48	0.19~0.24
	A1-1	2332	3.29	4.4	44.4	34.6~46.7	18~37	0.11~0.26
	A2-1	2470	3.73	5.8	41.7	34.6~46.7	25~48	0.19~0.24
	B-2	2504	3.24	5.7	44.4	34.6~46.7	25~48	0.19~0.24
	B-3	2532	2.87	4.7	44.4	34.6~46.7	25~48	0.19~0.24
	平均	2407	3.21	5.2	44.3	34.6~46.7	18~48	0.11~0.26
对比井	C1-1	2336	2.86	4.99	44.4	34.6~46.7	34~35	0.17~0.18
	C-3	2311	2.8	4.9	45.6	34.6~46.7	18~37	0.11~0.26
	平均	2323.5	2.83	4.9	45	34.6~46.7	18~37	0.11~0.26

表 6-2　压裂井施工参数及效果对比表

类别	井号	压裂段数/段	簇数/簇	试气长度/m	平均单段压裂液用量/m³	平均单段加砂量/m³	平均砂液比/%	无阻流量/(10⁴m³/d)
应用井	A-3	19	48	1499.5	1714.12	48.37	2.82	58.2
	B-1	19	53	1527.5	1671.91	61.14	3.66	52.5
	C-1	20	52	1570.5	1648.99	54.79	3.32	35.6
	A1-1	17	50	1422.5	1784.45	57.21	3.21	53.4
	A2-1	16	45	1325.5	1867.52	51.32	2.75	88.7
	B-2	20	59	1326.5	1729.66	58.22	3.37	59.3
	B-3	18	53	1511	1869.29	59.31	3.17	82.6
	平均	18	51	1454.7	1755.13	55.77	3.19	61.5
对比井	C1-1	20	51	1587.5	1792.43	41.8	2.33	19.3
	C-3	19	56	1563.5	1653.22	52.52	3.18	13.0
	平均	19.5	53.5	1575.5	1722.8	47.2	2.8	16.2

见图 6-10，该井 16 级 45 簇中仅第 13 级有 1 簇不出气，其余压裂簇均有产气贡献。射孔 2 簇的压裂段各簇产气贡献率相当；射孔 3 簇的压裂段中，仅第 2 级、5 级、6 级、14 级各簇产气贡献率差异较大。由此可知，采用变黏度变排量等实施控制技术，水平井段内多簇裂缝的均衡延伸程度有一定程度的增加，由此带来了裂缝复杂性、改造体积及产量等的提升。

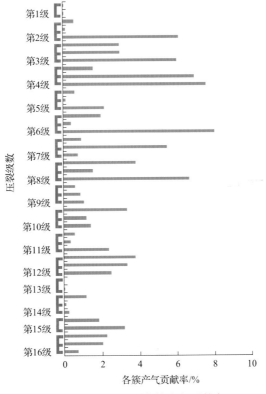

图 6-10　X-1 井压裂各簇产气贡献率

第二节　多簇裂缝缝高延伸及改造体积模拟与优化

页岩储层层理及天然裂缝发育，同一段内射孔簇数高达6～9簇，压裂后大量相互连通的主-分支裂缝网络是页岩气在储层中的主要流动通道。但目前常规的裂缝扩展模型重点在于对主裂缝衍生过程的刻画，为了模拟页岩复杂裂缝系统，应用 Meyer 软件建模如下：解释导眼井测井数据并利用实验和后评估结果进行校正，建立连续的目的层纵向岩石力学及地应力剖面；根据实钻井轨迹及套管参数建立水平井筒模型；采用离散裂缝网络(DFN)模型表征主裂缝与分支裂缝，根据区块地质资料，设置主裂缝延伸方向、垂直主裂缝方向及缝高方向的分支裂缝密度分别为 25m/条、10m/条及 3.6m/条；基于已压裂井微地震监测及产剖测试结果，设置压裂段内各射孔簇的流量系数，表征实际井中各簇非均匀进液情况；压裂液及支撑剂性能参数由室内实验数据获得。

以川东南某深层页岩气区块为例，建立该区块水平井压裂裂缝扩展模型。所用基础数据如下：五峰组—龙马溪组页岩储层①～⑨号层泥质含量为 31.6%～56.5%，硅质含量为 32.5%～54.6%，灰质含量为 8.9%～10.2%，杨氏模量为 34.4～39.9GPa，泊松比为 0.24～0.27，最小水平主应力梯度为 0.021～0.023MPa/m，最大水平主应力梯度为 0.025～0.028MPa/m，计算机断层扫描(CT)层理缝宽度 0.012～0.206mm；压裂液采用滑溜水和胶液，支撑剂采用 70/140 目、40/70 目和 30/50 目陶粒，水平井单段压裂液用量一般为 1800～2000m³，单段加砂量为 40～75m³，施工排量为 12～16m³/min。以大量微地震监测统计结果为基础，对该区块天然裂缝及岩石力学模型进行校正拟合，各参数调整范围不超过 10%。某簇模拟裂缝网络系统如图 6-11 所示。

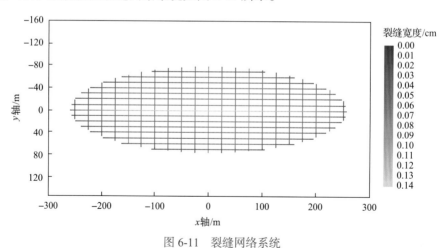

图 6-11　裂缝网络系统

为了验证模型的准确性，以深井 H 井为例，该井 A 靶点垂深 3640.5m，B 靶点垂深 3895.75m，水平段长 1131m，井轨迹穿行④～⑨号层，共压裂 18 段 38 簇。典型压裂段的裂缝扩展形态反演结果见图 6-12。可以看出，裂缝在不同小层扩展形态差异较大，当射孔位置位于⑦号层及以上时，裂缝易在龙马溪组页岩上部扩展；当射孔位置位于⑥号层及以下时，裂缝易在龙马溪组页岩下部扩展；施工结束后，作用在裂缝壁面的应力导致部分裂缝闭合，波及裂缝体积中仅有 1/3 左右实现了有效支撑。表 6-3 和表 6-4 为 H 井不同层位典型压裂段裂缝形态反演结果(波及值)与该井微地震监测结果对比，其中半缝长模拟误差为 7.4%、缝高模拟误差为 16.7%，模拟精度在 80%以上。

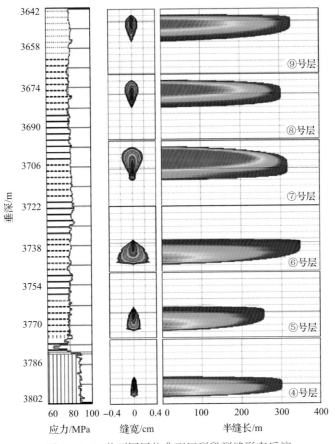

图 6-12 H 井不同层位典型压裂段裂缝形态反演

表 6-3 H 井模拟半缝长与监测半缝长对比表

压裂小层	模拟支撑半缝长/m	模拟波及半缝长/m	监测半缝长/m	模拟误差/%
⑨号层	182.0	329.8	337.3	2.2
⑧号层	176.2	304.2	290.6	4.7
⑦号层	212.2	318.3	385.0	17.3
⑥号层	203.5	349.8	376.2	7.0
⑤号层	149.1	256.5	286.0	10.3
④号层	123.2	301.6	310.0	2.7
平均值	174.4	310.0	330.9	7.4

表 6-4 H 井模拟缝高与监测缝高对比表

压裂小层	模拟支撑缝高/m	模拟波及缝高/m	监测缝高/m	模拟误差/%
⑨号层	41.4	65.2	70.0	6.9
⑧号层	32.7	67.9	81.7	16.9
⑦号层	50.3	81.6	95.0	14.1
⑥号层	42.2	61.1	81.0	24.6
⑤号层	38.5	59.3	65.0	8.8
④号层	39.2	49.6	70.0	29.1
平均值	40.7	64.1	77.1	16.7

为了使得优质页岩气储层得到充分改造，裂缝形态复杂化及改造体积最大化是压裂施工追求的目标。由于页岩层理发育的独特特征影响了缝高在纵向上的扩展，需采取有效的工艺技术使得缝高尽可能贯穿龙马溪组下部①~⑤号层，并且缝长和缝宽方向也达到设计值(表 6-5)。从五峰组—龙马溪组地应力剖面看，底板涧草沟灰岩为地应力高点，可为阻止裂缝下延提供有效的遮挡层，避免无效裂缝的产生。②号层所在的凝灰岩层处于地应力高点，加之①号层和②号层页岩层理发育，因此射孔位置位于这两个层位处，则缝高在纵向的延伸易受到限制。⑥号层所在的龙马溪组页岩为另一个地应力高点，因此③~⑥号层缝高具有向下延伸的趋势，可适当加大规模，促使裂缝延伸充分。而⑦~⑨号层处缝高则易向上延伸，为了对下部优质页岩层段进行改造，需适当采取控缝高措施。

表 6-5 不同小层在不同施工规模下的裂缝形态及施工措施

小层	单段压裂液用量/m³	单段加砂量/m³	排量/(m³/min)	平均模拟半缝长/m	平均模拟缝高/m	纵向连通小层	现状及措施
①				172~195	21	①~③	缝高向上部延伸：胶液和滑溜水交替前置
②				260~286	29		
③				375~395	51	①~⑤	缝高充分延伸：加大规模
④				314~356	42		
⑤	1400~2200	30~90	8~18	342~371	55	①~⑥	缝高向下延伸：采取前置胶液，结合变排量措施
⑥				251~302	57		
⑦				257~298	64	⑥~⑨	缝高向上延伸：采取控缝高措施，如人工隔层等
⑧				343~380	61		
⑨				363~392	54	⑦~⑨	

第三节　水平井极限限流密切割压裂技术

簇间距对页岩气水平井的产量具有重要的影响，为了获取最大产量，开展了数值模拟研究。模拟条件：设置基础水平段长 1000m，总簇数分别为 40 簇、48 簇、56 簇、64 簇、72 簇、80 簇。对产量结果进行了无因次化处理，见图 6-13。由图 6-13 可知，缩小簇间距可极大地增加产量,簇数从 40 增加一倍后(簇间距减小 1/2),3 年累产气量可增至 1.8 倍。

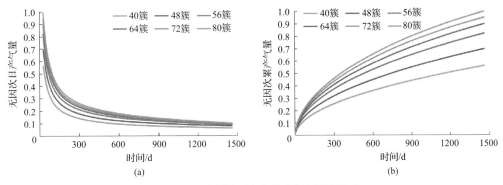

图 6-13　不同簇间距对无因次产量的影响

要综合利用簇射孔多裂缝的诱导应力以及裂缝内的净压力叠加作用克服两向应力差,尽可能使裂缝复杂化。图 6-14 模拟计算的是诱导应力的作用距离,如果水平应力差大,

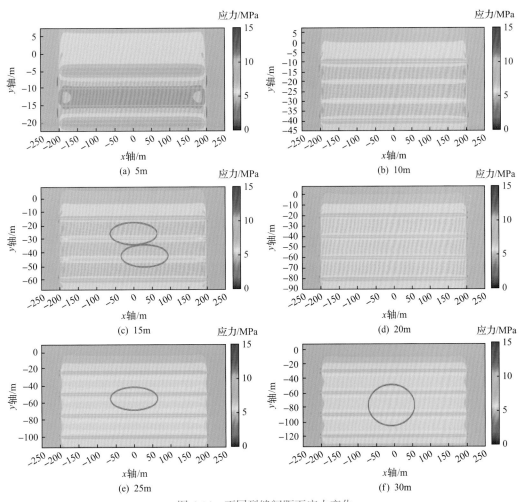

图 6-14　不同裂缝间距下应力变化

则所形成的诱导应力距离较短,需缩小簇间距,才可提高裂缝复杂性。总的原则是水平应力差越大,就越需要少簇、短间距。当簇间距为 10m 左右时,缝周高水平主应力差区域显著减小,易形成复杂裂缝网络。

考虑缝间干扰对多簇裂缝均衡起裂的影响,提出了确保多簇裂缝均衡起裂的极限簇间距计算方法,计算了中、深层的极限簇间距图版,见图 6-15。在白马区块某深层页岩气井现场应用后,无效产气射孔簇由 3.6 簇/段降低至 0.3 簇/段,见图 6-16。

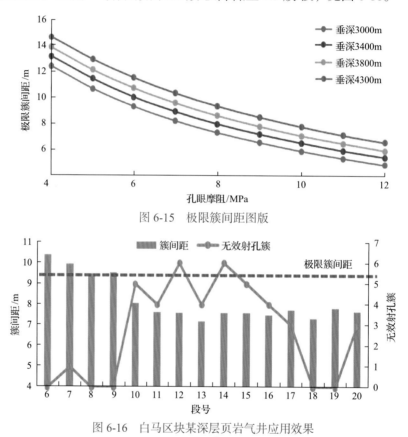

图 6-15　极限簇间距图版

图 6-16　白马区块某深层页岩气井应用效果

第四节　压裂液动态悬砂及支撑剂动态沉降物理模拟技术

水力压裂改造的目标就是在地层中形成高导流能力的裂缝系统,而支撑剂则是形成高导流能力裂缝系统的核心载体之一。支撑剂在压裂过程中和压后裂缝闭合过程中在多尺度裂缝中的悬浮状况及沉降特性不仅影响压裂施工过程中压裂液的高效携砂、砂液比的提高,而且影响支撑剂在多尺度裂缝系统中的有效铺置及砂堤分布,进而决定支撑剂支撑效率、裂缝有效导流能力及压裂增产的有效性。所以压裂液悬砂性是衡量压裂液性能的重要参数,是支撑剂优化选择的最基本指标,也是决定压裂施工成败及压后增产效果的关键因素之一[3]。

目前实验室内压裂液悬砂性及支撑剂沉降性能测试评价的方法主要有两种：一种是基于斯托克斯(Stokes)理论公式的单颗粒支撑剂沉降法[4-10]，是在静止状态下观察并测定单颗粒支撑剂在压裂液中沉降至容器底部所需时间并计算出沉降速度；但单颗粒支撑剂沉降法很难反映携砂液携带群体支撑剂的沉降特性。另一种是携砂液(多颗粒)悬砂性能测试法[7,11-14]，是在静止状态下观察并测定携砂液中不同砂浓度的支撑剂完全沉降所需时间并推算沉降速度。该方法比起单颗粒支撑剂沉降法更能客观地反映压裂液的悬砂及支撑剂的沉降特性，更接近压裂实际情况。

支撑剂在多颗粒或携砂液中的沉降与单颗粒的自由沉降机理是完全不同的[11]。多颗粒沉降时，由于颗粒间的相互干扰作用，支撑剂的沉降速度低于单颗粒的自由沉降速度[11]。单颗粒支撑剂沉降法及携砂液(多颗粒)悬砂性能测试法只能得出单颗粒支撑剂的沉降速度和携砂液中多颗粒支撑剂完全沉降的速度，只能从宏观角度间接反映支撑剂在压裂液中的悬浮情况，而无法定量实时地给出携砂液中支撑剂的沉降变化规律，在压裂液性能评价及支撑剂优选时针对性不强。针对以上问题，中石化石油工程技术研究院有限公司自主研制了 XS-I 型压裂液悬砂及支撑剂沉降物理模拟实验装置，开展了不同粒径支撑剂在不同砂液比的 SRFP-1 型压裂液携砂液中的悬砂能力及沉降机理实验研究，通过新型装置研制及采用新的实验方法，进一步探索压裂液悬砂及支撑剂沉降机理。

一、实验装置原理及功能

(一)装置的原理及组成

采用 XS-I 型压裂液悬砂及支撑剂沉降物理模拟实验装置(图 6-17，图 6-18)，开展压

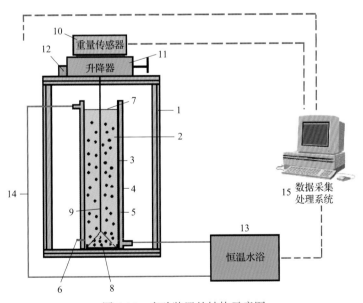

图 6-17 实验装置的结构示意图

1-主体框架结构；2-可视化悬砂测定容器；3-悬砂测定容器内筒；4-悬砂测定容器外筒；5-环形空间；6-支撑剂托盘标定位置；7-携砂液液位；8-支撑剂托盘；9-刚性连接单元；10-重量传感器；11-升降器；12-计时控制器；13-恒温水浴；14-循环管路组成；15-数据采集处理系统

图 6-18　XS-Ⅰ型压裂液悬砂及支撑剂沉降物理模拟实验装置

裂液的悬砂性能及支撑剂的沉降特性实验研究。该装置主要由主体框架结构、可视化悬砂测定容器(悬砂测定容器内筒、悬砂测定容器外筒、环形空间)、支撑剂质量测量系统(支撑剂托盘、重量传感器、升降器、计时控制器)、加热及温度控制系统(恒温水浴、循环管路)、数据采集处理系统(计算机、数据采集卡、数据采集软件)组成,其中可视化悬砂测定容器和支撑剂质量测量系统安装于主体框架结构上(图6-17)。

1. 可视化悬砂测定容器

(1)可视化悬砂测定容器安装并固定于主体框架结构的底部,并采用耐高温、耐压、耐腐蚀透明可视材料,能直接观察室内液体。

(2)可视化悬砂测定容器由两个两端封闭的不同直径的空心圆柱体组成,即由内筒和外筒组成,内筒和外筒上下连接为一体,内筒和外筒中间部分为环形空间。

(3)可视化悬砂测定容器外筒的左上端和右下端分别留有一个端口,右下端口为循环液体入口,左上端口为循环液体出口。

2. 支撑剂质量测量系统

(1)主要由支撑剂托盘、重量传感器、升降器、计时控制器组成。

(2)支撑剂托盘:该托盘为耐腐蚀材料,用于收集携砂液中沉降的支撑剂,托盘外径微小于可视化悬砂测定容器内筒的内径。支撑剂托盘既能实现自如上下升降且不会与悬砂测定容器内筒产生摩擦,也不会由于间隙过大使携砂液从内筒与支撑剂托盘之间的间隙中通过,保证支撑剂都沉降在支撑剂托盘上。

(3)重量传感器:通过刚性连接单元与支撑剂托盘连接,可将携砂液中支撑剂沉降后在支撑剂托盘上得到的质量数据信号转变为电信号,并输出到数据采集处理系统。

(4)升降器:用于支撑剂托盘的升降;当向可视化悬砂测定容器内开始添加携砂液时,通过升降器先把支撑剂托盘降到最低端,对重量传感器起到保护作用;当携砂液加入结束后,迅速通过升降器把支撑剂托盘升起到标定位置。

(5)计时控制器:主要用于计量支撑剂沉降过程的时间,当支撑剂托盘被升降器升起到标准位置后,计时控制器就自动开始计时。

3. 加热及温度控制系统

(1)主要由恒温水浴和循环管路组成。

(2)恒温水浴通过循环管路与可视化悬砂测定容器的右下端口和左上端口连接,实验过程中通过循环液在环形空间中的不间断循环,实现对静态悬砂可视容器中携砂液等实验对象的加温及温度控制。

(3)实验温度可以通过对恒温水浴的温度设定来实现,温度控制范围为室温至95℃。

4. 数据采集处理系统

(1)主要由计算机、数据采集卡、数据采集软件组成。

(2)数据采集处理系统主要用于采集支撑剂质量测量系统中得到的支撑剂沉降时间、支撑剂沉降量、实验温度等信号,并通过软件转换输出实时关系曲线等数据。

(二)装置的主要功能

(1)该装置能模拟在不同实验温度条件下对压裂液悬砂性能及支撑剂沉降性能进行实验研究,定量评价压裂液悬砂、携砂能力及支撑剂在压裂液中的沉降特性,为压裂液配方优化及支撑剂优选提供实验依据。

(2)采用本装置开展实验,不仅能定量地给出不同密度及粒径的支撑剂在不同砂液比的携砂液中的完全沉降时间、沉降量这两个重要指标,而且在实验过程中能实时、定量地给出支撑剂沉降速率与沉降时间的关系曲线,以及沉降量与沉降时间的关系曲线。

(3)实验装置有加热及温度控制系统,能模拟储层温度条件及添加破胶剂等情况下压裂液悬砂能力的变化规律,比起目前常采用的常温悬砂实验,更符合现场压裂的实际情况,更能客观真实地反映储层条件下压裂液的悬砂及携砂能力。

实验装置与液体接触部分都进行了耐腐蚀处理,不仅能开展活性水、滑溜水、压裂液等非腐蚀性液体的悬砂实验,还能开展地面交联酸等腐蚀性液体的悬砂评价实验。

二、实验材料及方法

(一)实验材料

压裂液采用 SRFP-1 型压裂液体系,结合多尺度体积压裂工艺需求,分别对低黏度压裂液(0.15%SRFP-1 增稠剂+0.3%SRCS-1 黏土稳定剂+0.1%SRCU-1 助排剂,黏度为9~12mPa·s)、中黏度压裂液(0.20%SRFP-1 增稠剂+0.3%SRCS-1 黏土稳定剂+0.1%SRCU-1

助排剂+0.12%SRFC-1 交联剂，黏度为 24~27mPa·s)、中高黏度压裂液(0.30%SRFP-1 增稠剂+0.3%SRCS-1 黏土稳定剂+0.1%SRCU-1 助排剂+0.16%SRFC-1 交联剂，黏度为 48~51mPa·s)的悬砂特性进行实验研究。

支撑剂采用三种粒径的等密度($2.7×10^3$kg/m³)陶粒支撑剂，分别为小粒径支撑剂(70/140 目陶粒)、中粒径支撑剂(40/70 目陶粒)、大粒径支撑剂(30/50 目陶粒)。

(二)实验方案

为充分掌握 3 种黏度的 SRFP-1 型压裂液体系的悬砂性能及 3 种粒径支撑剂的沉降性能，以某非常规气藏压裂时的温度场模拟结果为依据，在 80℃温度条件下，设计了 3 组悬砂实验(表 6-6)，探索 SRFP-1 型压裂液体系的悬砂及支撑剂沉降机理。

表 6-6 压裂液悬砂及支撑剂沉降实验方案

实验分组	序号	压裂液	支撑剂	砂液比/%			组数
第一组	1	低黏度压裂液	70/140 目陶粒	5	10	15	3 组
	2	低黏度压裂液	40/70 目陶粒	5	10	15	3 组
	3	低黏度压裂液	30/50 目陶粒	5	10	15	3 组
第二组	4	中黏度压裂液	70/140 目陶粒	10	15	20	3 组
	5	中黏度压裂液	40/70 目陶粒	10	15	20	3 组
	6	中黏度压裂液	30/50 目陶粒	10	15	20	3 组
第三组	7	中高黏度压裂液	70/140 目陶粒	20	25	30	3 组
	8	中高黏度压裂液	40/70 目陶粒	20	25	30	3 组
	9	中高黏度压裂液	30/50 目陶粒	20	25	30	3 组

(三)实验方法

依据实验方案(表 6-6)，采用蒸馏水及压裂添加剂配制不同黏度的压裂液(每次实验压裂用量为 20L)；配制好压裂液后根据每组实验方案要求，加入定量的支撑剂(70/140 目陶粒、40/70 目陶粒、30/50 目陶粒)并进行充分搅拌，配制成不同砂液比(5%~30%)条件下的待测携砂液，并在正式实验前持续搅拌携砂液。

启动加热及温度控制系统，通过温度显示控制系统设定实验温度，对可视化悬砂测定容器和整个循环系统进行加温，直至整个系统温度达到实验要求温度后(80℃)，开始压裂液悬砂能力评价实验。

开启升降器，把支撑剂托盘降低到可视化悬砂测定容器的最低端处(图 6-17)。

把搅拌均匀的待测携砂液加入可视化悬砂测定容器至内筒标准液位处，当携砂液加入结束后，迅速通过升降器把支撑剂托盘升起到标定的位置(图 6-17)，对重量传感器显示数据进行清零，同时计时器开始自动计时。

实验过程中，数据采集处理系统自动开始采集携砂液中支撑剂沉降到支撑剂托盘上的质量(简称支撑剂沉降量)、沉降时间、实时沉降速率、实验温度等信号；当支撑剂沉降量、实时沉降速率趋于稳定直至保持不变时，结束数据采集，关闭加热及温度控制系统降温，结束本次测试实验。

三、实验结果与分析

(一)压裂液的动态悬砂特征

低黏度压裂液对于小粒径的支撑剂具有一定的悬浮能力；在5%的砂液比下，支撑剂充分沉降时间(悬砂液中支撑剂沉降量随着沉降时间的增加几乎保持不变)为20min，但随着小粒径支撑剂的砂液比加大(10%~15%)，支撑剂充分沉降时间逐渐变短(10~12min)，悬砂能力也变差。低黏度压裂液对于中粒径及大粒径的支撑剂悬砂能力较差，即便是在5%的低砂液比下也很难持续悬砂，中粒径支撑剂的充分沉降时间为5.5min，而大粒径支撑剂的充分沉降时间骤减至1.4min，故低黏度压裂液只适合在低砂液比(<10%砂液比)条件下携带小粒径支撑剂进行加砂，不适宜携带中(或大)粒径支撑剂或作为主加砂阶段的携砂液。

中黏度压裂液无论在低砂液比还是中高砂液比条件下，对小粒径的陶粒支撑剂(70/140目)都有非常良好的悬浮能力，即使在中高砂液比下，支撑剂充分沉降时间达到350min，完全满足携砂的需要；但对中粒径及大粒径的陶粒支撑剂，只在小于15%砂液比条件下有着良好的悬砂能力，当砂液比达到20%时，悬砂性能发生骤降，悬砂能力变弱。故中黏度压裂液适合携带小粒径支撑剂及在中砂液比(<15%砂液比)条件下携带中粒径及大粒径陶粒支撑剂进行加砂施工，不适宜作为主加砂高砂液比阶段或连续加砂方式下的携砂液。

中高黏度压裂液无论在低砂液比还是在中高砂液比条件下对于小粒径支撑剂还是中大粒径支撑剂，都有着非常好的悬浮能力；即使对于大粒径的陶粒支撑剂，在25%砂液比下，支撑剂充分沉降时间达到1580min，在30%砂液比下，支撑剂充分沉降时间达到1150min，悬砂能力较优。故中高黏度压裂液适宜作为主加砂高砂液比阶段或连续加砂方式下的携砂液。

(二)支撑剂充分沉降时间

在等密度支撑剂条件下，SRFP-1型压裂液携砂液中支撑剂充分沉降时间与压裂液黏度、支撑剂粒径、携砂液砂液比密切相关(表6-7)；压裂液黏度是影响支撑剂充分沉降时间及压裂液悬砂性能最主要的因素，其次是支撑剂粒径及携砂液砂液比。

随着压裂液黏度的增大，支撑剂沉降速率明显减缓，支撑剂充分沉降时间变长；增加压裂液黏度有利于压裂液更好地悬砂及携砂，且随着黏度的增加，这种趋势越明显。

随着支撑剂粒径的加大，支撑剂沉降速率显著增大，支撑剂充分沉降时间变短。所以在压裂加砂的不同阶段，不同尺度的裂缝系统[3](主裂缝系统、分支裂缝系统、微裂缝系统)宜选用与不同支撑剂粒径悬浮性相匹配的压裂液体系，从而达到较好的携砂效果。

随着携砂液砂液比的增加，支撑剂沉降速率逐渐增大，支撑剂充分沉降时间变短。所以在压裂主加砂后期及高砂液比阶段，采用黏度较高的交联压裂液等可获得较好的携砂效果，既能实现对主裂缝的高导流支撑，又能规避施工风险。

表 6-7　SRFP-1 型压裂液中支撑剂充分沉降时间

支撑剂类型		70/140 目陶粒			40/70 目陶粒			30/50 目陶粒		
低黏度压裂液	砂液比/%	5	10	15	5	10	15	5	10	15
	携砂液加砂量/g	1000	2000	3000	1000	2000	3000	1000	2000	3000
	充分沉降时间/min	20	12	10	5.5	5.0	4.0	1.4	1.2	1.0
	充分沉降量/g	569.4	968.4	1597.5	517.7	823.2	1103.5	523.6	731.4	1309.0
	充分沉降量/携砂液加砂量/%	56.9	48.4	53.3	51.8	41.2	36.8	52.4	36.6	43.6
中黏度压裂液	砂液比/%	10	15	20	10	15	20	10	15	20
	携砂液加砂量/g	2000	3000	4000	2000	3000	4000	2000	3000	4000
	充分沉降时间/min	—	500	350	240	100	5	220	80	3
	充分沉降量/g	—	298.3	442.0	1047.0	1564.2	1953.1	1138.3	1327.2	1644.8
	充分沉降量/携砂液加砂量/%	—	9.9	11.1	52.4	52.1	48.8	56.9	44.2	41.1
中高黏度压裂液	砂液比/%	20	25	30	20	25	30	20	25	30
	携砂液加砂量/g	4000	5000	6000	4000	5000	6000	4000	5000	6000
	充分沉降时间/min	—	—	—	—	—	—	—	1580	1150
	充分沉降量/g	—	—	—	—	—	—	—	602.2	788.9
	充分沉降量/携砂液加砂量/%	—	—	—	—	—	—	—	12.0	13.1

(三) 支撑剂沉降曲线特征

　　分析 SRFP-1 型压裂液支撑剂沉降曲线中沉降量变化规律(图 6-19~图 6-24)及沉降速率变化规律(图 6-25)可知,携砂液中支撑剂沉降可分为快速沉降、缓慢沉降、稳定平衡三个阶段。不同粒径的支撑剂在不同砂液比的携砂液中,三个阶段持续时间表现出不同的特征。

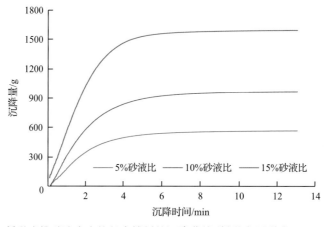

图 6-19　低黏度携砂液中小粒径支撑剂的沉降曲线(低黏度压裂液+70/100 目陶粒)

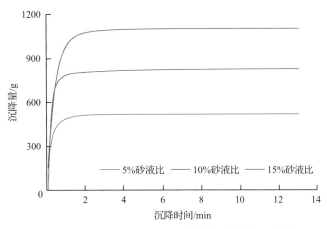

图 6-20　低黏度携砂液中中粒径支撑剂的沉降曲线(低黏度压裂液+40/70 目陶粒)

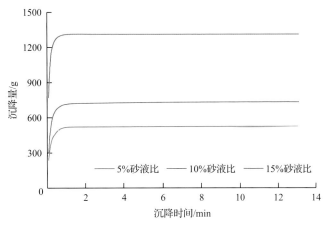

图 6-21　低黏度携砂液中大粒径支撑剂的沉降曲线(低黏度压裂液+30/50 目陶粒)

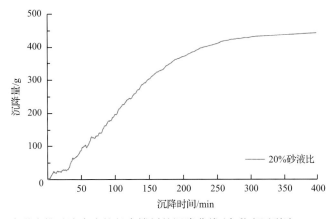

图 6-22　中黏度携砂液中小粒径支撑剂的沉降曲线(中黏度压裂液+70/140 目陶粒)

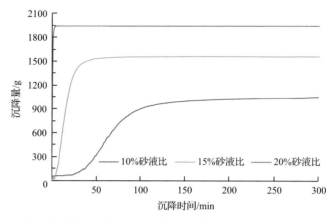

图 6-23　中黏度携砂液中中粒径支撑剂的沉降曲线(中黏度压裂液+40/70 目陶粒)

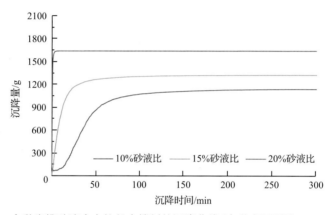

图 6-24　中黏度携砂液中大粒径支撑剂的沉降曲线(中黏度压裂液+30/50 目陶粒)

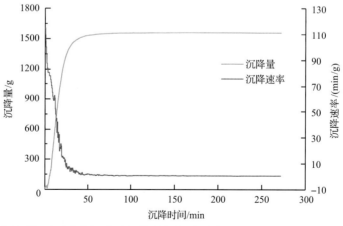

图 6-25　沉降量及沉降速率与沉降时间关系曲线[中黏度压裂液+40/70 目陶粒(15%砂液比)]

　　同一种黏度压裂液在同等砂液比条件下,随着支撑剂粒径的加大,快速沉降阶段支撑剂沉降更快,快速沉降阶段持续时间急剧变短,缓慢沉降过渡阶段持续时间也缩短;以低黏度压裂液为例(图 6-19～图 6-21),总支撑剂量中 70%～85%的支撑剂在快速沉降阶段就已经完全沉降。同理，同一种黏度压裂液加入同一粒径支撑剂条件下，随着携砂液中砂液比增大，快速沉降阶段持续时间、缓慢沉降过渡阶段持续时间也表现出变短的规律。

在压裂液黏度及支撑剂粒径不变情况下，携砂液中支撑剂充分沉降后的沉降量均与砂液比成正比，随着携砂液砂液比的增大，支撑剂充分沉降量也增多(表 6-7)。下面以低黏度压裂液为例进行分析：

(1)在携带小粒径支撑剂的悬砂实验中，5%砂液比的携砂液充分沉降后支撑剂的质量为 569.4g，10%砂液比的携砂液充分沉降后支撑剂的质量为 968.4g，15%砂液比的携砂液充分沉降后支撑剂的质量为 1597.5g。

(2)在携带中粒径支撑剂的悬砂实验中，5%砂液比的携砂液充分沉降后支撑剂的质量为 517.7g，10%砂液比的携砂液充分沉降后支撑剂的质量为 823.2g，15%砂液比的携砂液充分沉降后支撑剂的质量为 1103.5g。

(3)在携带大粒径支撑剂的悬砂实验中，5%砂液比的携砂液充分沉降后支撑剂的质量为 523.6g，10%砂液比的携砂液充分沉降后支撑剂的质量为 731.4g，15%砂液比的携砂液充分沉降后支撑剂的质量为 1309.0g。

(4)低黏度携砂液中，70/140 目的小粒径支撑剂在进入稳定平衡阶段时，48.4%～56.9%的支撑剂已沉降；40/70 目的中粒径支撑剂在进入充分沉降阶段时，36.8%～51.8%的支撑剂已沉降；30/50 目的大粒径支撑剂在进入充分沉降阶段时，36.6%～52.4%的支撑剂已沉降。所以低黏度压裂液的整体携砂性较差，支撑剂更易沉降。

(5)中黏度携砂液中，70/140 目的小粒径支撑剂在进入充分沉降阶段时，9.9%~-11.1%的支撑剂已沉降；40/70 目的中粒径支撑剂在进入充分沉降阶段时，48.8%～52.4%的支撑剂已沉降；30/50 目的大粒径支撑剂在进入充分沉降阶段时，41.1%～56.9%的支撑剂已沉降。所以中黏度压裂液对于小粒径支撑剂携砂性能较优，当携带中粒径及大粒径支撑剂时，携砂性能下降明显。

(6)在中高黏度携砂液中，即使在高砂液比条件下，30/50 目的大粒径支撑剂在充分沉降后，仅有 12.0%～13.1%的支撑剂沉降，整体悬砂能力较优。

但在压裂液黏度及携砂液砂液比不变的情况下，支撑剂的沉降量与支撑剂粒径之间无较好的相关性及规律性。

四、小结

压裂液的携砂性能优劣直接影响着支撑剂在裂缝中的输送铺置效果及压后裂缝有效导流能力。本节研制了 XS-I 型压裂液悬砂及支撑剂沉降物理模拟实验装置，提出了携砂液悬砂能力及支撑剂沉降特性测试的新方法，解决了携砂液悬砂能力定量评价的难题；定量地给出了支撑剂在携砂液中的完全沉降时间及沉降量指标，实时定量地得出了沉降量与沉降时间的关系、沉降速率与沉降时间的关系，为压裂液优化及支撑剂优选提供了基础实验依据。开展了三种陶粒支撑剂(70/140 目、40/70 目、30/50 目)在 SRFP-1 型压裂液中的悬砂特性研究，分析了支撑剂在携砂液中的沉降量、沉降速率以及两者随沉降时间的变化规律，得出影响压裂液悬砂性能的主控因素。

实验研究表明：携砂液中支撑剂沉降分为快速沉降、缓慢沉降过度、稳定平衡三个阶段。压裂液黏度是影响压裂液悬砂性能的最主要因素，其次是支撑剂粒径、携砂液砂液比。低黏度压裂液仅对 70/140 目支撑剂有一定的悬浮能力(支撑剂充分沉降时间 10～20min)，对 40/70 目和 30/50 目的支撑剂悬浮性能较差(支撑剂充分沉降时间仅为 1.0～5.5min)，整体悬砂能力较差。中黏度压裂液对 70/140 目支撑剂悬浮效果好(仅有 9.9%～11.1%的支撑剂沉降)，在小于 15%砂液比下对 40/70 目及 30/50 目支撑剂有较好的悬浮能力(支撑剂充分沉降时间 80～240min)。中高黏度压裂液中，大粒径(30/50 目)支撑剂在高砂液比(25%～30%)条件下加入，携砂液中也仅有 12.0%～13.1%的支撑剂沉降，悬砂性能优，适宜作为主加砂阶段的携砂液。

第五节　复杂多尺度裂缝系统支撑剂动态运移物理模拟技术及优化

一、压裂输砂与返排一体化物理模拟实验研究

随着致密油气藏、非常规油气藏的深入开发及技术发展，水平井分段压裂技术已成为该类油气藏开发最重要、最广泛、最有效的核心技术之一，其目标是形成高导流能力的裂缝，而支撑剂则是形成高导流能力裂缝的核心载体，在压裂过程中所形成的砂堤剖面对导流能力有着重要的影响[15-17]。在压后返排过程中要防止支撑剂回流[18-23]，支撑剂回流会造成砂堤剖面的改变，从而降低裂缝的导流能力，回流严重时会直接引起地层出砂，导致井底沉砂堆积掩埋油气层，冲蚀刺坏地面测试管线，影响油气测试及后期的开采[24,25]。

国内外学者对于压裂过程中支撑剂的运移和铺置规律在理论和实验方面做了大量的研究[26-36]，但目前的实验装置大多采用平行玻璃板，无法模拟储层温度、闭合压力和压裂液滤失等重要参数，且对于压后支撑剂的回流及所造成的砂堤剖面的改变并没有进行相关研究。采用可视化的物理模拟实验装置模拟地层温度、闭合应力和液体滤失条件下压裂和返排过程中裂缝内支撑剂的输送、沉降及支撑剂回流情况，定量、直观地得到不同条件下支撑剂由裂缝入口端向远端的运移情况及支撑剂回流后最终形成的砂堤剖面，为压裂施工参数优化、压裂液体系优化、支撑剂类型优选及压后返排制度的优化提供依据和指导。

(一)大型物理模拟实验装置

1. 装置原理及技术参数

实验采用中石化石油工程技术研究院有限公司自主研发的 YF-I 型压裂输砂及返排一体化大型物理模拟装置，该装置的设计基于裂缝中流体线速度相似原理，模拟压裂裂缝中的流体流动。该装置可模拟储层温度、闭合压力、液体滤失等条件，开展输砂和返排过程中不同缝宽、不同液体黏度、不同排量、不同支撑剂粒径等条件下裂缝中支撑剂的运移、沉降及回流情况，为水平井压裂中压裂液体系优化、支撑剂类型优选及压后排液工作制度优化提供技术参考。主要技术参数见表6-8。

表 6-8 YF-I 型压裂输砂及返排一体化大型物理模拟装置主要技术参数

项目	技术参数	项目	技术参数
工作温度/℃	0～95	缝长/mm	1200
模型闭合压力/MPa	0～10	缝高/mm	300
模型返排压力/MPa	0～10	缝宽/mm	0～30
滤失方式	缝壁滤失、缝端滤失	注入/返排排量/(L/min)	0～15

2. 装置主要组成及功能

该装置主要由液体注入系统、裂缝模拟系统、模型加压滤失系统、模型加热保温系统、数据监测及处理系统和安全保护系统等组成(图 6-26～图 6-30)。液体注入系统主要由液体配制及搅拌混合装置、液体加温保温装置、螺杆泵、流量计及相应管阀件组成,实现压裂液的快速配制、加温及携砂液的均匀注入。裂缝模拟系统主要由左端支承板、裂缝左侧板、裂缝移动右侧板、高强度透明复合平板、承载拉杆、裂缝移动右侧板伸缩机构等组成,模拟储层实际裂缝。模型加压滤失系统主要由裂缝壁滤失口(18 个)、缝端滤失口(3 个)、闭合压力加载系统、滤失背压系统、滤失液反推系统等组成,通过裂缝壁滤失口调节模拟裂缝的实际滤失情况,并对裂缝施加闭合压力。模型加热保温系统主要由电加热片及保温套组成,实现实验过程中对裂缝模拟系统的加热及保温。数据监测及处理系统主要由压力监测系统、压差监测系统、流量监测系统、视频采集系统、模型

图 6-26 大型物理模拟实验装置整体实物图

图 6-27 模型裂缝模拟系统整体实物图

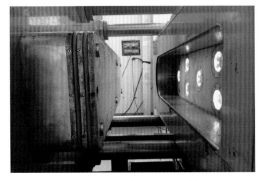

图 6-28 模型裂缝部分实物图

图 6-29 模型裂缝视频采集系统实物图

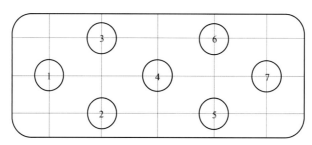

图 6-30 视频采集视窗分布图

控制及数据处理软件等组成,实现在实验过程中对仪器的整体控制、实验参数及视频的采集、数据的实时处理及回放等。安全保护系统主要由安全泄压阀及安全预警系统组成,保障实验安全。

(二)压裂输砂与返排实验

1. 实验方案

压裂输砂及返排实验方案见表 6-9。由表 6-9 可知:方案 I 是采用低黏度压裂液,在相同的注入排量和砂液比、不同粒径支撑剂和缝宽条件下,研究携砂液在裂缝中的输砂及压后支撑剂回流情况,共 9 组实验;方案 II 是在方案 I 的基础上,采用中黏度压裂液,其他实验条件不变,研究携砂液在裂缝中的输砂及压后支撑剂回流情况,共 9 组实验;方案 III 是在方案 I 的基础上,在 6mm 缝宽条件下,改变低黏度压裂液注入排量,其他实验条件参数不变,分析携砂液注入排量对输砂及支撑剂回流的影响,共 3 组实验;方案 IV 是在方案 II 的基础上,在 6mm 缝宽条件下,改变中黏度压裂液注入排量,其他实验条件不变,分析携砂液注入排量对输砂及支撑剂回流的影响,共 3 组实验。

表 6-9 压裂输砂及返排实验方案

项目	液体类型	液体黏度/(mPa·s)	陶粒支撑剂目数	缝宽/mm	注入/返排排量/(L/min)
方案 I	低黏度压裂液	3	70/140、40/70、30/50	3、6、9	12
方案 II	中黏度压裂液	10	70/140、40/70、30/50	3、6、9	12
方案 III	低黏度压裂液	3	70/140、40/70、30/50	6	9
方案 IV	中黏度压裂液	10	70/140、40/70、30/50	6	9

4 个方案中模拟裂缝闭合压力为 8MPa,压裂液温度均为 80℃,压裂液滤失速率为 1~3L/min,压裂液平均砂液比为 6%,返排液均采用低黏度压裂液(3mPa·s);输砂实验阶段携砂液注入液量为 36L,返排实验阶段返排液量为 36L。

2. 实验步骤

实验步骤主要包括:

(1)采用液体配制及搅拌混合装置配置好实验用携砂液。

(2)调整模型缝宽到实验要求缝宽。

(3)打开螺杆泵,以实验要求流量从模型缝口端向裂缝中注入携砂液,注入过程中流量计实时监测注入流量。

(4)注入的同时，打开缝端及裂缝壁滤失口，模拟液体注入过程中裂缝的实际滤失情况；同时通过调整闭合压力加载系统对裂缝施加闭合压力。

(5)注入过程中，通过数据监测及处理系统，实时监测并控制缝宽、闭合压力、注入流量、累计注入液量、滤失量，视频采集系统实时采集砂堤沉降及变化过程的影像。

(6)注入结束后，停泵并关闭所有滤失口及注入阀门，保持缝宽、闭合压力及缝内压力，使支撑剂自由沉降60min，模拟关井。

(7)关井结束后，倒换流程，打开缝端滤失口和缝口返排口，启动螺杆泵，从缝端滤失口注入返排液。

(8)返排过程中，返排液注入排量以 6L/min 起步，并以 0.5L/min 为阶梯逐渐增至12L/min，然后保持12L/min继续注入至返排设计排量，观察在不同返排排量下缝内支撑剂回流及砂堤改变情况，并在返排口回收返排液及回流出的支撑剂。

(9)当返排排量达到实验要求后，停泵结束实验，称量返排液体积及返出支撑剂量。

(三)实验结果与分析

1. 缝宽对压裂输砂及返排的砂堤剖面的影响

图 6-31 为缝宽对裂缝内 40/70 目支撑剂砂堤剖面的影响。由图 6-31(a)可知，输砂阶

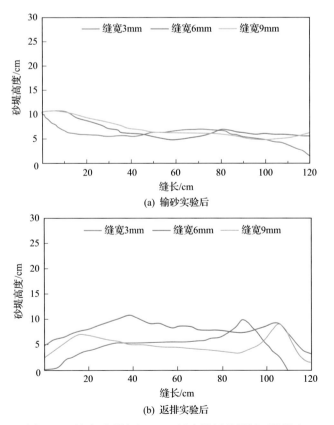

图 6-31 缝宽对裂缝内 40/70 目支撑剂砂堤剖面的影响

段，不同粒径支撑剂的输送和运移对缝宽的敏感性不同。小粒径支撑剂(70/140目)对缝宽敏感性较差，不同缝宽条件下，不同粒径支撑剂在缝长方向上形成的砂堤剖面相似，大多数支撑剂都被液体携带至裂缝远端；对于中粒径支撑剂(40/70目)和大粒径支撑剂(30/50目)，缝宽较小时(3mm)，缝内流速更快，支撑剂更易携带至裂缝远端，沉降砂堤剖面更低；而缝宽大于6mm后，随着缝宽增加，缝内流速降低，支撑剂沉降砂堤剖面在缝长方向整体变低，且多数支撑剂沉降在裂缝近端，但沉降后砂堤剖面较为相似。

由图6-31(b)可知，返排阶段，相同粒径支撑剂在充分返排后，砂堤剖面发生了明显的改变，其中返排入口处砂堤变化最为明显。这是因为在缝宽较小时(3mm)，因缝内液体流速较大，即使裂缝内压裂液黏度较低(3mPa·s)，支撑剂也非常容易被卷起而向裂缝入口处回流，同时因支撑剂的自然沉降，返排口附近的支撑剂大幅减少，而距离返排口一段距离后支撑剂堆积高度比返排前更高；随着缝宽的增大，缝内液体流速减小，支撑剂回流现象减弱，支撑剂在返排口附近留存，在返排排量稳定后重新形成平衡砂堤。

实验结果说明：缝宽对输砂时小粒径支撑剂的输送和运移影响相对较小，对大粒径支撑剂的输送和运移影响较大；缝宽对返排时不同粒径支撑剂的回流影响均较大。

2. 液体黏度和支撑剂粒径对输砂及返排的砂堤剖面的影响

图6-32为液体黏度和支撑剂粒径对支撑剂砂堤剖面的影响。由图6-32(a)可知，输砂阶段，压裂液黏度和支撑剂粒径对支撑剂输送和运移的影响非常明显。压裂液黏度由3mPa·s增至10mPa·s时，不同粒径支撑剂的砂堤剖面发生了很大的改变，30/50目支撑剂的砂堤高度由最高18.2cm左右降至8.6cm，40/70目支撑剂的砂堤高度由最高11.0cm左右降至2.3cm；压裂液黏度为3mPa·s时，支撑剂粒径由30/50目减小至70/140目时，砂堤剖面平均高度由12.6cm减至4.0cm，约为原来的1/3；压裂液黏度为10mPa·s时，支撑剂粒径由30/50目减至70/140目时，砂堤剖面平均高度由5.3cm减至1.2cm，约为原来的1/5。实验结果说明，压裂液黏度越大，其携砂性能越好，不同粒径支撑剂更多地被输送至裂缝深处，粒径越小的支撑剂，输送得越远。压裂时采用低黏度压裂液携带小粒径支撑剂封堵缝端或支撑分支裂缝，中黏度压裂液携带中粒径支撑剂支撑裂缝中部位置，

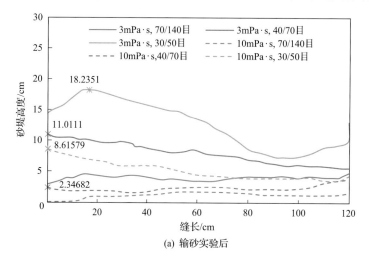

(a) 输砂实验后

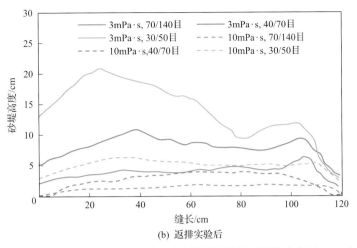

(b) 返排实验后

图 6-32 液体黏度和支撑剂粒径对支撑剂砂堤剖面的影响(缝宽 6mm)

高黏度压裂液携带大粒径支撑剂支撑缝口,使得整个裂缝缝长方向上的砂体剖面均匀合理,大大提高裂缝支撑效率和导流能力。

由图 6-32(b)可知:充分返排后,砂堤剖面发生了明显的变化,砂堤剖面高度越高,返排时支撑剂回流越明显,随着支撑剂在回流时的沉降,裂缝中部的砂堤高度相应增加;支撑剂粒径越小,由裂缝回流出的支撑剂量越多,相应的出砂量越多,使得裂缝缝口支撑剂剖面高度降低。实验结果说明,放喷时,应控制油嘴的大小,防止裂缝端部或分支裂缝中的小粒径支撑剂因返排流速过高而回流,降低裂缝导流能力。

3. 排量对输砂及返排的砂堤剖面的影响

图 6-33 为注入排量和返排排量对支撑剂砂堤剖面的影响。由图 6-33(a)可知,输砂阶段,在相同缝宽、压裂液黏度及砂液比等条件下,注入排量由 9L/min 增至 12L/min 时,不同粒径支撑剂的砂堤剖面高度均有所降低,40/70 目支撑剂砂堤剖面高度由最高 9.4cm 左右降至 2.3cm 左右,30/50 目支撑剂砂堤剖面高度由最高 12.2cm 左右降至 8.6cm 左右,而 70/140 目支撑剂因几乎都已经输送到了裂缝远端,砂堤高度降低得不明显。实验结果说明,注入排量越大,支撑剂越容易输送到裂缝远端,对于中大粒径支撑剂该影响更明显。

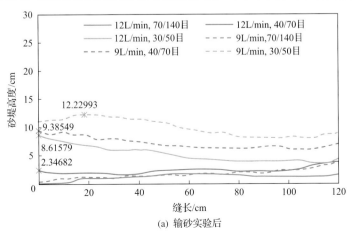

(a) 输砂实验后

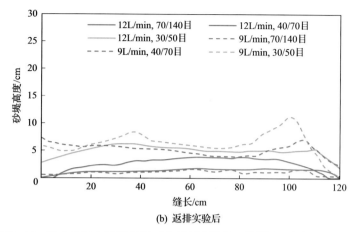

(b) 返排实验后

图 6-33　注入排量和返排排量对支撑剂砂堤剖面的影响(黏度 10mPa·s)

由图 6-33(b)可知：与上述其他返排影响因素情况相似，砂堤剖面在返排阶段发生了明显的变化，因部分支撑剂回流出砂，整个砂堤面积小于输砂阶段砂堤面积；返排排量为 9L/min 时，30/50 目和 40/70 目支撑剂除了在返排口附近减少外，砂堤剖面高度在距返排口 20～30cm 处升高明显，而返排排量提高至 12L/min 时，支撑剂除了在返排口减少外，因排量升高而回流出砂，砂堤剖面高度升高并不明显。实验结果说明，返排过程中，一定要注意控制返排排量或放喷油嘴的大小，避免支撑剂回流出砂。

4. 支撑剂出砂临界流速及回流分析

由返排实验可知，裂缝内支撑剂砂堤剖面在返排过程中分 3 个阶段表现出不同的特征，主要包括：砂堤表面支撑剂缓慢运移阶段、砂堤形态改变阶段及平衡砂堤形成阶段。

图 6-34 为砂堤表面支撑剂缓慢运移阶段不同缝宽及携砂液黏度条件下出砂临界流速变化情况。由图 6-34 可知，砂堤表面支撑剂缓慢运移阶段，在不同缝宽下，不同粒径支撑剂均存在一个支撑剂出砂临界流速，当返排流速达到支撑剂出砂临界流速时，砂堤表

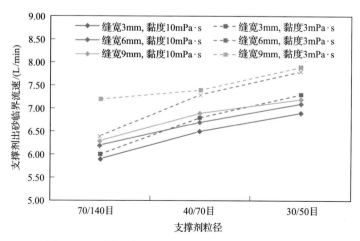

图 6-34　不同缝宽及携砂液黏度条件下出砂临界流速

面支撑剂开始出现缓慢移动现象。通过分析返排参数可知，支撑剂粒径越小，支撑剂出砂临界流速越小，随着支撑剂粒径变大，支撑剂出砂临界流速也变大，当缝宽为 6mm、压裂液黏度为 3mPa·s 时，70/140 目支撑剂出砂临界流速为 6.45L/min，而 30/50 目支撑剂出砂临界流速为 7.81L/min，小粒径支撑剂在返排阶段更易出现支撑剂回流现象，存在出砂风险；返排液黏度对出砂临界流速影响较大，返排液黏度越大，支撑剂出砂临界流速越小，当缝宽为 6mm、返排液黏度为 3mPa·s 时，40/70 目支撑剂出砂临界流速为 7.38L/min，当缝宽为 6mm、返排液黏度为 10mPa·s 时，40/70 目支撑剂出砂临界流速为 6.65L/min；缝宽对支撑剂出砂临界流速有一定影响作用，缝宽越小，单位面积裂缝内返排流速越高，支撑剂出砂临界流速越小，支撑剂更易发生运移及回流。

砂堤形态改变阶段：随着返排流速的增加，砂堤表面的支撑剂流速不断增大，返排液中携带的支撑剂明显增多，裂缝中的支撑剂向返排出口方向开始大量回流及堆积，并在出口处返出大量支撑剂，砂堤剖面发生明显改变。

平衡砂堤形成阶段：随着返排液持续注入到一定量后，返排入口及入口近端处的大量支撑剂被运移堆积到缝口或随着返排液排出裂缝，裂缝中支撑剂回流量会渐渐稳定甚至变少，砂堤形态变化也将趋于稳定直至达到新的砂堤形态，此时又形成新的平衡砂堤。

（四）小结

（1）研制了 YF-I 型压裂输砂及返排一体化大型物理模拟实验装置，开展了压裂液输砂、支撑剂运移及返排一体可视化实验，给出了不同条件下支撑剂在压裂和返排过程中形成的砂堤剖面，初步揭示了在压裂和返排过程中支撑剂的运移及回流规律；支撑剂运移、沉降及回流特性与压裂液黏度、支撑剂粒径、注入和返排排量及缝宽等因素密切相关；输砂和返排过程中，液体黏度是影响砂堤剖面的最主要因素，其次影响砂堤剖面的是支撑剂粒径和排量，缝宽对砂堤剖面的影响最小；在返排过程中，液体黏度越小，出砂临界流速越大；缝宽和支撑剂粒径越大，出砂临界流速越大，在压后放喷时，应保证压裂液完全破胶，避免出砂。

（2）实验模拟了压裂和返排全阶段支撑剂的运移、沉降和回流情况，揭示了不同阶段裂缝内砂堤剖面的变化情况，为支撑剂类型优选、压裂液体系优化、压裂施工参数优化和压后返排制度优化提供了依据。

（3）不同黏度返排液、不同粒径支撑剂和不同缝宽均有相应的出砂临界流速，返排过程中返排排量和放喷油嘴大小的控制应以返排流速低于出砂临界流速为前提。

（4）研制的模拟实验装置采用裂缝内流体线速度相似原理，能较客观地模拟输砂过程缝口前端和返排过程返排口前端的砂堤剖面情况，但受制于模拟装置大小，不能完全模拟整个裂缝内支撑剂的运移、沉降和回流情况，需继续开展大尺寸物理模拟实验装置、全尺寸裂缝模拟实验装置的研制和实验，特别是开展多尺度分支裂缝缝内支撑剂的运移和回流规律研究，为目前页岩气体积压裂各阶段施工和返排参数的制订提供翔实的依据和指导。

二、大型模块化多尺度复杂裂缝系统支撑剂输送及动态运移物理模拟研究

(一)物理模拟装置的设计原理与组成

非常规油气藏体积压裂中,支撑剂在复杂裂缝中的输送运移特征及最终在不同尺度复杂裂缝(主裂缝、分支裂缝及微裂缝)中的铺置形态直接决定着压裂改造体积能否高效率地成为压裂有效改造体积,压裂液波及范围内不同粒径支撑剂能否与不同尺度的裂缝有效匹配,进而影响复杂裂缝内支撑剂充填层的导流能力及压后增产稳产效果。

为了研究多级裂缝内支撑剂的运移及铺置规律,基于裂缝中流体流动相似原理,中石化石油工程技术研究院有限公司自主研制了大型模块化多尺度复杂裂缝支撑剂输送运移铺置物理模拟装置,研究在不同压裂液黏度、携砂液排量、支撑剂粒径、砂液比、裂缝粗糙度等因素下支撑剂在多尺度复杂裂缝中的动态沉降及输送铺置规律,建立支撑剂砂堤堆起的新理论模型和输砂、铺置、沉降理论,评价多尺度裂缝内,支撑剂的输送、转向、铺置以及不同粒径与不同尺度裂缝的匹配关系,为非常规油气藏压裂裂缝参数设计、施工参数优化、支撑剂优选、压裂液优选、排量优化、泵注程序优化等提供理论依据。

大型模块化多尺度复杂裂缝系统支撑剂输送及动态运移物理模拟装置主要由主控系统、配液混砂系统、裂缝模拟系统、压裂液注入及返排系统、数据采集和处理系统等组成(表6-10,表6-11,图6-35~图6-42)。大型物理模拟实验装置的工作温度为0~90℃,

表 6-10 多尺度裂缝网实验装置参数

装置参数	参数大小	装置参数	参数大小	装置参数	参数大小
主裂缝长度/mm	4800	主裂缝缝宽/mm	10	主裂缝条数	1
一级分支裂缝缝长/mm	1000	一级分支裂缝缝宽/mm	2	一级分支裂缝数	4
二级分支裂缝缝长/mm	500	二级分支裂缝缝宽/mm	1	二级分支裂缝数	4
所有裂缝缝高/mm	500	裂缝总体积/mm³	4.85×10^7	与上级缝夹角/(°)	60(可调)
入口孔眼数	8	孔眼直径/mm	10	混砂罐容积/L	300
一级分支裂缝A距主裂缝入口/m	1.5	一级分支裂缝B距主裂缝入口/m	3.7		
二级分支裂缝A距一级缝A入口/m	0.5	二级支裂缝B距一级缝B入口/m	0.5		

表 6-11 各射孔模拟套件孔眼参数

编号	孔眼数量	模拟射孔密度/(孔/m)	孔径/mm
1	8	16	10
2	6	12	15
3	3	6	30
4	1	2	80

工作压力为 0～0.2MPa,模拟排量为 0～15m³/min,根据压裂施工过程中的射孔密度、孔径和排量等参数,按照流体线速度相似原理,设计了 4 套射孔模拟套件,具体参数见表 6-10。

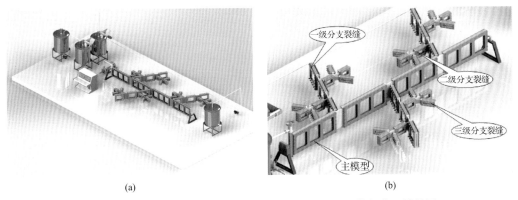

(a)   (b)

图 6-35 多尺度复杂裂缝支撑剂输送及动态运移物理模拟装置效果图

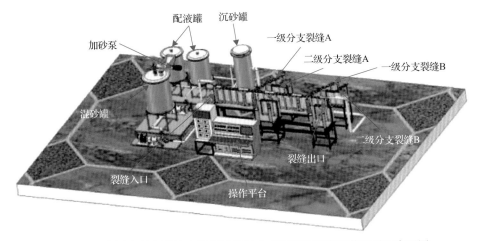

图 6-36 多尺度复杂裂缝支撑剂输送及动态运移物理模拟装置平面布置图

图 6-37 实验操作系统

图 6-38 配液混砂系统

图 6-39　复杂裂缝模拟系统侧视图　　　　图 6-40　复杂裂缝模拟系统俯视图

图 6-41　裂缝链接(60°倒角)　　　　图 6-42　数据采集和处理系统

1. 主控系统

主要由计算机、控制面板、压力传感监测系统、温度传感监测系统、流量传感监测系统、安全报警系统等组成,用来控制装置各部分的安全运行。

2. 配液混砂系统

主要由配液罐、混砂罐、加温装置、搅拌系统、螺杆泵和流量计等组成,实现压裂液的快速配制、加温保温、混砂及携砂液的均匀注入。配液混砂系统设置两个配液罐,容积 300L,转子转速 0~500r/min,以及一个混砂罐,容积 300L,转子转速 0~500r/min,可以定时定量进行加砂,保证注入液配比时操作简单方便。

3. 裂缝模拟系统

主要由裂缝主体系统、循环系统、照明系统和流量计等组成,用来模拟储层裂缝系统。循环系统主要由循环泵、相应管阀件等组成,用来泵入携砂液并进行循环。主裂缝及分支裂缝主体系统:1 条连通进出口的主裂缝;4 条与主裂缝夹角为 60°且分布于主裂缝两侧的一级分支裂缝;4 条平行于主裂缝的二级分支裂缝;其中,主裂缝缝长为 4.8m,缝宽为 10mm,一级分支裂缝缝长为 1m,缝宽为 2mm,二级分支裂缝长度为 0.5m,裂缝宽度为 1mm,所有裂缝高度都为 0.5m,分支裂缝与主裂缝连接处夹角可调(30°、60°、90°),设备内裂缝总体积为 4.57L。

4. 压裂液注入及返排系统

可以模拟裂缝射孔密度等参数,孔径可调(10~80mm),出口端开在井筒上部,使携砂液首先充满整个裂缝系统。

5. 数据采集和处理系统

主要由流量监测系统、压力监测系统、计算机、高速高清摄像机、模型控制软件和数据处理软件等组成,实验过程中可以采集数据和视频并进行处理。

(二)复杂裂缝支撑剂输送及动态运移物理模拟装置集成控制软件

大型模块化复杂裂缝支撑剂输送铺置物理模拟装置配套的控制软件及图像处理系统(图 6-43~图 6-52),通过软件控制系统自动控制复杂裂缝支撑剂输送铺置物理模拟装置中各个系统的控制运行及设备参数的调节。通过图像处理系统,完整呈现整个复杂裂缝系统内支撑剂的实时输送、运移及最终铺置情况,确保了实验数据及实验现象的完整性和精确性。图像处理系统应用虚拟成像,提取出缝内砂堤的剖面曲线,进行积分处理,准确地计算出支撑剂在各裂缝内的沉降量,实时记录实验过程中各出口流量的变化情况。

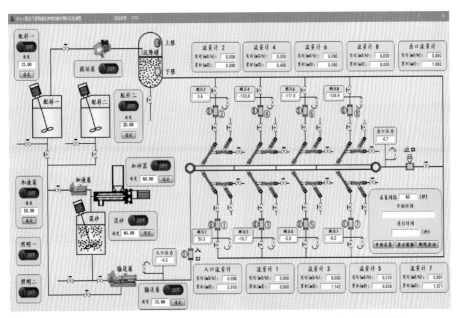

图 6-43 多尺度复杂裂缝支撑剂输送铺置物理模拟装置软件控制系统

图 6-44 软件参数管理系统

图 6-45 软件实验管理系统

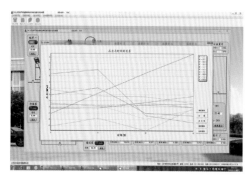

图 6-46　软件实验结果输出结果

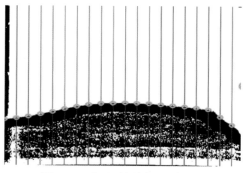

图 6-47　实验砂堤剖面积分处理

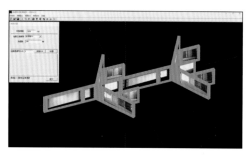

图 6-48　图像处理系统软件界面

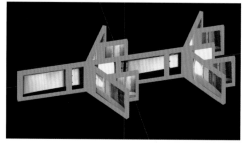

图 6-49　图像数据处理结果(三级分支裂缝)

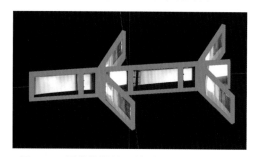

图 6-50　图像数据处理结果(两级分支裂缝)

图 6-51　图像数据处理结果(一级分支裂缝)

(a) 实验开始，5s

(b) 实验中，97s

(c) 停泵，开始沉降，167s

(d) 完全沉降，298s

图 6-52　复杂裂缝内支撑剂输送铺置物理模拟实验动态数据处理

不同时刻；16mPa·s+40/70 目+6m³/h+砂液比 15%

（三）多级复杂裂缝内的流量分布规律研究

多级复杂裂缝系统中各级裂缝中的流量分布规律对认识裂缝、指导压裂设计方案具有重要意义[37-41]。国内外学者对各级裂缝中流量分布规律的研究鲜有报道，目前对各级裂缝中流量分布规律缺乏系统、定量的认识[12-14,40-42]。针对以上问题，采用多尺度复杂裂缝支撑剂输送铺置物理模拟装置，开展了不同压裂液黏度、支撑剂粒径、注入排量、砂液比等因素对各级裂缝内流量的影响规律实验研究，为认识裂缝、优化压裂施工参数提供了依据。

1. 多级复杂裂缝中动态输砂实验设计

1）实验方案

考虑压裂施工时压裂液液黏度、支撑剂粒径、排量、砂液比等参数实际情况，研究不同参数下携砂液在多级裂缝中的流量分布规律。实验选用低黏度（黏度为 6～9mPa·s）、中黏度（黏度为 21～24mPa·s）、高黏度（黏度为 39～42mPa·s）3 种黏度的清洁压裂液体系，支撑剂选用 30/50 目、40/70 目、70/140 目 3 种粒径的陶粒支撑剂（表 6-12），砂液比选用 5%、10%、15%、20%、25%。

表 6-12 实验方案

序号	液体类型	压裂液黏度/(mPa·s)	陶粒支撑剂/目	排量/(m³/min)		砂液比/%		
1	低黏度	6～9	30/50、40/70、70/140	4	6	5	10	15
2	中黏度	21～24	30/50、40/70、70/140	4	6	10	15	20
3	高黏度	39～42	30/50、40/70、70/140	4	6	15	20	25

2）实验步骤

实验步骤主要包括：①在配液罐中配置压裂液；②将压裂液注入多级裂缝系统中，使其充满裂缝系统并循环；③将配液罐中压裂液注入混砂罐中，按砂液比加入支撑剂并搅拌均匀，配置好携砂液；④打开数据采集和处理系统；⑤打开注入泵，按实验要求流量将携砂液注入裂缝系统中；⑥注入结束后，停泵，待裂缝系统中支撑剂完全沉降后，打开裂缝系统出口端阀门进行排空；⑦收集并处理实验数据；⑧拆装清洗实验装置，结束本次实验。

2. 各级裂缝流量分布情况

表 6-13、图 6-53～图 6-55 介绍了不同实验条件下各级裂缝中流量分布情况。由表 6-13 可知，主裂缝中流量占总流量比例为 56.59%～72.52%，平均为 64.63%；一级分支裂缝中流量占总流量比例为 16.26%～27.82%，平均为 22.14%；二级分支裂缝中流量占总流量比例为 7.06%～17.56%，平均为 13.23%。各级裂缝中流量分布比例主要受总流量大小影响，其次依次为支撑剂粒径、压裂液黏度和砂液比。总流量越大，主裂缝中流量占比越高，分支裂缝中流量占比越低。

表 6-13　不同实验条件下各级裂缝中流量分布表

压裂液	支撑剂粒径/目	排量/(m³/min)	砂液比/%	各级裂缝中流量比例/%		
				主裂缝	一级分支裂缝	二级分支裂缝
中黏度压裂液	30/50	4	10	57.69	26.02	16.29
			15	59.14	25.18	15.68
		6	10	65.69	21.56	12.75
			15	71.14	18.74	10.12
	40/70	4	10	58.61	25.81	15.58
			15	56.59	25.85	17.56
			20	59.43	25.54	15.03
		6	10	72.52	16.46	11.02
			15	71.60	17.75	10.65
			20	70.18	17.74	12.08
	70/140	4	10	61.58	23.64	14.78
			15	58.81	26.54	14.65
		6	5	70.83	17.67	11.50
			20	65.48	21.94	12.58
低黏度压裂液	40/70	4	10	55.66	27.82	16.52
		6	5	65.86	21.10	13.04
			10	69.32	16.26	14.42
高黏度压裂液	30/50	4	15	67.88	25.06	7.06
		6	15	69.87	20.03	10.10

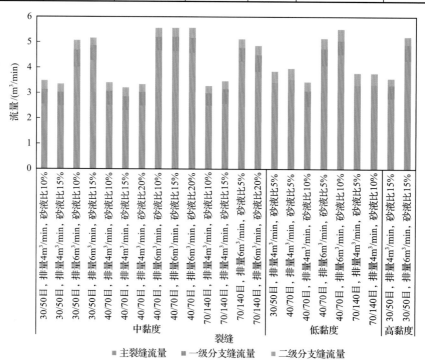

图 6-53　不同实验条件下各级裂缝中流量分布表

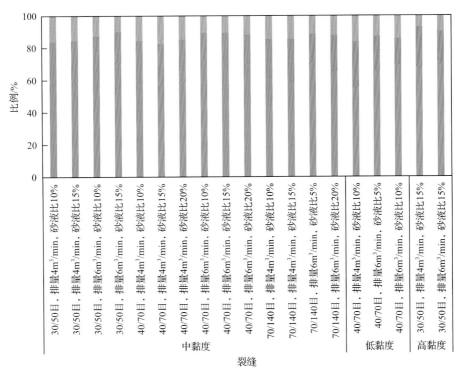

图 6-54 不同实验条件下各级裂缝中流量分布比例表

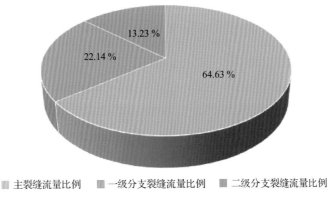

■ 主裂缝流量比例   ■ 一级分支裂缝流量比例   ■ 二级分支裂缝流量比例

图 6-55 各级裂缝中流量比例分布

3. 压裂液黏度对流量分布的影响

40/70 目支撑剂、排量 6m³/min、砂液比 10%条件下低黏度压裂液和中黏度压裂液中各级裂缝内流量为：在低黏度、中黏度压裂液条件下主裂缝中流量占比分别为 69.33%和 72.52%，一级分支裂缝中流量占比分别为 16.26%和 16.46%，二级分支裂缝中流量占比分别为 14.42%和 11.02%(图 6-56)。表明压裂液黏度越高，主裂缝中流量占比越高，低级别分支裂缝中流量占比越低。因为压裂液黏度越高，携砂液越难进入分支裂缝中，更倾向于在主裂缝中流动。

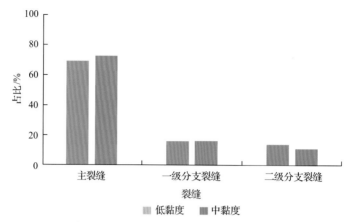

图 6-56 40/70 目支撑剂、6m³/min 排量、10%砂液比条件下不同黏度压裂液中各级裂缝中流量分布

4. 支撑剂粒径对流量分布的影响

中黏度压裂液、排量 4m³/min、30/50 目和 70/140 目支撑剂、砂液比 10%条件下主裂缝中流量占比分别为 57.69%和 61.58%，一级分支裂缝中流量占比分别为 26.02%和 23.65%，二级分支裂缝中流量占比分别为 16.29%和 14.78%(图 6-57)。表明支撑剂粒径越小，主裂缝中流量占比越高，分支裂缝中流量占比越低。因为支撑剂粒径越小，其越易进入分支裂缝中，导致分支裂缝中流动阻力相对增加、主裂缝中流动阻力相对减小，从而导致主裂缝中流量占比越高，分支裂缝中流量占比越低。

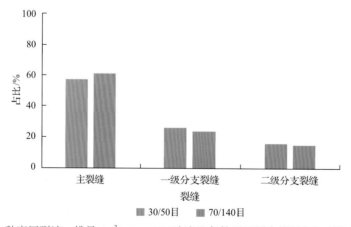

图 6-57 中黏度压裂液、排量 4m³/min、10%砂液比条件下不同支撑剂各级裂缝中流量分布

5. 排量对流量分布的影响

中黏度压裂液、40/70 目支撑剂、排量分别为 4m³/min 和 6m³/min、砂液比 15%条件下主裂缝中流量占比分别为 59.43%和 71.6%，一级分支裂缝中流量占比分别为 25.54%和 17.75%，二级分支裂缝中流量占比分别为 15.04%和 10.65%(图 6-58)。表明排量越大，主裂缝中流量占比越高，分支裂缝中流量占比越低。因为排量越大，支撑剂越易进入分支裂缝中，导致分支裂缝中流动阻力相对增加，主裂缝中流动阻力相对减小，从而导致主裂缝中流量占比越高，分支裂缝中流量占比越低，且排量对各级裂缝中流量分布情况

影响较大。

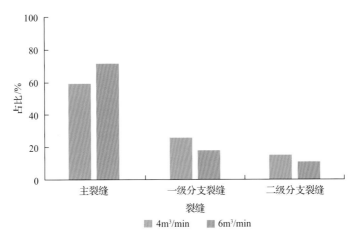

图 6-58 中黏度压裂液、40/70 目支撑剂、15%砂液比条件下不同排量各级裂缝中流量分布

6. 砂液比对流量分布的影响

中黏度压裂液、70/140 目支撑剂、6m³/min 排量、砂液比为 5%和 20%时各级裂缝内流量占比:主裂缝中流量占比分别为 70.83%和 65.48%;一级分支裂缝中流量占比分别为 17.67%和 21.94%;二级分支裂缝中流量占比分别为 11.5%和 12.59%。表明砂液比越高,主裂缝中流量占比越低,分支裂缝中流量占比越高(图 6-59)。因为砂液比越高,支撑剂进入分支裂缝中的比例越大,导致分支裂缝中流动阻力相对增加、主裂缝中流动阻力相对减小,从而导致主裂缝中流量占比越高,分支裂缝中流量占比越低。

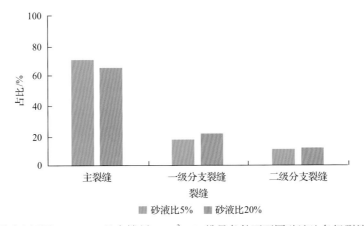

图 6-59 中黏度压裂液、70/140 目支撑剂、6m³/min 排量条件下不同砂液比各级裂缝中流量分布

7. 小结

(1)研制了多尺度裂缝系统有效输砂物理模拟实验装置,形成了一套多级裂缝内流量分布规律研究方法;开展了多级裂缝中流量分布物理模拟实验研究,揭示了不同条件下多级裂缝系统中流量分布规律,定量分析了流量分布规律影响因素。

(2)实验研究了压裂阶段各级裂缝中的流量分布规律,主裂缝占比平均为 64.63%,

一级分支裂缝占比平均为 22.14%，二级分支裂缝占比平均为 13.23%；各级裂缝中流量分布比例主要受总流量大小影响，流量越大，主裂缝中流量占比越高，分支裂缝中流量占比越低；其次为支撑剂粒径、压裂液黏度和砂液比。

（3）在压裂方案优化设计时，可根据本节各级裂缝中流量分布的量化结果，结合压裂设计中计算所得的地层破裂压力等参数，进而求得压裂施工所需压裂液黏度、压裂施工排量等施工参数；在压后分析中，可根据流量分布的量化结果，结合压裂施工参数，分析各级裂缝开启及延伸情况。研究成果为压裂方案优化设计、压后认识裂缝提供了依据。

（四）多级复杂裂缝内动态输砂物理模拟实验研究

非常规油气藏要尽可能形成复杂程度高的多级裂缝系统，而支撑剂是形成高导流裂缝的核心载体，压裂过程中支撑剂的运移及铺置规律是影响压裂改造效果的重要因素之一[12,13,38,43,44]。国内外学者对压裂过程中支撑剂的运移及铺置规律进行了大量的理论和实验研究[26,34,39,45]。输砂实验物理模拟装置从小型裂缝模拟装置发展为平行板模拟装置，目前主要采用可视化平行板物理模拟装置，装置规模相对较小，缝长一般为 2～4m，裂缝级数相对较少，多以单一直缝为主，对于带分支裂缝的多级裂缝的模拟研究相对较少[46-50]。目前针对多级裂缝系统中的支撑剂运移和沉降规律的认识还不够透彻，压裂方案针对性不强。针对以上问题，采用自主研制的多尺度复杂裂缝支撑剂输送铺置物理模拟装置，开展了压裂液黏度、支撑剂类型、排量、砂液比等因素对多级裂缝系统中动态输砂规律和砂堤分布形态影响的模拟实验，给出了不同实验条件下各级裂缝中的砂堤剖面高度，为压裂液、支撑剂优选及压裂施工参数优化提供了依据。

考虑人工压裂裂缝缝长与缝高的比及实际缝宽，以及压裂施工时压裂液的黏度、支撑剂的粒径、排量和砂液比等施工参数，设计了如下实验方案。

1. 实验方案设计

1）裂缝参数设置

各级裂缝参数参考压裂人工裂缝缝长与缝宽比设定，模拟的裂缝系统如图 6-35 所示；其中主裂缝缝长 480cm，缝高 50cm，缝宽 10mm；一级分支裂缝缝长 100cm，缝高 50cm，缝宽 5mm；二级分支裂缝缝长 50cm，缝高 50cm，缝宽 2mm（表 6-14）；各级裂缝与上级裂缝夹角为 60°。

表 6-14　各级裂缝主要参数设定

参数	缝长/cm	缝高/cm	缝宽/mm	数量/个	与上级裂缝夹角/(°)
主裂缝	480	50	10	1	—
一级分支裂缝	100	50	5	4	60
二级分支裂缝	50	50	2	4	60

2）实验参数设置

实验参考常规压裂现场施工情况，考虑压裂施工时的压裂液、支撑剂、排量和砂液比等,选用低黏度、中黏度和高黏度 3 种清洁压裂液体系,支撑剂选用 30/50 目、40/70 目和 70/140 目 3 种粒径的陶粒,根据不同压裂液黏度设定砂液比,制定实验方案,研究不同参数下携砂液在多级裂缝中的输砂情况(表 6-15)。

表 6-15 实验方案设计

方案	压裂液类型	黏度/(mPa·s)	陶粒支撑剂粒径/目			排量/(m³/min)		砂液比/%		
			粒径 1	粒径 2	粒径 3	排量 1	排量 2	砂液比 1	砂液比 2	砂液比 3
1	低黏度	6~9	30/50	40/70	70/140	4	6	5	10	15
2	中黏度	21~24	30/50	40/70	70/140	4	6	10	15	20
3	高黏度	39~42	30/50	40/70	70/140	4	6	15	20	25

参考压裂现场施工排量,根据裂缝中流体流动相似原理设定实验排量。本节模拟压裂现场施工排量为 4m³/min 和 6m³/min,计算得到实验设定加砂泵频率分别为 13.84Hz 和 19.86Hz。参考常规压裂射孔参数,射孔模拟套件选用表 6-11 中的 2 号套件。

3)实验步骤

主要实验步骤为:①在配液罐中配制压裂液;②将压裂液注入多级裂缝系统中,使其充满裂缝系统并循环;③将配液罐中的压裂液注入混砂罐中,按砂液比加入支撑剂并搅拌均匀,配制好携砂液;④启动数据采集系统及视频拍摄系统;⑤开启注入泵,按实验要求排量将携砂液注入裂缝系统中;⑥注入结束后停泵,待裂缝系统中支撑剂完全沉降后,打开裂缝系统出口端阀门进行排空;⑦采集并处理实验数据;⑧清洗实验装置,结束实验。

2. 压裂液黏度对输砂规律的影响

根据实验结果,分析了压裂液黏度、支撑剂粒径、排量和砂液比等因素对各级裂缝中支撑剂沉降规律和砂堤剖面高度的影响,并测量了各级裂缝中的砂堤剖面高度。

在 40/70 目支撑剂、6.0m³/min 排量、砂液比 10%条件下,采用低黏度压裂液和中黏度压裂液携砂时,各级裂缝中的砂堤剖面高度如图 6-60 所示。

从图 6-60 可以看出,在低黏度、中黏度压裂液条件下,主裂缝中砂堤的最高高度分别为 18.0cm 和 11.0cm,最低高度分别为 6.0cm 和 4.0cm,平均高度分别为 13.5cm 和 6.4cm;

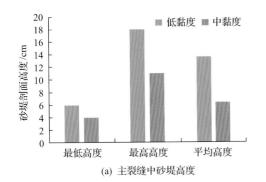

(a) 主裂缝中砂堤高度

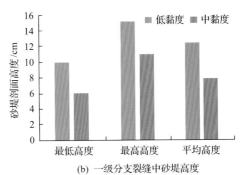

(b) 一级分支裂缝中砂堤高度

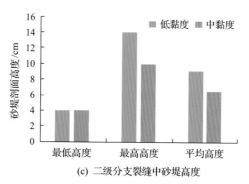

(c) 二级分支裂缝中砂堤高度

图 6-60　不同压裂液黏度条件下各级裂缝中的砂堤剖面高度

一级分支裂缝中砂堤的最高高度分别为 15.0cm 和 11.0cm，最低高度分别为 10.0cm 和 6.0cm，平均高度分别为 12.3cm 和 7.9cm；二级分支裂缝中砂堤的最高高度分别为 14.0cm 和 10.0cm，最低高度均为 4.0cm，平均高度分别为 9.1cm 和 6.5cm。以上研究表明，压裂液黏度越高，其携砂能力越强，支撑剂更多地被输送至裂缝深处，砂堤剖面高度越小，且这种趋势在主裂缝中更加明显。

3. 支撑剂粒径对砂堤剖面的影响

在低黏度压裂液、4.0m³/min 排量、砂液比 10% 条件下，40/70 目和 70/140 目支撑剂在各级裂缝中的砂堤剖面高度如图 6-61 所示。

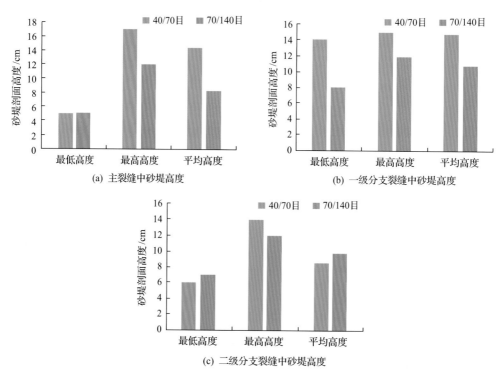

(a) 主裂缝中砂堤高度

(b) 一级分支裂缝中砂堤高度

(c) 二级分支裂缝中砂堤高度

图 6-61　不同粒径支撑剂在各级裂缝中的砂堤剖面高度

从图 6-61 可以看出，采用 40/70 目、70/140 目支撑剂时，主裂缝中砂堤的最高高度分别为 17.0cm 和 12.0cm，最低高度均为 5.0cm，平均高度分别为 14.4cm 和 8.4cm；一级分支裂缝中砂堤的最高高度分别为 15.0cm 和 12.0cm，最低高度分别为 14.0cm 和 8.0cm，平均高度分别为 14.8cm 和 10.7cm；二级分支裂缝中砂堤的最高高度分别为 14.0cm 和 12.0cm，最低高度分别为 6.0cm 和 7.0cm，平均高度分别为 8.5cm 和 9.8cm。

以上研究表明，支撑剂粒径越小，压裂液对其携带能力越强，支撑剂更多地被输送至裂缝深处，砂堤剖面高度越小，且这种趋势在主裂缝中更加明显。

4. 排量对砂堤剖面的影响

在中黏度压裂液、40/70 目支撑剂、砂液比 15% 的条件下，排量为 4m³/min 和 6m³/min 时，各级裂缝中砂堤剖面高度如图 6-62 所示。

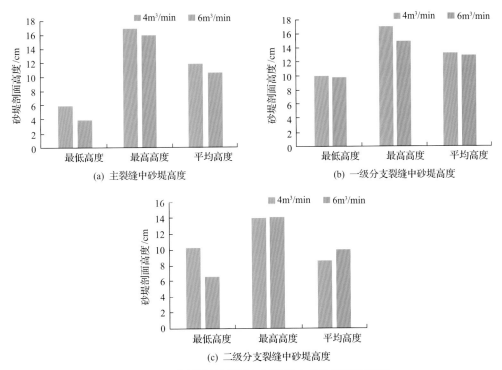

图 6-62　不同排量条件下各级裂缝中的砂堤剖面高度

从图 6-62 可以看出，排量为 4m³/min 和 6m³/min 时，主裂缝中砂堤的最高高度分别为 17.0cm 和 16.0cm，最低高度分别为 6.0cm 和 4.0cm，平均高度分别为 12.0cm 和 10.7cm；一级分支裂缝中砂堤的最高高度分别为 17.0cm 和 15.0cm，最低高度均为 10.0cm，平均高度分别为 13.2cm 和 13.0cm；二级分支裂缝中砂堤的最高高度均为 14.0cm，最低高度分别为 10cm 和 6cm，平均高度分别为 8.6cm 和 10.2cm。以上研究表明，排量越大，压裂液的携砂能力越强，支撑剂越容易被输送至裂缝深处，砂堤剖面高度越小，对中大粒径支撑剂的影响更加明显。

5. 砂液比对砂堤剖面的影响

在中黏度压裂液、70/140 目支撑剂、6.0m³/min 排量条件下，砂液比为 5% 和 20% 时，各级裂缝中砂堤剖面高度如图 6-63 所示。

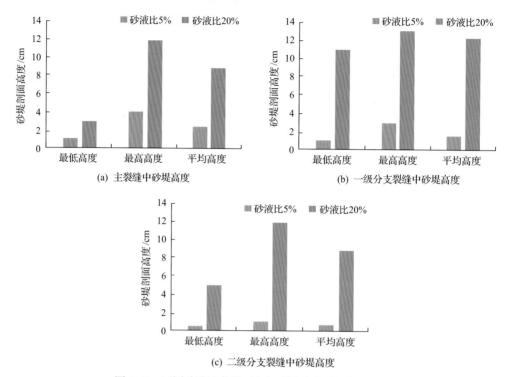

(a) 主裂缝中砂堤高度

(b) 一级分支裂缝中砂堤高度

(c) 二级分支裂缝中砂堤高度

图 6-63　不同砂液比条件下各级裂缝中的砂堤剖面高度

从图 6-63 可以看出,砂液比为 5% 和 20% 时,主裂缝中砂堤的最高高度分别为 4.0cm 和 12.0cm,最低高度分别为 1.0cm 和 3.0cm,平均高度分别为 2.3cm 和 8.9cm;一级分支裂缝中砂堤的最高高度分别为 3.0cm 和 13.0cm,最低高度分别为 1.0cm 和 11.0cm,平均高度分别为 1.6cm 和 12.3cm;二级分支裂缝中砂堤的最高高度分别为 1.0cm 和 12.0cm,最低高度分别为 0.5cm 和 5.0cm,平均高度分别为 0.7cm 和 9.0cm。以上研究表明,砂液比越高,砂堤剖面高度越大,且分支裂缝中砂堤高度的增大幅度大于主裂缝。

6. 小结

(1)利用研制的多尺度裂缝系统有效输砂大型物理模拟实验装置,开展了多级裂缝动态输砂物理模拟实验,分析了不同条件下多级裂缝系统中支撑剂的输送及沉降规律,定量评价了各因素对输砂规律的影响,为压裂液及支撑剂优选、施工参数优化提供了依据。

(2)压裂时采用低黏度压裂液携带小粒径支撑剂支撑微小分支裂缝,中黏度压裂液携带中粒径支撑剂支撑次级裂缝或主裂缝中部位置,高黏度压裂液携带大粒径支撑剂支撑主裂缝或缝口,有利于压裂液与支撑剂相互匹配,裂缝中支撑剂均匀合理分布,可提高裂缝有效支撑率。

(3)采用等密度单一粒径支撑剂,在不同砂液比下进行了不同黏度清洁压裂液的动态输砂规律实验研究,未考虑压裂液类型、密度和混合粒径支撑剂等情况,且模拟压裂施工排量较低,存在一定的局限性。

三、多尺度复杂裂缝系统支撑剂输送及动态运移数值模拟研究

在研究支撑剂在缝网中的沉降铺置规律时,由于物理模拟实验有时候受实验条件或实验材料不全的限制,不能全面地研究所有影响因素对于支撑剂铺置规律的影响。这时数值模拟以其成本低、耗时短、较高的可重复性等优点可以起到一个很好的补充作用,这样能更好地为研究支撑剂铺置规律提供参考。由于缝网模型可以看成由几个长方体组合而成,其几何形状相对简单,采用六面体网格划分裂缝模型,计算方法选择瞬态情况下的 SIMPLEC 算法,并采用多相流中的欧拉两相流模型对支撑剂在裂缝中的沉降铺置规律进行数值模拟[51-56]。

(一)模型建立和网格划分

应用 CFD 前置处理器 Gambit 软件以 1∶1 的比例建立输砂装置的实验模型,如图 6-64 所示。其中,主裂缝尺寸为 4800mm×500mm×10mm,模型的 8 个入口均匀分布于主裂缝左侧(上部入口距离裂缝顶部 35mm,下部入口距裂缝底部 35mm,中间各入口以 50mm 等距分布),入口孔径 10mm;两条一级分支裂缝 A 距离主裂缝入口 1500mm,对称分布于主裂缝两侧,尺寸为 1000mm×500mm×2mm;两条一级分支裂缝 B 距离主裂缝入口 3700mm,对称分布于主裂缝两侧,尺寸为 1000mm×500mm×2mm;各二级分支裂缝均匀分布在距一级分支裂缝与主裂缝连接处 500mm,尺寸为 500mm×500mm×1mm。模型中主裂缝的出口开在裂缝右侧的顶部,尺寸为 100mm×10mm,各分支裂缝的出口均开在裂缝的底部,一级分支裂缝出口尺寸为 50mm×2mm,二级分支裂缝出口尺寸为 50mm×1mm。在网格划分时对模型的进出口和主、分支裂缝的交汇处进行了网格加密,模型的总网格数量为 51200 个。

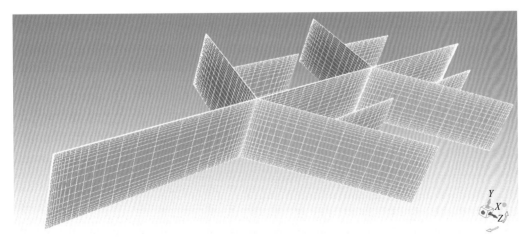

图 6-64 三维模拟网格划分

(二)支撑剂铺置数值模拟

1. 数值模拟实验参数的设定

Fluent 模型中设定的入口边界条件为速度入口，将物理模拟实验排量换算为数值模拟裂缝入口处的流速。模型入口处流速设定如表 6-16 所示。

表 6-16　模型入口处流速

实验排量/(m³/h)	入口处流速/(m/s)
4	1.77
6	2.65

在 Fluent 模拟求解过程中，其支撑剂颗粒的粒径为一个确定值，因此采用经验的换算方法来求取不同目数支撑剂的粒径，然后取该目数范围内的粒径平均值。具体数值确定如表 6-17 所示。

表 6-17　支撑剂粒径输入参数

支撑剂目数/目	支撑剂颗粒平均直径/m
70/140	0.00016
40/70	0.00032
30/50	0.00042

2. 数值模拟与物理模拟结果对比

为验证数值模拟的有效性，通过 Fluent 软件来模拟支撑剂粒径为 40/70 目、排量为 4m³/h、黏度为 4mPa·s、砂液比为 15%的物理模拟实验，数值模拟中所输入的参数与物理实验过程中所选用的参数保持一致，数值模拟中压裂液黏度为 4mPa·s，将实验排量换算为入口实际流速 1.77m/s，支撑剂密度选用 1762kg/m³，支撑剂粒径采用平均粒径 0.32mm，砂液比为 15%，设计模型最终输入参数如表 6-18 所示。

表 6-18　数值模拟软件中输入参数

压裂液黏度/(mPa·s)	泵入流速/(m/s)	支撑剂密度/(kg/m³)	支撑剂粒径/mm	砂液比/%
4	1.77	1762	0.32	15

图 6-65 为不同时刻支撑剂砂堤分布云图，携砂液的入口位置在裂缝左侧，图中红色部分代表已经沉降的支撑剂，其支撑剂的体积分数为 1，蓝色部分代表压裂液，支撑剂体积分数为 0，从蓝色到红色的中间过渡部分代表支撑剂不断沉降，在垂向上其体积分数逐渐增大。因此，从图 6-65 中可以很明显地看出不同时刻砂堤铺置形态在缝高方向的变化情况。可以看出，砂堤剖面随着泵入时间的增加呈逐渐增高的趋势，没有出现一个稳定的平衡高度，与实验观察到的现象一致；支撑剂最初在缝口位置只有少量沉降，70s 之前，砂堤高度都在逐渐增加，更多的支撑剂主要沉降在裂缝远端，随着泵入时间的推移，70s 左右时，缝口的砂堤高度达到了第一个裂缝入口的高度，使得注入的携砂液对

其形成了冲刷，造成砂堤剖面出现了一个台阶形态，之后裂缝入口处的第一段砂堤高度不再增加。

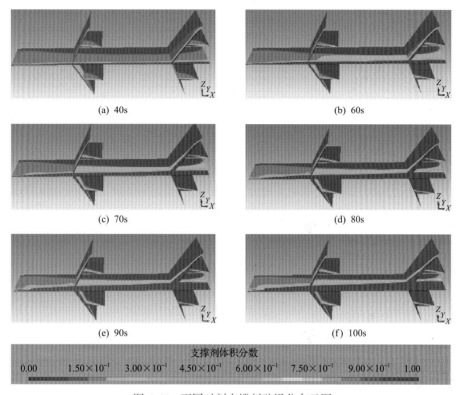

(a) 40s	(b) 60s
(c) 70s	(d) 80s
(e) 90s	(f) 100s

支撑剂体积分数

0.00　　1.50×10⁻¹　　3.00×10⁻¹　　4.50×10⁻¹　　6.00×10⁻¹　　7.50×10⁻¹　　9.00×10⁻¹　　1.00

图 6-65　不同时刻支撑剂砂堤分布云图

从图 6-65 中可以看出，刚开始泵入的时候，支撑剂就已经在缝口位置有了少量的铺置，这是因为裂缝最底下的入口距离裂缝底部仍有一定的高度，当携砂液泵入裂缝后，有一部分液体回流到从裂缝底部到底下入口的这部分空间，携砂液里的支撑剂会沉降下来，当这部分砂堤高度逐渐增加到裂缝最底部入口的高度时，由于裂缝入口处流速较大，产生较强的湍流效应，激起了一个漩涡，进而将已经沉降的支撑剂重新卷起裹挟至裂缝远端，使得砂堤剖面会出现一个台阶式的形态，然后继续逐渐增加。

图 6-66 为不同时刻物理模拟实验与数值模拟实验结果对比图，可以发现，在 40s 时，两者的支撑剂铺置情况比较相似；数值模拟 80s 时的铺置情况与物理模拟实验 148s 时的铺置形态大致相同，而物理模拟在 80s 左右，支撑剂才开始在缝口位置处发生沉降；最终物理模拟 243s 时的砂堤形态与数值模拟 100s 时的砂堤形态基本一致。因为对于物理模拟而言，在混砂罐中，支撑剂受重力作用有下沉的趋势，使得混砂罐中的砂浓度在纵向剖面上从下到上逐渐减小，所以刚开始会有一部分支撑剂因发生聚集效应而沉降，使得刚开始时物理模拟与数值模拟的砂堤剖面基本一致，随着时间的推移，物理模拟实验中泵入缝内的携砂液含砂浓度小于设定的理论值，使得两者的砂堤剖面差异逐渐加大，并且对于数值模拟，当实验停止时，缝内支撑剂就已完全沉降，而对于物理模拟，由于携砂液黏度的影响，停泵后缝内携砂液中的支撑剂需要一定的时间才能完全沉降，导致

数值模拟 100s 时形成的砂堤剖面对于物理模拟大概需要 243s。

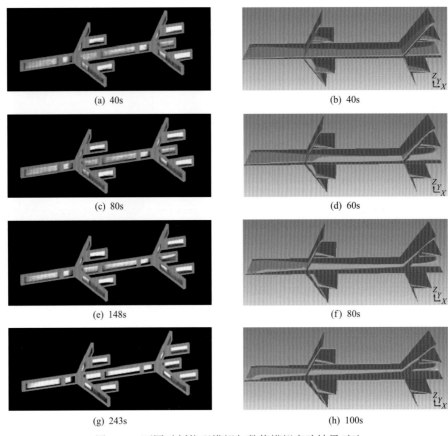

(a) 40s (b) 40s

(c) 80s (d) 60s

(e) 148s (f) 80s

(g) 243s (h) 100s

图 6-66 不同时刻物理模拟与数值模拟实验结果对比

(a)、(c)、(e)、(g)为物理模拟，(b)、(d)、(f)、(h)为数值模拟

　　纵向对比图 6-66 中数值模拟实验中 80s 和 100s 的图像可以发现，100s 时的缝内砂堤高度整体高于 80s 时的砂堤高度，对比物理模拟中 148s 和 243s 时的砂堤高度，发现 243s 时的砂堤高度在入口处比 148s 时的高，而在裂缝远端，尤其靠近主裂缝出口处，其砂堤高度又明显小于 148s 时的砂堤高度。因为在数值模拟中，支撑剂沉降后不再移动，而在物理模拟中，裂缝入口受湍流效应的影响，支撑剂很少沉积下来，很大一部分被带到裂缝远端，当停泵后等待缝内携砂液静态沉降时，由于砂堤剖面是一个斜坡状，已沉降在砂堤表面的支撑剂受重力作用滚动到裂缝入口处附近。

　　综合图 6-67 和图 6-68 可以看出，数值模拟中，在裂缝入口处，有一小段的平衡高度，之后砂堤高度呈台阶式增长，而在物理模拟中砂堤高度则是逐步增加，没有跳跃式的变化。因为对于数值模拟实验，当其缝口的砂堤高度达到第一个入口高度时，入口流速很高，会对其形成冲刷作用，从而使得砂堤剖面会出现一个台阶式的形态，然后砂堤高度继续逐渐增加。而对于物理模拟实验，其入口处的湍流效应强度小于数值模拟的湍流效应，在物理模拟动态输砂过程中，支撑剂沉降较慢，缝口的沉降高度达不到第一个入口高度，并且在停泵后，缝内携砂液静态沉降，支撑剂受重力作用滚动到裂缝入口处，因此不会出现跳跃式变化。

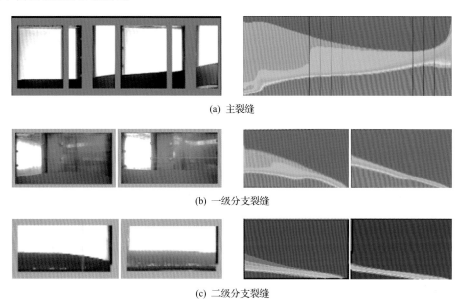

(a) 主裂缝

(b) 一级分支裂缝

(c) 二级分支裂缝

图 6-67 物理模拟与数值模拟结果各级裂缝砂堤剖面形态对比

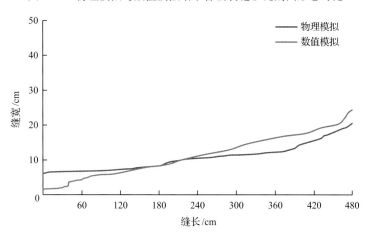

图 6-68 物理模拟与数值模拟结果主裂缝砂堤剖面形态对比

对于图 6-67 中的分支裂缝，左侧的统一为靠近主裂缝入口的分支裂缝，右侧的为靠近主裂缝出口的分支裂缝。发现裂缝远端的分支裂缝中支撑剂沉降较多，综合对比数值模拟和物理模拟中的同级分支裂缝，发现物理模拟实验的沉降较多。这是因为，对于物理模拟实验，因其分支裂缝出口较小，出口管道中可能会有少量支撑剂沉降造成管路部分堵塞，进而导致进入分支裂缝的支撑剂大部分都沉降在裂缝内，而对于数值模拟实验则不会出现此类情况。通过对比分析物理模拟实验与数值模拟实验结果，可以发现虽然最终的砂堤形态略有差异，但二者对于支撑剂在复杂缝网中的沉降铺置规律认识较为一致。验证了用数值模拟来研究复杂缝网内的支撑剂铺置规律有一定的可行性和准确性。

（三）不同排量下支撑剂在缝网中的铺置规律

在物理实验中，当设定较小排量时很容易发生砂堵卡泵的情况，使得物理模拟实验无法准确模拟较低排量支撑剂的铺置情况。因此，采用数值模拟软件模拟小排量下支撑剂的铺置规律。本次实验的压裂液黏度为4mPa·s、砂液比为5%、支撑剂粒径为0.45mm，支撑剂密度为2770kg/m³。具体实验参数如表6-19所示。

表6-19　不同排量下支撑剂在缝网中的铺置规律数值模型输入参数

序号	压裂液黏度/(mPa·s)	泵入流速/(m/s)	砂液比/%	支撑剂粒径/mm	支撑剂密度/(kg/m³)
1	4	0.5	5	0.45	2770
2	4	1	5	0.45	2770

图6-69是数值模拟两种不同流速下，100s时各级裂缝中的支撑剂铺置形态，将图6-69中主裂缝的砂堤剖面进行量化处理，可得如图6-70所示的结果，可以看出，即使在小排量下，裂缝入口处仍存在湍流效应，尤其对于泵入流速为1m/s的情况，其主裂缝砂堤高度在裂缝入口处小于泵入流速为0.5m/s时的砂堤高度，而在裂缝远端，二者的砂堤高度又呈相反状态，这是因为，排量越高，入口处的湍流效应越明显，缝口的支撑剂被卷起携带至远端。这与本节物理模拟实验中的得到的结论一致。

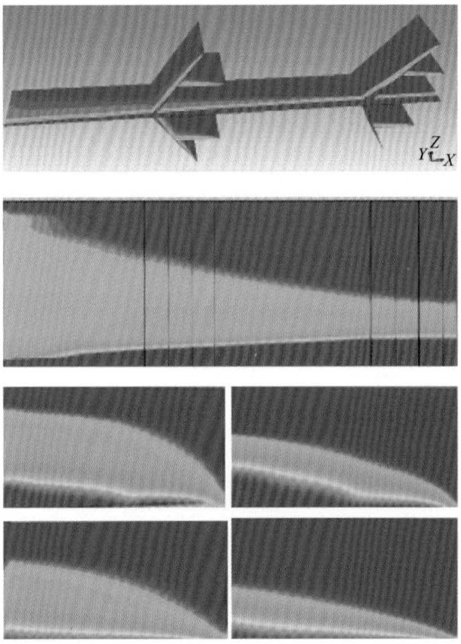

(a) 流速为0.5m/s 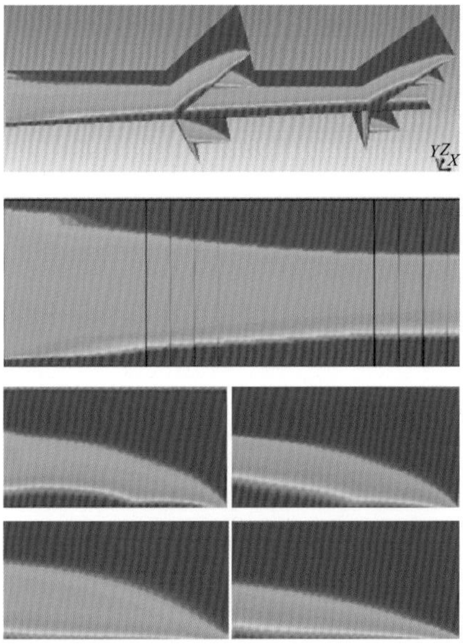　　　　(b) 流速为1m/s

图6-69　100s时不同流速下各级裂缝中支撑剂铺置形态

（四）不同密度下支撑剂在缝网中的铺置规律

鉴于物理实验条件限制，本节第二部分物理实验模拟未研究支撑剂密度对于其在缝内铺置规律的影响，因此本次数值模拟实验中设定施工排量为4m³/h、砂液比为15%、支撑剂粒径为0.45mm、压裂液黏度为4mPa·s。具体实验参数如表6-20所示。

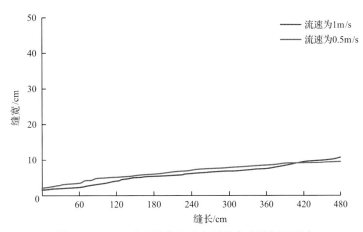

图 6-70　100s 时不同流速下主裂缝中砂堤剖面形态

表 6-20　不同密度下支撑剂在缝网中的铺置规律数值模拟输入参数

序号	压裂液黏度/(mPa·s)	流速/(m/s)	砂液比/%	支撑剂粒径/mm	支撑剂密度/(kg/m³)
1	4	1.77	15	0.45	1750
2	4	1.77	15	0.45	2770

图 6-71 是数值模拟两种不同密度下 150s 时各级裂缝中的支撑剂铺置形态,将图 6-71 中主裂缝的砂堤剖面进行量化处理,可得如图 6-72 的结果,可以看出,对于支撑剂密度为 1750kg/m³ 这组实验,由于颗粒质量较轻,在入口处只有很少的沉降,对比其前后的分支裂缝,发现大部分支撑剂都在裂缝远端的分支裂缝中沉降,而对于支撑剂密度为 2770kg/m³ 这组实验,由于颗粒质量较重,支撑剂大部分在裂缝入口处发生沉降,砂堤高度很快达到第一个入口高度,由于裂缝入口处流速较大,产生较强的湍流效应,从图 6-71

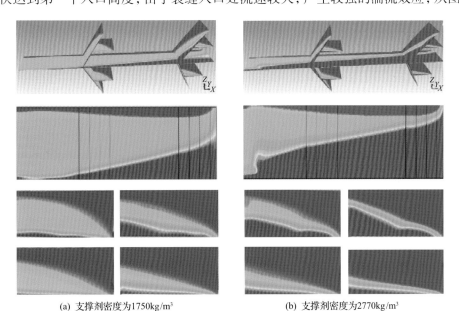

(a) 支撑剂密度为1750kg/m³　　　　　(b) 支撑剂密度为2770kg/m³

图 6-71　150s 时不同支撑剂密度下各级裂缝中支撑剂铺置形态

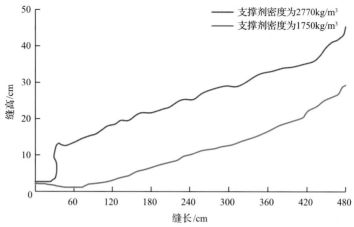

图 6-72 150s 时不同支撑剂密度下主裂缝中砂堤剖面形态

可以很明显看到对于支撑剂密度为 2770kg/m³ 这组实验,在裂缝入口处较高流速的携砂液,遇到沉降的砂堤卷起了一个旋涡,将支撑剂带到裂缝远端沉降,且砂堤剖面呈斜坡状,相对于泵入缝内的携砂液而言属于"迎风面",可以很好地对携砂液进行减速,使得更多的支撑剂沉降在斜坡上,这样相互影响,使得在靠近主裂缝出口处的砂堤高度基本和缝高持平。

对比图 6-71 发现,随着支撑剂密度的增加,垂向上支撑剂颗粒沉降速度也增大,裂缝入口处的砂堤高度增加。对比图 6-72 发现,随着支撑剂密度的增加,支撑剂沉降的砂堤位置离裂缝入口越来越近。所以砂堤前缘距离裂缝入口随着支撑剂密度的增大而越来越近,同时缝内沉降的砂堤高度也越高。

从图 6-73 不同支撑剂密度下主裂缝中支撑剂速度云图发现,对于支撑剂密度为 1750kg/m³ 这组实验,整个缝网内的携砂液流速是在入口处和裂缝远端的主裂缝出口处较大,其右下角蓝色部分是已经沉降的支撑剂,因此这部分支撑剂流速为 0m/s;对于支撑剂密度为 2770kg/m³ 这组实验,此时整个裂缝顶部流速普遍很高,这是因为随着缝内砂堤高度逐渐增加,新泵入的携砂液只能从砂堤上部流过,即砂堤高度的增加减小携砂液的过流断面,使得缝内流体的流动速度变大,代表区域为图 6-73 中红色部分。随着注液

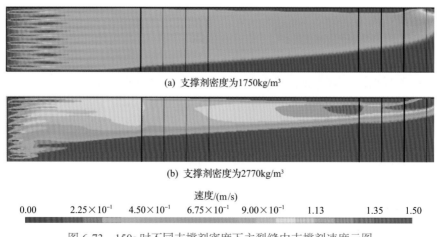

图 6-73 150s 时不同支撑剂密度下主裂缝中支撑剂速度云图

时间的增加，其砂堤区不断增加，流动速度也有了逐渐明显的变化，从图 6-73 中也可以很明显地看到支撑剂沉降的砂堤剖面。

(五)小结

(1)运用前置处理器 Gambit 软件以 1∶1 的比例建立了实验装置的三维模型，根据物理模拟实验方案，通过 Fluent 软件模拟支撑剂在缝网中的铺置过程，对比物理模拟实验结果，发现二者对于支撑剂在复杂缝网中的沉降铺置规律认识较为一致，验证了用数值模拟来研究复杂缝网内的支撑剂铺置规律有一定的可行性和准确性。

(2)利用建立的数值模型模拟了不同实验密度下缝内支撑剂的铺置形态，结果表明：随着支撑剂密度的增加，垂向上支撑剂颗粒沉降速度增大，且主要沉降在裂缝近端。因此，在现场施工时，建议采用低密度支撑剂以提高支撑剂在裂缝远端的铺置效率。

第六节 复杂多尺度裂缝系统支撑剂导流能力物理模拟技术及优化

一、体积压裂支撑剂导流能力实验设计

对于具有潜在天然裂缝或天然裂缝比较发育的致密砂岩或页岩储层，压裂形成的裂缝一般具有多尺度特征，即形成多尺度的裂缝系统[56]：既有缝宽较大的主裂缝系统，又有天然裂缝张开后形成的缝宽较小的次裂缝系统，甚至还有细裂缝张开后形成的缝宽更小的微裂缝系统；微细裂缝及分支裂缝系统由于缝宽较小，优先与粒径较小的支撑剂进行匹配；而大粒径的支撑剂由于粒径及运移阻力均较大，较难进入微细裂缝及分支裂缝系统，多数铺置堆积在主裂缝系统中。体积压裂改造的目标就是把支撑剂高效地输送并铺置到多尺度裂缝系统中，使多尺度裂缝得到有效支撑并保持较高的导流能力。

压裂过程中采用的加砂方式、支撑剂组合方式等，不仅影响到支撑剂在多尺度裂缝中的铺置状态及支撑效率，还决定压后裂缝有效导流能力及压裂增产的有效性。近年来，国内学者针对裂缝中支撑剂的短期导流能力、长期导流能力变化规律以及导流能力影响因素等方面进行了大量的研究[57-77]，但针对体积压裂主裂缝及分支裂缝系统导流能力变化机理方面的研究较少。

本研究结合某非常规页岩气藏储层温度及闭合压力条件，采用单一粒径和组合粒径的铺置方式，在不同闭合压力、粒径组合方式、铺砂浓度及应力循环加载条件下，运用实验探索了多尺度主裂缝及分支裂缝内支撑剂的导流能力变化规律及主控因素，研究结果对体积压裂支撑剂优选、加砂方式优化具有重要的指导意义。

(一)实验设备及材料

1. 实验设备

采用由美国 Core Lab 公司生产的 AFCS-845 酸蚀裂缝导流能力评价试验系统，设备能进行压裂支撑剂短期和长期导流能力评价、压裂酸化工作液岩心板滤失试验、API 标准导流能力评价、支撑剂嵌入岩板评价、缝宽测量等；导流室按照 API 标准设计，可以

在模拟地层温度和闭合压力下，开展两级裂缝系统内支撑剂的长期及短期导流能力实验研究。设备实验温度 0~177℃，加载闭合压力 0~137.9MPa，支撑剂试验液体压力 0~6.9MPa，支撑剂试验液体流量 0~20mL/min，流动压力测量范围为 0~20.7MPa，缝宽测量为 12.7mm±0.0025mm，导流能力测试实验周期为 0~720h。

2. 实验材料

实验岩心取自某非常规气藏的全直径岩心，然后将其加工成符合 API 导流室尺寸的岩心片，以真实地模拟压裂缝壁的嵌入及滤失情况。支撑剂选用国内压裂常用的 70/140目、40/70 目、20/40 目三种不同粒径的中密度陶粒支撑剂，三种支撑剂在 86MPa 闭合压力加载下破碎率均达到行业标准要求。实验测量介质为蒸馏水。

（二）实验原理及方案

1. 实验原理

实验原理是根据达西定律来计算支撑剂充填层在层流（达西流）条件下的支撑剂导流能力，其计算公式为

$$K_{w_f} = (5.555\mu Q)/\Delta p$$

式中，K_{w_f} 为裂缝导流能力，D·cm；μ 为实验温度下实验流体的黏度，mPa·s；Q 为流量，cm^3/min；Δp 为导流室入口与出口的压力差，kPa。

实验方法参考标准《压裂支撑剂导流能力测试方法》（SY/T 6302—2019）推荐方法及美国 Stim Lab 短期导流能力测试推荐方法。

2. 实验方案

结合储层实际温度条件，实验温度为 90℃，闭合压力按 10MPa、20MPa、30MPa、40MPa、52MPa、60MPa、69MPa、80MPa、86MPa 逐渐升高加载，实验在 1mL/min、5mL/min、10mL/min 三个流量下测试支撑剂导流能力并取平均值（表 6-21，表 6-22）。

表 6-21 主裂缝内支撑剂导流能力实验方案

项目	实验编号	支撑剂(陶粒)比例/%			铺砂浓度/(kg/m³)	闭合压力/MPa	备注
		70/140 目	40/70 目	20/40 目			
单一粒径导流能力	1	100	—	—	10	10MPa→20MPa→30MPa→40MPa→52MPa→60MPa→69MPa→80MPa→86MPa	应力循环加载
	2	—	100	—	10		应力循环加载
	3	—	—	100	10		应力循环加载
组合粒径支撑剂占比影响	4	10	30	60	10		应力循环加载
	5	10	40	50	10		应力循环加载
	6	20	30	50	10		应力循环加载
	7	20	40	40	10		应力循环加载
	8	33	33	33	10		应力循环加载
组合粒径铺砂浓度影响	9	20	30	50	5		—
	10	20	30	50	15		—

表 6-22 分支裂缝内支撑剂导流能力实验方案

项目	实验编号	支撑剂(陶粒)比例/%			铺砂浓度/(kg/m³)	闭合压力/MPa	备注
		70/140 目	40/70 目	20/40 目			
单一粒径导流能力	1	100	—	—	1	10MPa→20MPa→30MPa→40MPa→52MPa→60MPa→69MPa→80MPa→86MPa	应力循环加载
	2	—	100	—	1		应力循环加载
组合粒径支撑剂占比影响	3	50	50	—	1		应力循环加载
	4	65	35	—	1		应力循环加载
	5	80	20	—	1		应力循环加载
组合粒径铺砂浓度影响	6	65	35	—	0.5		—
	7	65	35	—	2		—

1)主裂缝内支撑剂导流能力实验

(1)在 10kg/m³ 铺砂浓度下,开展 3 种粒径支撑剂(70/140 目、40/70 目、20/40 目)在单一粒径铺置条件下主裂缝内支撑剂短期导流能力测试实验;实验结束后泄压,然后再按 10MPa、20MPa、30MPa、40MPa、52MPa、60MPa、69MPa、80MPa、86MPa 进行应力循环加载,研究应力循环加载变化对主裂缝导流能力的影响。

(2)在 10kg/m³ 铺砂浓度下,开展 3 种粒径支撑剂在组合粒径铺置条件下的支撑剂短期导流能力,研究 3 种粒径支撑剂占比对导流能力的影响,优选出主裂缝内最佳、最经济支撑剂组合方式;实验结束后泄压,参照上面所述进行应力循环加载,研究应力循环加载变化对主裂缝导流能力的影响。

(3)在最佳支撑剂组合方式下,开展不同铺砂浓度下(5kg/m³、10kg/m³、15kg/m³)支撑剂短期导流能力实验,研究主裂缝内铺砂浓度对导流能力的影响规律。

2)分支裂缝内最小铺砂浓度测定实验

(1)分别在 0.5kg/m³、1kg/m³ 铺砂浓度下,开展两种目数支撑剂(70/140 目、40/70 目)在单一粒径及组合粒径铺置、不同闭合压力下分支裂缝内的支撑剂短期导流能力实验。

(2)通过实验结果分析,单一粒径铺置条件下,70/140 目支撑剂在 0.5kg/m³ 的支撑剂铺砂浓度下加载闭合压力后导流能力基本归零,在仪器测量范围内无法测出有效的导流能力;40/70 目支撑剂在 0.5kg/m³ 支撑剂铺砂浓度下,当闭合压力超过 30MPa 后导流能力基本归零,无法测出有效的导流能力。而在 1kg/m³ 铺砂浓度下,在最大闭合压力下,单一粒径铺置的两种粒径支撑剂均能测出有效导流能力。

(3)组合粒径铺置条件下,以 0.5kg/m³ 铺砂浓度铺置支撑剂,当闭合压力超过 30MPa 后也无法测出有效的导流能力;以 1kg/m³ 铺砂浓度铺置支撑剂时,在最大闭合压力下,也能测出有效导流能力。

(4)在仪器有效测量范围内,确定分支裂缝内最小铺砂浓度为 1kg/m³。

3)分支裂缝内支撑剂导流能力实验

(1)在 1kg/m³ 铺砂浓度下,开展 2 种目数支撑剂(70/140 目、40/70 目)在单一粒径铺置条件下的分支裂缝支撑剂短期导流能力测试;实验结束后泄压,进行应力循环加载,研究应力循环加载变化对分支裂缝导流能力的影响。

（2）在 1kg/m³ 铺砂浓度下，开展 2 种目数支撑剂(70/140 目、40/70 目)在组合粒径铺置条件下的支撑剂短期导流能力测试，研究 2 种粒径支撑剂占比对导流能力的影响，优选出分支裂缝内最佳、最经济支撑剂组合方式；实验结束后泄压，进行应力循环加载，研究应力循环加载变化对分支裂缝导流能力的影响。

（3）在最佳支撑剂组合方式下，开展不同铺砂浓度下(0.5kg/m³、1kg/m³、2kg/m³)支撑剂短期导流能力实验，研究分支裂缝内铺砂浓度对导流能力的影响规律。

二、主裂缝内支撑剂导流能力

分析主裂缝内不同铺砂方式下支撑剂导流能力变化曲线(图 6-74)可知，无论是在单一粒径还是组合粒径铺置条件下，支撑剂导流能力随闭合压力的增加而降低，这种降低趋势存在两个明显转折点，分别在闭合压力为 30MPa 和 69MPa 时，当闭合压力在 10～30MPa 时为导流能力缓慢降低阶段，当闭合压力在 30～60MPa 时为导流能力快速降低阶段，当闭合压力在 60～86MPa 时导流能力降低趋势又逐渐变缓。

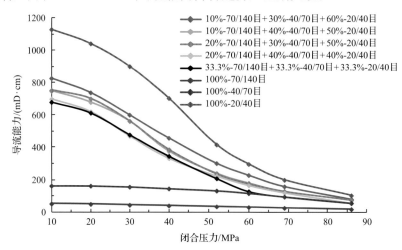

图 6-74　主裂缝内不同铺砂方式下支撑剂导流能力变化规律

单一粒径铺置条件下，大粒径支撑剂(20/40 目)的导流能力对闭合压力更敏感，导流能力随闭合压力增加递减更快，在 52MPa、69MPa 和 86MPa 的闭合压力下导流能力分别下降了 63.1%、82.3% 和 90.8%。而小粒径支撑剂(70/140 目)和中粒径支撑剂(40/70 目)的导流能力随闭合压力增加递减则相对较缓。小粒径支撑剂(70/140 目)在 52MPa、69MPa 和 86MPa 的闭合压力下导流能力分别下降了 33.8%、50.4% 和 65.5%，中粒径支撑剂(40/70 目)在 52MPa、69MPa 和 86MPa 的闭合压力下导流能力分别下降了 18.6%、41.4% 和 65.8%。

三种粒径组合铺置条件下，不同比例组合支撑剂的导流能力对闭合压力敏感性与单一大粒径铺置情况基本相当，但比起小粒径支撑剂及中粒径支撑剂，大粒径支撑剂对闭合压力更敏感；在 52MPa、69MPa 和 86MPa 的闭合压力下导流能力分别下降了 63.5%～69.4%、80.8%～86.0% 和 89.9%～92.0%。

三种粒径组合铺置条件下(图 6-74)，支撑剂在不同闭合压力下的导流能力优于单一小粒径及单一中粒径铺置。三种粒径支撑剂在不同比例组合下，以 10%-70/140 目+30%-40/70 目+60%-20/40 目组合方式导流能力最优，以 33.3%-70/140 目+33.3%-40/70 目+33.3%-20/40 目均匀组合方式导流能力最差，以 20%-70/140 目+30%-40/70 目+50%-20/40 目及 10%-70/140 目+40%-40/70 目+50%-20/40 目组合方式导流能力较优，以 20%-70/140 目+40%-40/70 目+40%-20/40 目组合方式导流能力较差。通过分析发现，在不同闭合压力下的压裂组合加砂中,存在一个最优的组合方式(20%-70/140 目+30%-40/70 目+50%-20/40 目)，既能满足体积压裂工艺的要求，又能保持较高的导流能力。

　　三种粒径在同一比例组合铺置条件下(图 6-75)，裂缝内支撑剂铺砂浓度越大，在不同闭合压力下的导流能力也越大；但随着闭合压力的逐渐增大，高浓度铺砂条件下导流能力与低浓度铺砂条件下导流能力差距逐渐变小。所以对于致密油、页岩油等油藏，在满足工艺条件下，应尽可能地提高压裂加砂强度和裂缝内支撑剂铺砂浓度，力求压后实现缝内高导流；但对于深层、超深层储层，由于闭合压力高，在工艺上实现高强度及高砂液比加砂较难，可采用中等砂液比、中等加砂强度来加砂，兼顾安全加砂及压后裂缝保持较高的导流能力。

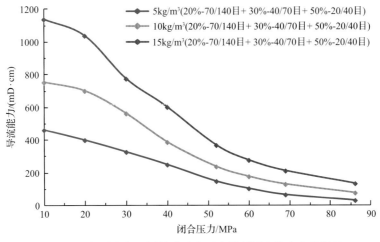

图 6-75　主裂缝内不同铺砂浓度下支撑剂导流能力变化规律

三、分支裂缝内支撑剂导流能力

　　分析分支裂缝内不同铺砂方式下支撑剂导流能力变化曲线(图 6-76)可知，无论是在单一粒径还是组合粒径铺置条件下，支撑剂导流能力均随闭合压力的增加而降低。单一粒径铺置条件下，这种降低趋势存在两个转折点，分别在闭合压力为 40MPa、60MPa 时，闭合压力在 10～40MPa 时为分支裂缝导流能力快速降低阶段，闭合压力在 40～60MPa 时为分支裂缝导流能力缓慢降低阶段；当闭合压力在 60～86MPa 时，分支裂缝导流能力降低趋势进一步变缓，分支裂缝导流能力对高闭合压力敏感性逐渐减弱。两种粒径组合铺置条件下(图 6-76)，这种降低趋势在闭合压力为 52MPa 时发生变化；闭合压力在 10～50MPa 时，分支裂缝导流能力随闭合压力增加快速降低；闭合压力在 52～86MPa 时，随着闭合压力增加，分支裂缝导流能力降低趋势逐渐变缓，分支裂缝导流能力对闭合压力敏感性也逐渐减弱。

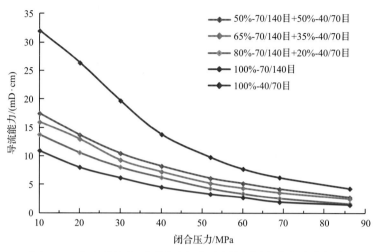

图 6-76　分支裂缝内不同铺砂方式下支撑剂导流能力变化规律

单一粒径铺置条件下，不同比例组合支撑剂的导流能力对闭合压力敏感性与两种粒径组合铺置情况基本相当；在 52MPa、69MPa 和 86MPa 的闭合压力下分支裂缝导流能力分别下降了 64.9%～69.5%、75.8%～82.1% 和 84.1%～87.9%。

两种粒径组合铺置条件下(图 6-76)，支撑剂在不同闭合压力下的分支裂缝导流能力优于单一小粒径支撑剂铺置，但差于单一中粒径支撑剂铺置。两种粒径支撑剂在不同比例组合下，以 50%-70/140 目+50%-40/70 目均匀组合方式导流能力最优，以 80%-70/140 目+20%-40/70 目组合方式导流能力最差，65%-70/140 目+35%-40/70 目组合方式导流能力介于两者之间。所以在分支裂缝开启后的加砂阶段，采用等量的小粒径支撑剂与大粒径支撑剂依次进行加砂，以实现压后分支裂缝内保持较高的导流能力。

两种粒径在同一比例组合铺置条件下(图 6-77)，分支裂缝内支撑剂铺砂浓度越大，

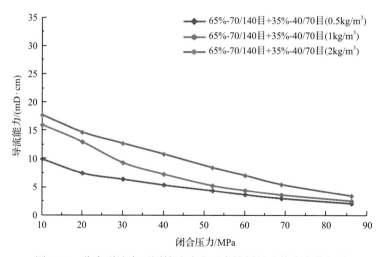

图 6-77　分支裂缝内不同铺砂浓度下支撑剂导流能力变化规律

在不同闭合压力下的导流能力也越大；但随着闭合压力的逐渐增大，尤其是超过 69MPa 后，高浓度铺砂条件下导流能力与低浓度铺砂条件下导流能力差距逐渐变小。

四、应力循环加载条件下支撑剂导流能力

分析主裂缝内应力循环加载前后支撑剂导流能力变化情况可知（图 6-78），无论支撑剂采用单一粒径铺置还是采用组合铺置的方式，第一轮实验结束泄压后，随着第二轮闭合压力从 10MPa 开始依次加载，主裂缝内支撑剂导流能力随着闭合压力增加继续减小，当闭合压力达到 86MPa 时，支撑剂导流能力相比第一轮对应闭合压力加载时降低了 68.9%~71.4%，导流能力损失将近 70%；即使在低闭合压力下也无法恢复到第一轮应力加载时的导流能力，应力加载破坏对支撑剂导流能力的影响是不可逆的。

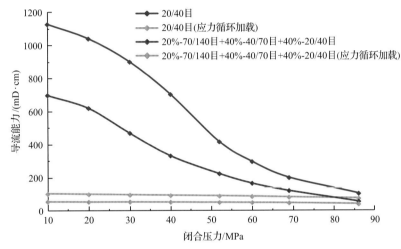

图 6-78 主裂缝内应力循环加载前后支撑剂导流能力

分析分支裂缝内应力循环加载前后支撑剂导流能力变化情况可知（图 6-79），无论支

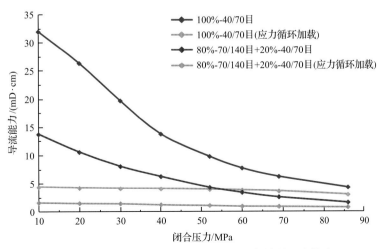

图 6-79 分支裂缝内应力循环加载前后支撑剂导流能力

撑剂采用单一粒径铺置还是采用组合铺置的方式，均具有和主裂缝相同的规律，但第二轮应力循环加载达到 86MPa 时，支撑剂导流能力相比第一轮对应闭合压力下加载时降低了 58.3%～64.2%，导流能力损失将近 60%，降低速率稍低于主裂缝。

五、混合及组合粒径加砂条件下支撑剂导流能力

对于天然裂缝比较发育且天然裂缝易于开启或通过静压力提升可以开启潜在天然裂缝的致密砂岩储层，压裂时形成的裂缝具有多尺度裂缝系统的特征；裂缝系统既有尺度较大的主裂缝系统，又有天然裂缝或分支裂缝开启后形成的尺度较小的分支裂缝或微裂缝系统；分支裂缝或微裂缝系统普遍具有缝宽较小、缝内支撑剂移动阻力较大的特征，一般粒径较小的支撑剂才能输送进入这类裂缝系统；大粒径的支撑剂由于运移阻力均较大，较难进入分支裂缝或微裂缝系统，大多数输送铺置在主裂缝系统中。双缝系统高效加砂工艺的目标就是通过对压裂中采用的加砂方式、支撑剂组合方式等的优化，实现不同粒径的支撑剂高效地输送并铺置到与之匹配的多尺度裂缝系统中，使多尺度裂缝系统得到有效支撑并保持较高的导流能力。

(一) 精细组合加砂技术

加砂压裂施工中，会根据压裂不同阶段多尺度裂缝延伸及缝宽增加情况，依次加入与缝宽匹配的支撑剂，实现不同粒径的支撑剂充填于与其匹配的不同尺度的裂缝系统中，从而达到饱充填加砂及降低施工风险的目的；但在主裂缝及分支裂缝中，不同粒径支撑剂的组合方式和组合比例直接影响着压后裂缝的导流能力。

导流能力实验表明(图 6-80，图 6-81)：不同粒径支撑剂在组合铺置条件下，主裂缝及分支裂缝内支撑剂组合均存在最优的组合方式；主裂缝中三种粒径支撑剂在 20%-70/140 目+30%-40/70 目+50%-20/40 目的组合方式下，分支裂缝中两种粒径支撑剂在 50%-70/140 目+50%-40/70 目均匀组合方式下，既能满足双缝复合压裂工艺造缝及加砂工艺的要求，又能保证裂缝在闭合压力下具有较高的导流能力。

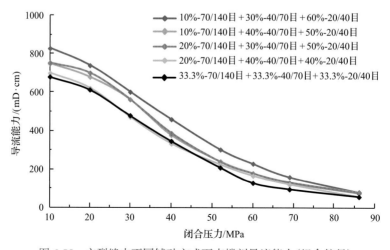

图 6-80　主裂缝内不同铺砂方式下支撑剂导流能力(组合粒径)

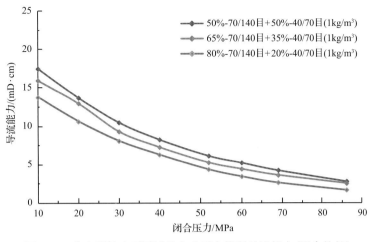

图 6-81 分支裂缝内不同铺砂方式下支撑剂导流能力(组合粒径)

(二)混合粒径加砂技术

针对储层多尺度裂缝特征明显或天然裂缝比较发育的储层,提出了混合粒径加砂技术;即在压裂加砂中,双缝系统形成后,将小粒径支撑剂(一般选用 70/140 目)和中粒径支撑剂(一般选用 40/70 目)进行不同比例混合后进行统一注入,而不是以往压裂施工中采用的小粒径、中粒径按粒径大小依次顺序加入。混合粒径加砂模式一般采用较低黏度的压裂液携砂,通过不同粒径支撑剂在携砂液中的不同悬浮及沉降机理,让支撑剂有选择性地进入与其粒径相匹配的分支裂缝及微裂缝系统中,实现对分支裂缝及微裂缝系统的充分支撑。

导流能力实验表明(图 6-82,图 6-83):分支裂缝中两种粒径支撑剂在 50%-70/140 目+50%-40/70 目分层铺置方式下的导流能力与混合粒径铺砂方式(50%-70/140 目+50%-40/70目均匀组合)相当,不但能保证裂缝在闭合压力下具有较高的导流能力,而且在压裂现场易于操作实施。

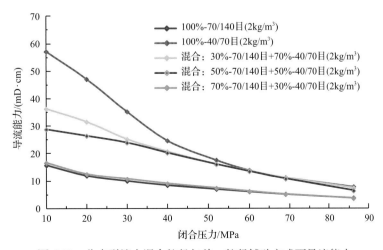

图 6-82 分支裂缝内混合粒径与单一粒径铺砂方式下导流能力

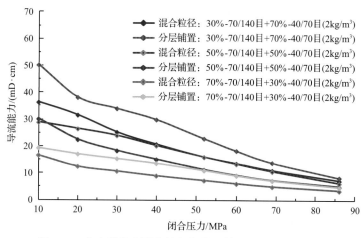

图 6-83　分支裂缝内混合粒径与分层铺置方式下导流能力

六、现场试验应用

基于上述多尺度体积压裂支撑剂导流能力实验研究结果，以下重点以某非常规探井 A 井为例说明具体实施过程。

A 井压裂目的层段(3592.0～3597.0m，5.0m/1 层)为灰色含砾细砂岩，压力系数为 0.93，油层温度为 139.7℃，为低孔低渗(孔隙度为 5.78%，渗透率为 $2.5 \times 10^{-3} \mu m^2$)常温常压油层。压裂采用了多尺度体积压裂的技术思路，如下所述。

(1)综合控缝高措施：综合储层地质条件，通过射孔、酸预处理及施工参数优化，有效控制裂缝纵向过度延伸。

(2)充分造主裂缝：优化前置液造缝压裂液类型、压裂液黏度、排量及造缝模式，使主裂缝充分延伸。

(3)多尺度分支裂缝开启及扩展：在主裂缝充分延伸的基础上通过交替注入胶凝酸段塞及缝端封堵提高缝内净压力，使得分支裂缝、天然裂缝得到开启延伸。

(4)多尺度裂缝饱充填：通过携砂液类型、支撑剂类型及加入模式综合优化，优化裂缝砂堤剖面，提高裂缝充填度。

(5)低伤害压裂液体系：在压裂造缝、低砂液比加砂、高砂液比加砂阶段分别采用三种不同黏度(低黏度、中黏度、高黏度)的清洁压裂液体系，尽可能降低稠化剂使用浓度，以及基质伤害及裂缝伤害。

(6)采用变排量施工，结合液体黏度增加，逐渐提高缝内静压力，从压裂造缝、低砂液比加砂、高砂液比加砂阶段分别采用不同排量(排量依次为 $2.5 m^3/min \sim 3.0 m^3/min \sim 4.0 m^3/min \sim 5.0 m^3/min$)。

考虑多尺度体积压裂裂缝高导流支撑的需要及储层实际闭合压力，依据本节研究：

(1)选用抗压 86MPa 的三种类型的陶粒支撑剂(70/140 目、40/70 目、20/40 目)。

(2)主裂缝内支撑剂最优的组合方式为 20%-70/140 目+30%-40/70 目+50%-20/40 目。

(3)分支裂缝内支撑剂最优的组合方式为 50%-70/140 目+50%-40/70 目。综合考虑主裂缝及分支裂缝的综合支撑情况，三种支撑剂选择了 22.5%-70/140 目+27.5%-40/70 目

+50%-20/40 目的最佳组合方式，以满足压后保持高导流能力的需要。

压裂施工（图 6-84）注入压裂液 538m³，其中胶凝酸 47.0m³，低黏度压裂液（0.2%SRFP-1 增稠剂+2%SRCS-1 黏土稳定剂+0.1%SRCU-1 助排剂+0.12%SRFC-1 交联剂+1%SRFN-1 纳米驱油剂，黏度 24～27mPa·s）143.0m³，中黏度压裂液（0.3%SRFP-1 增稠剂+2%SRCS-1 黏土稳定剂+0.1%SRCU-1 助排剂+0.16%SRFC-1 交联剂+1%SRFN-1 纳米驱油剂，黏度 48～51mPa·s）201.0m³，高黏压裂液（0.45%SRFP-1 增稠剂+2%SRCS-1 黏土稳定剂+0.1% SRCU-1 助排剂+0.25%SRFC-1 交联剂+1%SRFN-1 纳米驱油剂，黏度 90～100mPa·s）147.0m³；共加入 36.6m³ 支撑剂，排量 2.5～5.0m³/min，最高施工压力 72.8MPa，最高砂液比 35%。

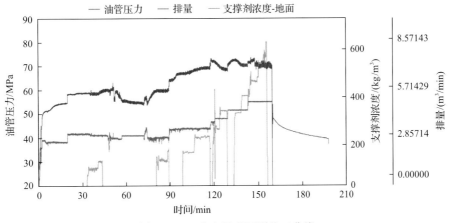

图 6-84 A 井多尺度压裂施工曲线

压后分析表明（图 6-85），该井综合控制缝高技术有效，压裂过程中裂缝多尺度压裂特征明显，多粒径组合加砂方式合理有效，多尺度体积压裂工艺及低伤害组合液体体系应用均比较成功。压后初期液体返排效率达到 90%，压裂液返排率和见油时间均优于邻区邻井，初期产能达到 6t/d，后期稳产在 5t/d 左右，是邻区同层位井产量的 3～4 倍，达到了多尺度体积压裂及彻底改造储层的目的，压后取得了较好的增产改造效果。

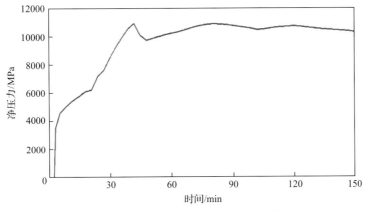

图 6-85 A 井压裂施工缝内净压力变化曲线

七、小结

裂缝有效导流能力是评价压裂施工效果的主要参数，也是影响压裂增产效果最重要的因素之一。本章设计了多尺度裂缝导流能力实验方法，采用单一粒径和组合粒径的铺置方式，研究了闭合压力、粒径组合方式、铺砂浓度及应力循化加载等因素对多尺度主裂缝及分支裂缝内支撑剂的导流能力变化的影响。

实验研究结果表明：影响支撑剂导流能力的因素较多，主要有闭合压力、支撑剂粒径、支撑剂铺砂组合方式、支撑剂铺砂浓度等；随着闭合压力增加，大粒径支撑剂导流能力与小粒径支撑剂导流能力差距逐渐变小，主裂缝及分支裂缝内支撑剂导流能力逐渐降低，而且这种降低趋势存在明显的转折点。不同粒径支撑剂在组合铺置条件下，主裂缝及分支裂缝内支撑剂组合均存在最优的组合方式；主裂缝及分支裂缝内支撑剂铺砂浓度越高，导流能力也越高；随着闭合压力增大，高浓度铺砂与低浓度铺砂条件下的导流能力差距逐渐变小；应力加载破坏对裂缝导流能力的影响是不可逆的。

现场应用表明，在满足压裂工艺要求的前提下，通过支撑剂的优选、支撑剂组合方式及加砂方式的优化，可有效提高裂缝导流能力及压后产量。在压裂工艺及安全施工的前提下，应根据储层实际条件，选择与地层闭合压力匹配的支撑剂及与液体输砂能力匹配的最佳加砂方式，尽可能提高压裂加砂强度和缝内铺砂浓度，力求实现不同尺度裂缝的高导流能力。

第七节　环保可重复利用压裂液及剪切增稠自适应压裂液

一、环保可重复利用压裂液

随着水力压裂技术的不断进步，压裂规模越来越大，用水量从原来的每井次 $100m^3$ 提高到 $10000m^3$ 以上。在压裂作业后，这些压裂液组分、泥砂、油气和地层水等随破胶液一起返排到地面。如果这些废液处理不当，会对井场周围的土壤、植被和地表水造成一定程度的影响。

我国页岩气可采资源量达 $1.2 \times 10^{13} \sim 2.5 \times 10^{13} m^3$，潜力巨大。大力开发利用页岩气是实现中国能源结构转变和低碳、绿色、环保、美丽中国等"中国梦"的紧迫需求。水平井分段压裂技术已成为页岩气开采的核心技术之一，"大液量、高排量"的技术特征带来的问题是淡水消耗量大，导致水资源短缺矛盾突出；同时压裂返排液数量多，污染物成分复杂，直接回注污染地层水，外排污染土壤、地表和地下等水系环境质量，回收利用配液由于高价金属离子和其他有害组分的干扰，影响压裂液的综合性能，对地层造成污染，影响压裂改造效果。

另外，我国水资源稀缺，按人均水资源量计量，我国的人均水资源量为世界人均水资源量的四分之一，世界排名第 110 位，被联合国列为 13 个贫水国家之一。非常规压裂是大量消耗水资源的过程，随着中国石化"非常规大发展"的战略部署，大液量的压裂返排液回收利用技术攻关迫在眉睫。

随着《中华人民共和国安全生产法》和《中华人民共和国环境保护法》等相关法规的实施，相关部门要求企业在生产的每个环节零排放，这促使油田采取相应技术措施，对压裂返排的废液进行回收处理和再利用。水基压裂返排液的重复使用技术(即水基压裂液重复使用技术)是近年来兴起的一项"节能、降耗、绿色、环保"型压裂液技术，其凭借自身优势，如环保性强、可降低能耗，可满足当下社会生态化的发展目标。此外，水基压裂液重复使用技术在应用期间可以有效通过返排液进行压裂液的配置，利用有效的化学剂，最大力度降低预期成本支出，实现资源的合理应用目标，给予生态环境最大的保护。总的来说，水基压裂液重复使用技术是未来技术发展的主要方向，其应用范围将逐渐扩大，应用价值会越来越高。

20 世纪 80 年代以来，美国、苏联、加拿大和中国的环保工作者对水基压裂作业废液处理问题进行了研究，形成了有效的处理方法，设计和制造了压裂返排液处理装置，开发研制出各种类型的处理药剂。

国外处理非常规压裂返排液技术的发展趋势为：采用物理和机械处理技术为主、化学处理技术为辅的复合方式。该方式可有机结合新型物理或机械处理技术与高级氧化技术，提高处理效果和效率。同时可根据井场分散和返排液量多、水质多变的工况特点，采用快速、节能的物化协同新工艺；工艺流程采用模块式组合，装置设计成撬装或车载式，设计紧凑便于运输。满足由开发区块变化引起的压裂液体系及返排液组分变化，有效解决不同污染物的压裂返排液污染问题，节约设备投资成本和处理成本，保护生态环境。

国内对压裂返排液的处理方法[78,79]主要是自然风干填埋和化学处理回注，自然风干是将压裂返排液储存在专门的返排液池中，采取自然蒸发的方法进行干化，最后直接填埋。这种方式不但耗费大量的时间，而且填埋后的污泥块依然会渗滤出油、重金属、醛、酚等污染物，存在严重的二次污染。

化学处理是将返排液集中进行加药絮凝、过滤等预处理，然后将返排液回注到地层中，这种方法的处理工艺流程复杂，应用范围有一定的局限性。由于国内页岩气的开采地区均属于新开发区块，附近没有合适的回注井，返排液需要运输至较远的井场，此方式将无形中增加处理成本[80,81]。

未来水基压裂返排液处理技术发展趋势为：

(1)研发高效的复合絮凝剂、氧化剂，絮凝剂应具有絮凝能力强、沉降速度快、分层效果好、絮凝体体积小的优点，且在碱性和中性条件下均有同等效果。

(2)设计并研制撬装式水基压裂返排液无害化和脱盐处理的一体化装置，进一步降低成本等。

(3)研制可回收的压裂液体系也是压裂液返排回收利用技术的发展方向。

二、剪切增稠自适应压裂液

压裂液技术通常采用天然聚合物如糖、羟丙基瓜尔胶(HPG)和羟乙基纤维素(HEC)为稠化剂。随着高分子材料的发展，也使用交联聚合物凝胶(如基于与硼酸盐交联的瓜尔胶和与金属离子交联的聚合物)作为压裂液。压裂液需要具备一定的黏度才可满足造缝及携带支撑剂的能力，因此通常使用浓度较高的聚合物。较高浓度聚合物的使用，会引发一系列问题，如未破碎凝胶对地层表面和支撑剂充填层造成的残留损害、堵塞孔喉等。即使使用先进的破胶剂体系，也会留下一定的残余物。

随着勘探开发的深入，压裂施工难度越来越大，对液体的要求也越来越高，常规水基压裂液在常温下具有较高黏度，压裂施工过程中，随着地层温度的升高，压裂液交联键部分解体，分子链部分断裂，液体黏度大幅下降，造缝能力降低，携砂性能变差。同时，随着剪切速率的增加，压裂液黏度出现了大幅下降，压裂液摩阻增高，泵压升高，排量降低，压裂液在裂缝内流动时受温度和剪切作用的有效黏度下降快，悬砂性能差，导致大量的支撑剂在缝口附近很快沉降堆积，裂缝过流面窄，限制裂缝的形成和延伸，容易引起砂堵，甚至会破坏设备。

剪切增稠流体正常状态下呈现浓缩的胶质悬浮分散液状态，其随着剪切应力（或剪切速率）的增加而提高，这种提高通常是不连续的，但该过程是连续可逆的（图6-86）。剪切增稠体系的黏度与剪切速率密切相关，剪切速率较低时，出现剪切稀释；当剪切速率超出某一临界值时，其黏度激增，剪切强度大幅上升，出现剪切增稠现象[82,83]。

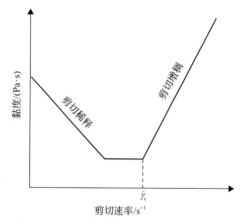

图 6-86　剪切增稠流体的流变行为示意图

$\dot{\gamma}_c$-剪切速率临界值

近年来，国外的剪切增稠材料主要应用于软体护具领域，特别是军工领域。Lee 等[84]和美国军方合作开发出的"液体盔甲"是剪切增稠液在防弹复合材料领域应用的代表，它是以高性能特种 Kevlar(芳香族聚酰胺纤维)织物浸渍高浓度亚微米二氧化硅与低分子量聚乙二醇悬浮液得到的。结果表明:浸渍后的 Kevlar 织物吸收能量远大于未浸渍 Kevlar 织物的吸收能量，子弹贯穿深度显著降低。4 层浸渍后的 Kevlar 织物吸收能量甚至超过了 14 层未浸渍 Kevlar 织物的吸收量，而且浸渍后 Kevlar 织物的柔软度增加。

在抗冲减震方面，具有剪切增稠行为的高分子溶液也有着非常广泛的应用。Fernandez 等[85]研究了剪切增稠液 Kevlar 织物复合材料中剪切增稠液含量对抗冲击性能的影响，剪切增稠液含量太高不利于该复合材料吸收冲击能，剪切增稠液含量稍低，该复合材料能够最大限度地吸收冲击能。

在压裂施工过程中，压裂液沿程的剪切速率是不同的，可分为三个区，早期在井筒中属于中等剪切速率，剪切速率为 $100\sim700\mathrm{s}^{-1}$；在经过孔眼时是高剪切速率，剪切速率为 1200~2000s^{-1}；最后在裂缝中是低剪切速率，剪切速率在 40~100s^{-1}。如能将剪切增稠流体应用于压裂流体当中,利用其剪切增稠特性,使其在井筒中呈现出中等黏度特性、在孔眼中呈现高黏度特性、在裂缝中呈现低黏度特性。即使不考虑温度场的影响,也可以利用此特性,一来便于促进压裂液在井筒中的流动;二来在孔眼处的高黏度特性,可促进进入各簇裂缝中的压裂液体积相当或接近,最终可确保各簇裂缝的均匀起裂和延伸效果;三来在裂缝中的低黏度压裂液,还具有沟通与延伸更多小微尺度裂缝的能力,有利于促进裂缝复杂性及改造体积的大幅度提升。由此认为剪切增稠自适应压裂液是一种新型压裂液的研究方向。

第八节 可溶、高效井下分段压裂工具及多分支井分段压裂工具

一、可溶、高效井下分段压裂工具

随着油气勘探开发对象逐渐向低渗、低品位资源转变,水平井分段压裂技术成为储层改造、有效提高单井产量的重要手段。随着非常规水平井分段压裂技术的不断发展,水平段长持续增大,分段压裂段数不断增加,井下分段压裂工具由可钻易钻向可溶方向发展[86]。可溶材料是一种在特定环境中,通过物理化学反应或生物同化作用在一定时间内可实现自行降解、甚至完全消失的多相复合材料,主要包括可溶金属材料和可溶高分子材料,以镁合金为代表的可溶金属材料具有稳定的力学特性和良好的机械加工性能,可溶高分子材料的生物降解特性在环保方面具有独特优势。

可溶材料与工具设计制造的有机结合是实现井下工具无干预作业、保证最优后续作业条件的有效途径,目前在水平井分段压裂改造等领域已有研发产品并成功开展了现场应用。压裂用井下工具可溶材料主要有非金属可溶复合材料和金属可溶复合材料,可溶复合材料井下工具具有以下特点:

(1)密度小,比其他常规井下工具轻。

(2)强度高和耐温均满足分段压裂工艺技术的需要。

(3)工具在井下条件下可以自行分解变小至完全溶解,无需钻磨,减少施工工序,降低施工成本。

压裂用可溶复合材料工具比较成熟,形成了可溶压裂球、可溶性压裂桥塞、可溶性压裂球座等。

(一)可溶压裂球

水平井分段压裂技术是一项综合技术,其中分段压裂工具起到重要作用[87]。压裂用球是多种分段压裂工具的关键,初期的分段压裂用球是不能溶解的,会对油气井的生产或下一步作业产生负面影响。随着致密气、页岩气等非常规油气的逐步开发和深入,能溶解的分段压裂球受到重视[88]。可溶压裂球是一种用可溶材料制成的隔离用堵球,可与压裂桥塞、滑套球座等井下工具配套使用,作业时提供可靠的隔离效果,作业后自行溶解消失,无需后续干预作业,保证井筒过流通道畅通。

根据压裂施工的要求，可溶压裂球的性能需满足：

(1)密度低，一般小于 2.3g/cm³。

(2)耐温，一般要求大于 150℃。

(3)耐压，抗压强度大于 70MPa。

(4)可溶解，且溶解时间可控(图 6-87)。

图 6-87　可溶压裂球降解变化图

常规的水中可溶非金属材料在水中一段时间后，会失去强度和结构，用这类材料制作压裂球，溶解十分容易，但是热稳定性和机械强度很难达到要求。于是金属复合材料成为研制可溶压裂球的方向，压裂施工后井内液体是一种电解质，电化学腐蚀现象[89]表明，金属材料在电解质溶液中会发生腐蚀，腐蚀速度与金属材料和电解质溶液性质有关。通过改变金属材料组分与结构，能够控制腐蚀速度。综合考虑材料的合理组合、一定的耐温性、高耐压性、合适的密度、良好的加工性、匹配的电偶腐蚀[90]性能，根据这些考虑因素，可溶压裂球的核心材料采用金属材料，包括 Mg、Al、Zn、Cu、Ni 及其合金等，通过添加纤维、陶瓷相增强其结构强度[91]。

可溶压裂球复合粉体材料的制备采用氢还原包覆技术。其原理是利用高压氢气将金属盐溶液中的金属离子还原并沉积到悬浮颗粒表面。由于传统的颗粒化学镀存在难以定量包覆、槽液容易分解、游离金属较多和引进硼、磷杂质等缺点；采用高压氢还原技术能够得到高致密度、低杂质含量的均匀金属层，工艺技术易于实现，同时组分比例易于调整和精确可控，金属含量的控制准确度高。

可溶压裂球采用粉末冶金法制备[92]。基本原理是将粉末先经过混合、压模、脱气，最后在特定温度和特定气氛(或真空)中进行烧结。烧结过程中的主要技术因素为：烧结温度、保温时间和炉内气氛。通过高温作用，坯体发生一系列物理化学变化，由松散状态逐渐致密化，且机械强度大大提高，可溶压裂球的烧结实行无压烧结。在大气压或真空状态下，将压制的坯体置于烧结炉中，按照一定的升温程序将烧结炉的温度升高到烧结温度，然后通过控制烧结程序保温一定时间进行充分烧结，再按照严格的降温程序降温冷却，最终烧结为可溶压裂球。

国外威德福、贝克休斯、斯伦贝谢、顶峰(PEAK)等许多石油公司都形成了自己品牌的可溶复合材料压裂球，国内可溶压裂球技术发展也非常迅速，指标与国外相当，可溶压裂球密度为 1.5～2.0g/cm³，耐温 200℃，抗压强度可超过 70MPa，可溶压裂球可根据溶解环境的不同调整溶解速度。

(二)可溶性压裂桥塞

可溶性压裂桥塞作为分段压裂的重要工具之一,其应用日益广泛。目前,常规桥塞包括可钻式桥塞、大通径桥塞等。可钻式桥塞在压裂结束后下钻具磨铣过程易造成井下事故且作业施工成本高,同时碎屑和作业液体易污染储层。可溶性桥塞是一种具有创造性价值和革命性意义的新型井筒临时封隔类工具[93],集常规可钻复合桥塞和大通径桥塞的优点于一体,主要应用于页岩气等非常规气藏的分层改造,压裂施工时提供可靠的层间封隔,施工结束后可在地层返排液环境中自行溶解,无需井筒干预作业,实现井筒全通径投产。可溶性桥塞主体采用轻质高强可溶合金材料,强度高,耐压70MPa以上,遇水可溶,溶解时间可控。压裂施工结束后,可溶性桥塞在高温高压环境下与井筒内液体发生化学反应,溶解后随返排液排出井筒。可溶性桥塞工具是对传统桥塞压裂工具的彻底颠覆。

可溶性桥塞主要由上下接头、上下卡瓦、上下锥体、胶筒、中心筒及卡瓦牙等部件组成,如图6-88所示。压裂完成后,可溶性桥塞全部溶解,随返排液一同排出井筒。该工艺桥塞溶解后保持井眼全通径,免除连续油管钻磨桥塞作业,节约完井时间及成本。

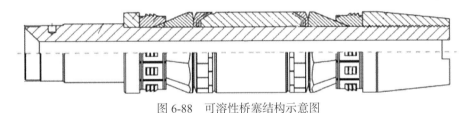

图6-88 可溶性桥塞结构示意图

(三)可溶性压裂球座

利用可溶材料制成滑套内部球座,在表面涂抹缓蚀材料,压裂过程中,缓蚀材料逐渐被打磨掉,球座与井下液体反应溶蚀掉,后期可不用钻铣施工,可溶复合材料球座具有能够实现较大尺寸的生产通道,提高生产效果的技术优势。

国外公司可生产成熟的可溶性压裂球座,图6-89为斯伦贝谢公司的可溶性压裂球座[94],主要由连接杆、适配器、上分瓣座、下分瓣座、底座、可溶性球及定位筒组成。

图6-89 无限级全通径可溶性压裂球座

球座定位筒作为套管的一部分预先下入井内,并通过坐封工具将可溶性球座送入球座定位筒实现坐封;改造时,投入可溶性压裂球分隔下部产层进行射孔,最终完成储层改造。全通径可溶性压裂球座不需要钻磨及连续油管作业,压裂球溶解后可快速投产,球座溶解后可实现井筒全通径,从而实现了无限级压裂。

二、多分支井分段压裂工具

分支井又叫多底井,是从一个主井眼(又称母井眼)中钻出两口或多口进入油气藏的分支井眼或二级井眼分支井,并回接到主井眼上(图 6-90)。主井眼可以是直井、定向井或水平井。分支井类型繁多,如叠加式、反向式、Y 形、鱼刺形、辐射状等,可以根据油藏的具体情况优选合适的分支井类型。

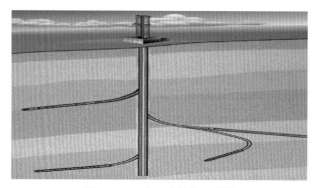

图 6-90 多分支井结构示意图

分支井分段压裂技术与单水平井分段压裂技术从基本的压裂工艺上划分,无较大差异。TAML 1 主井和分支井都是裸眼,管柱下入主井眼和分支井眼能力受限,无法进行精细分段压裂作业。TAML 2 主井眼下套管并注水泥,分支井眼为裸眼或放筛管而不注水泥。TAML 3 主井眼和分支井眼都下套管,主井眼注水泥,分支井不注水泥,主井眼和分支井眼连接处压力密封,TAML 2 和 TAML 3 两级完井分段压裂只能在主井眼进行,分支井眼无法实现。TAML 4 及以上由于主井眼和分支井的可重入性与可分段密封性,可以实现各井眼的精细分段压裂作业。

分支井就相当于多个水平井眼(图 6-91),压裂施工作业是先后对每个分支井眼单独进

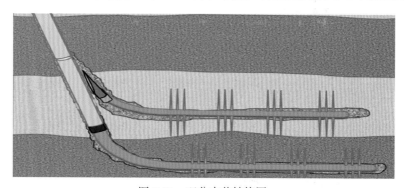

图 6-91 双分支井结构图

行压裂。常用的压裂技术有桥塞射孔联作分段压裂技术，该技术应用最多且最为成熟。多分支井压裂技术与单水平井分段压裂技术的差异与关键是射孔组合、压裂作业等管柱重入各分支井眼技术、多井眼密封封隔技术、各井眼连接处的密封连接技术等。

哈里伯顿致密气多分支井的射孔桥塞联座多级压裂技术。Granite Wash 是位于北得克萨斯的致密砂岩气藏，深度为 2743～3810m，层叠的砂岩被页岩分割，储量大，品位和孔隙度相对较好。由于含有多个独立储层，采用多分支井开发其中的两层 A 和 B，两分支井分别位于两个层位。下层主井眼采用尾管悬挂固井，上层分支井采用脱离式尾管固井。两分支井均采用桥塞射孔联作压裂技术进行增产作业。

压裂改造需要较高的压力封隔能力，使用了接头隔离系统(JI 系统)，主井眼和分支井独立进行压裂作业。下层作业时隔离上层系统，密封总成插入主井眼的尾管回接筒内，液压封隔器座封于套管连接处上部 12m 处。进行下层主井眼压裂，采用桥塞射孔联作压裂技术，4.5in 回接压裂管柱进行压裂，压后桥塞全部钻除。

贝克休斯巴肯页岩油多分支井裸眼封隔器+滑套完井(如图 6-92 所示)。封隔器+滑套技术是巴肯地区常用的一种完井方式，密封球的级差由 1/4 减小到 1/8，单井压裂级数翻倍。多分支井完井作业步骤如下：

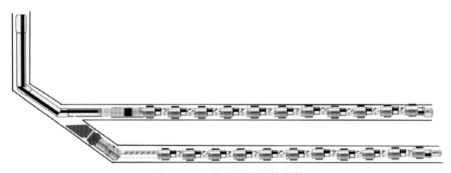

图 6-92 双分支裸眼完井系统

(1)下主井筒(直井段)套管并固井。
(2)钻下分支裸眼段，安装裸眼封隔器与滑套管柱。
(3)根据上分支的层位确定永久式生产封隔器的位置，下入导斜器，定位定向，开窗侧钻。
(4)上分支钻到设计深度后，起出导斜器。
(5)分支转向器到位后，安装接头和上分支裸眼封隔器+滑套完井装置，坐封，起出工具丢手，并取出钻井转向器。
(6)安装一个主井筒压裂转向器，隔离上部完井装置。
(7)进行主井筒分段压裂，压后取出转向器。
(8)安装上分支压裂转向器。
(9)上分支分段压裂，压后起出转向器。
(10)两个分支可以合采，也可以单采或双管分采。

参 考 文 献

[1] 刘合, 张广明, 张劲, 等. 油井水力压裂摩阻计算和井口压力预测[J]. 岩石力学与工程学报, 2010, 29(S1): 2833-2839.

[2] 杜发勇, 张恩仑, 张学政, 等. 压裂施工中管路摩阻计算方法分析与改进意见探讨[J]. 钻采工艺, 2002, (5): 49-51.

[3] 刘建坤, 蒋廷学, 万有余, 等. 致密砂岩薄层压裂工艺技术研究及应用[J]. 岩性油气藏, 2018, 30(1): 165-172.

[4] 李爱芬, 王士虎, 王文玲. 地层砂粒在液体中的沉降规律研究[J]. 油气地质与采收率, 2001, 8(1): 70-73.

[5] 肖博, 张士诚, 郭天魁, 等. 页岩气藏清水压裂悬砂效果提升实验[J]. 东北石油大学学报, 2013, 37(3): 94-99.

[6] 王丽伟, 程兴生, 翟文, 等. 压裂液黏弹性与悬浮支撑剂能力研究[J]. 油田化学, 2014, 31(1): 38-41.

[7] 何春明, 才博, 卢拥军, 等. 瓜胶压裂液携砂微观机理研究[J]. 油田化学, 2015, 32(1): 34-38.

[8] 黄彩贺, 卢拥军, 邱晓惠, 等. 支撑剂单颗粒沉降速率与线性胶压裂液黏弹性关系[J]. 钻井液与完井液, 2015, 32(6): 72-77.

[9] 陶红胜, 王满学, 杏毅, 等. 低黏度清洁压裂液黏弹性与悬砂能力的关系[J]. 油田化学, 2015, 32(4): 494-498.

[10] 张林强. 支撑剂在滑溜水中沉降规律探讨[J]. 当代化工, 2017, 46(4): 711-714.

[11] 温庆志, 罗明良, 李加娜, 等. 压裂支撑剂在裂缝中的沉降规律[J]. 油气地质与采收率, 2009, 16(3): 100-103.

[12] 温庆志, 翟恒立, 罗明良, 等. 页岩气藏压裂支撑剂沉降及运移规律实验研究[J]. 油气地质与采收率, 2012, 19(6): 104-107.

[13] 温庆志, 段晓飞, 战永平, 等. 支撑剂在复杂缝网中的沉降运移规律研究[J]. 西安石油大学学报(自然科学版), 2016, 31(1): 79-84.

[14] 梁莹, 罗斌, 黄霞. 水力压裂低密度支撑剂铺置规律研究及应用[J]. 钻井液与完井液, 2018, 35(3): 110-113.

[15] 徐建永, 武爱俊. 页岩气发展现状及勘探前景[J]. 特种油气藏, 2010, 17(5): 1-7.

[16] 郭大立, 纪禄军, 赵金洲. 支撑剂在三维裂缝中的运移分布计算[J]. 河南石油, 2001, 15(2): 32-34.

[17] 乔继彤, 张若京, 姚飞. 水力压裂的支撑剂输送分析[J]. 工程力学, 2000, 17(5): 89-91.

[18] 黄俊杰. 致密砂岩储层压裂液返排工艺优化设计研究[D]. 西安: 西安石油大学, 2018: 79.

[19] 赵晓. 压裂液返排模型的建立及应用[J]. 石油钻采工艺, 2011, 33(3): 63-65.

[20] 林永茂, 刁素, 向丽, 等. 压裂井高效返排技术的完善及应用[J]. 石油钻采工艺, 2008, 30(5): 86-88.

[21] 胡学军, 冯建华, 齐梅, 等. 砂岩气藏基质酸化残液返排影响因素研究[J]. 石油钻采工艺, 2011, 33(2): 95-97.

[22] 陈冬林, 张保英, 谭明文, 等. 支撑剂回流控制技术的新发展[J]. 天然气工业, 2006, 26(1): 101-103.

[23] 郭建春, 曾凡辉, 余东合, 等. 压裂水平井支撑剂运移及产量研究[J]. 西南石油大学学报, 2009, 31(4): 80-83.

[24] 何世云, 陈琛. 加砂压裂压后排液的控砂技术[J]. 天然气工业, 2002, 22(3): 45-46.

[25] 胡奥林, 陈吉开. 包胶支撑剂及回流控制技术的新进展[J]. 钻采工艺, 1999, 22(3): 44-46.

[26] 温庆志, 胡蓝霄, 翟恒立, 等. 滑溜水压裂裂缝内砂堤形成规律[J]. 特种油气藏, 2013, 20(3): 137-139.

[27] 温庆志, 高金剑, 黄波, 等. 通道压裂砂堤分布规律研究[J]. 特种油气藏, 2014, 20(4): 89-92.

[28] 温庆志, 高金剑, 刘华, 等. 滑溜水携砂性能动态实验[J]. 石油钻采工艺, 2015, 37(2): 97-100.

[29] 温庆志, 高金剑, 邵俊杰, 等. 滑溜水压裂支撑剂在水平井筒内沉降规律研究[J]. 西安石油大学学报(自然科学版), 2015, 30(4): 73-78.

[30] 温庆志, 李杨, 徐希, 等. 水力压裂单缝中常用压裂液携砂性能评价[J]. 油气地质与采收率, 2015, 22(4): 123-126.

[31] 温庆志, 高金剑, 刘华, 等. 纤维压裂液携砂性能实验评价[J]. 科技导报, 2015, 33(7): 39-42.

[32] 温庆志, 杨英涛, 王峰, 等. 新型通道压裂支撑剂铺置试验[J]. 中国石油大学学报(自然科学版), 2016, 40(5): 112-117.

[33] 温庆志, 刘欣佳, 黄波, 等. 水力压裂可视缝网模拟系统的研制与应用[J]. 特种油气藏, 2016, 23(2): 136-139.

[34] 周德胜, 张争, 惠峰, 等. 滑溜水压裂主裂缝内支撑剂输送规律实验及数值模拟[J]. 石油钻采工艺, 2017, 39(4): 499-508.

[35] 李靓. 压裂缝内支撑剂沉降和运移规律实验研究[D]. 成都: 西南石油大学, 2014: 1-62.

[36] 李骏. 可视化变角度缝网支撑剂铺置装置研发及实验规律研究[D]. 成都: 西南石油大学, 2016: 1-65.

[37] Dekee D. Transport Processes in Bubbles, Drops and Particles[M]. New York: Taylor & Francis, 2002.

[38] Michaelides E E. Hydrodynamic force and heat/mass transfer from particles, bubbles, and drops-the freeman scholar lecture[J]. Journal of Fluids Engineering, 2003, 125(2): 209-238.

[39] Malhotra S, Sharma M M. Settling of spherical particles in unbounded and confined surfactant-based shear thinning viscoelastic fluids: An experimental study[J]. Chemical Engineering Science, 2012, 84: 646-655.

[40] 刘磊, 廖红伟, 周芳德. 砂粒与复杂流体压裂液在裂缝中的流动特性研究[J]. 工程热物理学报, 2008, (1): 102-104.

[41] 张鹏. 煤层气井压裂液流动和支撑剂分布规律研究[D]. 青岛: 中国石油大学(华东), 2011.

[42] Kamga L N, Jennifer L M, Hazim H A, et al. Experimental study of proppant transport in horizontal wellbore using fresh water[C]. SPE Hydraulic Fracturing Technology Conference and Exhibition, Houston, 2017.

[43] 侯腾飞, 张士诚, 马新仿, 等. 支撑剂沉降规律对页岩气压裂水平井产能的影响[J]. 石油钻采工艺, 2017, 39(5): 638-645.

[44] 李杨. 体积压裂复杂缝网支撑剂沉降规律研究[D]. 青岛: 中国石油大学(华东), 2015.

[45] 狄伟. 支撑剂在裂缝中的运移规律及铺置特征[J]. 断块油气田, 2019, 26(3): 355-359.

[46] 陈勉, 葛洪魁, 赵金洲, 等. 页岩油气高效开发的关键基础理论与挑战[J]. 石油钻探技术, 2015, 43(5): 7-14.

[47] 陈冬, 王楠哲, 叶智慧, 等. 压实与嵌入作用下压裂裂缝导流能力模型建立与影响因素分析[J]. 石油钻探技术, 2018, 46(6): 82-89.

[48] Ngameni K L, Miskimins J L, Abass H H, et al. Experimental study of proppant transport in horizontal wellbore using fresh water[R]. SPE Hydraulic Fracturing Technology Conference and Exhibition, The Wood Lands, 2017.

[49] 刘建坤, 吴峙颖, 吴春方, 等. 压裂液悬砂及支撑剂沉降机理实验研究[J]. 钻井液与完井液, 2019, 36(3): 378-383.

[50] 吴春方, 刘建坤, 蒋廷学, 等. 压裂输砂与返排一体化物理模拟实验研究[J]. 特种油气藏, 2019, 26(1): 142-146.

[51] 黄志文, 苏建政, 龙秋莲, 等. 基于 Fluent 软件的携砂液流动规律模拟研究[J]. 石油天然气学报, 2012, 34(11): 123-125, 130, 171.

[52] 张师帅. 计算流体动力学及其应用—CFD 软件的原理及应用[M]. 武汉: 华中科技大学出版社, 2010: 1-3.

[53] 王福军. 计算流体动力学分析—CFD 软件原理及应用[M]. 北京: 清华大学出版社, 2004: 1-4.

[54] 江帆, 黄鹏. Fluent 高级应用与实例分析[M]. 北京: 清华大学出版社, 2008: 23-25.

[55] 王瑞金, 张凯, 王刚. Fluent 技术基础与应用实例[M]. 北京: 清华大学出版社, 2007: 136-138.

[56] 李鹏飞, 徐敏义, 王飞飞. 精通 CFD 工程仿真与案例实战[M]. 北京: 人民邮电出版社, 2011: 131-138.

[57] 刘雪峰, 吴向阳, 李刚, 等. 延长气藏压裂改造支撑裂缝导流能力系统评价[J]. 断块油气田, 2018, 25(1): 70-75.

[58] 王雷, 王琦. 页岩气储层水力压裂复杂裂缝导流能力实验研究[J]. 西安石油大学学报(自然科学版), 2017, 32(3): 73-77.

[59] 王中学, 秦升益, 张士诚. 压裂液残渣对不同支撑剂导流能力的影响[J]. 钻采工艺, 2017, 40(1): 56-60.

[60] 苏煜彬, 林冠宇, 韩悦. 致密砂岩储层水力加砂支撑裂缝导流能力[J]. 大庆石油地质与开发, 2017, 36(6): 140-145.

[61] 熊俊杰. 支撑剂铺砂方式对其导流能力影响研究[J]. 石油化工应用, 2017, 36(9): 32-34.

[62] 李超, 赵志红, 郭建春, 等. 延长 · 致密油储层支撑剂嵌入导流能力伤害实验分析[J]. 油气地质与采收率, 2016, 23(4): 122-126.

[63] 曹科学, 蒋建方, 郭亮, 等. 石英砂陶粒组合支撑剂导流能力实验研究[J]. 石油钻采工艺, 2016, 38(5): 684-688.

[64] 毕文韬, 卢拥军, 蒙传幼, 等. 页岩储层支撑裂缝导流能力实验研究[J]. 断块油气田, 2016, 23(1): 133-136.

[65] 王雷, 邵俊杰, 韩晶玉, 等. 通道压裂裂缝导流能力影响因素研究[J]. 西安石油大学学报(自然科学版), 2016, 31(3): 52-56.

[66] 曲占庆, 周丽萍, 曲冠政, 等. 高速通道压裂支撑裂缝导流能力实验评价[J]. 油气地质与采收率, 2015, 22(1): 122-126.

[67] 毕文韬, 卢拥军, 蒙传幼, 等. 页岩储层导流能力影响因素新研究[J]. 科学技术与工程, 2015, 15(30): 115-118.

[68] 曲占庆, 黄德胜, 杨阳, 等. 气藏压裂裂缝导流能力影响因素实验研究[J]. 断块油气田, 2014, 21(3): 390-393.

[69] 温庆志, 李杨, 胡蓝霄, 等. 页岩储层裂缝网络导流能力实验分析[J]. 东北石油大学学报, 2013, 37(6): 55-62.

[70] 贾长贵. 页岩气网络压裂支撑剂导流特性评价[J]. 石油钻探技术, 2014, 42(5): 42-46.

[71] 吴百烈, 韩巧荣, 张晓春, 等. 支撑裂缝导流能力新型实验研究[J]. 科学技术与工程, 2013, 13(10): 2652-2656.

[72] 卢聪, 郭建春, 王文耀, 等. 支撑剂嵌入及对裂缝导流能力损害的实验[J]. 天然气工业, 2008, (2): 99-101.

[73] 蒋建方, 张智勇, 胥云, 等. 液测和气测支撑裂缝导流能力室内实验研究[J]. 石油钻采工艺, 2008, (1): 67-70.

[74] 金智荣, 郭建春, 赵金洲, 等. 支撑裂缝导流能力影响因素实验研究与分析[J]. 钻采工艺, 2007, (5): 36-38.

[75] 金智荣, 郭建春, 赵金洲, 等. 不同粒径支撑剂组合对裂缝导流能力影响规律实验研究[J]. 石油地质与工程, 2007(6): 88-90.

[76] 温庆志, 张士诚, 王雷, 等. 支撑剂嵌入对裂缝长期导流能力的影响研究[J]. 天然气工业, 2005, (5): 65-68.

[77] 张毅, 马兴芹, 靳保军. 压裂支撑剂长期导流能力试验[J]. 石油钻采工艺, 2004, (1): 59-61.

[78] 刘文士, 廖仕孟, 向启贵. 美国页岩气压裂返排液处理技术现状及启示[J]. 天然气工业, 2013, 33(12): 1-4.

[79] 陈鹏飞, 刘友权, 邓素芬, 等. 页岩气体积压裂滑溜水的研究及应用[J]. 石油与天然气化工, 2013, 42(3): 270-273.

[80] 杨德敏, 袁建梅, 夏宏, 等. 页岩气开发过程中存在的环境问题及对策[J]. 油气田环境保护, 2013, 23(2): 20-22.

[81] 王婷婷. 压裂返排液生物处理实验研究[J]. 油气田环境保护, 2012, 22(4): 41-44.

[82] Hoffman R L. Discontinuous and dilatant viscosity behavior in concentrated suspensions.I. Observation of a flow instability[J]. Journal of Rheology, 1972, 16: 155-173.

[83] Hoffman R L. Discontinuous and dilatant viscosity behavior in concentrated suspensions. II. Theory and experimental tests[J]. Journal of Rheology, 1974, 46: 491-506.

[84] Lee Y S, Wetzel E D. Wagner N J. The ballistic impact characteristics of Kevlar(R)woven fabrics impregnated with a colloidal shear thickening fluid[J]. Journal of Materials Science, 2003, 38: 2825-2833.

[85] Fernandez N, Mani R, Rinaldi D, et al. Microscopic mechanism for shear thickening of non-Brownian suspensions[J]. Physical Review Letters, 2013, 111(10): 108301.

[86] 吕芳蕾. 国内外压裂用可溶复合材料井下工具[J]. 石化技术, 2015, (6): 113-114.

[87] 刘云楼, 李斌, 潘勇, 等. 分段压裂用可溶球的研制[J]. 天然气工业, 2016, 36(9): 96-100.

[88] 魏辽, 刘建立, 等. 多级滑套可溶憋压球材料研究[J]. 石油机械, 2015, 43(11): 102-106.

[89] 曹楚南. 腐蚀电化学原理[M]. 北京: 化学工业出版社, 2008.

[90] 消葵, 董超芳, 等. 镁合金在大气环境中电偶腐蚀行为及规律的研究[J]. 稀有金属材料与工程, 2007, 36(2): 201-207.

[91] 杨俊茹, 王全为, 刘福田, 等. 金属陶瓷硬质覆层材料覆层受压时的等效抗弯强度研究[J]. 工具技术, 2007, 41(2): 24-27.

[92] 朱则刚. 粉末冶金制品的成形新技术[J]. 铸造工程, 2011, 35(2): 9-14.

[93] 尹强, 刘辉, 喻成刚, 等. 可溶材料在井下工具中的应用现状与发展前景[J]. 钻采工艺, 2018, 41(5): 71-74.

[94] 刘统亮, 施建国, 冯定, 等. 水平井可溶桥塞分段压裂技术与发展趋势[J]. 石油机械, 2020, 48(10): 103-110.

第七章　"井工厂"现场压裂典型实例分析

第一节　"井工厂"现场压裂作业特点、内容及实施

体积压裂"井工厂"的优势是快速与高效。"井工厂"压裂作业是高层次的标准化作业，其对施工设备的要求较高。在"井工厂"压裂施工过程中，压裂的地面连续供液、连续混配、连续输砂、大排量泵注压裂车组的设备摆放需要适应"井工厂"压裂作业的施工要求，以此来实现"井工厂"压裂作业的流水线生产作业。

人员的有效管理和高效配置是体积压裂"井工厂"模式的保障依据。由于采用"井工厂"压裂作业模式，不仅缩短了非常规油气藏开发压裂周期，还降低了生产成本，提高了工作效率，对于非常规油气藏的高效生产开发具有重要意义。

通过对国内外"井工厂"压裂作业模式研究发现，在同等压裂规模下，与常规单井压裂模式相比，采用"井工厂"压裂作业模式作业效率可提高 21%～55%，成本可降低 50%以上。因此，"井工厂"压裂作业模式对推动非常规油气藏的高效开发具有重要作用。

一、"井工厂"现场压裂作业的特点

"井工厂"压裂采用"科学集中布井，规模施工，整合资源，统一管理"的方式，具有系统化、集成化、流程化、批量化、标准化、自动化、效益最大化等特点，推动了水平井数量快速增加与规模应用，最大限度地提高了综合效益，特别适用于页岩油气、致密油气等低品位非常规油气资源的开发作业。其主要特点体现在：

(1)在同一地区或平台集中布置大批水平井，减少土地占用(井场、道路)的同时，便于大量大型施工设备摆放。

(2)减少设备动迁和管线安拆时间，以及压裂罐的拉运、清洗等辅助作业时间，充分利用及发挥设备性能，提高压裂设备利用率，降低工人劳动强度，减少消耗(燃料、道路维护)，降低施工成本。

(3)重复利用水资源，通过对压裂液等产出液的集中回收、处理和再利用，大幅减少污水的排放，节约污水处理费用，降低材料成本，有利于环保。

(4)通过集中布井压裂改造，为拉链式压裂等不同压裂方式提供条件，利用压裂液注入对地应力场的影响，促使平台各井压裂水力裂缝在扩展过程中相互作用，产生更复杂的缝网增加改造体积，大幅度提高初始产量和最终采收率。

(5)压裂作业中进行集中生产指挥管理及资料采集。

二、"井工厂"现场压裂作业的内容

"井工厂"作业的本质主要体现在标准化井场建设、集中供水模式、高效作业设备、

高效压裂工艺、流水线作业模式及压裂液返排液重复利用等几个方面。集中供水模式和成熟的高效压裂工艺、高效作业设备为压裂的快速连续作业提供了技术保障;各种工艺流水线作业是"井工厂"压裂作业模式的核心,是缩短井组开发压裂试气周期的关键手段;压裂液返排液重复利用技术提高了水资源利用率,减少了污水排放,缓解了环保压力,是绿色"井工厂"压裂作业不可或缺的环节。

(一)标准化井场建设

(1)液体供应区:完成蓄水、配制压裂液等工作,并向压裂施工区供应压裂液。

(2)支撑剂储备区:完成压裂用的不同类型支撑剂的储备及有序摆放,并向压裂施工区供应支撑剂。

(3)压裂施工区:摆放压裂设备和材料,将压裂液和支撑剂按设计要求输送至目的层。

(4)排液流程区:完成压后的排液、检测工作,按放喷排液作业要求,预置排液管线和排液池。

(5)液体回收区:回收再利用压裂返排液,将排液流程区内收集的压裂返排液处理成可再次使用的液体后输送至液体供应区。

(二)集中供水模式

为确保压裂施工的连续性,最大限度地减少现场储液罐,结合压裂地区地形,使用水源井直供+井场"人工湖"模式,通过修建井场"人工湖"提前备足配液用水,并配备少量井场缓冲罐,提高备水效率,满足"井工厂"井组压裂改造连续大量用液的需求。

(三)高效作业设备

采用满足 $10m^3/min$ 以上大排量注入的压裂井口,确保大排量施工安全;采用大体积储液罐($100m^3$),组合叠加立体布放套装式拉运,节约搬运次数,减少占地面积;采用大型砂漏斗和倒砂器,满足大排量压裂连续加砂要求;采用 $8.0m^3/min$ 以上的连续混配车和配套高低压管汇,满足大排量压裂作业供液要求。采用 2000 型以上压裂泵车(2500 型或至 3000 型)和输出排量 $16m^3/min$ 以上的混砂车,并备用压裂泵车及混砂车,实现大排量的连续压裂作业;连续油管作业常态化,减少在通洗井工序中的移井架作业,提高井筒准备效率。

(四)高效压裂工艺

对井区主体压裂改造工艺作业效率、工具成熟度、现场应用局限性等方面进行综合评价,确保在同一平台或井组内,采用同一种高效的主体压裂改造技术和同一类型的成熟的压裂液体系及支撑剂类型,降低现场工艺复杂程度和作业难度,确保"井工厂"压裂快速、高效、批量施工。

(五)流水线作业模式

通过优化生产组织模式,将井组内施工井的相同作业工序集中、连续作业,以加快工序施工速度、缩短压裂作业周期、降低作业成本。各工序间通过无缝衔接缩短周期，通过规模化的连续作业实现效益。压裂作业时，压裂机组不动迁，低压管汇一次连接，高压管汇将多口井并联，并通过高压旋塞控制每条管汇的泵注流程，减少设备和管线的移动和连接时间。

(六)压裂液返排液重复利用

根据区域压裂返排液水质特点及现场再利用要求，配备压裂返排液处理装置，处理后达标的液体可继续配置压裂液循环利用；对于黏度和酸碱性等达不到要求的返排液，可采用配套预处理工艺进行进一步处理，直至达到压裂配液的水质标准。

三、"井工厂"现场压裂作业的实施

"井工厂"压裂的实施流程(图 7-1)主要包括以下几大系统：连续泵注系统、连续供砂系统、连续配液系统、连续供水系统、工具下入系统等，各个系统紧密联系配合，保证"井工厂"压裂作业的连续性及高效性。

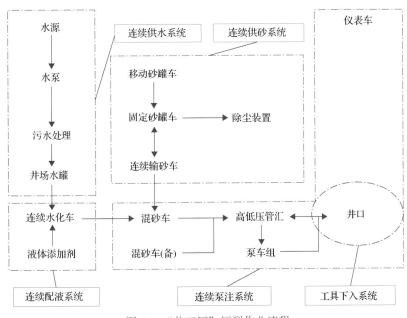

图 7-1 "井工厂"压裂作业流程

(1)工具下入系统按照压裂设计实施井口的压裂作业辅助施工，做好压裂准备。

(2)连续供水系统把合格的压裂用水从水源地连续输送到连续配液系统。

(3)连续配液系统使用连续供水系统从水源地输送的来水连续配置压裂液。

(4)连续供砂系统把支撑剂连续输送到连续泵注系统的混砂车绞轮中。

(5)连续泵注系统把连续配液系统配置的压裂液和连续供砂系统输送的支撑剂按照压裂设计进行混合，并将混砂液连续泵入地层。

(6)后勤保障系统保障现场动力、设备、材料的充足供给及人员的有序调配。

第二节 页岩油气典型 "井工厂" 开发压裂实例分析

一、Woodford 页岩水平井同步压裂实例

包括 6 口相互平行的水平井，水平段间距约为 1320ft，在两口现有的生产井之间钻了 4 口新井[1]，见图 7-2。

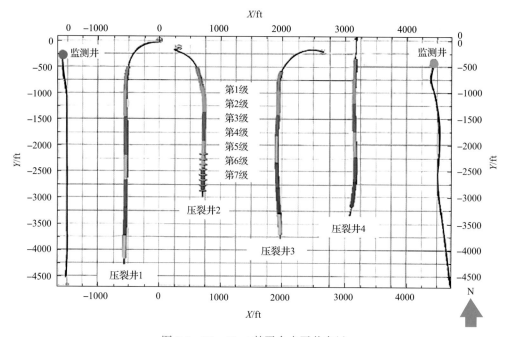

图 7-2 Woodford 某平台水平井布局

射孔与压裂设计方案：

(1)每口井 5～7 段裂缝，每段裂缝间距 152.4m。

(2)每段裂缝有四段射孔簇，间距约为 38.1m。

(3)每段压裂用滑溜水体积为 1636.592m³。

(4)每段压裂用 34t 70/140 目砂，90.7t 30/50 目砂。

(5)注入速度为 13m³/min。

(6)总共泵注完成了 22 段的压裂。

基于地面地震资料识别的断层走向，推测出裂缝的两种走向。诱导裂缝的取向决定了所需同步泵注的阶段数。如果裂缝走向为东西向，则需要 7 个泵注周期。若裂缝走向为断层走向 NE56°，则需要 13 个泵注周期。在每一级的压裂过程中会引起应力场变化，诱导裂缝的方位角可能会随之相应变化。

预测的最大主应力方向在 NE79°～NE92°，主要为东西向。在作业过程中应用实时微地震监测来确定裂缝的扩展方向。三口井用于微地震监测，检波器组合布置在四口作业井的垂直部分。两口监测井只能检测到非常强的微地震活动。因此第三个检波器组合

布置在四口作业井中最短那口井的水平部分,以检测边界井的前两个作业阶段。第二个作业阶段后移除水平检波器组合,以便该井能开始进行作业。

图 7-3 为水平部分检波器组合获得的边界井前两个作业阶段的微地震资料。观测到各自射孔段的诱导裂缝延伸方向为东西向。沿着以东北向为主的次要方位也可能观测到微地震活动。这些微地震活动并不能表明水平应力的变化,但是却表明构造特征如何影响压裂裂缝的几何形状。

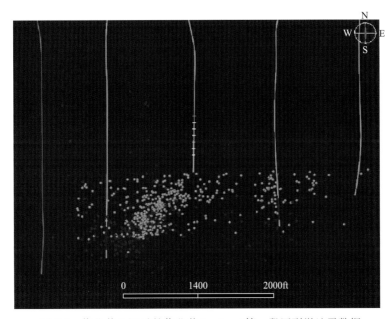

图 7-3 作业井 2 记录的作业井 1、3、4 第一段压裂微地震数据

图 7-4 为全部的微地震资料。主要有两种微地震活动。大多数阶段产生的裂缝很复

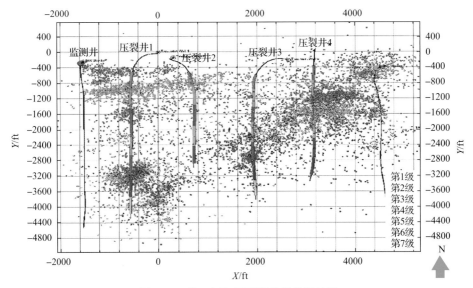

图 7-4 "井工厂"压裂微地震检测结果

杂，且没有很好的取向。某些阶段产生的微地震活动有较好的规律，取向为由东向西。表现出这种特性的阶段源于两口边界井，且表明裂缝沿东西向不对称扩展。

第六段是反映同步压裂相互干扰最好的例子。图 7-5 反映裂缝干扰对外部 1 井和内部 2 井初始裂缝的影响。数据被不同颜色点标志成四部分，图 7-5(a)(绿色)为压裂作业早期表现出高的近井压力，图 7-5(b)(蓝色)为裂缝扩展相交之前，图 7-5(c)(黄色)为裂缝干扰阶段；图 7-5(d)(红色)为最后一个泵注阶段。压裂井 1 产生的裂缝网络离开干扰区转移到水平段的西侧，并且在压裂井 1 和 2 的微地震活动发生干扰后，向西北监测井延伸。在这个阶段，这些裂缝网络产生的微地震活动的速度几乎是定值。在干扰裂缝网络形成之后，从作业井 2 产生的网络裂缝监测到的微地震活动的区域面积几乎不变。从作业井 1 和 3 向东扩展的裂缝的围压阻止了裂缝系统向东或西进一步扩展。在这一时期，没有观察到裂缝高度的变化，这表明由于应力分散机制，应力差足够大从而阻止了裂缝高度增长。在两种形式微地震活动结合后，与作业井 2 相关的区域内微地震活动的密度和数量增加。

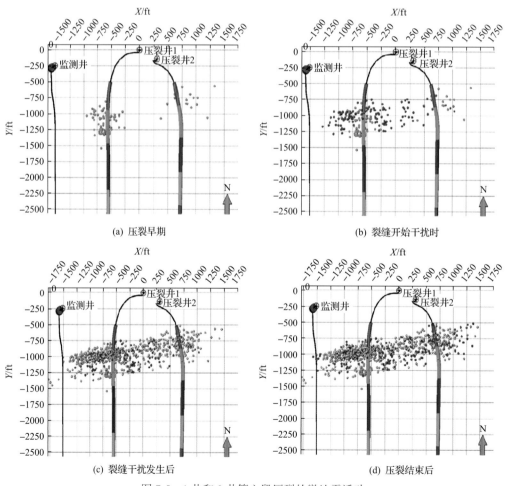

图 7-5 1 井和 2 井第六段压裂的微地震活动

研究地面施工压力和计算井底压力以及近井压力,表明同步压裂井和类似作业的边界单井差别很小。同步压裂井有时比边界单井的计算井底压力稍高。与单井压裂相比,同步压裂并没有表现出使储层和井底压力升高的更大趋势。同样,微地震资料证实当单井阶段压裂相互叠合时,沿着水平段随作业的进行,井底压力没有明显增加或减小。处于同步压裂井中间的井(没有临近边界井)与有临近井(具有网络裂缝)的情况相比,井底压力并没有明显增加或减少。因此,这种情况下,裂缝压力响应是不能诊断裂缝复杂程度的。

在微地震监测期间,两口监测井的射孔孔眼隔离在桥塞之下。在桥塞下面安装储存式压力计来记录压裂期间水平段的静压。现场经验表明压裂一口新的边界井可能破坏相邻的生产井。两口监测井中的压力计都记录到压力上升,大体上与微地震活动相对应,这表明裂缝正在延伸通过目前的水平段。记录的静压力的首次和最大上升出现在第四段,这证实了微地震解释在该阶段裂缝穿过目前水平段。

二、焦石坝某平台同步压裂实例

按照井工厂模式,JSB-1井和JSB-2井,JSB-3井和JSB-4井分2组开展同步压裂施工(表7-1),压裂布缝设计思路如下:水平段穿行轨迹较为相似,分段及射孔位置空间对应分布;设计对井单段压裂规模,利用井间应力干扰,促使水力裂缝扩展过程中相互作用,增加裂缝复杂程度及改造体积。

表 7-1 焦石坝某平台同步压裂设计与实际参数对比表

井号	设计段数	已压段数	用液量			加砂量		
			设计/m³	实际/m³	符合率/%	设计/m³	实际/m³	符合率/%
JSB-1	18	18	31650	31389.1	99	1210.5	1035.5	86
JSB-2	17	17	29874	30562.1	102	1160	1004.3	87
JSB-3	19	19	33423	33859.3	101	1252	1081.7	86
JSB-4	21	21	37448	37472.9	100	1422.8	1184.6	83
总计	75	75	132395	133283.4	101	5045.3	4306.1	86

4口井共计压裂75段,分2组进行同步压裂,JSB-1井、JSB-4井共用一套机组,JSB-2井、JSB-3井共用一套机组;JSB-1井、JSB-2井开展同步压裂,JSB-3井、JSB-4井开展同步压裂。对应情况较差的JSB-1井第九段单独压裂,其余段进行同步压裂。待JSB-4井前4段施工完成,从JSB-3井第二段、JSB-4井第五段开始同步压裂。

经过17天的压裂施工,完成了4口井共75段的压裂施工,供水、供液、配液工艺流程实施过程精细化、规范化管理。现场配备4台混配车(28m³/min),24具胶液罐,60具减阻水罐,4台混砂车,供水能力600~700m³/h。满足2井同步压裂施工,4井次连续压裂施工,单段施工液量1600~1800m³。共注入压裂液1.33×10^5m³,使用支撑剂5045m³。实际施工液量与设计液量相比,符合率达101%,支撑剂用量符合率达85%。

第三节　致密砂岩油气"井工厂"开发压裂实例分析

一、国内应用案例分析

(一)"井工厂"模式在盐227块地区的应用

盐 227 块砂砾岩油藏位于东营凹陷北部陡坡带东段,含油层段为古近系沙河街组四段 4-5 油层组,油层埋深 3170～3925m,温度最高达 155℃,岩性以砾岩为主,孔隙式胶结,平均孔喉半径 0.23μm,存在弱速敏、弱水敏、弱碱敏;储层孔隙度 6.1%,渗透率 1.6mD,地层原油黏度 1.46mPa·s,压力系数 1.01,气油比 67.4m³/t。储层物性控制含油性特征明显,非油即干,无游离水,属低孔、特低渗、常温、常压、岩性砂砾岩油藏[2]。

2009 年投入开发,采用直斜井压裂投产,试采 3 口井,平均单井日产液 3m³,日产油 1.2t,油井产能低,储量动用低,常规开发技术效益差。针对以上问题,在深化油藏地质特征及储层性质研究的基础上,采用集中打井、集中压裂、集中投产的集约化建设型"井工厂"非常规开发方式,通过开展井网优化技术、长井段水平井技术、优快钻井技术、泵送桥塞分段压裂工艺等非常规开发工艺技术的研究及集成应用,为区块油藏高效开发提供了强有力的技术支撑。

根据"井工厂"集约化建设开发模式,为达到以最少井数实现储量动用最大化效果[3],累计划分 3 套层系,每套层系厚度在 80～90m,部署 10 口开发水平井。其中第一套层系布置 4 口水平井,剩余两套层系平均各布置三口水平井。水平井距优化结果为:位于 A 靶点附近井距在 220～260m,位于 B 靶点附近井距在 370～430m。各靶点距离砂体尖灭区 100m 左右。根据软件优化,纵向上裂缝交错,顶层与地层水平井纵向距离为 160m。

根据地面条件,井台布置采用"品"字结构,如图 7-6 所示。将三个层系的水平井布置在一个平台上,整体井位呈"一"字形,井距间隔为 10m[2,4-7]。

结合水平井分段压裂改造工艺特性,井身结构设计选择 3 开井身结构[2]:一开,A 靶点附近半缝长为 180m、B 靶点附近半缝长为 75m,单段压裂级数为 9～11 级。分段压裂工艺选择泵送桥塞工艺,压裂液选择高分子清洁压裂液,该压裂液体系满足目标储层高温、水敏特性压裂需求,储层伤害低,此外该压裂液体系满足在线即配即注,以及连续供给的"工厂"流水线压裂作业施工要求[5]。支撑剂选择在 69MPa 下破碎率小于 5% 的进口支撑剂 Carb-Prop。

盐 227 块砂砾岩油藏采用集约化"井工厂"式开发建设,大大提高了设备运行时率,平均单井钻井周期仅 105d,压裂施工速度平均 6 段/d,极大地缩短了区块建产周期,建设成本降低明显;此外,通过井网优化技术、长井段水平井技术、泵送桥塞多级分段压裂技术、液气混抽举升工艺等技术的配套应用,大幅度提高储量动用率到 96.7%,而且提高了油井产能,平均单井日产液 26.3m³,日产油 13.7t,含水 47.8%,明显改善了油藏开发效果。

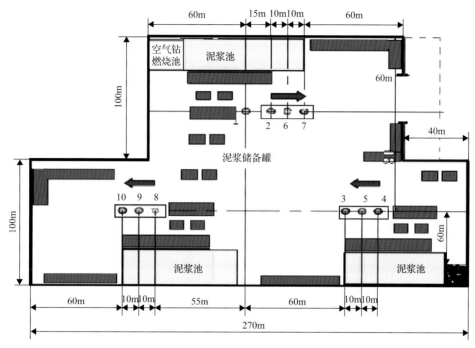

图 7-6 井台地面布置图

(二)"井工厂"模式在大牛地气田的应用

大牛地气田位于鄂尔多斯盆地,埋深 2500~2900m,储层呈现出"三低两高"的特征(低压、低渗、低孔,有效应力高、毛细管力高),是一个典型的低压、低孔、低含气饱和度的致密气藏,主要采用水平井开发。为提高大牛地气田盒 1 气层的储量动用程度,评价水平井组开发的经济技术可行性,采用了"井工厂"压裂模式。试验效果表明,"井工厂"压裂模式是可行的,2012 年大牛地气田利用水平井新建产能 $1.00188 \times 10^9 \text{m}^3$,其中"井工厂"水平井占总井数的 44%,取得了较好的试验效果[8,9]。

大牛地气田水平井组设计 6 口水平井,部署在大牛地气田砂体展布面积大、垂向展布厚的大 8 至大 10 井区的下石盒子盒 1 储层,水平井组整体部署呈"m"字形,如图 7-7 所示。

单井水平井水平段长设计为 1000m。平均单井垂深 2540m,单井钻井周期需 50d,钻井工程设计采用 3 口钻机用于完成 6 口水平井的钻井任务。6 口井井场布置方案如图 7-8 所示:采用 2 横 3 纵排列,横排井口间距为 70m,纵排间距为 5m,可满足 3 台钻机横向并排同时施工,每 1 台钻机打完 1 口井纵向整体拖动 5m 打下一口井,实现了 3 台钻机同时同步作业[8,9]。

该井组井身结构设计采用三开设计,结合"井工厂"压裂模式理念,综合考虑地质概况、井场井位分布条件、扩大井网泄气面积提高产能、缩短压裂作业工期等多方面因素影响,该井组实施同步压裂方案。压裂工艺选择当时较为成熟的多级管外封隔器分段压裂工艺。该井组的合理裂缝间距优化后,裂缝间距在 135~166m,压裂段数在 7~8 段。

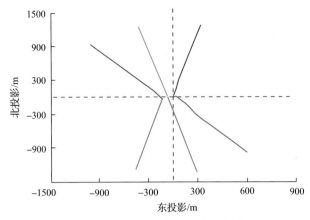

图 7-7 井组轨道水平投影示意图

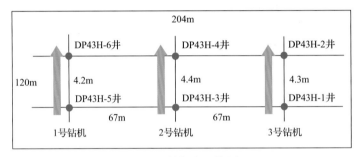

图 7-8 井场布置简图

优化施工参数为：加砂规模第 1 级为 42m³，逐级降低至 30m³ 左右；施工排量由 4.5m³/min 逐级降低至 4.0m³/min；前置液比例由 41%逐级降低至 37%；砂液比为 20%~23%；采用渐进式加砂程序；液氮伴注比例 6%~9%，液氮注入量大，孔隙压力增加值大，促使更好排液。同步压裂施工时，如何同步是该工艺实施的关键点。

方案优化为：同压时同时起泵，各段打开滑套后各自继续压裂；前四段施工相差小于 20min，继续各自施工，若大于 20min，快的车组打开滑套压力平稳后等待；前四段压后停泵检修设备，第五段同时起泵压裂。该方案可保障同步压裂顺利进行。

经后期测试，最高测试无阻流量 $2.75 \times 10^5 \text{m}^3/\text{d}$，累计无阻流量 $8 \times 10^5 \text{m}^3/\text{d}$；最高日产气量 $6.36 \times 10^4 \text{m}^3$，累计日产气量 $2.783 \times 10^5 \text{m}^3$。测试放喷点火，火焰高 6~8m。"井工厂"模式在大牛地气田盒 1 储层试验初步成功。

（三）"井工厂"模式在苏 53 区块气田的应用

苏里格气田属于典型的低压、低渗、低丰度致密砂岩气藏，该气田苏 53 区块采用了水平井整体开发模式进行开发，并建立了一套地质-工程一体化的配套技术和标准化作业规程，为实施"井工厂"作业模式积累了经验、储备了技术。2013 年，苏 53 区块进行了大组合平台"井工厂"技术先导试验[10,11]。

苏 53 区块西南部目的层盒 8 段和山 1 段平面上连通性好、纵向上有效气层厚度达 40~45m，根据该区域目的层分布特点，部署 13 口井，其中包括水平井 10 口（目的层为盒 8 段的 6 口、山 1 段的 4 口)、定向井 2 口和直井 1 口。

压裂前期准备工作效率高,设备一次摆放到位,提前备液体,保证了压裂液连续混配要求;压裂液实现连续混配;采用速溶瓜尔胶压裂液体系;整套车组配备 4 台吊车,12 台砂罐车;单井配备 7 台 2000 型或 2500 型压裂车。按设计分两批次对平台 13 口井进行压裂工作,累计压裂用时 13d,压裂施工时长比常规单井缩短了 10d,共压裂 93 段,入井总液量 36405.8m³,加砂总量 3996.7m³,压裂液连续混配大幅度减少了液罐数量,提高了设备利用率。

平台面积 0.06km²,比常规征地节约 70%,管线长度减少 6.5km,供水井减少 9 口;10 口水平井平均机械钻速 11.5m/h,平均钻井周期 29.2d,平均建井周期 34.6d,与 2012年同区块未采用"井工厂"技术的水平井相比,机械钻速提高了 31.3%,钻井周期和建井周期分别缩短了 45.2% 和 44.6%;重复利用钻井液 2100m³;压裂液残余浪费减少 377m³。按同期的价格计算,共可节约各项费用 800 余万元。

平台 13 口井累产气量 1.050017×10^8 m³/d,平均产气量 9.72×10^5 m³/d,其中水平井累产气量 9.80128×10^7 m³/d,平均单井产气量 9.076×10^4 m³/d,同步压裂 6 口水平井的平均单井产气量 9.873×10^4 m³/d,其余 4 口水平井的平均单井产气量 7.88×10^4 m³/d;2 口定向井和 1 口直井累产气量 6.9889×10^6 m³/d,平均单井产气量 2.157×10^4 m³/d。

(四)连续油管"井工厂"模式在苏里格气田的应用

2016 年,长庆油田利用丛式井开发模式并借助连续油管作业技术优势,形成了致密气藏多层系丛式井组连续油管一体化压裂技术(图 7-9)。该作业模式在技术上实现了压后井筒全通径,满足了压后采气剖面测试、采气等工程作业的需求;实现了通洗井一体化、射孔压裂一体化、排液生产一体化和压裂液供、储、配、收循环模式,达到了进一步提效降本的目的。

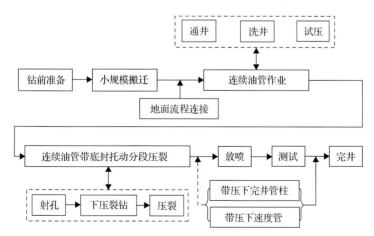

图 7-9 气田丛式井组连续油管一体化作业模式流程图

针对长庆油田储层特点,连续油管带底封喷砂射孔压裂工艺是适用性较强的压裂工艺。该工艺采用连续油管喷砂射孔、环空注入压裂方式,与常规机械分层压裂工艺相比,同时具备薄互层定点精细分层压裂、高排量混合水压裂作业技术优势。施工排量最高可达 8m³/min，分层压裂级数不受限制，压后套管全通径有利于后期生产及作业，可选择性开采。

丛式井组一体化压裂作业模式以提速、提效为目标，利用连续油管带压作业加快施工进度，缩短试气周期，提高作业效率。苏里格气田丛式井组连续油管一体化作业模式主要由通井洗井一体化、射孔压裂一体化、排液生产一体化 3 个阶段的模块化作业组成（图 7-10）。丛式井组越大、井数越多，批量化作业模式优势越明显。

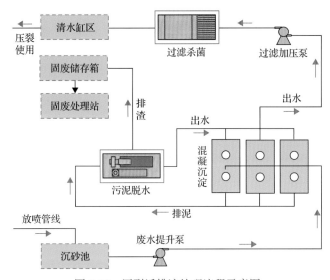

图 7-10　压裂返排液处理流程示意图

同时这种一体化作业模式可结合压裂液回收再利用技术，采用"井场水源井+大容量储水系统+实时连续混配+压裂液重复利用"的供、储、配、收一体化压裂用水循环模式，大幅度缩短了压裂备水时间，减少了压裂等停时间，实现了连续作业。

截至 2018 年 12 月底，苏里格气田累计现场试验了 32 个丛式井组共 201 口井，全部采用精细分层、高排量混合水压裂工艺设计，以及连续油管一体化作业模式。对比分析发现，压后放喷求产单井平均日产气量较对比井提高 15%左右，增产效果较为明显。平均单井压裂作业周期大幅缩短，由 19.5d 降低至 11.0d，作业效率提升显著。此外，连续油管一体化作业井组使用供、储、配、收一体化压裂用水循环模式，大幅度提高了备水效率，实现了井组连续施工作业，压裂液重复利用率达 90%以上，大幅降低了作业用水成本，降低幅度达 30%以上。

（五）"井工厂"模式在致密油压裂中的应用

在中国某油田致密油采用"井工厂"压裂模式进行开发[12]。根据井口的位置关系，设计 6 口井平台压裂井场，布局如图 7-11 所示。单个平台宽（2 平台连线方向）190m，长180m。在"井工厂"钻井完成后，设计部署 2 组压裂装置，以满足"井工厂"压裂地面连续供液、连续混配、连续输砂、大排量泵注压裂车组的设备摆放需求。所有高压注入管汇及外排系统都在施工前完成连接,通过旋塞阀等注入控制系统可快速实现施工井切换,在某一段压裂出现砂堵等意外情况时,可快速实施放喷及其他处理措施,压裂车组同时可快速切换至另一口井进行压裂作业。排采流程具有压后快速返排、连续排液及准确计量功能。

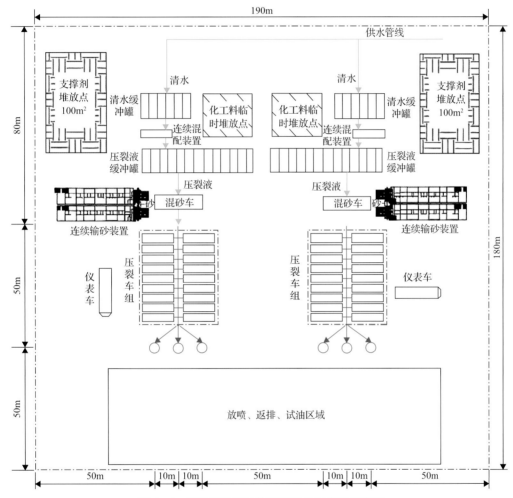

图 7-11 某油田致密油体积压裂井场布置示意图

针对 2 个压裂平台的 2 套压裂装置,需配备 2 套供水系统,每套系统供水能力大于 $8m^3/min$。同时为满足现场 2 组车同时施工的需要,现场作业需要 2 套连续配液设备,单套参数如下:工作排量不小于 $8.0m^3/min$,瞬时最大流量达到 $10m^3/min$,配液浓度达到 $0.3\%\sim0.6\%$(粉水质量比)。在压裂过程中,设计每段加砂量为 $80\sim100m^3$,单车组单井日施工 2 段。根据设计要求确定压裂设备及参数为:2 套连续供砂设备(与 2 套压裂车组匹配),每组供砂能力大于 $200m^3/d$,单套设备容积大于 $100m^3$,最大上砂及输砂能力大于 5000kg/min。施工发现,在采用常规压裂作业模式进行分段压裂时,最高作业效率为 1.5 段/d,而在采用"井工厂"压裂作业模式后,在纯作业时间 24d 内压裂了 62 段,作业效率为 2.5 段/d；如果排除初期压裂设备和人员等的磨合时间，在设备车组正常运转的情况下，作业效率高达 3.2 段/d，从而大大提高了压裂效率，降低了生产作业时间。

二、国外应用案例分析

（一）"井工厂"模式在 Brazeau 地区的应用

日光油田主要位于加拿大艾伯塔（Alberta）省西北部，构造属于艾伯塔深盆区或深盆区边缘非常规油气富集区，面积 4684km²，储层岩性主要为致密砂岩、页岩和碳酸盐岩。针对非常规油气开发需要大规模高效低成本的水平井和压裂，日光油田在关键技术的成功应用条件下，对一个井场上实施多口水平井的开发优化设计及部署[13]。

日光油田布拉佐（Brazeau）地区是致密砂岩油气藏，井场以单排 4～8 口井的多井井场为主，少数多井井场则部署 2 排 20 口以上井组进行开发，排间距 50m，每排邻井井口间距 10～25m。13-15-47-11 单井井场面积是 120m×120m，20 口井以上的多井井场按设计规划要求则需要在 2～3 年分批次钻完井。

一个井场上同时使用 2 部钻机钻进，间距大于 50m，平均钻井深度 3384m、水平段长 1217m、钻井周期 7.94d，平均机械钻速 32.69m/h。21 口井 4-29-47-11 井场中 103/14-29-47-11 等井按照目标方位设计井眼轨迹。

日光油田 Brazeau 地区 Cardium 组 8 口井 13-27-46-11 井场使用水平段方位相同的相邻 2 口井进行 4 组同步压裂。8 口井按照单排井部署，相邻 2 口井井口间距 18m，每组同步压裂 2 口井水平段的距离为 200m。

根据数值模拟优化设计，每级设计的有限缝长为 100m。压裂液优选滑溜水压裂液体系：清水+0.1%减阻剂+0.2%黏土稳定剂+0.1%防乳化剂+0.01%杀菌剂。支撑剂每级选用 2t 40/70 目和 18t 30/50 目的石英砂。滑套内球座直径 38.100～92.075mm，球体直径 41.275～95.250mm，球座和球体直径每级逐渐增大 3.175mm。每级压裂时通过计算机控制投球器和中央压裂管汇，2 口井同时投球打开滑套实施泵注压裂。第 1 组压后返排的同时，第 2 组开始同步压裂，8 口井压裂周期 4d，比同类井常规压裂节约 50%的作业时间。8 口井井场平均水平段长 1207m，每口井压裂 19 级，每级平均间距 60m、加砂量 20t、泵液量 2731m³、平均返排率 28.6%。返排液重复利用，设备、材料和人员作业效率提高，比同类井常规压裂作业成本降低 30%。

2 口井 8-28-46-1 井场的平均水平段长 1110m、压裂 19 级，与 8 口井 13-27-46-11 井场的第 2 组和第 4 组的 4 口井在同一个区块内，都是 Cardium 组生产井，压裂工艺、井身结构、水平段长和生产时间等关键因素基本相似，一组采用同步压裂技术，另一组采用常规压裂技术。8 口井井场第 1 组与第 3 组的 4 口井初始平均日产量和稳产 2 年后平均日产量分别是第 2 组与第 4 组 4 口井的 1.1 倍和 3.2 倍，主要原因是其所在区块内没有其他生产井。相比于 2 口井井场，8 口井井场同步压裂的第 2 组和第 4 组的 4 口井初始平均日产量和稳产 2 年后平均日产量分别提高了 3.2 倍和 1.6 倍，表明同步压裂显著提高了单井产量和经济效益，具有重要的研究和推广价值。

（二）"井工厂"模式在 Groundbirch 区块的应用

Groundbirch 区块横跨加拿大艾伯塔省北部和不列颠哥伦比亚省之间的边界，主要产层为 Montney 组，埋深约 2500m，岩性主要为粉砂岩和页岩混合。壳牌公司在北美 Groundbirch 区块的"井工厂"开发由两排相对的 13～20 口水平井组成，井距为 3～6m，布井模式如图 7-12 所示。此前，Grounbirch 区块钻一口 5000m 的井平均需要 14d，然后用 9d 完成多级水力压裂。2012 年，在 Groundbirch 区块引入了同步作业工艺，目的是减少完井压裂作业的周期。

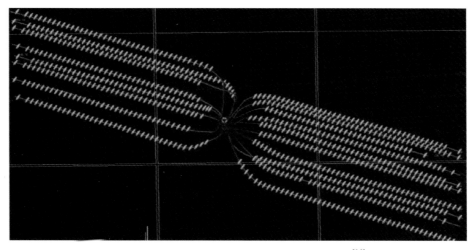

图 7-12　Groundbirch 区块"井工厂"布井模式[14]

Groundbirch 区块 04-11-81-21W6 井平台上实施的同步压裂作业取得了巨大成功，6 口井在 8.6d 内进行了 57 段水力压裂改造，平均每天 6.6 段，最高一天内完成了 8 段压裂施工，压裂作业周期缩短了 40%，总完井成本比预算低 11.6%[14]。

1. 04-11-81-21W6 井同步压裂操作流程

在 2012 年 7 月该平台完工之前，同步压裂作业通常在两口井之间完成。当一口井进行压裂作业时，第二口井同步进行封隔和射孔作业，由于这两个操作的作业时间通常不相同，所以中间会产生间隔延迟。延迟作业时间取决于作业的井段长度，在井段较长的情况下，下电缆作业需要更长的时间。而消除这种时间延迟的方法是将更多的井并联到一起。在引入趾端滑套后，首先在压裂作业开始前进行了 6 口井的第一次射孔作业。因此，在压裂车组对这 6 口井的第一段进行压裂作业时，射孔队伍则依次进行了多口井的射孔作业。图 7-13 展示了常规 2 口井同步压裂及 6 口井同步压裂的操作流程。

2. 压裂设备布置

为了在平台上 6 口井中依次进行水力压裂，必须保证压裂设备在不同井之间轻松切换。由于井口之间的距离为 3m，当完成一口井的泵送/射孔作业转移到下一口井时，重新摆放电缆车将会浪费大量的时间。为解决这个问题，两辆电缆车被安放在相邻的位置，并且尽可能远离井口处，每辆电缆车用于三个井口的泵送/射孔作业。作业人员在电缆

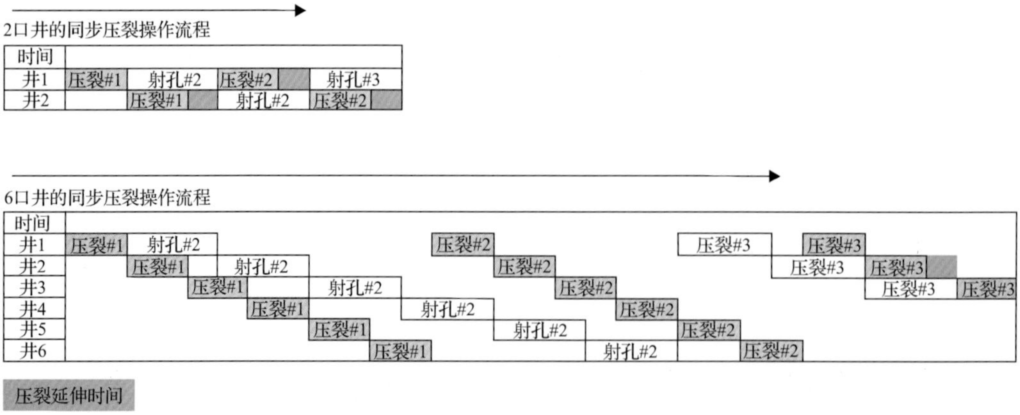

2口井的同步压裂操作流程

时间				
井1	压裂#1	射孔#2	压裂#2	射孔#3
井2		压裂#1	射孔#2	压裂#2

6口井的同步压裂操作流程

时间									
井1	压裂#1	射孔#2			压裂#2			压裂#3	压裂#3
井2		压裂#1	射孔#2			压裂#2			压裂#3 压裂#3
井3			压裂#1	射孔#2			压裂#2		压裂#3 压裂#3
井4				压裂#1	射孔#2		压裂#2		
井5					压裂#1	射孔#2		压裂#2	
井6						压裂#1	射孔#2		压裂#2

压裂延伸时间

图 7-13 2 口井及 6 口井同步压裂的操作流程[14]

车之间安装了一台 90t 的吊车，以确保射孔设备可以顺利移动到井口。为了最大限度地利用井场空间，压裂泵车和油罐摆放于井口群的一侧，而电缆车和起重机则位于另一侧，这为电缆作业人员提供了最大的流动性，避免了在高压区作业的危险。通过这种布置，在射孔枪和桥塞组合安装时就不会对压裂作业产生影响。另外，井场还需合理摆放 6 个井口管汇和一个 $3800m^3$ 的油罐场，因此，井场设备的合理利用和管理是一个重要的挑战。同时，需要在井场附近设置一个摆放备用设备的场地，以备在压裂作业中，如果某一设备出现问题，备用设备可以及时替换，从而不耽误施工作业。04-11-81-21W6 井平台压裂设备的布置如图 7-14 所示。

图 7-14   04-11-81-21W6 井平台压裂设备布置图[14]

3. 人员管理

超过 90 名壳牌公司和承包商人员参与了 04-11-81-21W6 井平台 6 口井的同步压裂作业。压裂人员需要 12h 轮班作业，并且在人员轮换前要进行安全会议，以保证施工安全。

为了确保压裂作业不间断进行,壳牌公司开发了一套动态人员轮换流程,施工人员在合理的重叠范围内可以顺利完成轮换。

4. 液体供给

如果没有可靠、合适的液体供应系统,04-11-81-21W6 井平台 6 口井的同步压裂作业是无法实现的。在本案例中,压裂液主要是滑溜水,压裂作业期间,每天大约需要 $4400m^3$ 的水。Groundbirch 压块开发了水管网络和蓄水池,以自然降水和城市污水等作为供水源,减少了对当地淡水资源的消耗。在液体供给系统中,使用了一个容量为 $3800m^3$ 的备用储罐。该罐区起到了缓冲作用,以确保始终有足够的水供给完成压裂作业。在强大的供水系统保障下,6 口井压裂作业中,没有出现一次供水中断。

5. 风险和安全管理

在多口井中进行同步作业存在明显的安全风险。关键问题是解决在一口井压裂作业时,如何让泵送/射孔作业人员在非高压的安全区域内同步工作。过去,在进行水力压裂作业时,由于存在双向无线电通信波引发的射孔弹过早起爆风险,在邻井进行压裂施工时,不会同步进行泵送/松开作业。随着技术的发展,射孔弹起爆控制问题已得到解决,然而,在准备工具时,电缆作业人员在高压区域中作业仍然具有风险。针对这个问题,壳牌公司实施了临时管道标准,要求所有高压管线必须安装特殊的 1502 WECO 联合液体涡轮流量计,并且使用安全锁防止管线接口脱落。设计了用于在预设压力下启动的弹出式安全阀,安装在压裂管汇的主要风险位置。同时,对作业区进行了安全等级划分,操作人员需持相应许可证才可以进入限制区域。所有活动都采用壳牌公司的风险评估矩阵进行评估,所有中到高风险事件都采用领结流程进行进一步分析,以充分了解风险和必要的障碍,减少安全事故。

第四节 其他类型油气"井工厂"开发压裂实例分析

一、延川南煤层气复杂缝网开发压裂实例分析

延川南区块主力煤层为山西组 2 号煤层,区块主要发育原生结构和碎裂煤,有利于煤层气的吸附。2014 年在延川南区块万宝山构造带开展了开发压裂现场试验并进行了微地震监测。整体试验包含三口井,该平台 2 号煤层为目的层,矩形井网范围在 350m×300m,煤层平均深度为 1310m,平均厚度 5.0m,变化幅度小,煤层结构相对稳定[15]。

三口井开发压裂均采用活性水,采用石英砂作为支撑剂,为降低滤失,加砂前使用 40/70 目陶粒,造主裂缝阶段使用 30/50 目支撑剂。压裂方式选择套管注入。实际施工排量 6.0~8.0m³/min,单井平均用液量在 890m³ 左右,单井加砂量在 51m³ 左右,施工阶段压力变化幅度不大,最高砂液比 18%,各项施工数据达到设计要求。具体施工压裂数据如表 7-2 所示。

井下微地震结果表明:压裂人工裂缝无明显主应力方位,Y6-18-26 井裂缝延伸方向和主应力平行,为东西走向,Y6-20-24 井裂缝延伸方向为北东南,Y6-20-22 井裂缝延伸

表 7-2　开发压裂施工参数

井号	前置液/m³	携砂液/m³	顶替液/m³	施工排量/(m³/min)	支撑剂量/m³	前置液比例/%	施工压力/MPa
Y6-20-22	369.2	464.5	16.2	7	50.2	43.4	33.33~36.2
Y6-20-24	369	495.5	16.8	6	50.4	41.9	26.2~34.5
Y6-18-26	424.6	487.2	16.3	8	50.9	45.9	31.7~42.3

方向为北西-南东向,各裂缝长度差异较为明显,考虑是受储层非均质性及天然裂缝分布油管的影响。裂缝带长度处于 110~140m,裂缝带宽度处于 59~91m,改造体积较为明显。该平台压裂后排采 6 个月解析产气,目前平均单井日产气量 1376.7m³,从裂缝监测和排采效果来看,复杂缝网开发压裂达到了预期效果。

二、沁南东区块煤储层同步压裂实例分析

沁南东区块具有低压、低渗、低饱和度的特点,在该区块成功实施了两个井组的同步压裂工艺,每个井组 3 口井(表 7-3),压后产气效果提升明显。试验目的区块地温正常,3 号煤层为主要改造目的层,目的层深度 667m,平均厚度 6.3m;渗透率为 0.01mD 左右;平均孔隙度为 3.97%;空气干燥基值介于 14.92~18.49cm³/g,平均值为 16.98cm³/g,含气量较高,具有较好的开发力。具体井位部署示意图见图 7-15。

表 7-3　同步压裂施工参数表

井组	井号	液量/m³	中砂/m³	粗砂/m³	液氮/m³	施工排量/(m³/min)	施工压力/MPa	砂液比/%
A	57	915	55	10	0	2~7	11.79~21.72	10
	58	558	45	11	50	3~7	15.5~21.7	16.8
	2	667	48	10	50	4~6.5	13.8~16.1	12
B	56	800	55	10	50	4~6.5	16~25	13.3
	63	673	55	10	50	4-6	14.1~29	15.6
	64	882	55	10	0	2~7	9~25.14	11.6

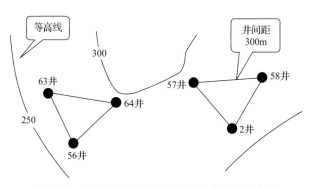

图 7-15　试验目的区块同步压裂井位分布示意图

裂缝监测资料显示,单井缝长与同步压裂井缝长相差不大,长度范围均在 120~150m;

但单井压裂条数一般小于同步井压裂方式，单井压裂裂缝条数为 2 条，同步压裂井裂缝一般比单井压裂方式多 1～2 条，特别是 58 井 3 条裂缝中的一条裂缝缝长达到 227m，裂缝监测结果表明，同步压裂产生了更长的主裂缝和多条分支裂缝，井间连通性明显增强。压后开发效果表明，同步压裂井效果明显好于单井压裂效果，主要表现在以下两个方面。

（1）产气时间早：两个同步压裂井组普遍产气时间在投产后 30～50d，其中 2 井和 58 井投产后 20d 即正常产气，而试采井组普遍产气时间在投产后 45～70d。

（2）稳产气量高：同步压裂井日产气量 1500～2300m³，最高日产气量 3300m³，非同步压裂井日产气量 1000～1800m³，最高日产气量 2100m³。在稳产期，两个井组单井产气量为非同步压裂井单井产气量的 1.3 倍，这个数值在排采初期更是达到了 3.8 倍。

参 考 文 献

[1] Waters G, Dean B, Downie R, et al. Simultaneous hydraulic fracturing of adjacent horizontal wells in the Woodford Shale[C]. SPE Hydraulic Fracturing Technology Conferences, The Wood Lands, 2009.

[2] 赵明宸. "井工厂"高效开发技术在盐 227 块致密砂砾岩油藏的应用[J]. 石油天然气学报, 2013, 35(9): 149-153.

[3] Xiong H J, Liu S X, Feng F, et al. Optimizing fracturing design and well spacing with complex-fracture and reservoir simulations: A permian basin case study[J]. SPE Production & Operations, 2019, 35(4): 703-718.

[4] Jaripatke O A, Barman I, Ndungu J G, et al. Review of permian completion designs and results[C]. SPE Annual Technical Conference and Exhibition, Dallas, 2018.

[5] 赵明宸, 徐赋海, 姜亦栋, 等. 东辛油田盐 227 块致密砂砾岩油藏井工厂开发技术[J]. 油气地质与采收率, 2014, 21(1): 103-106.

[6] 唐亮田. 盐 227 区块非常规油气藏 "井工厂"开发模式的建立[M]. 北京: 中国石化出版社.

[7] 张子麟, 贾璐. 胜利油田盐 227 "井工厂"开发压裂技术研究及现场应用[J]. 科教导刊(电子版), 2015, 34(4): 167-169.

[8] 王锦昌, 邓红琳, 袁立鹤, 等. "井工厂"模式在大牛地气田的探索与应用[J]. 石油钻采工艺, 2014, 36(1): 6-10.

[9] 李克智, 何青, 秦玉英, 等. "井工厂"压裂模式在大牛地气田的应用[J]. 石油钻采工艺, 2013, (1): 68-71.

[10] 刘乃震. 苏 53 区块 "井工厂"技术[J]. 石油钻探技术, 2014, 42(5): 21-25.

[11] 刘乃震, 柳明. 苏里格气田苏 53 区块工厂化作业实践[J]. 石油钻采工艺, 2014, 36(6): 17-19.

[12] 许冬进, 廖锐全, 石善志, 等. 致密油水平井体积压裂工厂化作业模式研究[J]. 特征油气藏, 2014, 21(3): 1-6.

[13] 谈心, 贺婷婷, 王富群, 等. 日光油田 "井工厂"关键技术应用研究[J]. 石油机械, 2015, 43(2): 34-39.

[14] Ogoke V C, Schauerte L J, Bouchard G, et al. Simultaneous operations in multi-well pad: A cost effective way of drilling multi wells pad and deliver 8 fracs a day[C]. SPE Annual Technical Conference and Exhibition, Amsterdam, 2014.

[15] 陈杰, 王青川, 姚天鹏, 等. 煤层气井同步压裂工艺现场实践[J]. 中国煤层气, 2014, 11(5): 24-27.

第八章　多层高密度"井工厂"压裂技术展望

随着"井工厂"开发技术的普及，为了实现最大的降本增效效果，单一平台的钻完井数量逐渐增加，即"井工厂"的密度会越来越大。此外，还有可能伴随着多层"井工厂"，即多层高密度"井工厂"，这给压裂技术带来了空前的挑战[1,2]。下面对多层高密度"井工厂"技术需求及挑战以及下一步发展方向进行详细的分析和研判。

第一节　多层高密度"井工厂"压裂技术需求及挑战

一、高密度"井工厂"压裂技术需求及挑战

一个平台的井数增加后，在"井工厂"控制面积一定的前提下，必然会造成井间距的缩小和单井控制储量呈比例降低。显然地，井间距大幅度降低，会使压裂的半缝长相应地大幅度降低(一般半缝长取井间距的一半)，则压裂的规模也会相应地大幅度降低，而非常规油气藏要实现复杂裂缝甚至体积压裂的复杂缝网目标，必须是大型压裂才有可能实现，否则，小规模的压裂无法进行变黏度及变排量等复杂的施工工序。因此，要进行高密度"井工厂"开发，其面积必须要大幅度增加才行。事实上，国外的"井工厂"的井数一般比国内要多得多，如国外一般在 20 口井以上，多的可达 50 多口井，国内一般才 4~8 口井。但国外的单井 EUR 却高达 $3 \times 10^8 \sim 5 \times 10^8 m^3$，比国内的 $1 \times 10^8 \sim 1.5 \times 10^8 m^3$ 也要高得多[3-6]。因此，高密度"井工厂"的井间距及水平段长应大幅度增加才行。这就给压裂技术带来了如下需求或挑战。

(1)三维的井眼轨迹及高的造斜率，给压裂下桥塞及射孔联作作业包括后续可能的钻塞作业带来困难。因此，对缩短桥塞射孔联作工具串的长度有迫切需求，但在目前追求越来越多的射孔簇数的前提下，很难做到这一点。

(2)长的水平段造成压裂泵注的管路摩阻大幅度增加，导致水平井段内的压降相对较大，虽然压降梯度可能没有任何变化。那么，在井口允许的最高泵压一定的前提下，长水平段 B 靶点附近的段簇，在压裂过程中实际作用于各簇射孔位置的压力可能不足以起裂与有效延伸裂缝系统，或者有更多的射孔簇没有起裂，或者延伸的非均衡性大幅度增加，这些都会严重影响段内的裂缝复杂性及改造体积的提升。因此，对更高降阻率的压裂液体系研发的需求就空前迫切。

(3)长水平段井筒沉砂效应大幅度增加，导致压裂结束时的顶替量大幅度增加，会严重降低近井筒裂缝缝口处的导流能力，尤其是靠近 B 靶点附近的段簇压裂更是如此。加上长水平段的压裂段数的大幅度增加，全井压裂的持续时间也大幅度增加，这给 B 靶点附近段簇裂缝缝口处导流能力的保护带来了更大挑战。因此，很有可能出现的情况是，虽然水平段长及压裂段数增加很多，但真正对压后产量有贡献的有效段簇裂缝的条数可

能并没有线性增加，导致最终的效果可能并不一定比中等水平段长的效果好。鉴于此，对低黏强携砂压裂液的研发及超低密度高强度支撑剂或悬浮能力强的支撑剂的研发需求越来越迫切。

（4）随着"密切割"压裂技术的逐渐普及，段内的簇数越来越多，目前已普遍达6～10簇，国外最多有25簇之多。随着簇数的增多，会带来两方面的挑战，一是如何促进更多簇裂缝均衡起裂与均衡延伸？以往簇数为2～3簇和4～6簇时，均衡起裂与延伸的控制难度相对较小，但簇数进一步增加后，均衡起裂和均衡延伸的难度进一步加大，原因在于簇间暂堵球运移的随机性和不可控性进一步加大。二是各簇裂缝的缝高增长规律更难准确预测和控制，有时簇数增多后因缝高的整体性降低导致总的裂缝改造体积并未增加。换言之，簇数与改造体积间有个最佳的平衡点，如一味盲目地增加簇数可能适得其反，且带来的负面问题更多。由此带来的对暂堵球的需求是如何研制与压裂液等密度的暂堵球，且抗压强度在70MPa以上。显然地，追求低密度和维持原先的高抗压能力是一个矛盾，如何有效解决这个矛盾，需要从机理、材料到制造工艺等多方面进行攻关。目前的暂堵球密度普遍为1.3～1.7g/cm³，与压裂液的流动跟随性较差，导致暂堵球更多地向靠近 B 靶点附近的射孔簇位置运移，而不能真正做到封堵进液多的射孔簇。此外，正因为密度大，即使某簇裂缝大部分被封堵了，但水平井筒的中上部射孔眼因重力作用也难以完全座封住，导致有时投球的压力上升幅度难以达到预期临界压力的要求（该临界压力应是各射孔簇中最大与最小破裂压力的差值），此时的投球压力上升只是孔眼摩阻的增加而已，且直接的效果就是促进了已压开射孔簇裂缝的压裂液与支撑剂的流量再分配，而没有起到压开新簇的目的。至于对多簇裂缝合理簇数的优化带来的需求或挑战就是多簇裂缝起裂机理及模型研究，包括水平井筒方向上地应力剖面、水平井筒压力梯度、压裂液黏度与排量，以及提排量的快慢等，都是重要的影响因素。等裂缝起裂后，多簇裂缝竞争吸收压裂液流量等情况也必须进行模拟研究和分析。

二、多层"井工厂"压裂技术需求和挑战

一是水平井分段压裂的裂缝高度监测难度较大，尤其是深层裂缝的监测，无论是测斜仪还是微地震，都面临极大挑战。显然地，如裂缝的真实缝高不准确，则多层"井工厂"在储层垂向上的分布方案就难以确定。

二是如果多层"井工厂"是每层对应独立的水平井，则拉链式压裂、同步压裂或同步拉链式压裂时的地面就容不下那么多压裂车组。那么只能像单层"井工厂"那样多井同时压裂，之后再重新转层进行多井同时压裂，直到将所有层"井工厂"中的井都压裂完为止。更大的挑战是，如果多层"井工厂"是多分支井组成的，则分支井的分段压裂尤其是分支井的压裂工具研制就具有极大的挑战性，目前国外有成功应用的报道，但总体应用不多，技术成熟度及稳定性与可靠性等还有待进一步验证。国内的分支井压裂几乎还是一片空白。

三是多层"井工厂"中每层的岩性、物性、天然裂缝及含油气性还是有一定差别的，有的甚至还相差很大，因此，不同层的井间距、水平段长、裂缝参数及水力压裂特性还是有差别的，需要分别进行针对性研究，制定差异化的井网方案及压裂设计与施工方案，

以及压后排采与生产制度方案等，切不可盲目照搬其他层的相关方案。

四是地质-工程一体化的设计与实施的难度更大。这给"井工厂"的分层地质精细建模、油气藏工程及压裂井产量动态预测、压裂裂缝三维扩展规律等都带来了较大的需求或挑战[7,8]。

第二节　多层高密度"井工厂"集群式压裂技术展望

一、多层高密度"井工厂"集群式压裂技术概述

在第五章各节中已详细讨论过"井工厂"的多井拉链式压裂、同步压裂，以及两者的组合——同步拉链式压裂技术。但国内因为"井工厂"一般处于山地的地表环境，井场面积相对有限，所有同时投入的压裂井数有限，至多是两口井的拉链式压裂。而国外"井工厂"因一般处于平原的开阔地表环境，有五口井进行同步拉链式压裂的报道[9]。

鉴于目前的燃油压裂车的体积制约，国内的山地"井工厂"要进行更多井的同步拉链式压裂几乎是不可能的。但从压裂车的发展来看，小体积、高功率的全套纯电动压裂车组的研发势在必行，目前国内已成功研发出6000hp的电动压裂泵车，较常规压裂泵车高一倍左右，而体积比常规燃油压裂车要小得多[10]。因此，同样的井场面积，纯电动压裂车组可同时投入的压裂井数要增加2~3倍，即4~6口井可实施多井同时压裂。如果以后电动压裂车组的功率更高、体积更小，则可进行6~10口井的同时压裂作业，如拉链式压裂与错峰排布压裂结合起来，则一次性投入的压裂井数还可翻番。这样作业的时效又大幅度提高。一旦实现了更多井的同时压裂作业，就实现了所谓的"井工厂"集群式压裂技术。

综上所述，所谓集群式压裂就是一次性可投入更多的井进行同时压裂，一般是同步拉链式压裂更合适，且拉链式压裂与错峰排布压裂结合起来，而拉链式压裂本身就可一次性进行3~5口井甚至更多井的压裂作业，再与其他的多个纯电动大功率压裂车组同时进行作业，则可实现集群式压裂的"大兵团作战"模式，甚至一次性投入的压裂井数可多达20口甚至更多。除了压裂时效的大幅度提升，更多井的集群式压裂可以在"井工厂"覆盖的储层范围内最大限度地提高诱导应力的叠加效果和降低水平应力差，由此带来整体裂缝复杂性及改造体积的最大化效果。同时，压裂过程中，各井间有利于产生应力平衡效应进而易于控制各井裂缝间的平衡延伸。此外，在多井压后同时返排时，由于储层整体孔隙压力的抬升，有利于压裂液的顺畅排出和油气的产量峰值提前，以及压裂有效期和一次采油期油气藏整体采收率大幅提升[11-13]。

需要特别指出的是，正是由于油气藏面积内大范围的诱导应力叠加效应，储层水平应力差大幅度降低，换言之，整个油气藏接近应力各向同性，由此必然带来基质渗透率接近各向同性，这不但增加了油气从基质流向裂缝的能力，也有利于后期二次开采期注水或注气的波及系数及采收率的整体提升。理想情况下，是在整个油气藏范围内的所有井都一次性进行集群式同时压裂，这样可以实现真正意义上的"人造油气藏"的目标，由此可大大改善油气藏的品质，包括提高其孔隙压力、孔隙度(压裂液渗吸作用导致)、

渗透率(高孔隙度导致),以及使其应力特性接近各向同性等。当然,孔隙间的连通性也进一步提高了。此外,天然裂缝也会因压裂液的进入进一步延伸并伴随水化溶蚀等作用而进一步发育,虽然在高压带来的高闭合应力作用下,天然裂缝可能闭合或部分闭合,但这种闭合压实作用也只是次要的,因为首先是压裂液进入天然裂缝沟通、延伸和水化溶蚀,然后才是基质中渗滤液造成的闭合应力增加,显然,压裂液、渗滤液进入基质的难度要远大于压裂液直接进入天然裂缝的难度。

对多层高密度"井工厂"集群式压裂而言,最理想的情况是所有层的所有井同时或接近同时压裂,从而实现真正意义上的"井工厂"立体压裂和"立体缝网人造油气藏"的目标。尤其是井与井之间、层与层之间,都同时存在压裂时的应力平衡效应,可确保井与井间以及层与层间都不发生裂缝间的相互窜通现象。尤其是刚开始时,所有的射孔簇都处于原始的应力状态,都易于同时起裂和延伸,这对最大限度地提高各井段内各簇裂缝间的诱导应力干扰效应及裂缝复杂性是非常有利的。但也有个弊端是随着施工的进行,诱导应力叠加效应导致的施工压力会越来越高,有时为避免因施工压力接近井口限压被迫降低排量导致的加砂不顺的情况发生,需要及时调整砂液比等泵注程序,以实现诸如预期加砂量及平均砂液比等技术目标。

需要指出的是,上述多层"井工厂"集群式压裂目标的真正实现,为最大限度地提高一次采油(气)期的采收率奠定了坚实的基础。即使在油气藏的开发生产过程中,孔隙压力逐渐降低导致地应力逐渐降低,但这种地应力降低的程度在两个水平主应力方向上也是相当的。换言之,在多层"井工厂"进行注水(气)的二次开发期间,地应力仍可能维持在初期的应力各向同性状态,相应地,油气藏的渗透率也基本可维持在各向同性状态,则注入的水(气)波及系数或驱替效率也可能因此实现最大化。总之,只要实现了多层高密度"井工厂"集群式压裂的目标,无论是一次采油(气)期,还是二次采油(气)期,都可最大限度地提高油气藏的采出程度和最终采收率,进而实现降本增效的目标。

还有一个需要特别探讨的问题,即上述多层高密度"井工厂"集群式压裂后,是否还需要进行整体重复压裂改造?如果需要,如何进行相应的设计?从理论上分析,集群式压裂已将水力压裂技术的潜力发挥到极致,是不需要进行重复压裂的,尤其是目前的水平井或多分支井的重复压裂还面临着极大的挑战,如何再造井筒是个严峻的考验,且可能带来井筒通径的降低,由此会制约重复压裂的排量提升及效果提升。但如果通过油气藏工程模拟研究,认为重复压裂有必要且有经济效益,那么就应当认真考虑重复压裂的时机问题、井筒再造问题、段簇位置优选问题及综合降滤失问题等;对于多分支井完井的多层高密度"井工厂"重复压裂而言,难度就更大了,尤其是多分支井的分段压裂工具,以及分段能力、可控性、可靠性及稳定性等都需攻关解决。

最后的问题还有裂缝的整体监测与评价问题。这种多层、多井、多裂缝的裂缝监测如何进行?解释精度如何提高?是今后将长期面临的挑战。

二、多层高密度"井工厂"集群式压裂技术发展展望

以上对多层高密度"井工厂"集群式压裂技术进行了轮廓性概述,下面就机理研究、新型压裂材料、优化设计方法等方面的发展方向进行预判和展望。

(一)机理研究

1. 多井多缝条件下的诱导应力三维传递及叠加规律研究

尤其还要考虑多层"井工厂"时的诱导应力沿垂向的传递规律,以及其穿过复杂的岩性介质和水力裂缝等的不同影响程度。有时还要考虑错峰排布压裂时,不同时间形成的水力裂缝产生的诱导应力在油气藏某点处的叠加规律,类似于渗流力学中的压降漏斗及其叠加效应。上述研究必须以精细的三维地质模型为基础,否则,都是纸上谈兵,没有实际应用价值。

2. 多井多缝条件下的裂缝起裂与扩展差异性规律研究

单井多簇裂缝的同步起裂与延伸规律的研究是基础,要考虑不同段簇位置的地应力剖面分布、脆性分布、含油(气)性、水平井筒压力梯度、压裂液黏度、排量及提排量的快慢等因素。尤其是簇内裂缝的起裂与扩展规律的研究更为复杂,目前为简化起见,往往认为簇内只有一条裂缝在起裂和延伸。但由于簇内也有多个射孔眼,每个射孔眼在起裂和延伸时是单独的裂缝,且是相互平行的,很难像直井压裂裂缝那样快速合并为一条主裂缝。只有当地层的非均质性相对较强,导致更少量的或只有一条主裂缝(优势裂缝)在吸收压裂液后由于多吸收液体的优势裂缝产生的诱导应力作用,抑制住了簇内其他条裂缝的起裂和延伸,此时才可能形成以一条优势裂缝为主的裂缝延伸态势。当然,簇内也可能同时起裂与延伸两条甚至两条以上的优势裂缝,这可能是许多现场监测资料证实含支撑剂的支撑裂缝长度(一般指的裂缝半长)难以达到 100m 的原因。许多加密井的现场钻探实践也证实了支撑裂缝难以波及相邻两井的中心位置。而考虑多井后,包括本层的及其他层的水平井都要进行类似的模拟分析工作。

目前的水力压裂裂缝扩展模拟软件基本上都是单井模型,多簇的模拟也比较简单,如假设同时起裂和同步延伸,且缝高基本上认为是能上下贯通储层的整个厚度。今后在分层精细地质力学模型的基础上,可进行多簇差异性起裂与延伸模拟(地应力与岩石力学差异性影响,各簇裂缝不同起裂压力与延伸压力下对流量的竞争性分配的模拟等)以及多井同时模拟分析的功能,且能考虑多井多缝间的应力干扰对各自裂缝起裂与扩展的影响。此外,如何动态模拟转向分支裂缝及三级微裂缝的起裂与扩展规律更为迫切,也更为艰巨。在主裂缝延伸过程中,各种转向分支裂缝及三级微裂缝满足什么条件才能开始起裂与延伸及延伸的时机及延伸时间为多少、转向分支裂缝及三级微裂缝的分布密度及各自延伸长度等,都需要进行模拟分析。尤其是转向分支裂缝的延伸时机非常关键,它关系到支撑剂加入时机的优化。如支撑剂加入时机晚了,支撑剂虽然能运移到各分支裂缝的缝口处,但由于各分支裂缝的延伸已经接近尾声或已结束,即压裂液在各分支裂缝中的流动速度接近零,则支撑剂基本没有驱动力进入各转向分支裂缝中。三级微裂缝也同样如此。反之,如支撑剂加入时机过早,各转向分支裂缝还没有起裂或延伸长度很小,则支撑剂也难以进入或者过早阻止了各转向分支裂缝及三级微裂缝的充分延伸。上述复杂的模拟研究,光靠数值模拟是不行的,必须建立大型裂缝扩展物理模型,且最好要考虑透明 3D 打印岩心做实验,以便更为实时、准确地观察各级裂缝的动态萌生、扩展及闭合等全过程。

3. 多尺度复杂裂缝中不同粒径支撑剂的动态输砂及沉降规律模拟分析

包括不同黏度、排量、粒径、支撑剂浓度及变参数施工条件下不同粒径支撑剂在不同尺度裂缝中的动态输砂、沉降及最终的铺置形态等。理想的输砂结果是不同尺度裂缝中支撑剂的分选性相对较好，尽量不要出现不同粒径支撑剂混杂分布的情况，那样会严重影响裂缝的整体导流能力。另外，转向分支裂缝及三级微裂缝中的支撑剂进入量应尽可能大些，以实现长期的稳产效果。同时，各簇裂缝及各个转向分支裂缝中的支撑剂分布还应尽量均匀或接近均匀，这个难度较大，因为支撑剂与压裂液的流动跟随性一般相对较差，进液多的裂缝，支撑剂不一定能同步跟随运移进去，导致最终的效果不尽人意。即使各簇裂缝或各个转向分支裂缝是接近均衡延伸的，但支撑剂接近均衡铺置也几乎不可能。需要指出的是，该研究应先以物理模拟为基础，然后进行相应的数值模拟。目前的物理模拟技术已相对成熟，但数值模拟技术还很不成熟。

4. 多尺度复杂裂缝导流能力影响机制研究

在支撑剂动态运移铺置规律研究的基础上，应对主裂缝、转向分支裂缝及三级微裂缝同时存在时的整体导流能力特征及变化规律进行针对性研究。与单一裂缝导流能力不同，多尺度复杂裂缝同时存在时应按每种尺度裂缝的体积占比作为权重，计算综合的裂缝导流能力。这里的关键就是每种尺度裂缝体积占比的计算，不仅要考虑各自本身的体积大小，还要考虑压裂有效期内各种尺度裂缝流动波及的区域体积，且因分支裂缝及三级微裂的数量多，相互间的流动波及体积有个重叠区，应把重叠区的体积去除。此外，还需考虑不同尺度裂缝长期导流能力的影响机制及主控因素，这个更关键，特别是深层高闭合应力条件下更是如此。因转向分支裂缝及微裂缝的闭合应力更高，且加入的支撑剂铺砂浓度更低，所以上述两个因素的综合作用致使转向分支裂缝及微裂缝的长期导流能力递减更快。换言之，多尺度复杂裂缝长期导流能力在早中期还有转向分支裂缝及微裂缝的贡献，导流能力比单一主裂缝的导流能力高，但在后期，随着转向分支裂缝及微裂缝的快速失效，最终又表现为单一主裂缝的特征[14]。

5. 密切割、强加砂及暂堵转向的相关机理及模型研究

首先是密切割带来了多簇裂缝起裂与延伸的非均衡性加剧的现象，由此引入了暂堵球在水平井筒中的运移规律研究及其在各射孔眼座封的力学参数分析研究等工作。这些研究与以往直井投球的类似研究有较大的差异，特别是由于重力的作用，水平井筒的上部孔眼比中下部孔眼更加难以座封住。其次是强加砂导致的加砂模式已由早期的短段塞，逐渐发展为长段塞、低砂液比连续加砂甚至中高砂液比连续加砂等模式，这种接近连续的加砂模式导致支撑剂绝大部分在主裂缝中堆积和铺置，最终会导致主裂缝的导流能力大幅度降低，而不是预期的增加，这显然与设计的初衷背道而驰。因为连续加砂导致混砂液进缝摩阻增大，而转向分支裂缝及微裂缝因缝宽窄进缝阻力更大，兼之连续加砂导致的支撑剂浓度增大效应，都会使支撑剂很难进入窄的转向分支裂缝或微裂缝中。

最后，暂堵转向包括两个方面，一是簇间投暂堵球促使更多簇裂缝起裂和延伸，二是缝内投颗粒状、纤维状或二者混合的暂堵剂。簇间暂堵和缝内暂堵可以单独进行，也

可同时进行，即所谓的"双暂堵"。只是双暂堵的注入工艺流程更为复杂一些。不管是簇间暂堵球还是缝内暂堵剂，原理是相通的，不同之处在于簇间暂堵球封堵的位置是射孔孔眼处，位置相对固定，也更容易精确控制。而缝内暂堵剂因裂缝一直是动态扩展的，需要封堵的位置不易精确控制。加上目前的暂堵球或暂堵剂的密度一般相对较大，如 $1.3\sim1.7\text{g/cm}^3$，因此，与携带液的流动跟随性不好，导致水平井筒处的暂堵球可能更多地在靠近 B 靶点附近的射孔簇为主封堵，且即使在某个射孔簇封堵了，水平井筒上部的孔眼因重力作用难以被完全封堵住。同样地，缝内的暂堵剂即使在某个位置封堵了，因重力沉降作用也只是在缝高上被部分暂堵。最终都会导致暂堵的压力升幅可能难以达到预期的临界压力升幅(对簇间暂堵而言，临界压力升幅应是各簇裂缝最大与最小起裂压力的差值；对缝内暂堵而言，该临界压力升幅则是目的层的原始水平应力差值)。

如考虑簇间及缝内多次投入暂堵球或暂堵剂，则暂堵球及暂堵剂的运移规律的模拟就更为复杂和困难，尤其是考虑多次"双暂堵"工艺后更是如此。加上缝内暂堵引发的转向分支裂缝产生后的分流效应，导致混砂液及暂堵剂的流态更为复杂多变。此外，如考虑到支撑剂在水平井筒中的运移规律，则暂堵球的运移规律模拟就更为复杂了。原因在于，支撑剂的视密度一般在 $2.7\sim3.3\text{g/cm}^3$，与压裂液的流动跟随性更差。换言之，早期的小粒径支撑剂会很快在靠近 B 靶点的射孔簇裂缝缝口处堆积，最终导致大量的压裂液进入了靠近 A 靶点的射孔簇裂缝中，引起多簇裂缝非均衡延伸的加剧效应。即使后期投入暂堵球，同样因其流动跟随性差，最需要封堵的吸收压裂液及支撑剂最多地靠近 A 靶点的射孔簇裂缝处，反而没有被暂堵球有效封堵住。而靠近 B 靶点附近的射孔簇裂缝处因先前小粒径支撑剂的大量堆积，也阻止了暂堵球持续向水平井筒的 B 靶点附近运移[15-17]。

6. 压裂液与储层岩石的微观作用机理

压裂液与储层岩石的微观作用包括水化作用、渗吸作用，以及吸附和置换作用等。目前在水化和渗吸方面已进行了一些初步研究工作并获得了一些成果，但还需深化，如从分子模拟角度分析水化膨胀的微观动力学行为、渗吸发生的路径选择、渗吸中溶蚀和膨胀的交互作用机理以及吸附和置换的时效性(即有效作用周期)等。该研究成果可为压裂液与酸液的配方优化及压后闷井时间及返排制度的优选等提供新的视角和设计依据。特别是压裂液与酸液的配方优化，以往更多的是考察其宏观性能，如流变性、伤害性、防膨性及助排性等，而没有从微观角度进行相关的性能测试和分析，因此,压裂或酸压(酸化)的效果没有最大限度地发挥工作液的最大潜力，并可反过来进一步优化入井工作液的配方，必要时还需要对部分单剂进行重新研发[18,19]。

7. 套变作用机制及影响因素

套变的现象在部分非常规油气藏还相当普遍，如有的区块套变井的比例甚至可达40%以上。套变的直接后果是要丢掉相当比例的段簇，且套变的位置往往是油气含量高、脆性好的区域，因此，套变对压后产量的影响不可忽视。据目前资料，套变的位置主要在断层附近、跨层附近及 A 靶点附近。目前的主要研究结论是断层及跨层附近的剪切应力对套管产生破坏，还有 A 靶点附近因大量含支撑剂的混砂液打磨作用致使该处的套管变薄。上述研究仍然要基于精细的三维地质力学建模工作。其中，A 靶点的套变打磨变薄破坏的机理研究还应基于室内物理模拟手段进行配套研究，只进行数值模拟研究还远远不够。此外，各簇裂缝间的均衡起裂与均衡延伸也至关重要。如各簇裂缝非均衡效应非常大，则部分射孔簇裂缝可能因吸收了大量的压裂液及支撑剂而产生局部应力集中效应，致使套变发生。在这种情况下，部分吸收压裂液及支撑剂量大的裂缝的诱导应力也相对最大，相应地，其诱导应力传递的距离也相对最远，因此，为了降低段间应力干扰效应，下段压裂的段间距可能要大幅度增加，这又进一步降低了水平井段的利用率。最后，自然地震的影响有时也非常大。因此，需要进行多方面的综合模拟分析才能得出接近正确的结论及应对对策[20,21]。

8. 多井多裂缝整体监测解释方法

多井多裂缝整体监测解释方法包括诸如测斜仪法、微地震法、广域电磁法、分布式光纤测量法及电磁造影法等，有的只能对裂缝形态及裂缝尺寸进行定量描述，有的可以对支撑裂缝形态及尺寸进行定量描述。但对多井多裂缝的精细描述，目前在解释方法上还存在多解性及无效信号的剔除等难题，亟待攻关解决。

(二)优化设计方法

1. 多层高密度"井工厂"井网、裂缝及压裂施工的多参数协同优化

与以往单层"井工厂"的多参数协同优化方法不同，考虑多层后，不是简单的数值模拟工作量的重复，而是要考虑到层间上下对应井的错位排布问题，以及相邻井间裂缝的错峰排布等问题。考虑到上述两个错峰排布后，可以在很大程度上避免层间与井间干扰问题，还可尽可能地提高裂缝的几何尺寸参数，从而最大限度地提高多层"井工厂"储层动用率、缝控储量和最终采收率，也利于实现一次性布井布缝的目标。具体优化模型应是以多层"井工厂"的采收率或整体产出投入比等为目标函数，考虑多层"井工厂"井网及上下对应分布关系、裂缝参数及压裂施工参数等的各自约束条件，通过数值模拟及大数据智能学习等手段，以遗传变异算法，一次性同步优化出在约束条件下的各类参数值。显然地，该模型的优化精度主要取决于多层"井工厂"地质建模的精度。在此基础上，为了提高优化计算的效率，油气藏模拟、裂缝模拟及经济模拟结果的数据库构建至关重要，且该数据库越庞大，计算的结果越可靠。

此外，在提高采收率方面，如何对注采大系统进行整体协调性优化设计也至关重要。对非常规油气而言，整个开发系统是一个大系统，包括注水(气)站-注水(气)井口-注水(气)井筒-注水(气)井裂缝-基质-采油井裂缝-采油井筒-采油井口-页岩油集输站九个环节。所谓注采大系统的整体协调性就是在注采平衡的前提下，按照节点协调性原理，以最小的注采压差生产出最大的油气量，同时，注采井间的采收率也最大。为此，要求上述各个节点连接处的压力与流量都应对应相等。需要指出的是，在不同的开发生产阶段，特别是裂缝导流能力随时间是逐渐递减的(储层压力的降低导致裂缝闭合应力的降低，在相同的生产压差条件下，裂缝内吐砂必然严重，进一步加剧了导流能力的递减)，相应地，其生产能力也是逐渐降低的，同时储层压力也是逐渐降低的。换言之，各节点间协调的

压力与流量是实时变化的，需要适时地进行动态优化与注采参数的调整。

2. 簇间暂堵球及缝内暂堵剂临界暂堵压力升幅及暂堵位置的计算

现场好像只要有一定的压力升幅就觉得暂堵有效。实际上，如果没有达到临界暂堵压力升幅要求，就没有真正实现暂堵压开新缝(包括簇间新开的主裂缝及缝内新开的转向分支裂缝等)的目标，可能只是促进了已压开的簇裂缝接近均衡延伸，或者只是促进了缝内微裂缝的开启而已。由于在压裂过程中已压开的簇裂缝或某个主裂缝产生的诱导应力叠加效应，原先以段内各簇裂缝原始破裂压力的最大与最小差值作为簇间暂堵球的临界压力升幅，以及以目的层原始水平应力差为缝内暂堵剂的临界压力升幅的评判标准都不合适。正是由于上述诱导应力效应，上述两个临界压力升幅的判别标准要基于投球或暂堵剂到位时的实时地应力变化情况才能更为准确地确定。此外，对层理缝/纹理缝相对不发育的砂岩及碳酸盐岩储层而言，缝内暂堵剂的临界压力升幅的确定，还要考虑储隔层的纵向地应力差及其与储层的水平两向应力差之间的匹配关系。如果储隔层的纵向地应力差大于水平两向应力差，则缝内暂堵剂的临界压力升幅的确定还与先前讨论的结果一致。反之，则缝内暂堵剂的临界压力升幅应以储隔层应力差作为判别标准，否则，暂堵后非但不能促进裂缝复杂性程度及改造体积的提升，反而可能造成缝高的过度延伸导致主裂缝内净压力大幅度降低，这与缝内暂堵剂的设计目标就完全背道而驰了。

特别地，如考虑多次投球/暂堵剂，则情况就更为复杂多变了。每次都要牵涉到实时的诱导压力叠加及地应力变化等的精细模拟计算。显然地，模拟结果准确与否，仍主要取决于单井或多层"井工厂"的地质力学模型的精确性程度。就暂堵球/暂堵剂的暂堵位置计算而言，应主要基于 Fluent 商业模拟软件，考虑暂堵球/暂堵剂与携带液的体积、黏度、排量及密度等因素，还要考虑到支撑剂在水平井筒中运移分布的影响。优化的目标应是在预定的位置实现全封堵的效果。以往好多暂堵球/暂堵剂因密度大，一般只能实现部分封堵功能，因此，压开新缝(包括簇间主裂缝及缝内转向分支裂缝等)的目标并未真正完全实现，至多是压开了三级微裂缝以及促进已压开裂缝间的流量及支撑剂量的再分配。但这种再分配也对促进各簇裂缝间的均衡延伸和张开众多的微裂缝具有积极的促进作用。

需要指出的是，封堵前的裂缝扩展形态及几何尺寸的精细模拟是基础，即通过此模拟，才能找出真正需要封堵的位置。以往不考虑支撑剂的影响模拟的结果一般呈哑铃形，即靠近 A 靶点和 B 靶点两头的裂缝长，中间的裂缝短。而考虑了支撑剂在水平井筒的运移和在靠近 B 靶点附件射孔簇裂缝缝口处的滞留与堆积效应后，则上述多簇裂缝的分布形态可能变为楔形分布，即越往 B 靶点，裂缝越短。当然，如 B 靶点附近的地应力梯度相对较小，也可能有所变化，但最终的结果还应是支撑剂运移的影响更大。即使 B 靶点附近射孔簇裂缝处因地应力梯度小而延伸得相对充分些，但支撑剂运移堆积的概率也更大了，B 靶点附近的水平井筒流速也因此增加了。因此，不管水平井筒方向的地应力剖面如何分布，从 A 靶点向 B 靶点的缝长逐渐变小的现象可能具有普遍性。国外 400 多口井的压后监测资料也证实了上述论断的正确性。

3. 单层或多层"井工厂"各井压裂施工顺序的整体优化

优化的基础还是上述多井多缝诱导应力场的模拟计算结果，包括某口井压裂后如邻井不能立即进行压裂，该井诱导应力衰竭效应的模拟计算。考虑到非常规油气储层一般具有弹塑性特征，上述诱导应力衰竭的轨迹线肯定不是沿原先的路径，即使该井的裂缝完全闭合，诱导应力也不会完全消失，即存在残余诱导应力的可能性。因此，上述诱导应力的产生、增长、衰竭的模拟非常复杂，考虑多井多缝及纵向上的多层后，情况就更为复杂了，需要精细的三维地质力学建模为基础。鉴于此，各井压裂顺序优化的目标是既要最大限度地利用诱导应力以使裂缝形态更复杂，又要最大限度地避免诱导应力对裂缝起裂与扩展的抑制效应，还要考虑到各工序整体上的无缝衔接。进一步地，还需要对多个待压裂井的待压裂段多簇裂缝起裂压力进行实时动态模拟分析，显然地，各簇裂缝破裂压力因诱导应力的作用随时发生变化。

4. 射孔模式及射孔参数的优化

首先是射孔模式的优化，如常规的螺旋式射孔、平面射孔、定向射孔等。螺旋式射孔容易产生簇内多裂缝延伸，目前各种资料证实裂缝的支撑半长相对较短，远小于设计预期值，也证实了簇内多缝同步延伸的可能性；平面射孔的各个孔眼都处于裂缝延伸的一个平面内，有利于产生唯一的主裂缝，且正因为所有孔眼吸收的排量都用于起裂与延伸一条共同的主裂缝，所以裂缝的延伸程度尤其是缝高的延伸程度更为充分，这在水平层理缝/纹理缝发育的页岩油气藏中更具先天性优势。而且平面射孔还有降低破裂压力的作用，室内物理模拟结果甚至可降低 30%左右，这对深层压裂而言更具优势。

目前对平面射孔的唯一担心是对套管强度的破坏要稍高于螺旋式射孔。但只要控制平面射孔的射孔眼数量在 6 个以下，其对套管强度的破坏效应与 16~20 孔/m 的螺旋式射孔方式相当；定向射孔 般也是平面射孔，只不过可能是垂直于或平行于水平井筒方向的某个平面内，或者向上或者向下，或者向左或者向右，目的是控制裂缝只向某个特定的方向延伸。由于所有的射孔眼集中向一个共同的主裂缝供液，且每个孔眼的流量更大，裂缝向某个特定方向的延伸比平面射孔方式更充分，但孔眼的磨蚀效应更大。

其次是射孔参数的优化，包括射孔密度、孔径、相位角等，尤其是射孔密度的影响，在设计限流压裂或极限限流压裂时特别关键，如要段内所有射孔簇裂缝全部压开，则孔眼摩阻应超过段内各簇射孔处破裂压力的最大与最小差值才行。也带来一个负面效应——水平井筒内施工压力大幅度增加，可能会因此降低注入排量。此外，对孔眼的磨蚀效应也大，尤其是极限限流压裂。随着孔眼直径因磨蚀逐渐增大，限流或极限限流的作用也逐渐消失，由此导致对后续各簇裂缝的均衡延伸作用受到一定的制约。但其促进各簇裂缝均衡起裂的作用是不可抹杀的。

5. 注入模式及变黏度与变排量施工参数的优化

在上述"井工厂"多参数协同优化中，获取的压裂施工参数只是总的液量与支撑剂量，以及黏度与排量等的平均数值，具体到单井的压裂施工设计时，还应进一步细化注入模式、变黏度与变排量的时机及体积配比等。换言之，在总的压裂材料费用一定的前提下，如何最大限度地提高多尺度复杂裂缝的发育程度及改造体积？从理论上分析，不同黏度交替注入的级数越多，裂缝形态越符合体积压裂的技术目标，但注入级数太多，现场可操作性变差，因此，需要优化合理的注入级数(或者每个注入阶段的体积)。

不同的注入模式主要包括是前置低黏液还是高黏液的问题,如水平层理缝/纹理缝发育且又设计了更多簇的射孔,则需要前置高黏液造缝,以迅速建立起井筒压力,快速将上述层理缝/纹理缝劈开。但也存在一个问题是,正因为压裂液的黏度高,水平井筒的压力梯度大,则更多簇射孔时也易于产生非均衡起裂现象,因此,高黏度的优化需要综合平衡缝高的延伸和多簇裂缝的均衡起裂问题,难度较大[22,23]。

在注入模式的优化中,还包括支撑剂的泵注程序优化,特别是支撑剂的加入时机问题。对常规的单一主裂缝压裂模式而言,支撑剂的加入早晚对裂缝的导流能力影响不大,只要总量加够就行。但对多尺度复杂裂缝同时存在的情况下,支撑剂的加入时机问题变得尤为关键。这是由于转向分支裂缝及三级微裂缝的产生是有时机选择性的,不像主裂缝那样一直处于延伸的过程中,只要注入作业不停止。换言之,转向分支裂缝或微裂缝的起裂和延伸时间具有不确定性,但确定的一点是延伸时间都相对较短。一旦其停止延伸,则进缝的压裂液流速降为 0,此时即使支撑剂已到达缝口处,因没有携带速度,支撑剂只能全部滞留于主裂缝中。或者因加砂时机不够早,转向分支裂缝或微裂缝的进液速度低于支撑剂进入的临界携带速度,则支撑剂也同样难以进入,最终同样会全部滞留于主裂缝中。对非常规油气藏压裂而言,多种粒径支撑剂的应用是一种普遍性的做法,目的是因为有多尺度裂缝的产生,因此,需设计多种粒径的支撑剂,让小粒径支撑剂进入小缝,中粒径支撑剂进入中缝,大粒径支撑剂进入大缝,最终实现不同尺度裂缝的多尺度充填目标。

然而实际情况是,中缝(转向分支裂缝)和小缝(三级微裂缝)延伸时机的不可控性导致加砂时机优化的盲目性,最终的结果很有可能是多种粒径的支撑剂全部或绝大部分滞留堆积于最大尺度的主裂缝中,这对主裂缝的导流能力而言,是一种灾难性后果。尤其是目前的强加砂压裂技术的普遍推广,一改以往非常规油气藏通用的短段塞或中段塞的做法,普遍采用长段塞或连续加砂方式,也进一步加剧了支撑剂全部或绝大部分滞留于主裂缝中的风险。但由于转向分支裂缝及三级微裂缝的开启、延伸的时机、数量、延伸时间等都具有高度的不确定性,除了支撑剂的加砂时机难确定外,不同粒径的支撑剂占比的确定也具有很大的难度和随机性。

目前的做法基本是凭经验或定性的方法居多。因此,不是所有粒径支撑剂都堆积于主裂缝,不同尺度的裂缝系统中也是多种粒径的支撑剂共存,且不一定是某种粒径支撑剂占优。这样导致的结果是支撑剂的加入量很大,但不同尺度裂缝的导流能力并不一定达到设计的预期值。当然,增加支撑剂量的强加砂设计理念带来的唯一好处是支撑剂在不同尺度裂缝中的输送距离增加,同时,因加砂强度高,远井的支撑剂在纵向上的铺置效率也在一定程度上得以提高。因此,强加砂是正效果还是负效果,取决于上述多种粒径支撑剂混杂对导流能力的伤害与分支裂缝缝长及远井纵向悬浮效果改善之间的平衡关系。这种平衡关系对每种尺度的裂缝而言都是相似的,但更多的时候这种平衡关系只是在主裂缝中更为明显和迫切。

需要指出的是,一个最优的加砂程序的优化应最大限度地将油气藏改造体积转变为有效改造体积,换言之,不同粒径的支撑剂对与其对应尺度的裂缝的充满度应尽可能接近 100%。而且,转向分支裂缝及三级微裂缝因数量众多,其改造体积或其影响的流动波及体积应远比主裂缝高得多。这里之所以称之为流动波及体积而不是渗流波及体积，主要是因为非常规油气藏的流动形态非常复杂，渗流只是其中的一种方式。

6. 多井同步排采技术

与单井压后排采模式相比，多井同步排采更利于在整个非常规油气藏富集区域产生均匀的压降漏斗，避免井间和缝间的流动干扰叠加效应甚至倒灌现象，也利于最大限度地提高整个区域的采出程度和后续的注水（气）波及系数及最终的采收率。

7. 复杂缝网的有效修复技术

非常规油气藏压裂即使形成了复杂的缝网，但缝网的导流能力尤其是分支裂缝的导流能力因支撑剂浓度低、进入的支撑剂量少、承受的有效闭合应力更高等，导致复杂缝网的失效首先从转向分支裂缝开始，且其失效的速度远高于主裂缝，导致复杂缝网部分失效；然后，随着生产的进行，各种储层岩石的微细颗粒运移加上压碎的支撑剂（目前石英砂应用的比例越来越高也加剧了此可能性）的共同作用，兼之压裂液残渣与有效闭合应力降低导致的支撑剂二次运移等效应，主裂缝的导流能力也会逐渐降低直至完全失效。此时，复杂缝网已完全失效。虽然缝网失效了，但其中的支撑剂仍大部分存在，即使部分支撑剂压碎了，但残存的体积较大的支撑剂碎块仍具有一定的导流能力。

因此，复杂缝网的修复技术在很大程度上是如何最大限度地利用好其中残存的大量滞留的支撑剂（也是节约成本的必然要求）。在裂缝维持闭合状态下修复的难度极大，除非注入一种只溶解储层岩石微粒而不溶解支撑剂的液体，但因岩石微细颗粒与支撑剂的成分有时有一定的相似性，实际上很难找到上述液体。或者两者都溶解也行，因为岩石微细颗粒体积更小，比表面积更大，所以溶解的速度更快，只要控制好液体的用量，支撑剂虽有一定程度的溶解，但仍能维持相当程度的导流能力。通过上述液体作用，主裂缝及转向分支裂缝的缝口因储层岩石微细颗粒堵塞导致的导流能力丧失可以得到很大程度上的恢复；如果使原先的缝网再次张开，就类似于复杂缝网的重复压裂。可以在大排量的基础上，促使以往滞留的支撑剂及碎颗粒以及岩石微细颗粒在往裂缝内部再次运移过程中发生悬浮效应，大排量注入短暂的时间后再次停泵，此时，占绝对优势的大粒径支撑剂或体积较大的支撑剂碎块会优先沉降到裂缝底部（包括转向分支裂缝），而体积较小的支撑剂碎块以及体积更小的岩石微细颗粒会绝大部分维持悬浮状态，然后再以相对较小的排量进行后续的压裂施工，在维持上述沉降支撑剂及大的碎块绝大部分滞留于裂缝底部的前提下，利用重复压裂的支撑剂在其上部堆积，并将原先滞留的岩石微细颗粒及体积较小的支撑剂碎块推向裂缝深部。为防止岩石微细颗粒再次运移到缝口处堵塞，重复压裂的第一批支撑剂粒径可相对更小些，并能防止上述岩石微细颗粒穿过其孔隙往缝口处再次运移。

（三）新型压裂材料

1. 高降阻变黏滑溜水

高降阻的目的是最大限度地提高注入排量，在促进复杂裂缝产生的同时，将不同粒径支撑剂在对应尺度裂缝中输送得更远。但目前高降阻的机理主要在高排量阶段或高剪切速率区域,对压裂液与支撑剂的混砂液进入的裂缝区域,剪切速率大幅度降低,因此,在低剪切速率的裂缝区域如何实现高降阻就显得尤为迫切,这样可以将支撑剂输送得更远。此外,低黏度滑溜水的降阻率一般都相对较高,如75%甚至更高,但高黏度滑溜水的降阻率一般明显降低,尤其是深层压裂时一般应用高黏滑溜水,对其降摩阻的需求更旺盛。即使在中浅层压裂,在不同的施工阶段可能要同时用到不同黏度的滑溜水,且高黏滑溜水应一般用于中后期的高砂液比加砂阶段。理想的情况下,降摩阻的极限是多少?目前的降阻剂的降阻效果还有多少改善空间?能否进一步研发降阻率达90%以上的超低摩阻滑溜水? 这些都是今后需进一步探讨的问题。

除了对高黏度滑溜水的高降阻需求外,低黏度滑溜水的强携砂需求也同样重要,尤其是目前的强加砂压裂工艺,在低黏度滑溜水阶段就采用长段塞或连续加砂模式,如携砂性能弱,可能会引起早期加砂困难或脱砂、砂堵等不利情况出现。特别地,如低黏强携砂问题解决了,以后在压裂施工的中后期高砂液比阶段,也可采用低黏度滑溜水,对降低储层和裂缝导流能力的伤害,以及提高后续施工的注入排量或降低施工压力及安全风险等方面都具有十分重要的积极作用。变黏滑溜水的应用,还可促进不同尺度裂缝的充分沟通和延伸,低黏度滑溜水可以充分沟通延伸小微尺度的裂缝系统,高黏度滑溜水可以进一步增大裂缝净压力和促进不同尺度裂缝进一步扩展。当然,也需要这种变黏滑溜水实现一体化,即仅改变降阻剂浓度即可实时调节其黏度。

上述滑溜水还可根据需要进一步拓展性能,如同时具有降阻、防膨、助排和解吸附功能的一剂多效滑溜水体系;具有酸性的滑溜水体系,在降阻的同时可以溶蚀储层中的碳酸盐岩矿物(这些矿物大多在天然裂缝中以某种方法充填),这对增加裂缝的复杂性及改造体积极其有益;可用高矿化度的返排液配制的耐盐滑溜水,也可以充当海水基滑溜水,满足海上非常规油气藏压裂连续混配的技术需求;还可研发温敏性滑溜水,尤其是高黏温敏性滑溜水,在压裂过程中尽量保持恒流变特性,以确保压裂施工安全、可靠、可控。

未来的变黏滑溜水还应向剪切增稠自适应等方向发展。这对促进多簇裂缝均衡延伸具有极其重要的意义(均衡起裂问题还解决不了)。这是因为,对多簇射孔而言,即使全部起裂了,但因地应力、岩石力学及物性参数分布的非均质性,以及施工中压裂液的黏度、排量影响,水平井筒流动中存在压力梯度,以及酸预处理中各簇裂缝布酸的非均衡性,最终导致各簇裂缝的非均衡延伸现象较为普遍。而注入剪切增稠自适应滑溜水时,当滑溜水进入进液多的裂缝时,因剪切速率的增加而自动增加黏度,导致进缝黏滞阻力增加,相当于产生一定的限流作用,必然引起井筒压力的增加和其他进液少的裂缝更多地进入压裂液。只要剪切增稠滑溜水的增稠性能满足特定的要求,必然会带来各簇裂缝延伸均衡性的改善效果。最理想的情况是各簇裂缝接近均衡延伸,但前提是上述剪切增稠滑溜水对特定储层的剪切速率变化的敏感性及对应的黏度变化的幅度。显然地,如剪切速率变化敏感性弱或黏度变化幅度不大,则对多簇裂缝延伸均衡性的改善意义也不大。

2. 新型支撑剂系列

一是天然支撑剂,如石英砂、核桃壳等。考虑到石英砂的圆球度不高、抗压能力有限的问题，需研究提高石英砂圆球度的加工制造工艺。核桃壳支撑剂悬浮性好，但抗压能力更弱，需研发表面改性与强度增强的相关涂覆材料及工艺。二是人造陶粒或其他金属支撑剂。该类支撑剂抗压性能及导流能力都相对较高，但因密度大，需要在此基础上研究自悬浮特性的支撑剂，如表面涂覆一种高分子材料，或者改进造粒工艺，制造空心陶粒或空心金属支撑剂。三是功能型支撑剂，如在天然或人造支撑剂上涂覆具有相渗调节功能的高分子材料，可具有透油(气)阻水的功能等。还可在其表面用纳米材料进行改性，使其具有驱油和降低油气生产压差等功能。四是颠覆性支撑剂新技术，如原位成型支撑剂、自生长型支撑剂、自生热支撑剂、可形成高速通道的溶解支撑剂等[24,25]。

需要指出的是，随着工艺加工与制造能力的提升，窄粒径分布支撑剂或等粒径支撑剂显得越来越重要。尤其是小粒径的等粒径支撑剂的制造，如能用低成本方式实现，必将极大地促进深层非常规油气藏压裂技术的革命性突破。原因在于，从理论上进行分析，只要支撑剂的粒径是相等的，则不管粒径大小，支撑剂堆的孔隙度及渗透率是相等的(计算的理想孔隙度都是47.6%，这比常规的支撑剂孔隙度要大得多)，而渗透率是基于孔隙度值计算出来的。换言之，深层非常规油气藏采用全程小粒径的等粒径支撑剂后，其导流能力与大粒径的支撑剂在同样铺置层数下的数值相等。而有限元数值模拟结果也证实，对深层油气藏而言，小粒径支撑剂的抗嵌入能力更强。原因在于，在同等裂缝面积下容纳的小粒径支撑剂颗粒数更多，而单颗粒支撑剂与裂缝面接触点的面积基本相等，即单位面积裂缝上支撑剂的接触面积更大了。退一步讲，即使小粒径支撑剂嵌入裂缝壁面的储层岩石的层数更多，但因为粒径小，最终的铺砂浓度可相应有较大幅度的提高，加上小粒径支撑剂的沉降速度更慢，因此，小粒径支撑剂在多尺度复杂裂缝中运移得更远，且在远井裂缝纵向上的支撑效率也更高。这对多尺度复杂裂缝的占比不好计算，导致多种粒径支撑剂体积占比的优化具有高度的不确定性，可以只用一种小粒径的等粒径支撑剂解决上述问题，甚至可以最大限度地将多尺度裂缝改造体积转化为有效裂缝改造体积。

3. 新型暂堵材料

无论是暂堵球还是暂堵剂，都是暂堵材料，其原理与功能都是相同的，只不过暂堵球封堵的是射孔眼，暂堵剂封堵的是裂缝内的某个部位。暂堵的作用就是在流动通道上堵塞或部分堵塞流动截面积，产生憋压效果，一旦该压力上升幅度超过预期的临界值，就会有新的射孔簇主裂缝或缝内转向分支裂缝产生。即使暂堵后的压力升幅没有达到上述临界压力的要求，暂堵的效果也是积极的。原因在于，暂堵或部分暂堵的位置，都是进液比例大的射孔簇裂缝或主裂缝的某点，因此，必然会促使进液少的射孔簇裂缝或缝内的多个微裂缝起裂与延伸，因此在一定程度上也促进了已压开的各簇裂缝的均衡延伸和大范围发育的三级微裂缝。

综合分析，上述暂堵球或暂堵剂部分封堵的原因主要是目前在用的暂堵材料的密度都相对较大，如1.3～1.7g/cm³，因此，在纵向上的封堵效率有一定程度的降低，主要表现是暂堵球对水平井筒顶部的孔眼座封不牢而留有缺口，以及缝内暂堵剂因在缝高上不能完全悬浮，其顶部也留有缺口。因此，暂堵压力上升到一定程度后因有流动出口泄压而难以持续上升。此外，正因为暂堵材料的密度大，与携带液的流动跟随性差，暂堵球在水平井筒内更易在靠近 B 靶点射孔簇裂缝缝口处滞留，而进液多的靠近 A 靶点的射孔簇裂缝难以有效封堵。缝内暂堵剂如注入排量低也可能大部分滞留于近井筒裂缝处，而难以达到远井地带。因此，转向裂缝可能只在近井筒裂缝处发育，多尺度裂缝的整体改造体积难以提升。更有甚者，近井筒裂缝的转向，可能造成支撑剂在转向拐弯处堆积及由此引起砂堵现象。

因此，亟须研发一种低密度暂堵材料及由此制备的暂堵球和暂堵剂。理想情况是研发一种与压裂液等密度的暂堵材料，可最大限度地提高暂堵球和暂堵剂的流动跟随性，实现哪里需要就堵哪里的极致效果，且能实现完全封堵，则暂堵压力可持续上升，直到压开新的射孔簇裂缝或缝内产生新的转向分支裂缝为止。另外，在降低暂堵材料密度的同时，还应维持暂堵材料的抗压能力，这是矛盾的，需要今后着力攻关解决。

在此基础上，溶解时间可控也是今后的重点攻关方向。如果溶解时间太长，会影响压后返排的进程；反之，如果溶解时间太短，可能暂堵压力还没建立起来，就开始溶解了，相当于以往的部分暂堵。因此，需要研发一种溶解时间合适且完全可控的新型暂堵材料。如溶解时间能控制在 20~60min，则通过改变暂堵模式，由近井筒向裂缝端部方向分级暂堵，可实现裂缝复杂性及改造体积的最大化，也能实现不同粒径支撑剂接近100%进入与其粒径匹配的裂缝中去。在上述新的暂堵模式中，在主裂缝造缝的早期阶段，如缝长占最终缝长的 30%左右，就投入上述暂堵剂，因裂缝端部的缝宽相对较窄，缝端的缝高也相对较小，因此用较少的暂堵剂就可实现缝端完全封堵。并且此时因主裂缝的几何尺寸相对较小，主裂缝内净压力的上升速度较快，可能很快就超过转向分支裂缝起裂的临界压力，则转向分支裂缝延伸。正是由于此时主裂缝尺寸较小，转向分支裂缝的条数也相对有限，转向分支裂缝的延伸能力较大，可以延伸得更远。此时再及时加入小粒径的支撑剂，因主裂缝端部已封堵住，所有的小粒径支撑剂都会在转向分支裂缝中运移和铺置，且运移和铺置的范围较大，兼之缝高方向上的充填也相对饱满，这可极大促进转向分支裂缝对压后稳产的贡献。等上述转向分支裂缝的加砂结束时，如果主裂缝端部的暂堵剂刚好彻底溶解，那么，随压裂液的继续注入，主裂缝会继续延伸。此时在近井筒附近的转向分支裂缝因已获得饱充填，加上多个转向分支裂缝的诱导应力作用，压裂液能注入上述转向分支裂缝区域的流量应极其有限或者可忽略不计。因此，后续注入的压裂液基本上全部用来延伸刚才的主裂缝。等主裂缝再次延伸到最终缝长的 60%~70%时，再次注入上述暂堵剂，因为主裂缝的尺寸虽然变大了，但在裂缝端部的尺寸几乎没有任何变化。换言之，此时注入暂堵剂，即使量不大，也仍能高效地将主裂缝的端部再次封堵住。然后，暂堵压力继续上升。与第一次暂堵压力上升不同的是，由于主裂缝的尺寸已增加一倍左右，压裂液的注入引起的净压力的增加速度肯定有一定程度的降低，但由于主裂缝端部完全封堵，最终的压力增幅仍可超过转向分支裂缝起裂的临界压力值。考虑到第一次暂堵引起的近井筒裂缝处的转向分支裂缝已饱和压裂液和支撑剂而不再重新产生新的分支裂缝，即使压裂液和支撑剂进入老的转向分支裂缝，阻力也相当大，加上诱导应力形成的整体高应力区，再次重新产生转向分支裂缝的难度很大，几近不可能，因此，再次产生转向分支裂缝的区域只可能发生在刚暂堵的主裂缝缝端与第一次暂堵位置之间的区域，此区域的裂缝长度仍只占最终设计的主裂缝长的 30%左右，因此，在此区域内的转向分支裂缝的数量也相对有限,换言之,每个转向分支裂缝同样会延伸得较为充分,在新的转向分支裂缝延伸一定的距离后,再次注入小粒径的支撑剂,由于只有转向分支裂缝等有限的流动出口通道,几乎所有的小粒径支撑剂仍在上述分支裂缝中运移和铺置,且支撑剂的铺砂浓度及远井裂缝的铺置效率同样较高。

以此类推,第三次暂堵基本遵循同样的流程及工艺参数设计。由于三次暂堵都是在主裂缝的端部进行,暂堵剂的用量设计基本相同,且与以往的裂缝内部暂堵不同,这种缝端暂堵的暂堵剂用量较少,且暂堵的封堵效率较高,也利于精确控制暂堵的位置。至于缝端暂堵的设计方法已非常成熟,可参照以往端部脱砂的压裂设计方法及流程。不同的是以往的缝端暂堵是用支撑剂在整个裂缝区域内堆积堵塞引起主裂缝的整体性憋压,而上述缝端暂堵用的是可以溶解的暂堵剂,且暂堵剂的用量不用充满整个裂缝,只要设计浓度得当,在缝端有 $2\sim3$m 的暂堵长度就足以实现对近缝端的完全封堵。具体暂堵剂的浓度设计,以暂堵剂到达缝端时的浓度剖面计算暂堵剂的堆积厚度,此厚度如与模拟的近缝端处的造缝宽度相等或非常接近(误差小于 2%),说明缝端暂堵的目标就已实现。否则,通过不断调节暂堵剂的粒径及浓度,暂堵长度保持 $2\sim3$m 即可,直到达到上述要求为止。需要指出的是,上述缝端暂堵设计与常规砂岩油气藏的端部脱砂不同,非常规油气藏的基质滤失系数相对更小,可能在 0.00001m/min$^{0.5}$ 甚至更低(除非有高角度天然裂缝或水平层理缝张开),因此,暂堵剂的加入时机问题非常关键,如果加晚了,暂堵时的缝长可能远超过设计预期值,但加早了可能正相反,也符合要求。这里的关键是滤失系数的准确评估和实时变化的评估,如果遇到张开的天然裂缝或层理缝,则暂堵剂的注入程序都将发生较大的变化。极端的情况是,如果滤失变得极大,可能暂堵剂在缝口处就停止运移了,因此,针对不同的地质情况,就会出现缝端暂堵的适应性问题。另外,第一批暂堵剂到达缝端后,正常的加砂程序应是斜坡式加砂程序设计,砂液比是无级递增的,而常规的台阶式加砂程序难以实现缝端裂缝的完全封堵。缝端是否暂堵成功的具体判断方法是在其他参数不变的情况下,观察井口施工压力的上升速度,达到 1MPa/min 是理想的结果,超过该值就是缝内砂堵了,低于该值说明缝端还没有完全封堵住。

通过上述三次或者更多次的缝端暂堵,主裂缝侧翼方向的分支裂缝发育的密度相对充分,延伸的范围也相对较大,支撑得较为饱满,可以由此较大幅度地增加簇间距,降低段数,最终实现少段少簇的效果(至于簇间距的计算,可由转向分支裂缝的转向角度的计算来实现。目前,转向分支裂缝的转向角度计算是成熟的,可直接应用),而整个裂缝改造体积与通用的密切割和多段多簇的改造效果并无差异,真正实现降本增效或在降本的前提下维持原来的效果不变或变化极小。需要指出的是,采用这种新的暂堵模式后,少段少簇的结果是每簇裂缝的排量相对较高,可以促进缝高充分延伸。同时,段内各簇裂缝的起裂与延伸的均衡性得到大幅度提升,不用再投簇间暂堵球,避免了以往双暂堵压裂设计及施工的复杂性和不可控性。虽然缝内暂堵进行了三次,但由于每次都是在缝端进行暂堵,暂堵参数及后续延伸分支裂缝的工艺参数设计基本是简单的重复工作,在施工流程及参数上几乎可以完全照搬。至于担心小粒径支撑剂在主裂缝端部附近滞留对后续主裂缝继续延伸产生影响,基本可以不予考虑。原因是在主裂缝缝端附近因完全的暂堵作用,基本上没有支撑剂运移的可能性。因支撑剂基本上已全部随压裂液流向各个转向分支裂缝中。即使有极小部分的支撑剂可能滞留于最后一个分支裂缝与主裂缝缝端暂堵的结合部,但随着压裂液的持续注入,原先暂堵处的裂缝高度也会大幅度增加,加上支撑剂的密度相对较大,尤其是小粒径支撑剂,会大部分沉降到主裂缝的底部位置,因此对主裂缝端部的封堵作用几乎为零,特别是目前造缝的基本是低黏度滑溜水体系,则上述支撑剂的沉降效应就更大了。即使仍有部分支撑剂随压裂液往前运移,但因为其流动跟随性差(小粒径支撑剂与压裂液的密度差更大),上述支撑剂的运移速度也会大大滞后于压裂液在新的裂缝前缘造缝的裂缝延伸速度。

上述暂堵新模式还有一个好处是施工压力在暂堵升高后几乎可以回到原先的水平,而不像常规暂堵(包括双暂堵及缝内由缝端向近井筒的多次常规暂堵)那样,施工压力是一直持续上升的,导致压力窗口逐渐丧失,这种现象在深层非常规油气藏压裂时更为明显和普遍,有时根本就不具现场可操作性。而新的暂堵模式虽然在每次暂堵后压力也持续上升,但当新的转向分支裂缝或微裂缝起裂与延伸终止后,由于暂堵剂及时彻底溶解,主裂缝的端部流动通道出口打开,因主裂缝的延伸阻力最小,再次施工时的井口压力又会恢复到暂堵压力上升前的水平,这对深层非常规油气藏的压裂更具优势。

退一步讲,即使每次暂堵后压力上升使压力窗口降低,可以采用迂回压裂的方式降排量,之后再逐步提排量。所谓迂回即将排量先降后升。原因在于,当因暂堵引起压力上升接近施工设定的限压值后,可以先降低一定幅度的排量,则由于井筒沿程摩阻的降低,压力窗口有一定幅度的增加。显然地,降排量的幅度越大,压力窗口的增幅越大。排量降低后,因主裂缝端部已封堵住,且是完全封堵(因接近缝端的缝宽及缝高都有限),因没有流动出口,只要有压裂液注入,即使排量很小,也会在主裂缝内增加净压力和缝宽,等缝宽慢慢增加后,进缝阻力也随之相应慢慢降低。换言之,通过上述迂回排量的方式,可以将排量慢慢恢复到先前的水平或恢复相当高的程度。因为主裂缝中的净压力是一直持续增加的,一旦突破转向分支裂缝开启的临界压力,则压力会相应降低而不会一直持续上升造成压力窗口丧失。如果一次迂回压裂仍没有实现转向分支裂缝的产生(在暂堵引起的井口压力持续上升中仍无破裂的迹象,即可判断转向分支裂缝没有形成),则可采用多次迂回压裂的方法,每次迂回都可将净压力叠加,最终必然会突破分支裂缝产生的临界压力。需要指出的是,以往常规的暂堵技术,因缝高上的部分暂堵,即使采用上述迂回压裂的方法,也难以确保转向分支裂缝的产生。

另外,如压力窗口的丧失发生在转向分支裂缝产生后的正常延伸或加砂过程中,尤其是转向分支裂缝的缝宽窄,加上其条数还不止一条,转向分支裂缝的加砂可能易引起砂堵等现象,此时只有降低砂液比,实在不行只有停泵,并放弃转向分支裂缝的加砂施工。等主裂缝缝端的暂堵剂彻底溶解后,再进行下个阶段的施工。但等第二次转向分支裂缝加砂施工时要吸取上次转向分支裂缝施工砂堵的经验教训,及时调整相应的施工参数,以确保施工顺畅。至于主裂缝缝端暂堵剂溶解时间的判断,可结合暂堵剂从地面管线到井口、再到缝口和缝端的时间,以及分支裂缝延伸的时间进行综合分析和判断。最好的设计是如果能提前准确预判暂堵剂的溶解时间,则转向分支裂缝加砂结束后应及时进行顶替作业,以确保井筒内无任何支撑剂滞留,便于后续主裂缝的再次顺畅延伸。但如果在转向分支裂缝加砂施工过程中发现井口压力又快速降低到暂堵前的施工压力水平,则说明主裂缝缝端的暂堵剂已经溶解,此时应立即停砂顶替,并依据下一步的泵注程序,提前做好下段暂堵剂封堵的准备。只是井筒中滞留的支撑剂对主裂缝的顺畅延伸可能造成不利影响。鉴于此,可以适当增加不加砂的压裂液注入量,以稀释冲散井筒中滞留的支撑剂。则第二段暂堵的主裂缝长度可能有所增加,并据此及时调整有关参数,确保第二次分支裂缝加砂后与暂堵剂溶解前有足够的时间对转向分支裂缝进行顶替作业。以此为戒,在第三次及以后的缝端暂堵施工时,不断总结经验,以取得预期的效果。

等转向分支裂缝的施工完全结束后,再进行主裂缝的加砂施工(此时主裂缝可能仍在继续延伸,但由于主裂缝区域的滤失因前期压裂液的渗滤作用大幅度降低,主裂缝中支撑剂的运移速度要远大于主裂缝前缘的压裂液运移速度,如设计合理,支撑剂前缘可以追上压裂液的前缘,此时就可避免以往的过顶替对缝口处导流能力的损害。但水平井筒内的沉砂现象可能因正常顶替而加剧,由此会影响后续的下桥塞作业。为此,在主裂缝加砂的后期,可换用自悬浮支撑剂,这样就可避免上述正常顶替时的水平井筒沉砂效应)。因主裂缝宽度较大,可以用大粒径的支撑剂进行连续加砂作业。考虑到所有的转向分支裂缝已饱和,兼之其充分延伸导致的高应力,主裂缝侧翼方向都是高应力集中区,因此,主裂缝注入及加砂时,对各个转向分支裂缝的影响程度可以忽略。即使有部分压裂液及支撑剂进入分支裂缝的缝口,因分支裂缝数量众多,对每条分支裂缝缝口处导流能力的影响也极其有限,况且,最后都是高砂液比连续加砂模式,即使支撑剂有部分挤进各分支裂缝的缝口处,对提高分支裂缝系统与主裂缝的有效连通性也具有正面的促进作用,可以弥补或部分弥补前期施工中各种压裂液交替注入对各个分支裂缝缝口处导流能力的损害,且最后注入的都是大粒径支撑剂,也有利于提高各个分支裂缝缝口处的导流能力。

(四)新型压裂工艺技术

多层高密度"井工厂"集群式压裂技术是总的发展方向。除了上述多井同步压裂、多井拉链式压裂、多井同步拉链式压裂、多井错峰排布压裂等技术外,还应包括单套压裂车组同时压裂相邻的两口井。只是要求单套压裂车组的排量要足够大,一般应在 $25m^3/min$ 以上,这样可确保单井压裂的排量在 $10m^3/min$ 以上。该技术与两井同步压裂技术的原理相同,只不过单井排量可能相对小一些而已,且需要高压大排量连接两个井口的地面高压管汇。与此类似,如地面场地面积允许,还可两套压裂车组共同注入,给相邻的三口井进行同步注入,只是上述高压管汇有两个入口分别与两套压裂车组连接,有三个出口分别与三口井井口连接,其实原理仍是相同的,但单井的注入排量可由原先的 $10\sim12.5m^3/min$ 提升到 $13.3\sim15m^3/min$。需要指出的是,上述相邻两井或三井的地质参数均质性分布应相当或接近,否则,可能总的注入排量绝大部分只进入了其中的部分井,造成各井改造程度产生的较大差异性。但考虑到都是同一"井工厂"平台上的邻井,地质参数在平面上的分布应差异不太大。可以在各个压裂井口安装流量计,实时计量各自的排量分配。

此外,也应重点发展双缝高导流压裂技术。对非常规油气藏压裂而言,常规的"密切割、强加砂和暂堵转向"压裂技术难以实现降本增效和稳产的目标。而双缝高导流压裂技术则可较好解决上述问题。所谓双缝主要针对储层的塑形特征而言,其技术目标是通过新型多级缝端暂堵技术实现转向分支裂缝的密切割和大范围延伸，将原来的多段多簇压裂模式转变为少段少簇，也由此进一步促进缝高的延伸，对多岩性叠合的非常规油气藏压裂更具优势，且可最大限度地强化转向分支裂缝的加砂强度及加砂量，可由此大幅度降低压后产量的递减幅度。同时还可大幅度改善以往常规暂堵压裂导致的压力窗口窄等问题。在提高双缝系统的裂缝导流能力方面，将原先适合于主裂缝的高通道压裂技术模式通过深化研究，进一步拓展到上述转向分支裂缝中，从而实现主裂缝及转向分支裂缝两种裂缝系统的高导流目标。可以说，上述双缝高导流压裂技术将以前的主裂缝密切割、主裂缝强加砂技术模式彻底转变为分支裂缝的密切割和两种尺度裂缝的强加砂模式，由此彻底扭转了以往常规压裂技术模式上的诸多被动局面。

最后，少水压裂技术也是今后的重要发展方向。对非常规油气藏压裂而言，由于一般为陆相沉积环境，黏土含量相对较高，以往以消耗大量水资源为特色的大型压裂在一定程度上可能造成水敏膨胀伤害，由此在相当程度上抵消了水化渗吸带来的正面效应，并带来了返排液处理等环保上的巨大经济付出，因此，如何在确保泄油改造体积的前提下，最大限度地降低水的用量，是今后的主要发展方向之一。需要指出的是，此处的少水压裂是个广义的概念，既包括二氧化碳干法压裂及液化石油气压裂等无水压裂技术，也包括二氧化碳泡沫或氮气泡沫等泡沫压裂技术。但此处的泡沫压裂技术主要以微泡沫压裂液为核心，已克服了以往常规泡沫压裂液的高摩阻和低稳定性等缺点。随着国家对碳达峰和碳中和战略的付诸实施，二氧化碳无水压裂和二氧化碳微泡沫压裂技术更应是今后需着重发展的技术(尤其是目前的二氧化碳干法压裂技术需要进一步增加二氧化碳增稠后的黏度，如可否达 30mPa·s 甚至 50mPa·s 以上？从而可进行二氧化碳大型干法压裂技术的试验应用与推广)。但少水压裂技术又不是简单的无水压裂或泡沫压裂，而是一种充分利用水基压裂液和无水及少水压裂液的优势，同时又最大限度地规避上述压裂液各自的缺点而形成的复合压裂技术，且各种压裂液的注入顺序、注入参数的组合等有很多种，造缝效果、支撑效果、水化作用效果、返排及压后产量效果等都会有很大不同，且需结合具体的目标井层进行详细的室内实验及模拟优化等工作综合权衡确定。

(五)多井多缝压裂裂缝的同步监测及实施控制技术

考虑到多层高密度"井工厂"多井多缝压裂的极端复杂性，裂缝监测及实时解释工作异常艰巨复杂。常规的测斜仪及微地震方法的多解性极其明显，唯一的方法是对各井进行光纤测量，以获取各簇裂缝井筒处的压力、温度及形变等，但光纤监测方法只能测量各簇裂缝进液的分布情况及压后产量剖面的分布情况，对各簇裂缝具体多长、多高等参量还得应用其他软件进行辅助分析才能确定，但对进入各簇裂缝支撑剂的分布情况无能为力。目前常用的示踪剂法或电磁造影方法可以尝试，但多井多缝同时存在时的各种信息干扰如何排除难度极大。

至于多井多缝压裂的实时调参及控制技术，由于井下裂缝监测技术的复杂性和不确定性而变得异常艰难。目前，国外有地下裂缝可视化技术，主要是通过光纤监测技术实时分析反演各簇裂缝的延伸程度，通过调整施工参数后再对比各簇裂缝延伸均匀性的改善程度，实现压裂施工的实时分析和调参。如在此基础上，通过支撑剂的电磁造影等技术，将各簇裂缝进入支撑剂的差异性进行可视化处理，由此调整支撑剂粒径、压裂液黏度及排量等参数，使支撑剂在各簇裂缝中接近均匀分布则是最终的目标。因为目前的研究主要聚焦于各簇裂缝的均衡起裂和均匀延伸，对支撑剂的均匀分布研究不多，特别是室内多簇复杂裂缝内支撑剂输砂物理模拟结果也证实，即使在各簇裂缝均匀延伸的前提下，各簇裂缝进砂的均衡性目标也远未达到，有时进入的支撑剂量的差异可达50%以上。

此外，常规的压力曲线及 G 函数分析方法，也因复杂裂缝形态而使其适应性变差，尤其是压力曲线分析要将地面压裂施工压力曲线转化为井底压力曲线，除非有井底压力计，否则计算的精度也很难保证，因排量、黏度及砂液比等在一个垂直井筒内都可能会发生一定程度的变化，而混砂液的摩阻在不同砂液比条件下也有很大的变化。如考虑到多簇裂缝的起裂与延伸程度及裂缝的复杂性又千差万别，特别是各簇裂缝的非均衡延伸导致裂缝延伸阶段的不同，不同簇裂缝的延伸压力混合后在水平井内只表现为一个压力值，因此，由地面压裂施工压力曲线分析各簇裂缝的形态及复杂性因其多解性问题几乎是不可能完成的任务。

（六）地质-开发-工程一体化

地质-开发-工程一体化需要以精细地质模型为基础，以储层立体改造为核心，逆向设计，正向施工，确保以最小的成本投入实现最大的经济产出。其中，储层地质参数随开发的进行是实时动态变化的，尤其是地层压力、地应力大小及方向、岩石力学参数及天然裂缝的开闭状态等。因此，后期加密调整井或老井重复压裂时必须将变化了的储层地质参数进行二次再评估，并且，要研发压裂过程中由施工参数信息反演储层特性参数的模型及方法等，以做到地质参数（尤其是地质甜点和剩余地质甜点等）实时分析和工程施工参数动态调整的一体化，并且要将此理念及做法一直贯穿于油气勘探与开发的全生命周期中，这是地质-开发-工程一体化的核心。另外，工程技术本身也有一体化的问题，如压、注、采与地面集输的一体化设计及施工，必须以注、采、输大系统的理念，做到各个节点的协调性优化。而且该大系统的流动节点至少包括注水（气）站-井口-井底-裂缝（注水或注气的压驱裂缝）-基质-采出井裂缝-井底-井口-采油（气）集输站，这是注采一一对应的情况。如是一注多采或一采多注的情况，则上述节点中还应增加多采井或多注井的相关节点，最终确保以最小的投入实现最大的产出；又如钻井的井眼轨迹要与压裂裂缝的延伸方向及纵向上的缝高延伸规律等有机结合起来，钻井液与压裂液的配伍性问题也得注意，尤其是裂缝性储层更是如此，因此钻井液与压裂液混合的概率大大增加[26,27]。

参 考 文 献

[1] 汪周华, 钟世超, 汪轰静. 页岩气新型"井工厂"开发技术研究现状及发展趋势[J]. 科学技术与工程, 2015, (20): 169-178.

[2] 付茜, 刘启东, 刘世丽, 等. 中国"夹层型"页岩油勘探开发现状及前景[J]. 石油钻采工艺, 2019, 41(1): 63-70.

[3] Russell D, Stark P, Owens S, et al. Simultaneous hydraulic fracturing improves completion efficiency and lowers costs per foot [C]. SPE Hydraulic Fracturing Technology Conference and Exhibition, 2021.

[4] Lei Q, Guan B, Cai B, et al. Technological progress and prospects of reservoir stimulation[J]. Petroleum Exploration and Development, 2019, 46(3): 173-181.

[5] 张金成, 艾军, 臧艳彬, 等. 涪陵页岩气田"井工厂"技术[J]. 石油钻探技术, 2016, (3): 9-15.

[6] 刘洪, 廖如刚, 李小斌, 等. 页岩气"井工厂"不同压裂模式下裂缝复杂程度研究[J]. 天然气工业, 2018, 302(12): 76-82.

[7] Alimahomed F, Malpani R, Jose R, et al. Development of the stacked pay in the delaware basin, permian basin[C]. Unconventional Resources Technology Conference, Houston, 2018.

[8] Liang B, Khan S, Tang Y. Fracture hit monitoring and its mitigation through integrated 3D modeling in the wolfcamp stacked pay in the midland basin[C]. SPE/AAPG/SEG Unconventional Resources Technology Conference, Austin, 2017.

[9] Patel H, Cadwallader S, Wampler J. Zipper fracturing: Taking theory to reality in the Eagle Ford Shale[C]. Unconventional Resources Technology Conference, San Antonio, 2016.

[10] 田雨, 谢梅英. 新型大功率电动压裂泵组的研制[J]. 石油机械, 2017, 45(4): 94-97.

[11] Tao X, Lindsay G, Baihly J, et al. Unique multidisciplinary approach to model and optimize pad refracturing in the Haynesville Shale[C]. Unconventional Resources Technology Conference, Austin, 2017.

[12] Sierra L, Mayerhofer M. Evaluating the benefits of zipper fracs in unconventional reservoirs[C]. SPE Unconventional Resources Conference, The Woodlands, 2014.

[13] 熊俊雅, 杨兆中, 杨磊, 等. 压裂填砂裂缝导流能力室内研究进展与展望[J]. 特种油气藏, 2020, (3): 1-7.

[14] 西南石油局页岩气勘探取得重大进展[J]. 地质装备, 2020, 21(3): 9.

[15] 郑有成, 范宇, 雍锐, 等. 页岩气密切割分段+高强度加砂压裂新工艺[J]. 天然气工业, 2019, 39(10): 76-81.

[16] 肖沛瑶. 暂堵转向压裂技术用暂堵剂研究新进展[J]. 石油化工应用, 2019, 38(10): 1-5

[17] 胡杨, 唐善法, 樊英凯, 等. 含纳米纤维阴离子双子表面活性剂压裂液研究[J]. 应用化工, 2021, 50(7):5.

[18] 杨柳. 压裂液在页岩储层中的吸收及其对工程的影响[D]. 北京: 中国石油大学(北京), 2016.

[19] 乔智国, 叶翠莲. 威荣深层页岩气水平井压裂套变原因分析[J]. 油气藏评价与开发, 2021, 11(2): 89-95.

[20] 张平, 何昀宾, 刘子平, 等. 页岩气水平井套管的剪压变形试验与套变预防实践[J]. 天然气工业, 2021, 41(5): 84-91.

[21] 王海涛, 仲冠宇, 卫然, 等. 降低深层页岩气井压裂施工压力技术探讨[J]. 断块油气田, 2021, 28(2): 162-167.

[22] 史璨, 林伯韬. 页岩储层压裂裂缝扩展规律及影响因素研究探讨[J]. 石油科学通报, 2021, 6(1): 92-113.

[23] 黄博, 雷林, 汤文佳, 等. 自悬浮支撑剂清水携砂压裂增产机理研究[J]. 油气藏评价与开发, 2021, 11(3): 459-464.

[24] 牟绍艳. 压裂用支撑剂相关改性技术研究[D]. 北京: 北京科技大学, 2017.

[25] 胡文瑞. 地质工程一体化是实现复杂油气藏效益勘探开发的必由之路[J]. 中国石油勘探, 2017, 22(1): 1-5.

[26] 李国欣, 王峰, 皮学军, 等. 非常规油气藏地质工程一体化数据优化应用的思考与建议[J]. 中国石油勘探, 2019, 24(2): 147-152.

[27] 赵福豪, 黄维安, 雍锐, 等. 地质工程一体化研究与应用现状[J]. 石油钻采工艺, 2021, 43(2): 131-138.